“四季花海”效果图 1

“四季花海”效果图 2

“虚拟博物馆”效果图 1

“虚拟博物馆”效果图 2

The Forest 游戏界面效果图

The Forest 游戏交互效果图

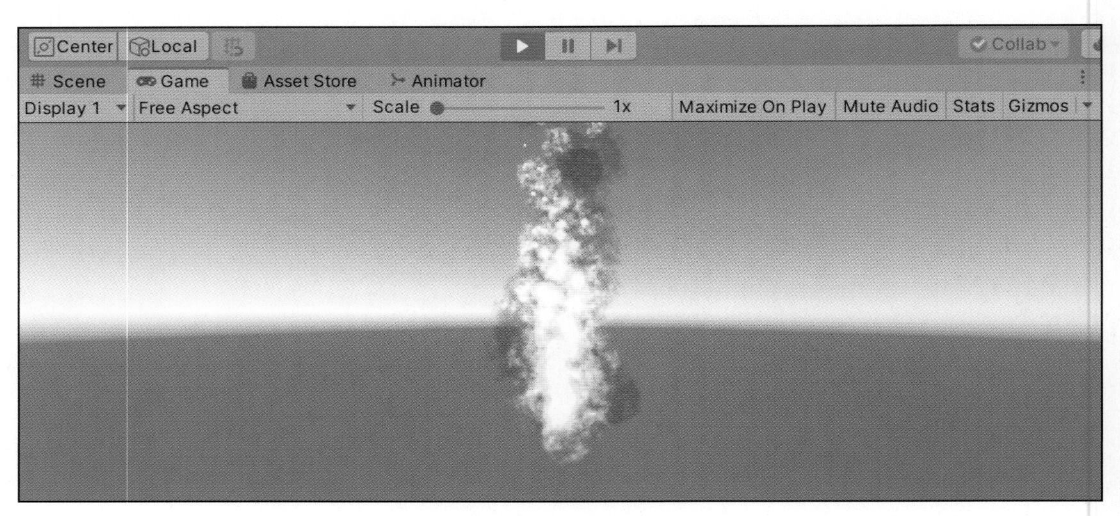

“燃烧的火焰”粒子系统效果图

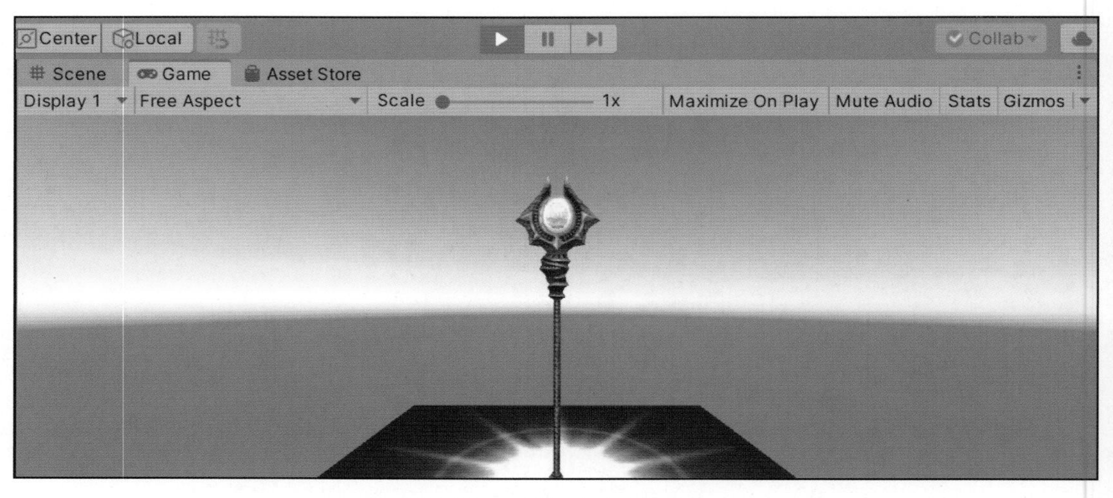

“发光的法杖”粒子系统效果图

The Forest 游戏场景下雪效果图 1

The Forest 游戏场景下雪效果图 2

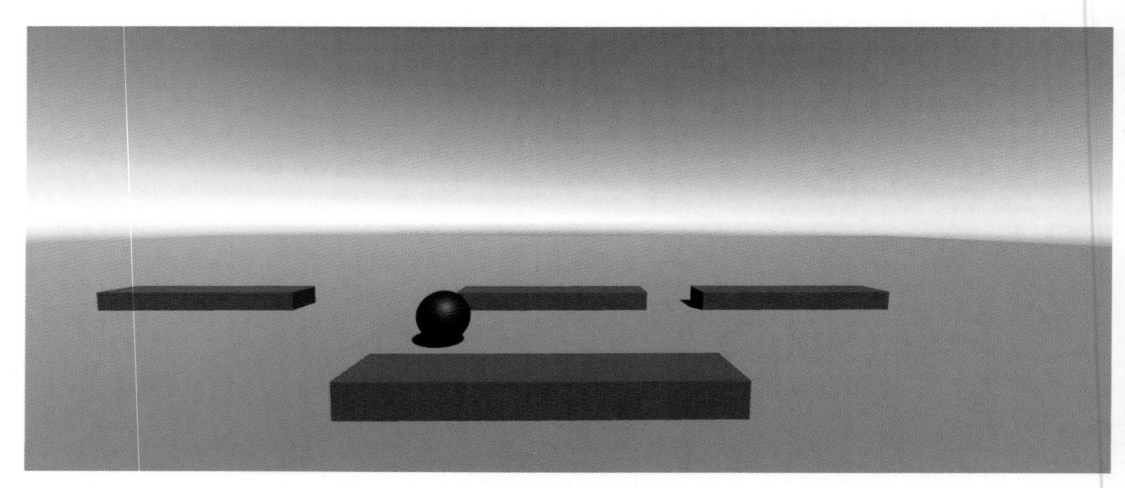

“AI 导航追击”效果图

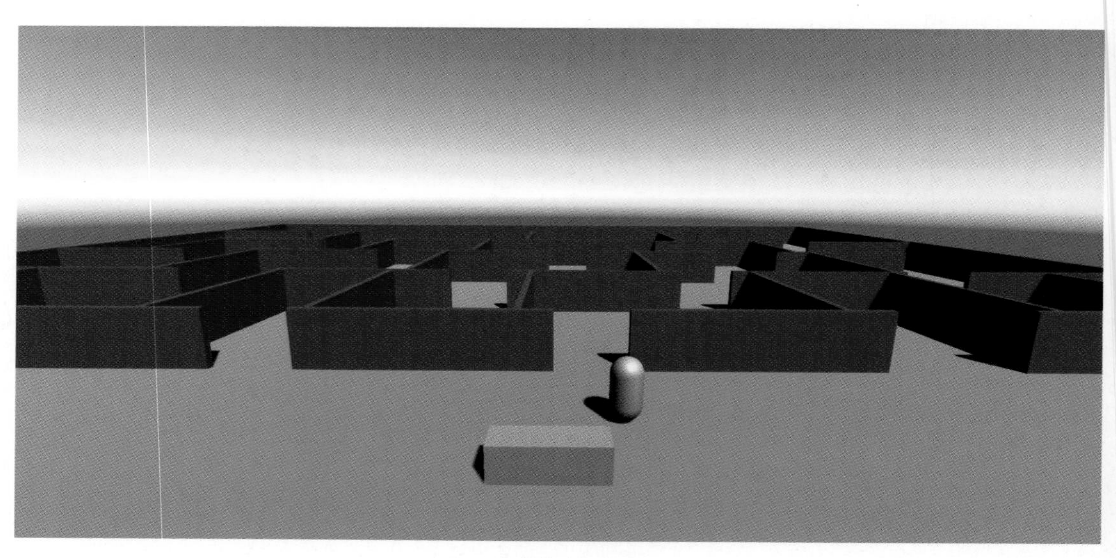

“AI 障碍绕行”效果图

"2D 扑克牌游戏"效果图 1

"2D 扑克牌游戏"效果图 2

“3D 射击游戏”效果图 1

“3D 射击游戏”效果图 2

Unity VR
虚拟现实游戏开发

李婷婷 编著

清华大学出版社
北 京

内容简介

本书以 Unity 2019.3.2 版本为基础介绍虚拟现实游戏开发知识。主要讲述 Unity 2019.3.2 版本的使用方法及经验，系统地介绍虚拟现实游戏的设计开发方法。

本书分为两部分，第一部分为基础知识篇（第 1～9 章），第二部分为综合实践篇（第 10～11 章）。其中，第一部分主要介绍 Unity 的基础知识，包括虚拟现实技术概述、初识 Unity 引擎、脚本开发基础、GUI 游戏界面、3D 游戏场景、物理系统、动画系统、粒子系统及导航系统等内容，从总体上对 Unity 引擎进行概要性介绍。第二部分介绍 2D 扑克牌游戏和 3D 射击游戏，使读者对 Unity 游戏开发及虚拟现实内容设计制作有一个较全面的认识。全书提供了大量应用实例的配套资源，读者可通过扫描书中二维码或登录清华大学出版社网站下载使用。

本书适合作为高等院校数字媒体技术、数字媒体艺术及相关专业学生的参考书，也适合广大 Unity 初学者以及有志于从事 Unity 工作的人员使用。

图书在版编目(CIP)数据

Unity VR 虚拟现实游戏开发：微课版/李婷婷编著. —北京：清华大学出版社，2021.7（2025.1 重印）
ISBN 978-7-302-58235-9

Ⅰ. ①U…　Ⅱ. ①李…　Ⅲ. ①游戏程序－程序设计　Ⅳ. ①TP317.6

中国版本图书馆 CIP 数据核字(2021)第 096331 号

责任编辑：张　玥
封面设计：傅瑞学
责任校对：刘玉霞
责任印制：刘海龙

出版发行：清华大学出版社
网　　址：https://www.tup.com.cn, https://www.wqxuetang.com
地　　址：北京清华大学学研大厦 A 座　　**邮　　编**：100084
社 总 机：010-83470000　　**邮　　购**：010-62786544
投稿与读者服务：010-62776969，c-service@tup.tsinghua.edu.cn
质量反馈：010-62772015，zhiliang@tup.tsinghua.edu.cn
课件下载：https://www.tup.com.cn，010-83470236
印 装 者：三河市君旺印务有限公司
经　　销：全国新华书店
开　　本：185mm×260mm　　**印　张**：23　　**插　页**：4　　**字　　数**：575 千字
版　　次：2021 年 9 月第 1 版　　**印　　次**：2025 年 1 月第 6 次印刷
定　　价：79.80 元

产品编号：088587-01

Foreword

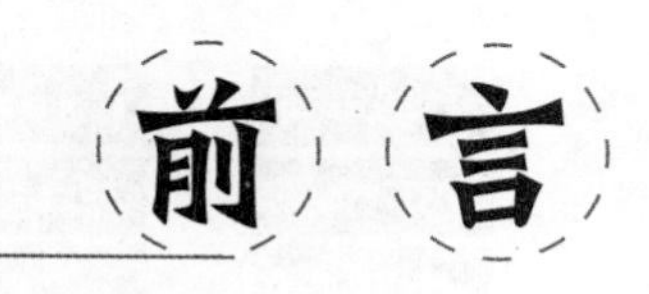

前言

自21世纪起，虚拟现实(Virtual Reality，VR)伴随计算机技术、电子信息技术、仿真技术的发展成为一项全新的应用技术。虚拟现实系统可以利用计算机生成一种模拟环境，使用户沉浸到该环境中，与虚拟世界中的物体进行自然交互，通过视觉、听觉和触觉等获得对虚拟世界的感知。目前，虚拟现实技术已经在多个领域有了广泛应用，包括医学模拟手术、军事航天模拟训练、工业仿真、应急推演以及电子游戏等等。其中，电子游戏与虚拟现实技术有着极为重要的联系。虚拟现实技术赋予游戏玩家身临其境的带入感，使得游戏从平面真正走向立体化，对游戏开发起到了巨大的推动作用。

如今，市面流行的游戏开发引擎主要有Unity、Unreal、Cocos2D、CryEngine等。其中，Unity和Unreal是目前市场上最热门的游戏引擎，且各自拥有为数众多的开发者。Unity引擎是由Unity Technologies公司开发的，它凭借自身的跨平台性和开发性优势，已逐渐成为当今世界范围内的主流游戏引擎。Unity引擎常用于手机端和网络端的游戏开发，用其开发的游戏可以在浏览器、移动设备或游戏机等所有常见平台上运行。该引擎功能强大，简单易学，对初学者或专业游戏开发团队来说都是非常好的选择。

本书以Unity 2019.3.2版本为基础介绍虚拟现实游戏开发的相关知识，系统介绍Unity引擎的开发基础知识和使用方法，包括虚拟现实技术概述、初识Unity引擎、脚本开发基础、GUI游戏界面、3D游戏场景、物理系统、动画系统、粒子系统、导航系统、2D扑克牌游戏开发、3D射击游戏开发等内容。通过学习本书，读者可以在Unity引擎的基础上熟悉并掌握虚拟现实游戏开发的方法。

本书内容丰富，条理清晰，从基本知识到高级特性，从简单的应用程序到完整的3D游戏开发，循序渐进地将Unity引擎基础知识及虚拟现实开发流程完整地呈现在广大读者面前。本书的章节内容安排如图1所示。本书非常适合作为数字媒体技术、数字媒体艺术及计算机相关专业关于虚拟现实或游戏引擎的入门参考书。

本书受辽宁省教育厅科学研究经费项目(项目编号：JZR2019005)、辽宁省自然科学基金计划(项目编号：2019-ZD-0352)、大连市科技创新基金项目(项目编号：2019J13SN112)资助，由大连东软信息学院数字媒体艺术专业虚拟现实设计课程群负责人李婷婷编著，参加项目开发测试的还有许鸣辉、宋志谦等。

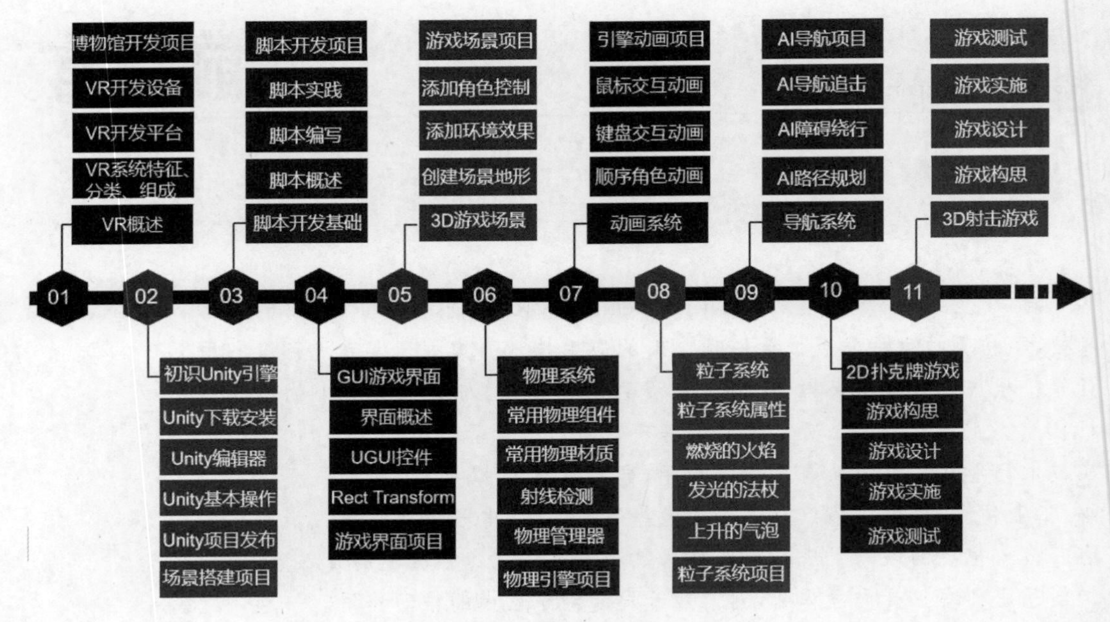

图1　章节内容安排

由于近年来虚拟现实开发技术发展迅速,Unity引擎版本更新加快,同时受编者自身水平及编写时间所限,本书难免存在疏漏和不足之处,敬请广大读者提出宝贵意见和建议,我们将不胜感激。

编　者

2021年3月

Contents

第1篇　基础知识篇

第1章　虚拟现实技术概述 …… 3

1.1　虚拟现实技术的相关概念 …… 3
1.1.1　虚拟现实 …… 3
1.1.2　增强现实 …… 3
1.1.3　混合现实 …… 4
1.1.4　VR、AR和MR的区别 …… 4
1.2　虚拟现实系统的基本特征 …… 5
1.3　虚拟现实系统的分类 …… 6
1.4　虚拟现实系统的组成 …… 6
1.5　虚拟现实技术的应用 …… 7
1.6　虚拟现实开发软件及平台 …… 9
1.7　虚拟现实开发设备 …… 12
1.7.1　Oculus Rift …… 12
1.7.2　HoloLens …… 13
1.7.3　Gear VR …… 14
1.7.4　HTC Vive …… 14
1.8　虚拟博物馆开发项目 …… 15
1.9　小结 …… 19
1.10　习题 …… 19

第2章　初识Unity引擎 …… 20

2.1　Unity引擎概述 …… 20
2.1.1　Unity引擎的特点 …… 20
2.1.2　Unity引擎的发展 …… 21
2.1.3　Unity引擎的应用 …… 22
2.2　Unity引擎的下载与安装 …… 25
2.2.1　下载Unity引擎 …… 25
2.2.2　安装Unity引擎 …… 26
2.2.3　登录Unity引擎 …… 35

2.3 Unity 引擎编辑器 …… 36
2.3.1 界面布局 …… 36
2.3.2 工作视图 …… 37
2.3.3 菜单栏 …… 45
2.3.4 工具栏 …… 50
2.4 Unity 引擎的基本操作 …… 51
2.4.1 创建项目 …… 51
2.4.2 创建游戏对象 …… 52
2.4.3 添加材质 …… 53
2.4.4 添加组件 …… 54
2.4.5 保存项目 …… 55
2.4.6 发布项目 …… 56
2.5 基础操作综合项目 …… 59
2.6 小结 …… 62
2.7 习题 …… 63

第 3 章 脚本开发基础 …… 64

3.1 脚本概述 …… 64
3.2 脚本编写 …… 64
3.2.1 创建脚本 …… 64
3.2.2 链接脚本 …… 66
3.2.3 运行脚本 …… 66
3.2.4 注意事项 …… 66
3.3 脚本开发实践项目 …… 67
3.3.1 移动的立方体 …… 67
3.3.2 创建游戏对象 …… 73
3.3.3 变换的立方体 …… 75
3.4 脚本开发综合项目 …… 78
3.5 小结 …… 84
3.6 习题 …… 84

第 4 章 GUI 游戏界面 …… 85

4.1 GUI 概述 …… 85
4.1.1 GUI 的概念 …… 85
4.1.2 GUI 的发展 …… 85
4.2 UGUI 控件 …… 86
4.2.1 Canvas 控件 …… 86
4.2.2 EventSystem 事件系统 …… 87
4.2.3 Text 控件 …… 88

4.2.4 Image 控件 …… 89
4.2.5 Raw Image 控件 …… 89
4.2.6 Button 控件 …… 90
4.2.7 Toggle 控件 …… 91
4.2.8 Input Field 控件 …… 92
4.2.9 Slider 控件 …… 94
4.2.10 Scrollbar 控件 …… 95
4.2.11 Panel 控件 …… 96
4.3 Rect Transform …… 97
4.3.1 Anchors …… 98
4.3.2 Pivot …… 98
4.4 GUI 游戏界面综合项目 …… 99
4.5 小结 …… 119
4.6 习题 …… 120

第 5 章 3D 游戏场景 …… 121

5.1 游戏场景概述 …… 121
5.2 创建场景地形 …… 122
5.2.1 使用高度图创建地形 …… 122
5.2.2 使用地形编辑器创建地形 …… 124
5.3 创建光源阴影 …… 136
5.3.1 光源分类 …… 136
5.3.2 光照阴影 …… 140
5.4 添加角色控制 …… 141
5.4.1 第一人称角色 …… 141
5.4.2 第三人称角色 …… 142
5.5 添加环境效果 …… 144
5.5.1 添加天空盒 …… 144
5.5.2 添加水效果 …… 144
5.5.3 添加雾效果 …… 146
5.6 添加影音效果 …… 147
5.6.1 添加音效 …… 147
5.6.2 添加视频 …… 149
5.7 系统资源管理 …… 153
5.7.1 导入系统资源包 …… 154
5.7.2 导入外部资源包 …… 155
5.7.3 导出系统内资源 …… 156
5.8 资源商店 …… 157
5.8.1 资源商店简介 …… 157

5.8.2 资源商店的使用 …… 157
5.9 3D 游戏场景综合项目 …… 160
5.10 小结 …… 177
5.11 习题 …… 177

第 6 章 物理系统 …… 178

6.1 物理系统概述 …… 178
6.2 常用物理组件 …… 178
6.2.1 刚体组件 …… 178
6.2.2 角色控制器组件 …… 180
6.2.3 触发器组件 …… 181
6.2.4 碰撞器组件 …… 181
6.2.5 布料组件 …… 185
6.2.6 关节组件 …… 186
6.3 常用物理材质 …… 193
6.4 射线检测 …… 194
6.5 物理管理器 …… 195
6.6 物理系统实践项目 …… 196
6.6.1 可拖拽的刚体 …… 196
6.6.2 碰撞消失的立方体 …… 199
6.6.3 弹跳的小球 …… 202
6.6.4 拾取物体 …… 206
6.7 物理系统综合项目 …… 208
6.8 小结 …… 215
6.9 习题 …… 215

第 7 章 动画系统 …… 216

7.1 Mecanim 概述 …… 216
7.1.1 Mecanim 系统的特性 …… 216
7.1.2 Mecanim 的核心概念 …… 216
7.1.3 Mecanim 的工作流程 …… 218
7.2 人形动画 …… 218
7.2.1 创建 Avatar …… 218
7.2.2 配置 Avatar …… 219
7.2.3 动画重定向 …… 219
7.3 动画状态机 …… 221
7.3.1 连接设置 …… 221
7.3.2 过渡设置 …… 221
7.4 动画系统实践项目 …… 222

7.4.1 顺序角色动画项目 …… 222
7.4.2 键盘交互动画项目 …… 226
7.4.3 鼠标交互动画项目 …… 233
7.5 动画系统综合项目 …… 240
7.6 小结 …… 253
7.7 习题 …… 253

第8章 粒子系统 …… 254

8.1 粒子系统概述 …… 254
8.2 粒子系统属性 …… 254
8.2.1 通用属性 …… 255
8.2.2 其他属性 …… 257
8.3 粒子系统实践项目 …… 269
8.3.1 燃烧的火焰项目 …… 269
8.3.2 发光的法杖项目 …… 276
8.3.3 上升的气泡项目 …… 279
8.4 粒子系统综合项目 …… 282
8.5 小结 …… 293
8.6 习题 …… 293

第9章 导航系统 …… 294

9.1 导航系统概述 …… 294
9.2 导航设置步骤 …… 294
9.2.1 设置导航对象 …… 294
9.2.2 烘焙(Bake) …… 295
9.2.3 设置导航网格代理 …… 296
9.3 导航系统实践项目 …… 298
9.3.1 AI路径规划项目 …… 298
9.3.2 AI障碍绕行项目 …… 301
9.3.3 AI导航追击项目 …… 303
9.4 AI导航综合项目 …… 310
9.5 小结 …… 320
9.6 习题 …… 320

第2篇 综合实践篇

第10章 2D扑克牌游戏 …… 323

10.1 游戏构思 …… 323
10.2 游戏设计 …… 323

10.3 游戏实施 …… 324
10.4 游戏测试 …… 333
10.5 小结 …… 334
10.6 习题 …… 334

第 11 章 3D 射击游戏 …… 335

11.1 游戏构思 …… 335
11.2 游戏设计 …… 335
11.3 游戏实施 …… 336
11.3.1 项目准备 …… 336
11.3.2 武器设定 …… 338
11.3.3 子弹设定 …… 340
11.3.4 开枪动画 …… 346
11.3.5 射击功能 …… 351
11.3.6 游戏优化 …… 353
11.4 游戏测试 …… 354
11.5 小结 …… 355
11.6 习题 …… 355

参考文献 …… 357

第 1 篇　基础知识篇

Chapter 1

第1章

虚拟现实技术概述

随着社会的发展,虚拟现实技术逐渐进入了大众视线,它涉及计算机图形学、多媒体技术、传感技术、人机交互、人工智能等多个方面,在教育、医疗、娱乐、军事等众多领域有非常广泛的应用前景,被认为是21世纪发展最迅速、对人们工作生活有着重要影响的计算机技术之一。本章主要介绍虚拟现实技术的相关概念、基本特征、系统分类、系统组成、行业应用及虚拟现实开发设备等内容,为虚拟现实应用开发打下基础。

1.1 虚拟现实技术的相关概念

1.1.1 虚拟现实

虚拟现实(Virtual Reality,VR)是现代高性能计算机系统、人工智能、计算机图形学、人机接口、立体影像、模拟仿真等技术综合集成的结果。它最初是由美国VPL Research公司的创始人Jaron Lanier于1989年提出的,之后许多学者对虚拟现实的概念进行了深入探讨。目前,学术界普遍认为虚拟现实是一种以计算机技术为核心的现代高新技术,可以在特定范围内生产逼真的虚拟环境。用户可以借助必要的设备,以自然的方式与虚拟环境中的对象进行交互作用,互相影响,从而产生身临其境的感受和体验。图1.1和图1.2是用Unity引擎结合Oculus Rift DK2设计开发的"四季花海"虚拟漫游交互场景。在虚拟场景中,人们可以欣赏四季美景,与动物进行虚拟交互,并触发一系列粒子特效,通过听觉、视觉感受沉浸式虚拟漫游效果。

图1.1 "四季花海"效果图1

图1.2 "四季花海"效果图2

1.1.2 增强现实

增强现实(Augmented Reality,AR)也称为扩增现实,是波音公司研究院Thomas

Caudell 于 1990 年提出的。广义地讲,增强现实是扩展现实世界技术的统称,它是通过实时计算摄像机中影像的位置及角度,并在现实世界中叠加相应虚拟图像的技术。通俗地讲,它是通过计算机技术模拟、仿真再叠加原本现实世界中在特定时间、空间范围内很难体验到的信息,使真实的环境和虚拟的物体实时地出现在同一个画面或空间,实现超越现实的感官体验,如图 1.3 和图 1.4 所示。

图 1.3　增强现实技术体验 1

图 1.4　增强现实技术体验 2

增强现实技术结合了真实环境和虚拟环境,使真实世界信息和虚拟信息相互叠加、相互补充,并通过真实和虚拟之间的互动,在人们的意识中形成虚即是实、实即是虚的效果。这种虚实结合的技术可以为各种信息提供可视化的解释和表现,使用户能够有效地扩展感知世界的维度,是人机交互技术发展的一个重要方向。

1.1.3　混合现实

混合现实(Mixed Reality,MR)是虚拟现实的进一步发展。该技术通过在虚拟环境中引入现实场景信息,在虚拟世界、现实世界和用户之间搭建起一个交互反馈的信息回路,以增强用户体验的真实感。混合现实能把真实世界和虚拟世界融合在一起,生成新的环境和视觉图像,使真实物体和数字物体实时共存,并进行互动。例如微软公司的 HoloLens,它先通过扫描房间掌握当前空间的情况,然后把数字物体精确地混合到当前的环境里。用户可以使用自己的手去触碰这些虚拟物体,还可以通过 HoloLens 头盔跟这些投射到真实物体上的虚拟图像互动。

1.1.4　VR、AR 和 MR 的区别

VR 和 AR 都是目前较新的计算机技术。一般认为,AR 技术的出现源于 VR 技术的发展,但两者存在明显的差别。VR 技术给予用户一种在虚拟世界中完全沉浸的效果,场景和人物全是假的、脱离现实的。在理想状态下,用户是感知不到真实世界的,是另外创造出的一个世界。而 AR 技术将虚拟和现实相结合,在用户看到的场景和人物中,一部分是真的,一部分是假的,它是把虚拟的信息带入到现实世界中,通过听、看、摸、嗅虚拟信息来增强用户对现实世界的感知。

从概念来看,MR 和 AR 并没有明显的界线,它们都是将虚拟的景物放入现实的场景中。在 AR 世界中,出现的虚拟场景通常都是一些二维平面信息,这些信息会固定在那里,无论看哪个方向,该信息都会显示在人们视野中固定的位置。而 MR 则是将虚拟场景和现

实融合在一起，只有看向那个方向的时候，才会看到这些虚拟场景，向其他方向看的时候，就会有其他的信息显示出来，而且这些信息和背景的融合性更强。

在装备方面，因为 VR 是纯虚拟场景，所以装备更多地用于用户与虚拟场景的互动交互，使用比较多的是头戴式显示器、位置跟踪器、数据手套、动作捕捉系统等。AR 是现实场景和虚拟场景的结合，通过摄像头捕捉现实环境中的事物，结合虚拟画面进行展示和互动，所以基本都要用到摄像头。MR 是在虚拟环境中引入现实场景信息，比较常见的有微软公司的 HoloLens 等产品。

1.2 虚拟现实系统的基本特征

沉浸感、交互性、构想性是虚拟现实系统的三个基本特征。也就是说，沉浸于由计算机系统创建的虚拟环境中的用户，可以借助必要的设备，以各种自然的方式与环境中的多维化信息进行交互，互相影响，获得感性和理性认识，并能够萌发新的联想。

1. 沉浸感

沉浸感是指利用计算机产生三维立体图像，让人置身于一种虚拟环境中，就像在真实的世界中一样，有一种身临其境的感觉。虚拟现实系统根据人类视觉、听觉的生理和心理特点，通过外部设备及计算机产生三维立体图像，并利用头戴式显示器或其他设备，把参与者的视觉、听觉和其他感觉联系起来，提供一个逼真的感觉空间。这种沉浸感是多方面的，参与者不仅可以看到，而且可以听到、触到及嗅到虚拟世界中发生的一切，它给人的感觉相当真实，以至于能使人全方位地参与到这个虚幻的世界之中。

2. 交互性

交互性是指用户在计算机生成的虚拟环境中利用一些传感设备进行交互，感觉就像是在真实世界中一样。交互性的产生主要是借助虚拟现实系统中的特殊硬件设备，如数据手套、力反馈装置等，使用户通过自然的方式产生一种与在真实世界中一样的感觉。比如，当用户用手去抓取虚拟环境中的物体时，手就有握东西的感觉，而且可以感受到物体的重量。

交互性能的好坏是衡量虚拟现实系统的一个重要指标。虚拟现实系统强调人与虚拟世界间进行自然的交互，参与者不是被动地接受，而是通过自己的动作感受相应的变化。参与者不仅可以利用键盘、鼠标进行交互，而且能通过特殊的头盔、数据手套等传感设备观察或操作虚拟环境中的对象。

3. 构想性

构想性是指虚拟环境可使用户沉浸其中并且获取新的知识，提高感性和理性认识，从而深化概念和萌发新的联想。它以现实为基础，却可能创造出超越现实的情景。所以，虚拟现实技术可以充分发挥人的认识和探索能力，使人类跨越时间与空间去经历和体验世界上早已发生或尚未发生的事件，也可以模拟因条件限制等原因而难以实现的事情，为人类认识世界提供了一种全新的方法和手段。

1.3 虚拟现实系统的分类

虚拟现实系统种类繁杂,从不同角度出发,可以对虚拟现实系统进行不同分类。根据用户参与虚拟现实形式以及沉浸程度的不同,可以将虚拟现实系统划分为桌面式虚拟现实、沉浸式虚拟现实、增强式虚拟现实和分布式虚拟现实四大类。

1. 桌面式虚拟现实

桌面式虚拟现实利用个人计算机和低级工作站进行仿真,将计算机屏幕作为用户观察虚拟世界的一个窗口,通过键盘、鼠标、追踪球等输入设备实现与虚拟现实世界的充分交互。它要求参与者使用输入设备,通过计算机屏幕观察360°范围内的虚拟世界,并操纵其中的物体。因为使用者仍然会受到周围现实世界的干扰,所以缺少完全的沉浸。桌面式虚拟现实的最大特点是缺乏真实的现实体验,但其成本也相对较低,因此应用比较广泛。

2. 沉浸式虚拟现实

沉浸式虚拟现实能够提供完全沉浸的体验,使用户有一种置身于虚拟世界中的感觉。它利用头戴式显示器或其他设备,把参与者的视觉、听觉和其他感觉封闭起来,并提供一个新的虚拟的感觉空间,利用位置跟踪器、数据手套等输入设备,使得参与者产生一种身临其境、全身心投入和沉浸其中的感受。

3. 增强式虚拟现实

增强式虚拟现实不仅要利用虚拟现实技术模拟和仿真现实世界,而且要增强参与者对真实环境的感受,也就是增强现实中无法感知的内容。典型的实例是战斗机飞行员的平视显示器,它可以将仪表读数和武器瞄准数据投射到安装在飞行员面前的穿透式屏幕上,使飞行员不必低头读取座舱中仪表的数据,从而集中精力盯着敌人的飞机或导航偏差。

4. 分布式虚拟现实

如果多个用户通过计算机网络连接在一起,同时加入同一个虚拟空间,共同体验虚拟经历,那么虚拟现实则提升到一个更高的境界,这就是分布式虚拟现实。在分布式虚拟现实中,多个用户可以通过网络对同一虚拟世界进行观察和操作,以达到协同工作的目的。目前最典型的分布式虚拟现实系统是SIMNET,它用于部队的联合训练。使用SIMNET,位于德国的仿真器可以和位于美国的仿真器一样运行在同一个虚拟世界,共同参与一场战斗演习。

1.4 虚拟现实系统的组成

一般的虚拟现实系统主要由系统显示部分、信号采集部分和信息输出部分组成。虚拟现实系统的特征之一就是人机间的交互性。为了使人机之间充分交换信息,必须设计特殊的输入工具和演示设备,以识别人的各种输入命令,并提供相应的反馈信息,实现真正的仿真效果。针对不同的项目,可以根据实际应用有选择地使用这些工具,它们主要包括头戴式显示器、跟踪器、传感手套、三维立体声音生成等装置。

1. 系统显示部分

系统显示部分是虚拟现实系统的最基础部分，它可以由各种传感器的信号来分析操作者在虚拟环境中的位置及观察角度，并根据在计算机内部建立的虚拟环境模块快速产生图形，快速显示图形。在虚拟医疗应用中，该部分可将患者的训练姿态与计算机图形的显示内容融合在一起，使患者在训练时知道自己的状态，并利用计算机显示的图形进行心理诱导治疗。

2. 信号采集部分

信号采集部分是虚拟现实系统的感知部分，包括力、温度、位置、速度及声音传感器等。这些传感器可以感知操作者移动的距离和速度、动作的方向、动作力的大小及操作者的声音，可用于测定患者训练的强度大小，测试患者的脉搏、呼吸、关节活动度和训练的力度等。产生的信号可以帮助计算机确定操作者的位置及方向，从而计算出操作者观察到的景物，也可以使计算机确定操作者的动作性质及力度。

3. 信息输出部分

信息输出部分是虚拟现实系统使操作者产生感觉的部分，感觉包括声音、触觉、嗅觉、味觉、动觉和风感。正是虚拟现实系统产生的这些丰富感觉，才使操作者能真正地沉浸于虚拟环境中，产生身临其境的感觉。动作器械可产生主动运动和抵抗运动，引导使用者进行被动的或主动的动作训练，而信息发生器则产生各种能使人感知的信息，还可以使用音乐或语言的提升方式鼓励患者进行心理治疗。

1.5　虚拟现实技术的应用

虚拟现实游戏具有逼真的互动性，给互动娱乐提供了新的可能。在游戏市场之外，虚拟现实技术在医学、军事航天、室内设计、工业设计、房产开发、文物古迹保护等领域都有广泛的应用。它不仅能改变人们的生活，还能通过 VR+给各个行业带来革新。

1. VR+医疗

VR 在医学方面的应用具有十分重要的现实意义。在虚拟环境中，人们可以建立虚拟的人体模型，图 1.5 所示为 VR 虚拟医疗训练场景。通过建立一个虚拟外科手术训练器可

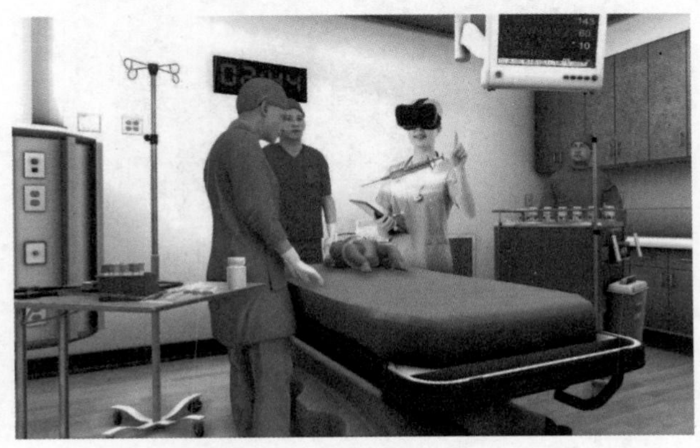

图 1.5　VR 虚拟医疗训练场景

以实现人体各个部位的外科手术模拟。这个虚拟的环境包括虚拟的手术台与手术灯,虚拟的外科工具(如手术刀、注射器、手术钳等),虚拟的人体模型与器官等。借助于头戴式显示器及数据手套,使用者可以对虚拟的人体模型进行手术。

2. VR＋地产

随着房地产业竞争的加剧,传统的展示手段,如平面图、表现图、沙盘、样板房等已经远远无法满足消费者的需要。VR＋地产能为城市规划、景区规划、园林规划、样板间展示等很多方面提供便利。因此,敏锐把握市场动向,果断启用最新的技术并迅速转化为生产力,方可领先一步,击溃竞争对手,图 1.6 所示为利用虚拟现实技术动态地展示地产开发效果。

图 1.6　VR 地产开发效果

3. VR＋娱乐

丰富的感觉能力与 3D 显示环境使 VR 成为理想的视频游戏工具。由于娱乐对 VR 的真实感要求不是太高,因此近些年来 VR 在该方面的发展最为迅猛,图 1.7 所示为 VR 游戏娱乐场景。

图 1.7　VR 游戏娱乐场景

4. VR＋军事

VR在模拟虚拟战场环境、联合军事演习、武器系统设计与评估等领域有许多显著优势。模拟训练一直是军事与航天工业中的一个重要课题,这为VR提供了广阔的应用前景。美国国防部高级研究计划局自20世纪80年代起一直致力于研究虚拟战场系统,该系统可连接200多台模拟器,以提供士兵训练场景,图1.8所示为VR军事模拟训练场景。

图1.8　VR军事模拟训练场景

1.6　虚拟现实开发软件及平台

1. Virtools

Virtools由Dassault Systemes公司开发,是一套具备丰富互动行为模块的实时3D环境虚拟现实编辑软件。它可以将常用的3D模型、2D图形或音效等资源整合在一起,制作出许多不同用途的3D产品,如计算机游戏、建筑设计、虚拟仿真与产品展示等。得益于Virtools的便捷性与开放性,很多初学者选择Virtools平台作为虚拟现实开发平台。普通开发者通过图形用户界面,使用模块化的脚本,就可以开发出高品质的虚拟现实作品;而对于高端开发者,则可利用软件开发包和Virtools脚本语言创建自定义的交互行为脚本和应用程序,图1.9所示为该软件的界面。

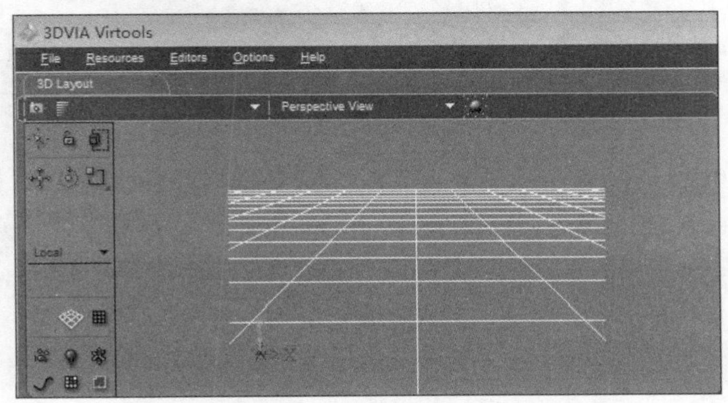

图1.9　Virtools软件界面

2. VegaPrime

VegaPrime 是由 MultiGen-Paradigm 公司开发的实时三维虚拟现实开发工具，可以应用在战场仿真、娱乐、城市仿真、训练模拟和计算可视化等领域。VegaPrime 提供了稳定、兼容、易用的界面，将先进的模拟功能和易用工具相结合，能显著地提高工作效率，大幅减少源代码开发时间，使用户集中精力解决特殊领域的问题，而减少在图形编程上花费的时间。另外，VegaPrime 对于 GLstudio 的支持也是一个很强大的优势，它可直接调用 GLstudio 生成的 DLL，来实现对其开发的虚拟仪表的内嵌，如图 1.10 所示。

图 1.10　VegaPrime 内嵌的虚拟仪表

3. VR-Platform

VR-Platform(Virtual Reality Platform，VRP)即虚拟现实仿真平台，界面如图 1.11 所示。VRP 是一款由中视典数字科技有限公司独立开发的具有完全自主知识产权的直接面向三维美工的虚拟现实软件。该软件适用性强，操作简单，功能强大，高度可视化。

图 1.11　VR-Platform 软件界面

VR-Platform的所有操作都是以美工可以理解的方式进行，不需要程序员的参与，操作者只需要具有良好的 3ds Max 建模和渲染基础，只要对 VR-Platform 平台稍加学习和研究，即可构建出自己的虚拟现实场景。

4. Unity

Unity 是由 Unity Technologies 公司开发的一款让玩家轻松创建诸如三维视频游戏、建筑可视化、实时三维动画等类型的多平台综合性游戏开发引擎，界面如图 1.12 所示。Unity 利用交互的图形化开发环境，其编辑器运行在 Windows 和 Mac OS 下，可发布游戏至 Windows、Mac OS、Wii、iOS、WebGL 和 Android 等平台；也可以利用 Unity web player 插件发布网页游戏，实现网页浏览。

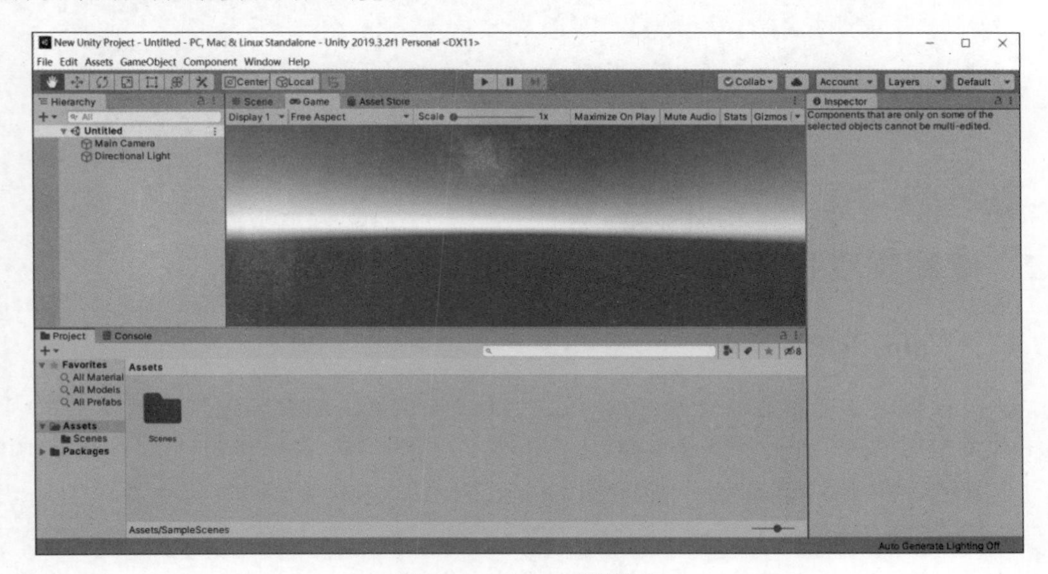

图 1.12　Unity 引擎界面

Unity 不仅仅是一个开发平台，更是一个独立的游戏引擎，也是目前最专业、最热门、最具前景的游戏开发工具。它融合了之前所有开发工具的优点，从 PC 到 Mac 再到 Wii 甚至再到移动终端，都有 Unity 引擎的身影。

5. Unreal Engine

Unreal Engine 是 Epic 团队开发的授权最广的顶尖游戏引擎之一，其渲染功能强大，可以达到类似静帧的效果，界面如图 1.13 所示。许多游戏作品都是基于 Unreal Engine 引擎诞生的，如《剑灵》《鬼泣 5》《战争机器》《爱丽丝疯狂回归》等等。自 1998 年正式诞生至今，Unreal Engine 经过不断的发展，已经成为整个游戏界运用范围最广、整体运用程度最高、游戏画面标准最高的一款游戏引擎，可以支持从独立小项目到高端平台大项目的所有作品。另外，其中的虚幻商城上有很多资源，这些资源可以由自己亲自创建，也可以与他人共享并将其应用到教育、建筑及可视化方面，甚至应用到虚拟现实、电影和动画中。

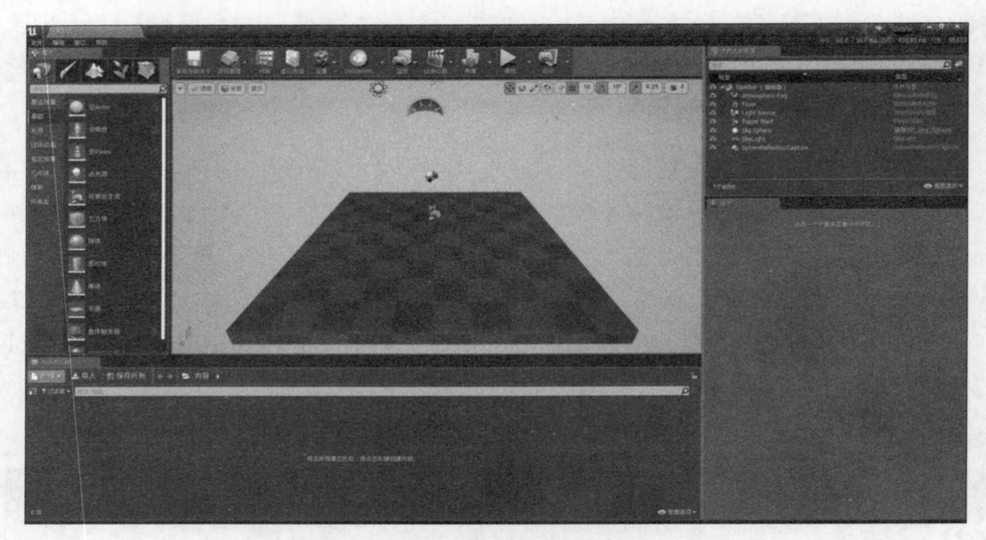

图 1.13　Unreal Engine 引擎界面

1.7　虚拟现实开发设备

1.7.1　Oculus Rift

Oculus Rift 是一款为电子游戏设计的头戴式显示器。随着虚拟现实技术的兴起，Oculus 顺应时代潮流，不断推陈出新，先后开发了多种机型，比较出名的有 Oculus Rift DK1、Oculus Rift DK2 和 Oculus Rift CV1。

1. Oculus Rift DK1

Oculus Rift DK1 不只是一个硬件，而是包含软件开发工具包(SDK)的一整套开发系统，简称 Oculus 一代。它的硬件设备是头戴式显示器，通过 HDMI 获得 DVI 输入，可以将计算机渲染的画面显示在头盔的小屏幕里，如图 1.14 所示。

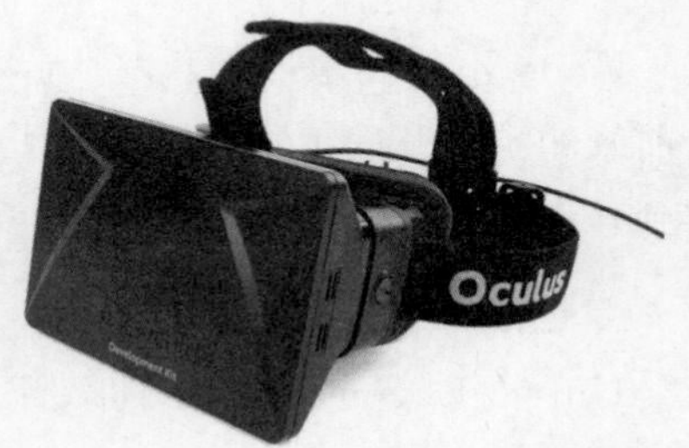

图 1.14　Oculus Rift DK1

Oculus Rift DK1 的分辨率是 1280 像素×800 像素，使用时必须连接计算机。戴上它之后，使用者看到的是另一个虚拟世界。通过双眼视差，使用者会有很强的立体感。此外，由于 Occlus Rift DK1 配有陀螺仪等惯性传感器，可以实时地感知使用者头部的位置，并对应调整显示画面的视角，使用户很容易融入虚拟世界中。

2. Oculus Rift DK2

在 2014 年 3 月的游戏开发者大会上，Oculus 公布了即将上市的 Oculus Rift DK2，如图 1.15 所示。它的单眼分辨率达到了 960 像素×1080 像素，是原有像素的 2 倍，对减轻眩晕有较大提升效果。

相对于 Oculus Rift DK1，Oculus Rift DK2 除了提高分辨率外，还有以下 2 个新特性。

(1) 位置跟踪。

位置跟踪是 Oculus Rft DK2 最显著的新特性。它的本质是通过头盔上多个红外发射头发射红外信号到接收器,接收器可以夹在显示器的上方或固定在三脚架上。同时,它可以在距离接收器 0.5～2m 的锥体空间中跟踪人的运动位置。

(2) Direct HMD 模式。

Direct HMD 模式是 Oculus Rift DK2 支持的新显示模式。该模式直接去掉了扩展桌面,运行 3D 应用时,主显示器上显示缩小的立体图像,而头盔中则全屏运行应用。但是,目前 Direct HMD 模式只在 Windows 模式下有效。

3. Oculus Rift CV1

Oculus Rift CV1 是消费者版本,它于 2016 年 3 月 28 日开始售卖,售价为 599 美元,如图 1.16 所示。它比 Oculus Rift DK2 有更高的分辨率,各眼的显示器更新率达到 90Hz, 360°位置追踪,集成音效,大幅提升位置追踪容量。Oculus Rift CV1 产品除了头盔外,还包含了一个 Oculus Remote 遥控器、Xbox One 无线手柄和一个位置跟踪摄像头,可以说是 VR 领域的一个里程碑式产品。

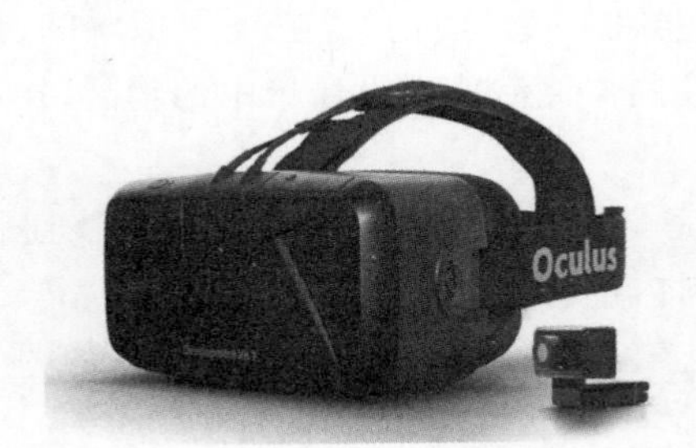

图 1.15　Oculus Rift DK2

图 1.16　Oculus Rift CV1

1.7.2　HoloLens

HoloLens 是微软公司最先推出的混合增强现实设备,它并不是完全的 AR 产品,也不是非完全的 VR 产品,而是一种 VR 与 AR 结合的产品,也就是 MR,如图 1.17 所示。通过 HoloLens 镜片看到的其实还是现实世界中的场景,不过除了真实场景外,还能看到其呈现的虚拟屏幕。

图 1.17　HoloLens

在配置上,该设备集合了全息眼镜、深度摄像头、内置耳机等设备,还配置了 2GB 的内存和 64GB 的内置存储,且同时支持蓝牙和 Wi-Fi,可以独立使用,无须同步计算机或智能手机。

在系统上,HoloLens 系统主要依托于窗口,其本身就搭载了 Windows 10 操作系统,该系统的设置布局与 Windows 10 的 PC 版一样,只不过是在 HoloLens 视角下呈现的。它采用先进的传感器、高清晰度 3D 光学头置式全角度透镜显示器以及环绕音效。

在交互上,该设备可以通过手势、语音来控制,设备上的物理控件只包含电源开关、音量按钮和对全息透镜对比度的控制键。

1.7.3 Gear VR

Gear VR是三星公司推出的一款虚拟现实头戴式显示器，如图1.18所示。新一代的Gear VR是三星公司与Oculus公司共同设计的。到目前为止，它们仅支持三星自家的旗舰机型——Galaxy Note5、Galaxy Note7、Galaxy S6以及Galaxy S7系列。

图1.18 Gear VR

该设备支持标准的蓝牙控制器，同时设备右侧还配置了触摸板，用户可以触摸进行菜单选择，通过轻敲进入下一级菜单。此外，触摸板上有独立的返回按键，触摸板的前部则是音量控制键，只需将移动设备插入Gear VR的前部即可使用。

1.7.4 HTC Vive

HTC Vive是由HTC公司与Valve公司联合开发的一款头戴式显示器，于2015年3月发布。其特点是利用Room Scale技术，通过传感器将一个房间变成三维虚拟空间，用户可以在移动中浏览周围场景，通过动态捕捉的手持控制器灵活地操纵场景中的物品，在一个定位精准、身临其境的虚拟环境中进行游戏和互动。

作为全球首款完整虚拟现实系统，HTC Vive完全摆脱了手机，凭借两个无线遥控手柄、空间定位传感装置和头盔即可打造出10m^{2}范围内的虚拟空间。整套HTC Vive设备包括一个头盔、两个无线遥控手柄、两个空间定位传感装置、一个集线器及充电器，如图1.19所示。

图1.19 HTC整套设备

1. 头盔

头盔的顶部有几个数字接口，分别是电源线、音频线、USB线和HDMI线接口，同时还预留了一个USB口，供以后的扩展使用。正面的头盔一共有32个“坑”，这些是红外线的感应器，用来配合空间定位传感装置测定头盔在设定空间里的位置。头盔的正面还有一个硕大的摄像头，这是用来在VR状态下随时观测现实世界使用的。两个超大的目视透镜是头盔的主体，也是最大的组件，如图1.20所示。

2. 无线遥控手柄

无线遥控手柄的顶端布满了24个用来进行空间定位的红外传感器，同时，握杆部分采用了类肤质设计，让使用者感觉非常舒适。无线遥控手柄如图1.21所示。

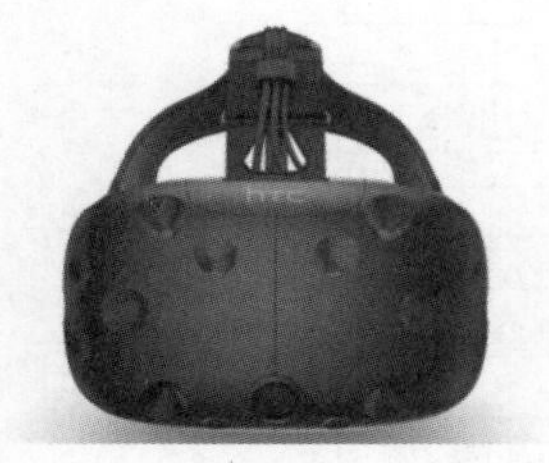

图1.20　头盔

图1.21　无线遥控手柄

3. 空间定位传感装置

相对于Oculus Rift，HTC Vive最大的不同就是拥有对设定区域里玩家所处位置和姿态的空间定位能力，这是靠空间定位传感装置的光发射器配合无线遥控手柄与头盔上密密麻麻的红外激光感应器实现的。在空间定位传感装置的帮助下，HTC Vive能轻松计算出目前头盔所在的空间位置。安装HTC Vive的空间定位传感装置时，要确保基站所在的位置可以"看"到房间的大部分区域，而且相互之间没有阻隔。接好电源后，打开开关。如果一切正常，就会看到它们身上亮起绿灯。空间定位传感装置如图1.22所示。

图1.22　空间定位传感装置

1.8　虚拟博物馆开发项目

1. 项目构思

我国各类博物馆中的文物数量非常巨大。但受各种因素限制，能够展出的仅有一小部分。这导致展品的更换率非常低，观众实际能够观看的内容十分有限。对于一些老化破损的文物，经过人工修复后难以长期展览。另外，传统的博物馆展示大多采用物品陈列方式，几乎所有展品都是以静态方式摆放在橱窗中，再辅以有限的文字说明，这样的展示方式会令参观者感觉索然无味，并且很难观测到展品的细节特征。面对这样的情况，虚拟博物馆项目计划利用虚拟现实技术的沉浸感以及交互感提升参观者参观博物馆的交流互动体验。

2. 项目设计

博物馆开发项目使用虚拟现实技术模拟博物馆的内外场景，运用计算机技术，在用户眼前生成一个虚拟的环境，使人感到沉浸在虚拟博物馆场景中，虚拟漫游模块的设计如图 1.23 所示。

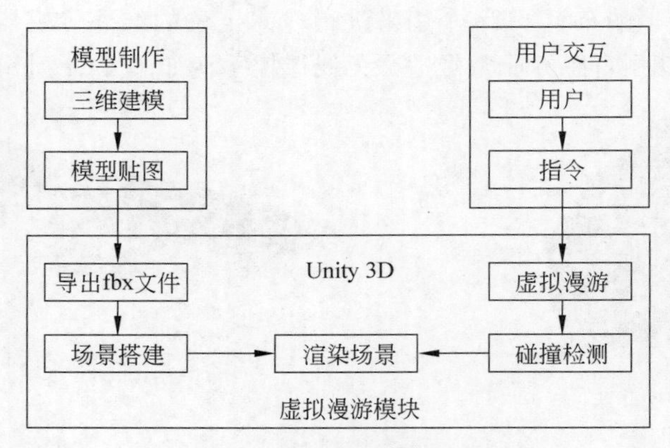

图 1.23 虚拟漫游模块的设计

3. 开发流程

在博物馆展览互动系统中，虚拟漫游模块的开发基于 Unity 引擎，首先通过 3ds Max、Maya 等三维软件完成建模和贴图，建好模型后发布为 fbx 格式文件，然后将 fbx 格式文件直接导入 Unity 引擎中，构建虚拟博物馆场景。最后，为参观者的虚拟漫游加入交互指令，并对场景进行管理。

(1) 构建虚拟场景。

虚拟博物馆场景模型制作是虚拟现实漫游模块开发中非常重要的组成部分，因为模型的质量决定了虚拟场景搭建后的效果，与博物馆漫游系统的体验效果也直接相关。在本项目中，所有博物馆建筑均采用 3ds Max 建模软件实现，在制作建筑模型的过程中，既要考虑模型的真实感问题，又要考虑系统运行的速度问题。因此，需要采用精细建模和简单建模相结合的方式来构建虚拟的博物馆三维景观。博物馆场景模型分为两种：一种是复杂模型，如博物馆内的陈设、展品等，这种模型制作要求非常精细，建模时要适当保留细节；另一种是简单模型，像道路、树木等，这种模型的制作非常简单，只需制作出大致的轮廓，可以靠贴图去实现三维效果。模型的制作也有很多规范，在考虑到系统性能的情况下要求非常多。比如，在不影响真实度的基础上，必须要减少模型的面数和分段数，删除模型相交处隐形的面数，单个模型面数最多不能超过 1000，否则场景中的复杂模型过多，会影响系统的运行，通过对整个场景中模型的优化达到最终的效果。在贴图方面，需要使用高清数码摄像机拍摄的图片来制作纹理贴图，让体验者有更加直观的感受，表 1.1 列出了 Unity 的相关资源及其制作工具。

(2) 虚拟漫游。

搭建完博物馆场景后，导入 Unity 引擎，通过加入虚拟漫游交互功能可以实现体验者在博物馆场景中进行虚拟漫游的效果。体验者通过上、下、左、右键进行前、后、左、右行走，也

表 1.1　Unity 的相关资源及其制作工具

资源类型	制作软件
图片	Photoshop、Adobe Illustrator
视频	Premiere、After Effects、Final Cut
音频	Audition
模型	3ds Max、Maya、Blender、Cinema 4D、ZBrush

可以通过头戴式显示器进行视角转换,或是选择跑步、走路等多种方式,以便让用户获得更好的体验,具体实现代码如下所示。

```
void Update(){
float movev=0;
float moveh=0;
if(Input.GetKey(KeyCode.UpArrow))
{
  Movev-=m_speed * Time.deltaTime;
}
if(Input.GetKey(KeyCode.DownArrow))
{
  Movev+=m_speed * Time.deltaTime;
}
if(Input.GetKey(KeyCode.LeftArrow))
{
  Moveh+=m_speed * Time.deltaTime;
}
if(Input.GetKey(KeyCode.RightArrow))
{
  Moveh-=m_speed * Time.deltaTime;
}
this.transform.Translate(newVector3(moveh,0,movev));
}
```

(3) 交互技术。

博物馆的文物展示重在文化传播,构建一个观众与展品间交流互动的平台,这将大大提升参观者的互动体验。采用虚拟现实技术对系统的界面和行为进行交互设计,可以让参观者与展品之间建立一种全新的互动体验关系,在参观过程中与展品交流互动,发现探索新事物。互动体验主要包括人与空间环境的交互,如图 1.24 所示。

通过 Unity 引擎构建虚拟三维博物馆,参观者可以以第一人称视角在场景中漫游,了解展品的详细信息。虚拟漫游使参观者沉浸在博物馆营造的空间环境中,周围的展品烘托出浓厚的文化氛围。在特定场景中观众与展品开展"对话和交流",感受到活动的视觉语境,体会展品的感染力。

图 1.24 博物馆内展品的展示效果

(4) 显示设备。

随着计算机软硬件技术的不断发展,VR 系统显示设备在不断进步,头戴式显示器可以让用户感受到空间立体感,增加用户体验时的沉浸效果。所以本项目中的 VR 系统采用 Oculus Rift DK2 虚拟显示设备。根据体验者的反馈,它的显示效果非常理想。

(5) 应用发布。

在 Unity 编辑器中执行 File→Build Settings 命令,打开发布设置窗口。VR 硬件基于不同的系统平台构建,在发布设置中选择对应的目标平台,如 HTC Vive 应用程序发布在 PC 平台,Gear VR 应用程序发布在 Android 平台,Google Cardboard 应用程序发布在 Android 平台或 iOS 平台。独立开发者或团队开发的作品也可以发布到各大厂商的应用商店。

4. 项目测试

启动系统后,参观者可以在博物馆中进行个性化的自主参观,欣赏博物馆外风景或是进入博物馆内部参观博物馆内藏品,加强与展品的交流互动,效果如图 1.25～图 1.28 所示。

图 1.25 博物馆外场景漫游效果

图 1.26 博物馆门口漫游效果

图 1.27 博物馆内场景漫游效果

图 1.28 博物馆展品摆放效果

1.9 小结

目前,虚拟现实处于发展的早期阶段,行业生态尚需完善,在大众市场普及方面面临着挑战。本章主要阐述了虚拟现实技术的理论知识,简要介绍了相关概念、基本特征、系统分类、系统组成、技术应用、软件平台、开发设备等内容。通过虚拟博物馆开发项目阐述了将虚拟现实技术应用于博物馆建设中的情况。相信在未来,虚拟博物馆会不断发展,为文物的展示和历史的再现提供更加丰富的手段。

1.10 习题

1. 简述虚拟现实、增强现实和混合现实的概念。
2. 简述虚拟现实、增强现实和混合现实的区别。
3. 虚拟现实系统的三个基本特征是什么?
4. 根据不同形式以及不同沉浸程度,虚拟现实可以分为哪四类?
5. 简述虚拟现实、增强现实以及混合现实的应用领域。

第 2 章

Chapter 2

初识 Unity 引擎

随着虚拟现实及游戏行业的迅猛发展，游戏引擎的竞争愈加激烈。Unity 引擎是一个强大的集成开发工具，开发程序的效率很高。同时，Unity 5.1 版本开始为虚拟现实开发提供了原生支持，当前主流的虚拟现实设备都能通过 Unity 引擎进行程序开发。本章主要介绍 Unity 引擎的特点、发展历程、应用领域等，在实战操作中讲解 Unity 引擎的下载及安装方法，阐述 Unity 引擎编辑器及其基本操作，带领读者走进 Unity 虚拟世界。

2.1 Unity 引擎概述

2.1.1 Unity 引擎的特点

1. 跨平台

Unity 引擎是跨平台游戏引擎，支持包括 Windows、Linux、Mac OS、iOS、Android、Xbox、Play Station 以及 Web 等主流平台。在以往的项目开发中，开发者要考虑平台之间的差异，如屏幕尺寸、操作方式、硬件条件等，这会直接影响开发进度，给开发者造成巨大的麻烦。而 Unity 引擎几乎为开发者完美地解决了这一难题，大幅减少移植过程中一些不必要的麻烦。

2. 综合编辑

Unity 引擎的用户界面具备视觉化编辑、详细的属性编辑器和动态游戏预览等特性。Unity 引擎创新的可视化模式让游戏开发者轻松地构建互动体验，游戏运行时可以实时地修改参数值，节省大量开发时间。

3. 资源导入

Unity 引擎中的项目资源会被自动导入，并根据资源的改动自动更新。它几乎支持所有主流的三维格式，如 3ds Max、Maya、Blender 等，并能和大部分相关应用程序协调工作。

4. 集成 2D 游戏开发工具

Unity 引擎在 Unity 5.3 版本之后加强对 2D 开发的支持，使用 Unity 2D 游戏开发工具集可以非常方便地开发 2D 游戏。它为 2D 游戏开发集成了 Box2D 物理引擎，并提供了一系列 2D 物理组件，通过这些组件可以简单地在 2D 游戏中实现物理特性。

5. 脚本语言

Unity 引擎集成了 Mono Developer 编译平台。以前版本的 Unity 引擎可以支持 C#、

JavaScript 和 Boo 三种脚本语言，后来渐渐摒弃了 Boo 和 JavaScript 脚本语言。目前，C# 是 Unity 引擎开发中最常使用的脚本语言。

6. 联网

Unity 引擎支持从单机游戏到大型联网游戏的开发，结合 Legion 开发包和 Photon 服务器即可轻松创建大型多人网络游戏。在开发过程中，Unity 引擎提供本地客户的发布形式，使得开发者可以直接在本地机器上进行测试修改，帮助开发团队编写更强大的多人在线应用程序。

7. 着色器

Unity 引擎的着色器整合了易用性、灵活性、高性能等特征，能够完成三维计算机图形学中的相关计算。使用着色器时可以轻松地营造出各种惊人的画面效果，实现预期的任务。

8. 地形编辑器

Unity 引擎内置强大的地形编辑系统，游戏开发者可以利用地形编辑系统制作游戏中任何复杂的地形。它支持地形创建和树木与植被贴片，支持自动的地形 LOD、水面特效，对于低端硬件来说，亦可流畅运行广阔茂盛的植被景观，方便地创建出游戏场景中需要的各种地形。

9. 物理特效

Unity 引擎内置了 NVIDIA 的 PhysX 物理引擎，游戏开发者可以高效、逼真、生动地复原和模拟真实世界中的物理效果，如碰撞检测、弹簧效果、布料效果、重力效果等。

10. 光影

Unity 引擎为开发者提供高性能的灯光系统，包括动态实时阴影、HDR 技术、光晕特效等。多线程渲染管道技术将大大提升渲染速度，并提供先进的全局照明技术，可自动进行场景光线计算，获得逼真细腻的图像效果。

2.1.2 Unity 引擎的发展

调查显示，Unity 引擎是目前使用最广泛的移动游戏引擎，53.1%的开发者正在使用。同时，在游戏引擎最重要功能的调查中，“快速的开发时间”排在首位。很多用户认为这款工具易学易用，一个月就能基本掌握其功能，从 2004 年诞生至今，Unity 引擎已经历经 10 多年时间，随着版本不断更新升级，功能也是逐步提升。

2004 年，Unity 引擎诞生于丹麦的阿姆斯特丹。

2005 年，Unity 1.0 版本发布，此版本只能应用于 Mac OS 平台，主要针对 Web 项目和 VR 项目的开发。

2008 年，Unity 推出 Windows 版本，并开始支持 iOS 和 Wii，它从众多的游戏引擎中脱颖而出。

2009 年，Unity 引擎跻身 2009 年游戏引擎的前五名，此时 Unity 引擎的注册人数已经达到了 3.5 万。

2010 年，Unity 引擎开始支持 Android 平台，继续扩大影响力。

2011 年，Unity 引擎开始支持 Play Station 和 Xbox，此时全平台已经构建完成。

2012 年,Unity Technologies 公司正式推出 Unity 4.0 版本,加入 DirectX 11 的支持和 Mecanim 动画工具,以及对 Adobe Flash Player 的部署预览功能。

2013 年,Unity 引擎开始覆盖越来越多的国家,全球用户超过 150 万,全新版本的 Unity 4.0 已经能够支持包括 Android、iOS、Windows 等在内的十个平台发布。

2014 年,Unity 4.6 版本发布,更新了屏幕自动旋转等功能。

2015 年,Unity 5.0 版本在 3 月份发布,后续几个月又陆续升级到 Unity 5.3 版本。

2016 年,Unity 5.4 版本发布,专注于新的视觉功能,为开发人员提供最新的理想实验和原型功能模式,极大地提高了其在 VR 画面展现上的性能。

2017 年,Unity Technologies 公司推出了全新的 Unity 2017 版本,在保证易用性和易拓展性的同时,也朝着更加专业化的方向发展。

2018 年,Unity Technologies 公司推出了 Unity 2018 版本,该版本实现了对着色器可视化编程工具 Shader Graph 的支持,允许开发人员用图形方式而不是编码来构建着色器。

2019 年,Unity Technologies 公司推出了 Unity 2019 版本,其中集成了 ARKit 2.0 和 ARCore 1.5。

2020 年,Unity Technologies 公司推出了 Unity 2020 版本,实现各应用场景下更简单好用的工作流以及编辑器修改实时同步到运行设备等功能。

2.1.3 Unity 引擎的应用

Unity 引擎是目前主流的游戏开发引擎。数据显示,在全球最赚钱的 1000 款手机游戏中,30%都是使用 Unity 引擎开发的。尤其在虚拟现实及游戏开发中,Unity 引擎更加具有统治地位,它能够创建实时、可视化的 2D 和 3D 动画、游戏,被誉为 3D 手游的传奇,孕育了成千上万款高质量、超酷炫的神作,如《炉石传说》《神庙逃亡 2》《我叫 MT2》等。Unity 引擎行业前景广泛,在游戏开发、虚拟仿真、教育、建筑、电影、动漫等多行业都有广泛应用。

1. 游戏中的应用

3D 游戏是 Unity 引擎重要的应用方向之一。从最初的文字游戏到二维游戏、三维游戏,再到网络三维游戏,游戏在保持实时性和交互性的同时,逼真度和沉浸感在不断地提高和加强。图 2.1 和图 2.2 为 Unity 官方发布的 3D 游戏 *Angry Bots* 的测试效果。随着三维技术的快速发展和软硬件技术的不断进步,在不远的将来,3D 虚拟现实游戏必将成为主流游戏市场的应用方向。

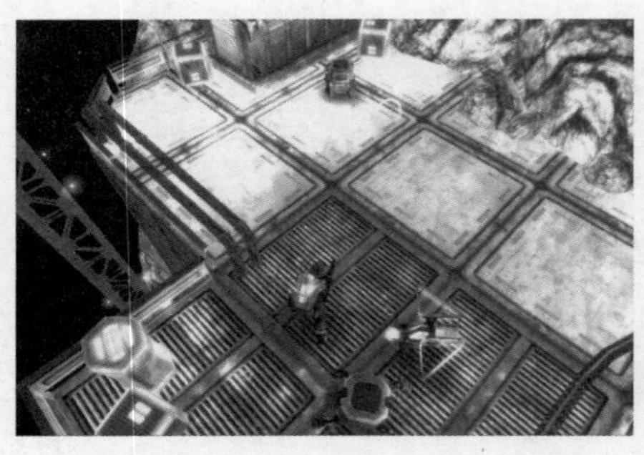

图 2.1 *Angry Bots* 游戏测试效果图 1

图 2.2 *Angry Bots* 游戏测试效果图 2

2. 虚拟仿真教育中的应用

Unity 引擎应用于虚拟仿真教育是教育技术发展的一个飞跃。它营造了“自主学习”的环境，由传统的“以教促学”的学习方式转变为学习者通过自身与信息环境的相互作用来获得知识、技能的新型学习方式，图 2.3 和图 2.4 所示为 Unity 引擎在虚拟仿真教育中的应用。

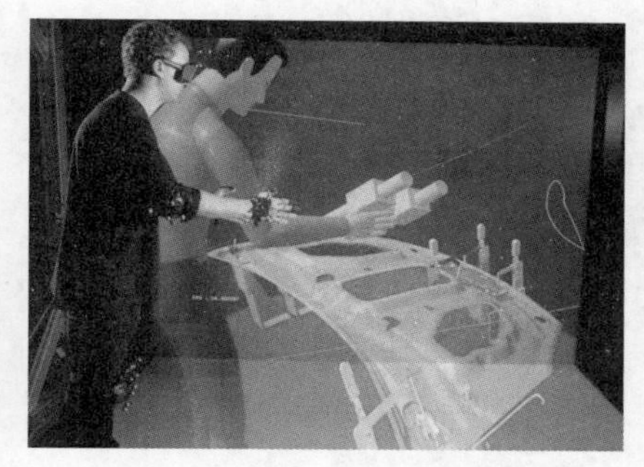

图 2.3 Unity 引擎在虚拟仿真教育中的应用 1

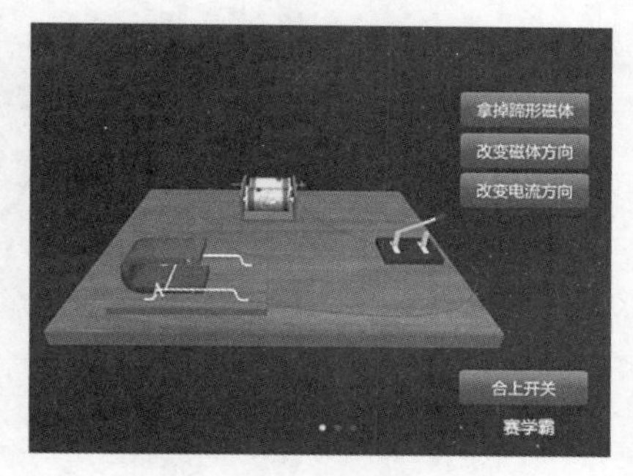

图 2.4 Unity 引擎在虚拟仿真教育中的应用 2

3. 室内设计中的应用

Unity 引擎可以实现虚拟的室内设计效果。它不仅是一个演示媒体，还是一个设计工具。它以视觉形式反映了设计者的思想，比如装修房屋之前，首先要对房屋的结构、外形作细致的构思，为了使之定量化，还要设计许多图纸。虚拟室内设计可以把这种构思变成看得见的虚拟物体和环境，将以往传统的设计模式提升到数字化的所看即所得的完美境界，大大提高了设计和规划的质量与效率。

应用 Unity 引擎开发虚拟室内设计项目，设计者可以完全按照自己的构思去构建装饰虚拟的房间，并可以任意变换自己在房间中的位置，观察设计的效果，直到满意为止，如图 2.5 和图 2.6 所示。

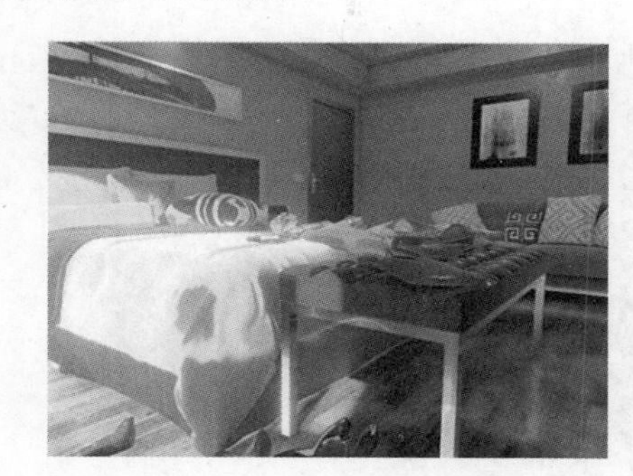

图 2.5 Unity 引擎在室内设计中的应用 1

图 2.6 Unity 引擎在室内设计中的应用 2

4. 城市规划中的应用

城市规划一直是对全新的可视化技术需求最迫切的领域之一。利用 Unity 引擎可以进行虚拟城市规划开发，并带来切实且可观的利益。虚拟城市规划系统的沉浸感和互动性，不但能给用户带来强烈、逼真的感官冲击和身临其境的体验，还可以通过其数据接口随时获取虚拟环境中的数据资料，方便大型复杂工程项目的规划、设计、投标、报批、管理，有利于设计与管理人员对各种规划设计方案进行辅助设计与方案评审，如图 2.7 和图 2.8 所示。

图 2.7 Unity 引擎在城市规划中的应用 1

图 2.8 Unity 引擎在城市规划中的应用 2

5. 工业仿真中的应用

当今世界，工业领域已经发生了巨大变化，先进科学技术的应用显现出巨大威力，Unity 引擎已经被世界上一些大型企业广泛地应用到工业仿真的各个环节。这对企业提高开发效率，加强数据采集、分析、处理能力，减少决策失误，降低风险起到了重要作用，如图 2.9 和图 2.10 所示。

图 2.9 Unity 引擎在工业仿真中的应用 1

图 2.10 Unity 引擎在工业仿真中的应用 2

6. 文博行业中的应用

利用 Unity 引擎，结合网络技术，可以将文物的展示与保护提高到一个崭新的阶段。首先通过影像数据采集文物数据，建立起实物三维或模型数据库，保存文物的各项数据和空间关系等重要资源，实现濒危文物资源的科学、高精度和永久的保存。其次，通过计算机网络还可以整合文物资源，利用虚拟技术更加全面、生动、逼真地展示文物，从而使文物脱离地域限制，实现资源共享，如图 2.11 所示。利用 Unity 引擎实现虚拟文物仿真可以推动文博行业更快地进入信息时代，实现文物展示和保护的现代化。

图 2.11 Unity 引擎在文博行业中的应用

2.2 Unity 引擎的下载与安装

2.2.1 下载 Unity 引擎

第 1 步：在搜索引擎中搜索“Unity 中国”，打开网址 https://unity.cn/，如图 2.12 所示。可以免费下载 PC 版和 Mac 版的 Unity 引擎。

图 2.12 Unity 引擎下载界面

第2步：单击右上角的“下载Unity”按钮，然后选择“登录”，通过扫码或已经注册的Unity账号和密码登录，如图2.13和图2.14所示，即可跳转到下载界面。

图2.13　Unity引擎扫码登录界面

图2.14　Unity引擎邮件登录界面

第3步：在弹出的下载界面可以选择不同的版本进行安装，本书中安装的是Unity 2019.3.2版本，如图2.15所示。(这里注意，新版的Unity需要从Unity Hub平台使用，所以首先需要下载安装Unity Hub，这里单击2019版本后面的“从Hub下载”即可。)Unity Hub是一个统一管理Unity的桌面端应用程序，可以同时添加各种版本的项目文件，极为方便。

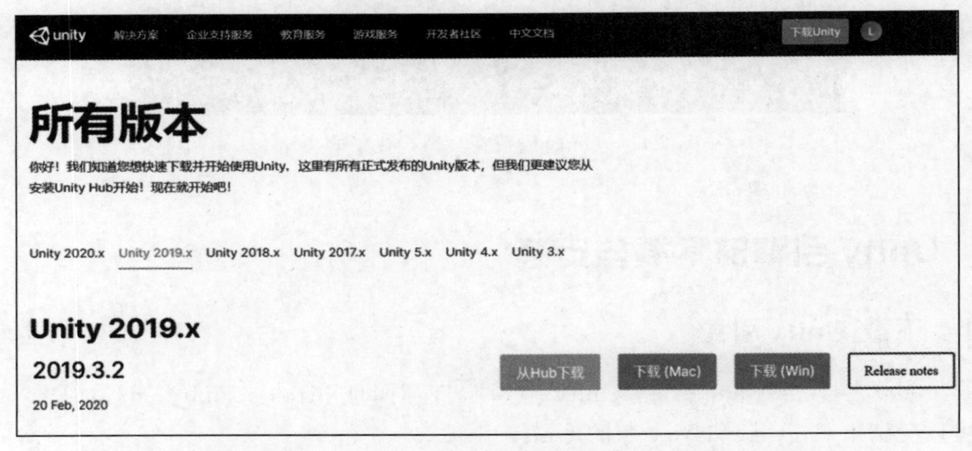

图2.15　Unity 2019.3.2版本引擎下载界面

2.2.2　安装Unity引擎

第1步：安装Unity Hub。下载完成后，打开安装包，单击“我同意”按钮，如图2.16所示，然后进入下一步。

第2步：选择安装位置，单击“浏览”按钮可以自定义选择文件存放的目录，选择完成后单击“安装”按钮，如图2.17所示。

图 2.16　Unity Hub 许可证协议

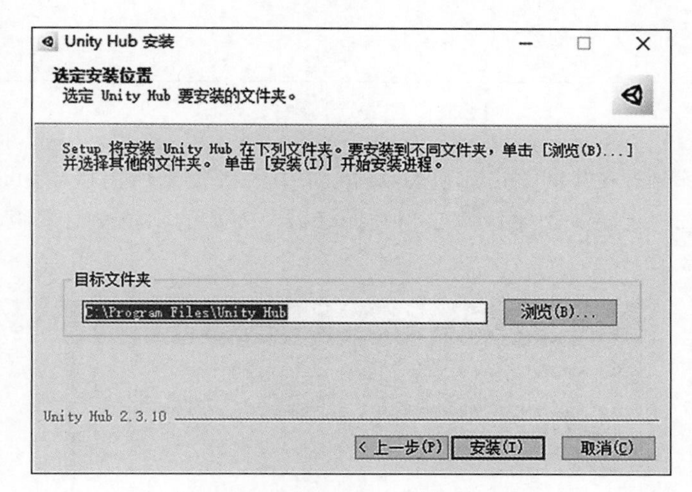

图 2.17　选择 Unity 引擎安装位置

第 3 步：安装完毕，单击“完成”按钮，此时会自动打开 Unity Hub，如图 2.18 所示。

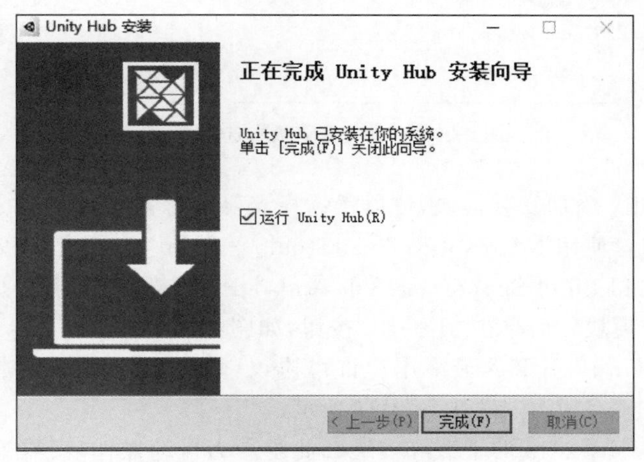

图 2.18　Unity Hub 安装完成

第 4 步：安装完 Unity Hub，接下来开始安装 Unity 2019。打开 Unity Hub，在左侧菜单栏选择“安装”选项卡，进入安装界面，再单击右上角的“安装”按钮，如图 2.19 所示。

图 2.19 Unity 引擎安装界面

第 5 步：选择需要安装的 Unity 引擎版本，如果无法找到所需版本，可以单击“官方发布网站”，在里面选择 Unity 引擎版本。当选择好需要安装的 Unity 引擎版本以后，单击“下一步”按钮，如图 2.20 所示。

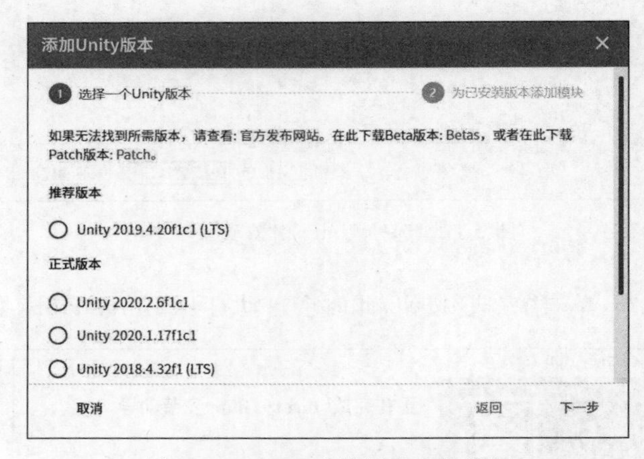

图 2.20 Unity 引擎版本选择界面

第 6 步：为 Unity 添加安装模块，可以仅选择需要的内容安装，其中 Unity 的编辑器是必须安装的组件，推荐使用 Microsoft Visual Studio 编辑器。如果已经安装了编辑器，可取消勾选此项。Android Build Support 是发布 Android 端需要勾选的选项，可以根据需要选择安装，选择好安装模块以后单击“下一步”按钮，如图 2.21 所示。

第 7 步：同意 Unity 引擎的最终用户许可协议，勾选“我已阅读并同意上述条款和条件”复选框，然后单击“完成”按钮，如图 2.22 所示。

第 8 步：等待 Unity 2019 的下载和安装。此步均为自动操作，只需等待即可，如图 2.23 所示。

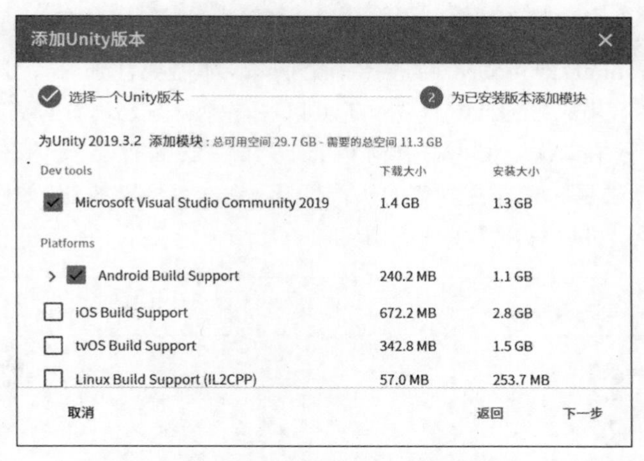

图 2.21　Unity 引擎安装模块添加界面

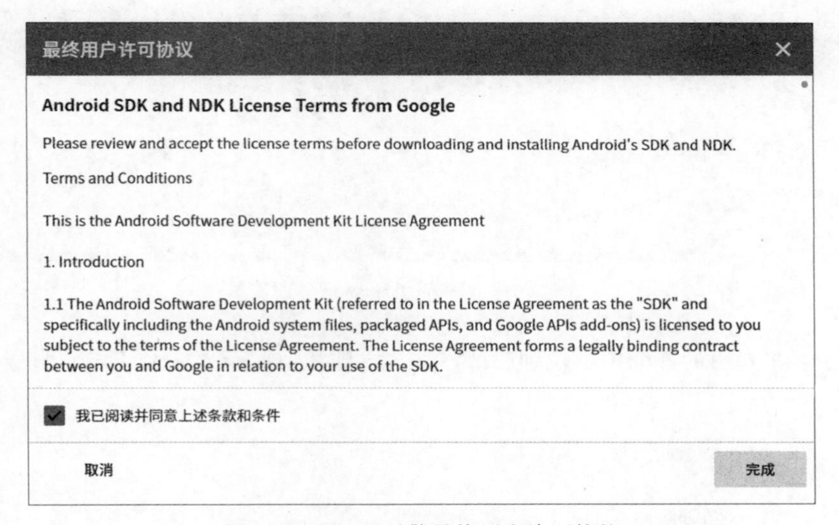

图 2.22　Unity 引擎最终用户许可协议

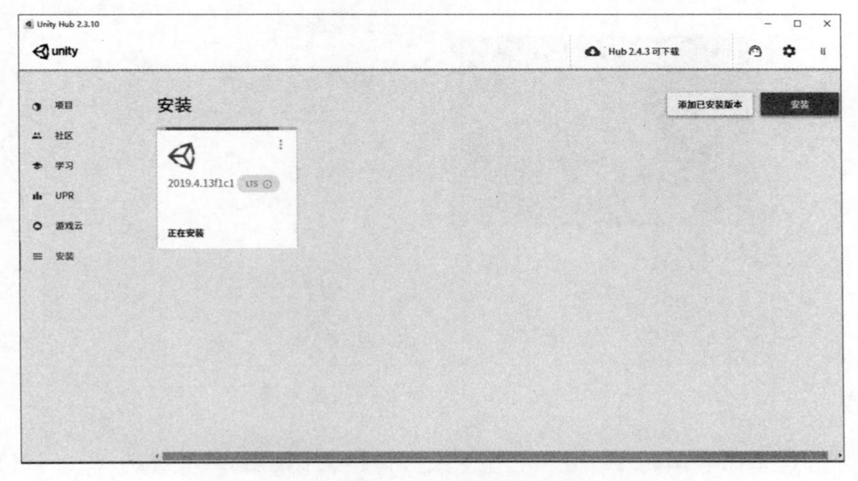

图 2.23　Unity 引擎安装等待界面

第 9 步：安装完毕后，第一次运行 Unity 引擎会提示选择版本，如果没有购买过专业版，选择个人版(Personal)即可。无论选择哪个版本，都需要注册一个 Unity 账号登录，这个账号非常有用，除了用来登录 Unity 外，还可以在 Asset Store 中购买或下载资源。当然也可以使用这个账号在 Asset Sore 中销售自己开发的插件或美术素材，供别人使用。Unity 账号的注册方法是：单击右上角的头像图标，单击“登录”按钮，如图 2.24 所示。如果已经有了 Unity 账号，可以忽略第 9～16 步。

图 2.24　Unity 引擎登录界面

第 10 步：在弹出的界面中下拉到底部，单击“立即注册”，新建一个 Unity 账号，如图 2.25 所示。

图 2.25　Unity 引擎账户注册界面

第 11 步：这里需要填写个人信息，分别是邮箱、密码、用户名、真实名字(可用中文)。注意，密码要求至少 8 位，且至少有 1 个大写字母、1 个小写字母和 1 个数字。填写完毕后，勾选同意用户协议复选框,如图 2.26 所示。单击“立即注册”按钮。

Unity Hub Sign In

unity

立即注册

如果您已有Unity ID，请在此登录。

电子邮件地址 密码

用户名 姓名

我已仔细阅读并接受 Unity用户使用协议 和 隐私政策

通过选中此框，我愿意接收来自Unity的宣传信息

已有Unity帐户? 立即注册

或

图 2.26 Unity 引擎账户注册信息填写界面

第 12 步:填写完信息后会跳转到邮箱验证界面,需要登录邮箱查看邮件,单击邮件里的 Link to confirm email 超链接邮箱,如图 2.27 和图 2.28 所示。

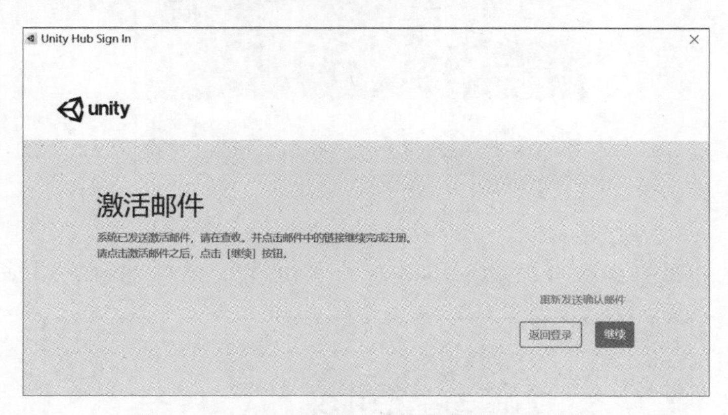

图 2.27 Unity 引擎账户注册邮箱确认界面

unity

Dear litingting,

Thank you for creating a Unity ID

Click the below link to confirm your email. The link will expire in 15 days.

Link to confirm email

Please go to support.unity3d.com to get help with any questions about your Unity ID, account, organization(s) and subscription(s).

Sincerely,
The Unity Team

图 2.28 Unity 引擎账户注册超链接确认界面

第 13 步：验证邮箱成功后，会跳转到浏览器的网页进行一个人机验证。根据提示信息找到所有符合要求的图片，单击“验证”按钮即可，如图 2.29 所示。(注意：这里如果是英文，可复制到网页翻译进行查询，在给出的图片中找到符合条件的勾选即可。一般都是很简单的验证，如果不成功，可多尝试几次。)

图 2.29　Unity 引擎账户注册人机验证界面

第 14 步：人机验证完成后，系统会提示通过人机身份验证，如图 2.30 所示。

图 2.30　Unity 引擎账户注册完成人机验证

第 15 步：接下来，系统会提示填写个人商业信息。由于这里不进行商业使用，在第一栏的 Career 中选择 Programmer 即可，公司名称(Company Name)可以自定义填写。下面一栏的 Industry 选择 VR/AR，完成后单击 Save 按钮，如图 2.31 所示。

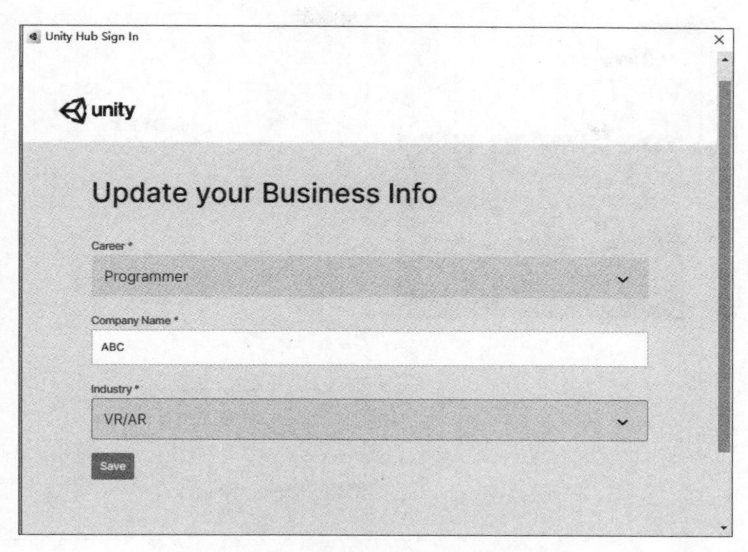

图 2.31 Unity 引擎账户注册信息填写界面

第 16 步：绑定手机号。在 Phone number 一栏中输入手机号，然后单击 Send code 按钮发送验证码，此时，系统会向绑定的手机发送一串验证码，只要将接收到的验证码输入 code 一栏，并单击 Confirm 按钮确认即可，如图 2.32 所示。

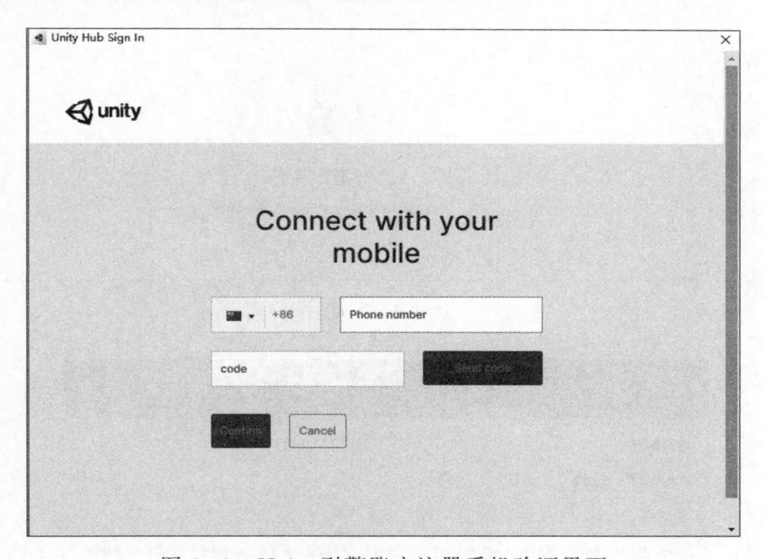

图 2.32 Unity 引擎账户注册手机验证界面

第 17 步：在 Unity Hub Sign In 对话框中选择邮箱登录。输入注册 Unity 账号时使用的邮箱和密码，单击“登录”按钮即可，如图 2.33 所示。

第 18 步：此时完成了账号的注册和登录，接下来激活许可证。单击右上角的齿轮形按钮，找到许可证管理，然后单击“激活新许可证”按钮，如图 2.34 所示。

第 19 步：在许可协议界面选择 Unity 个人版，然后选中“我不以专业身份使用 Unity”单选按钮。单击“完成”按钮，最后等待联网进行激活，如图 2.35 所示。

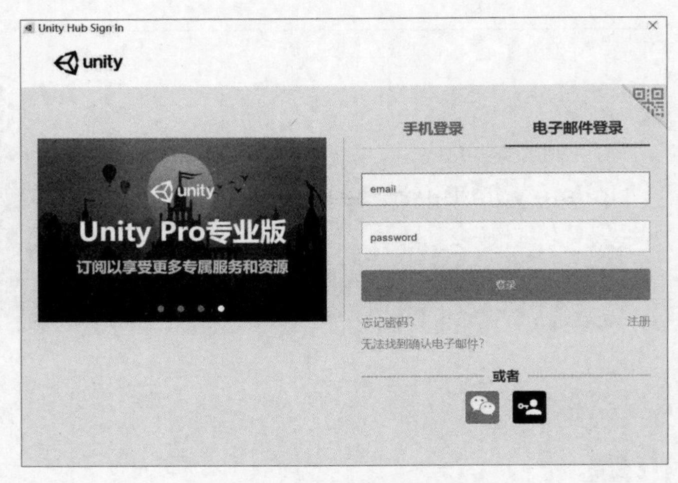

图 2.33 Unity 引擎账户登录界面

图 2.34 激活 Unity 引擎许可证

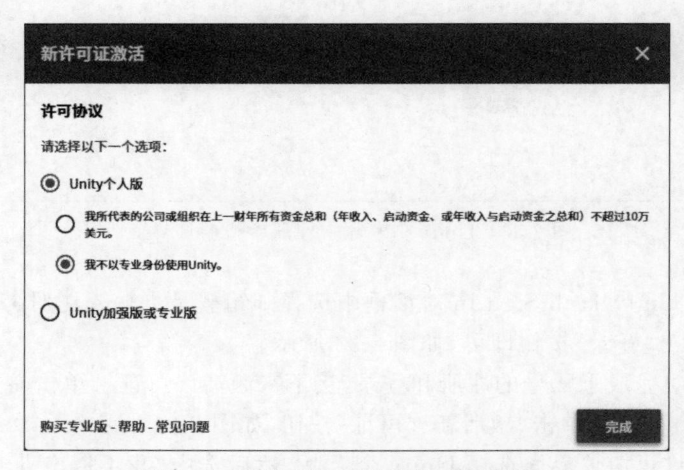

图 2.35 选择 Unity 引擎许可协议界面

第 20 步：激活完成后，会出现当前的许可证信息。如果许可证过期，可单击“检查更新”按钮，如图 2.36 所示。至此就完成了 Unity 引擎的安装和账号的注册与激活。

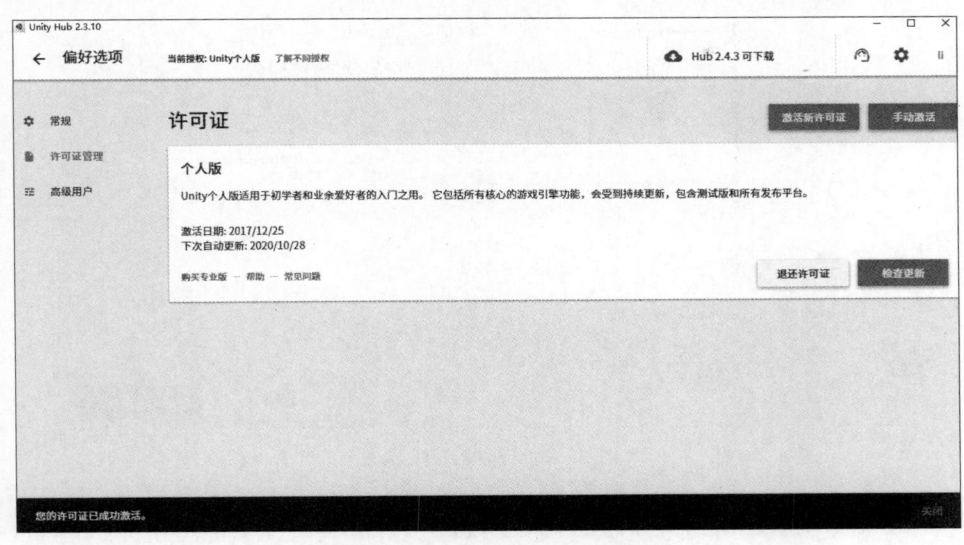

图 2.36 Unity 引擎检查更新界面

2.2.3 登录 Unity 引擎

第 1 步：安装完 Unity 引擎后，桌面会生成两个快捷方式，一个是 Unity Hub，另一个是 Unity 2019。因为 Unity 2019 以后的版本需要通过 Unity Hub 创建 Unity 项目，所以双击 Unity Hub，如图 2.37 所示。单击界面右上角的“新建”按钮，创建一个新项目。

图 2.37 Unity Hub 界面

第 2 步：在弹出的界面中输入“项目名称”和“位置”的内容，并在左侧选择项目类型，再单击右下角的“新建”按钮，即可完成 Unity 项目的创建，如图 2.38 所示。

图 2.38　新建 Unity 项目

第 3 步：Unity 新建的项目如图 2.39 所示。

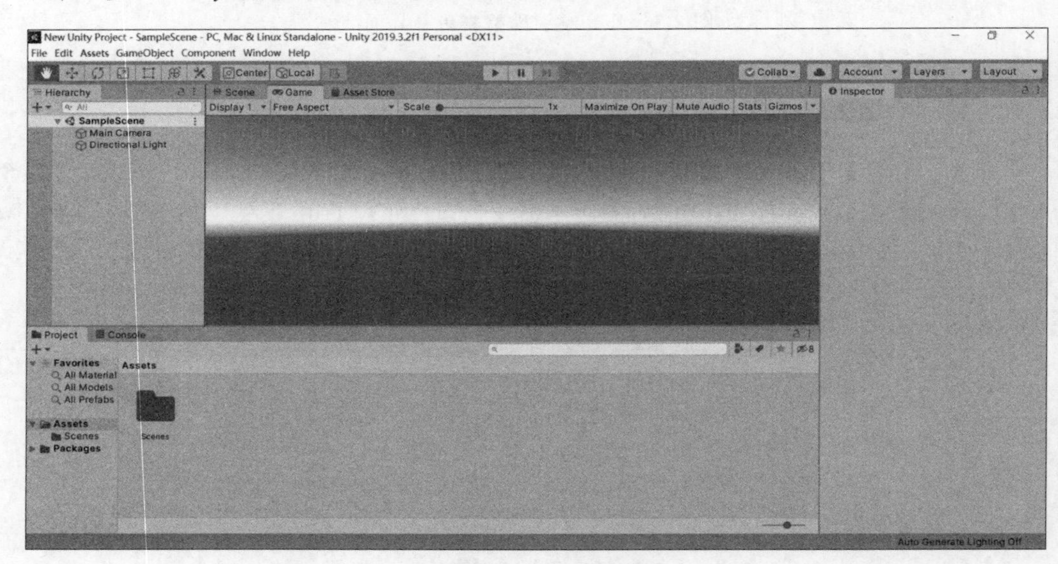

图 2.39　Unity 新建的项目

2.3　Unity 引擎编辑器

2.3.1　界面布局

Unity 引擎的主界面包括工具栏、菜单栏以及 5 个主要的视图操作窗口。它们分别为 Hierarchy(层次)视图、Project(项目)视图、Inspector(属性)视图、Scene(场景)视图和 Game (游戏)视图，如图 2.40 所示。

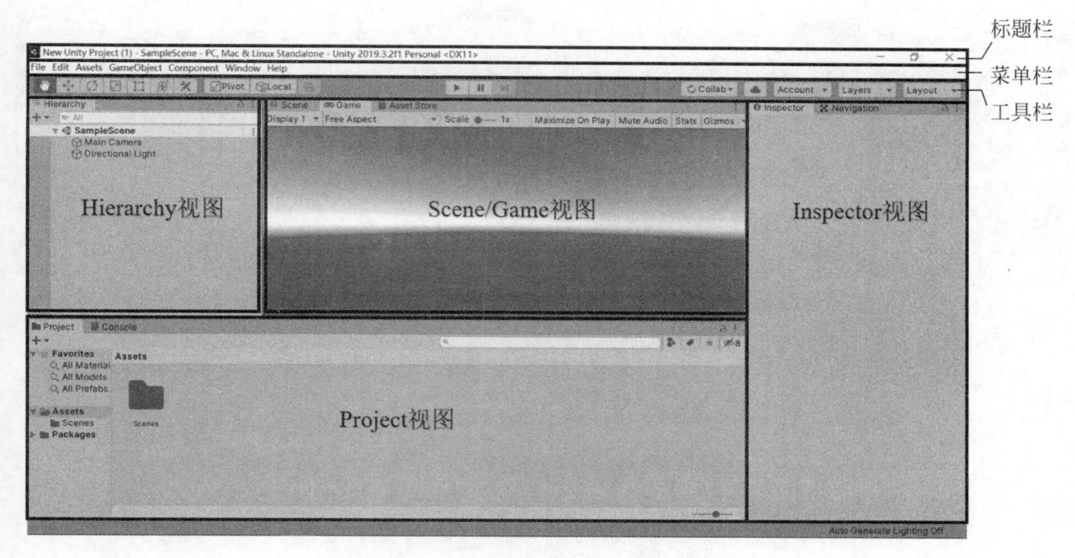

图 2.40 Unity引擎主界面

Unity引擎的界面布局方式有很多种，每种界面布局都有特定的用途。单击右上角的Layout按钮可以改变界面布局模式，其中包括Default、2 by 3、4 Split、Wide、Tall 5种界面布局方式，如图2.41所示。其中，Default界面布局是Unity引擎默认的界面布局方式。2 by 3界面布局是一个经典的布局方式，很多开发人员都使用这样的布局。4 Split界面布局可以呈现4个Scene场景视图，通过控制4个场景可以更清楚地进行场景搭建。Wide界面布局将Inspectors视图放置在最右侧，将Hierarchy视图与Project视图放置在一列。Tall界面布局将Hierarchy视图与Project视图放置在Scene视图的下方。除此以外，还可从自定义界面布局，自定义界面布局可以单击菜单栏Windows→Layouts→Save Layout命令，然后在弹出的小窗口中输入自定义窗口的名称，单击Save按钮即可。

2.3.2 工作视图

1. Hierarchy（层次）视图

Hierarchy视图包含当前场景的所有游戏对象，如图2.42所示。其中一些是资源文件的实例，如3D模型和其他Prefab（预制体）。在Hierarchy视图中可以选择对象或者生成对象。当在场景中增加或删除对象时，Hierarchy视图中相应的对象会出现或消失。

（1）视图布局。

在Hierarchy视图中，对象是按照字母顺序排列的，因此在游戏制作过程中需要避免文件重命名，养成良好的命名习惯。同时，在该视图中可以对游戏对象建立父子级别，以便对大量对象的移动和编辑进行更加精确和方便的操作。

（2）操作介绍。

如图2.43所示，在Hierarchy视图中，单击左侧的倒三角按钮，可以开启与GameObject菜单下相同的命令功能。

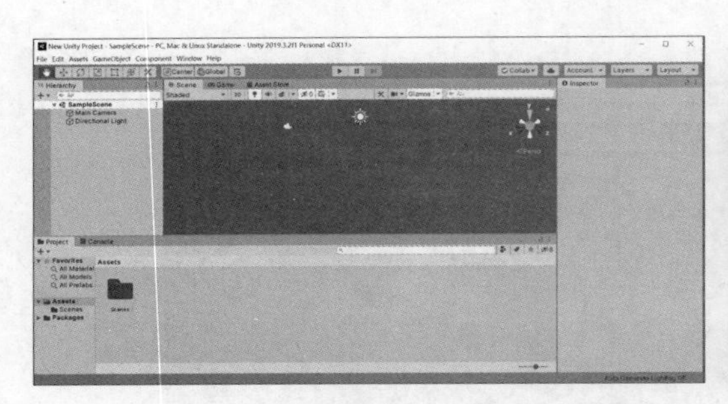

(a) Default界面布局

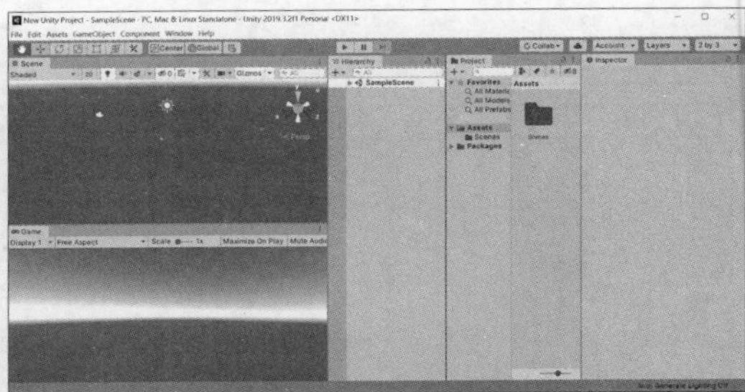

(b) 2 by 3界面布局

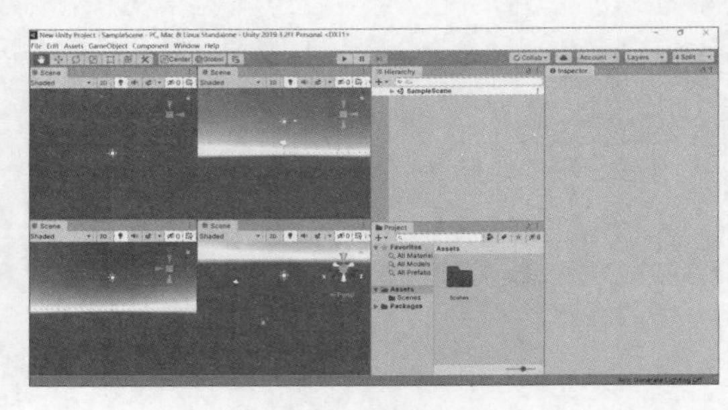

(c) 4 Split界面布局

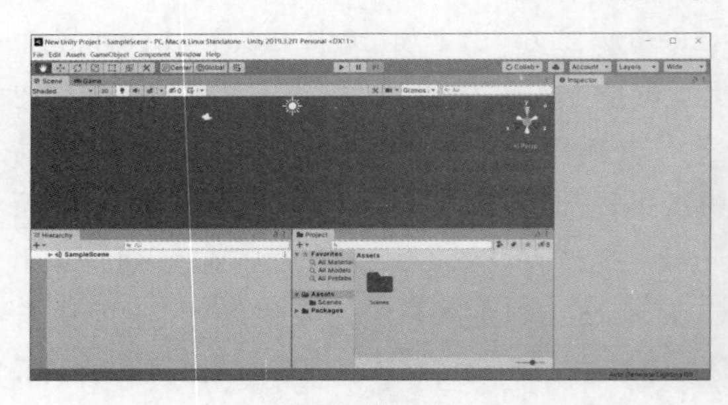

(d) Wide界面布局

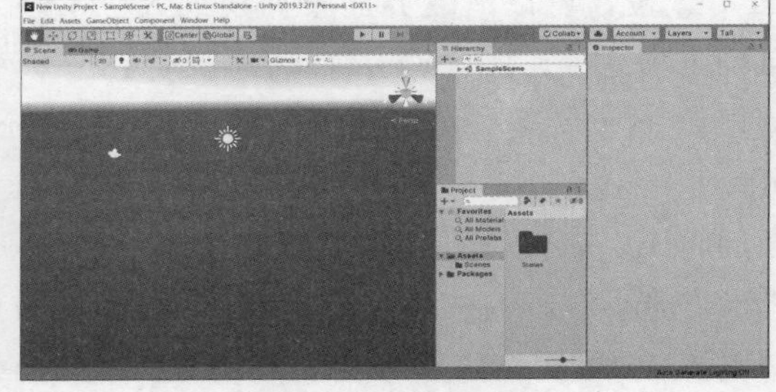

(e) Tall界面布局

图 2.41　Unity 引擎中 5 种界面布局方式

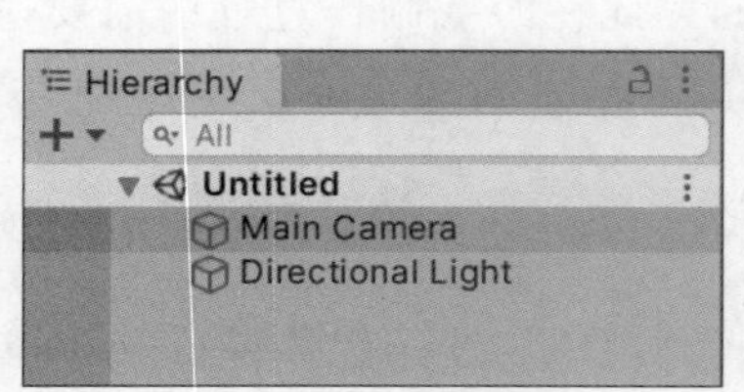

图 2.42　Hierarchy(层次)视图

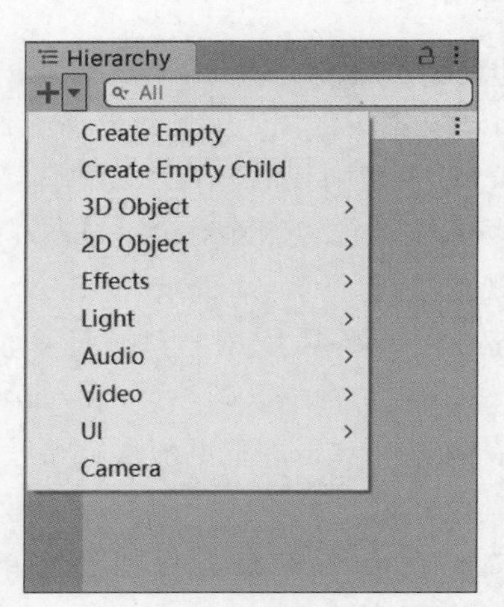

图 2.43　在 Hierarchy 视图中创建游戏对象

如图 2.44 所示，在 Hierarchy 视图中，单击最右侧的按钮可以保存场景及加载场景。

如图 2.45 所示，在 Hierarchy 视图中，单击搜索区域可以快速查找场景中的某个对象。

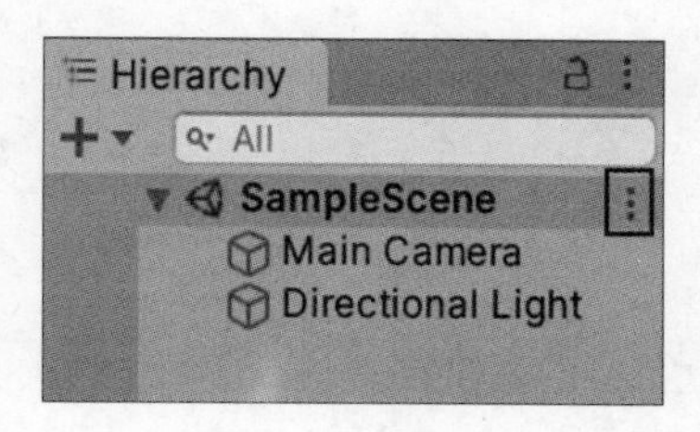

图 2.44 在 Hierarchy 视图中保存加载场景

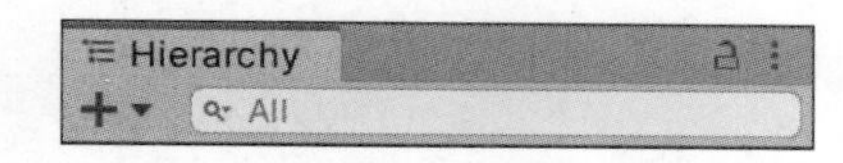

图 2.45 Hierarchy 视图中的搜索功能

2. Project（项目）视图

Project 视图显示资源目录下所有可用的资源列表，相当于一个资源仓库，用户可以使用它来访问和管理项目资源。每个 Unity 项目包含一个资源文件夹，其中的内容将呈现在 Project 视图中，如图 2.46 所示。这里存放着项目的所有资源，比如场景、脚本、三维模型、纹理、音频文件和预制体等。如果在 Project 视图里单击资源，可以在资源管理器中找到这些真正的文件本身。默认情况下启动新项目时，此窗口将打开。如果在项目中找不到 Project 视图，则可以通过选择菜单栏中的 Window→ General →Project 命令打开该视图。

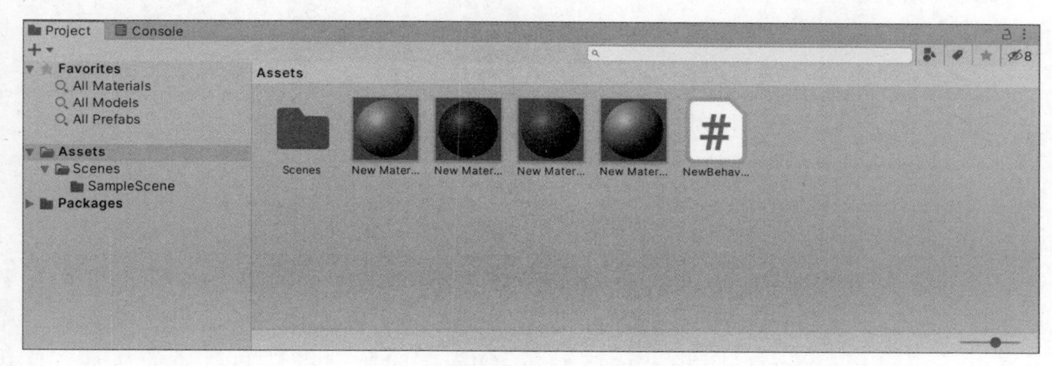

图 2.46 Project 视图

（1）视图布局。

Project 视图左侧的视图显示当前文件夹的层次结构，当在左侧视图选中一个文件夹时，该文件夹的内容就会显示在右侧的视图中。对于显示的资源，可以从图标看出它的类型，如脚本、材质、子文件夹等。另外，可以拖动视图底部的滑块来调节图标的显示尺寸，当滑块移动到最左边时，资源就会以层次列的形式显示出来。进行搜索时，滑块左边的空间就会显示资源的一个完整路径。

（2）操作介绍。

在 Project 视图中，最顶部是一个浏览器工具条。最左边是一个 Create 菜单，单击 Project 视图左侧的倒三角按钮，如图 2.47 所示，会开启与 Assets 菜单下的 Create 命令相同的功能，可以创建脚本、阴影、材质、动画、UI 等资源。

如图 2.48 所示，在 Project 视图中单击搜索区域，可以快速查找指定的某个资源文件的内容。

图 2.47　Project 视图中的 Create 菜单功能

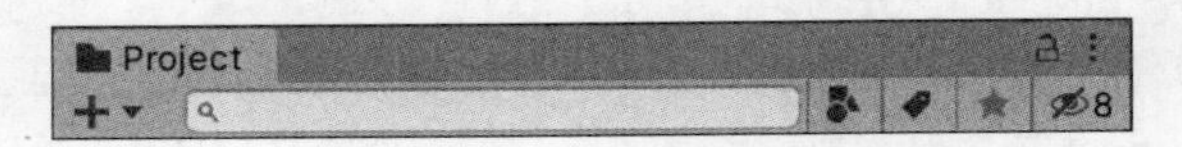

图 2.48　Project 视图中的搜索功能

如图 2.49 所示，在 Project 视图中，左侧视图的顶部是一个名为 Favorites(收藏)功能的文件夹，经常访问的资源可以保存在此处，以方便地访问。使用时，可以从项目文件夹中拖动文件夹到此，或通过保存搜索结果的方式来保存。

如图 2.50 所示，在 Project 视图中，右侧视图的顶部是一个"选择项轨迹条"，它显示了项目视图中当前选中的文件夹的具体文件路径。

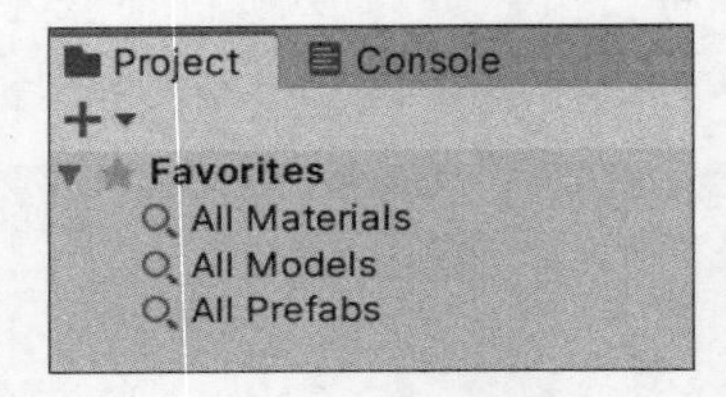

图 2.49　Project 视图中的收藏功能

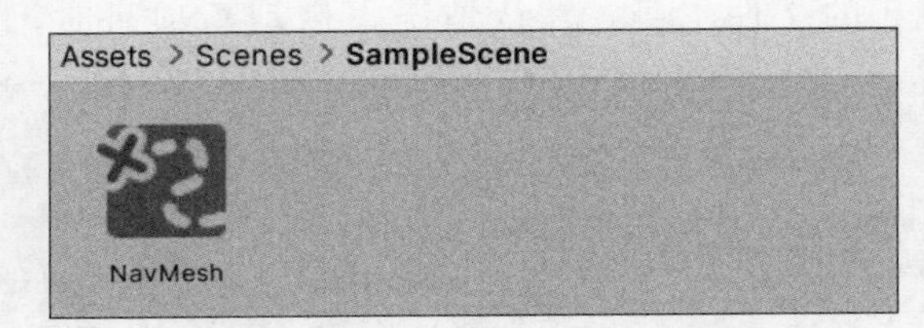

图 2.50　Project 视图中的选择轨迹条

3. Inspector(属性)视图

Inspector 视图显示当前所选 GameObject 的详细信息，包括所有附加组件及其属性，并允许在场景中修改 GameObject 的功能。当在 Hierarchy 视图或 Scene 视图中选择一个 GameObject 时，Inspector 视图将显示该 GameObject 的所有组件和材质的属性。使用 Inspector 视图可以编辑这些组件的属性。

如图 2.51 所示，Unity 引擎的 Inspector 视图显示当前选定的游戏对象的所有附加组件及其属性的详细信息。

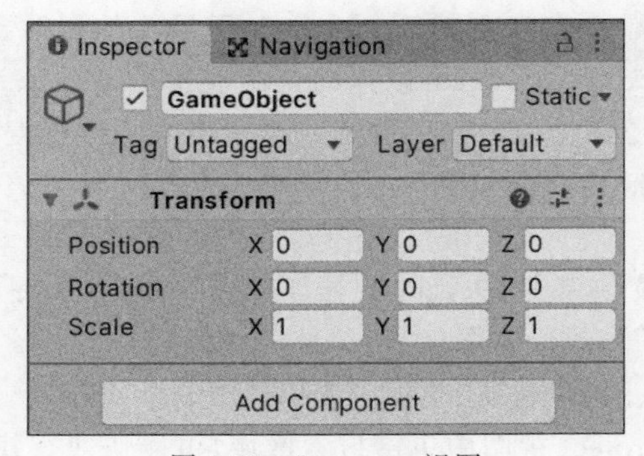

图 2.51　Inspector 视图

（1）视图布局。

以摄像机为例，Unity 引擎中的 Inspector 视图中显示了当前游戏场景中的 Main Camera 对象拥有的所有组件，如图 2.52 所示。

（2）操作介绍。

在 Hierarchy 视图中选中指定游戏对象后，可以在该视图中修改选定对象的各项参数，图 2.53 所示为球的属性参数。

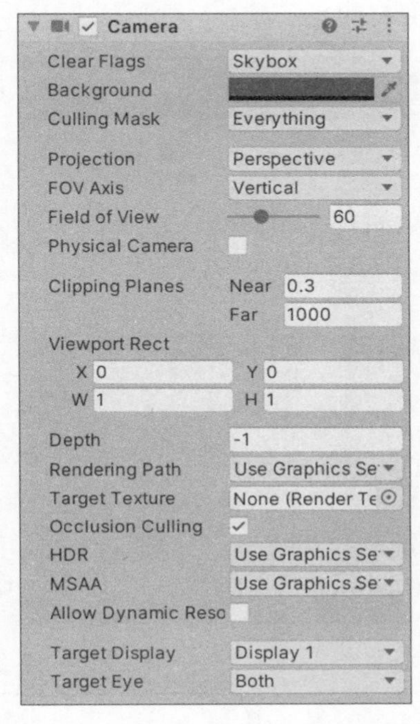

图 2.52　Inspector 视图中的摄像机属性

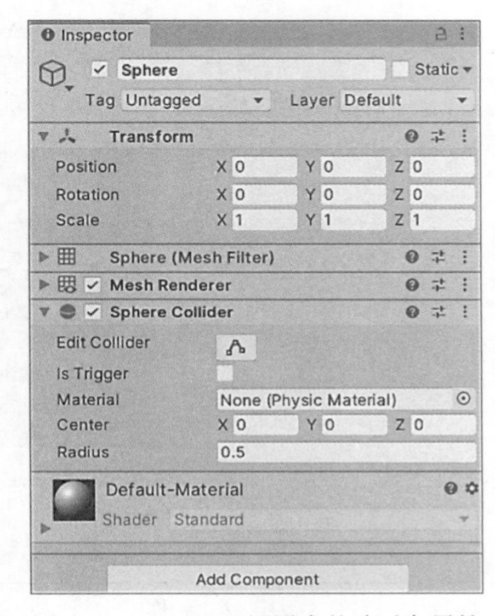

图 2.53　Inspector 视图中的球对象属性

4. Scene(场景)视图

Unity 引擎中的 Scene 视图是交互式沙盒，如图 2.54 所示，是对游戏对象进行编辑的可视化区域。开发者创建项目时所用的模型、灯光、摄像机、材质、音频等内容都将显示在该视图中。

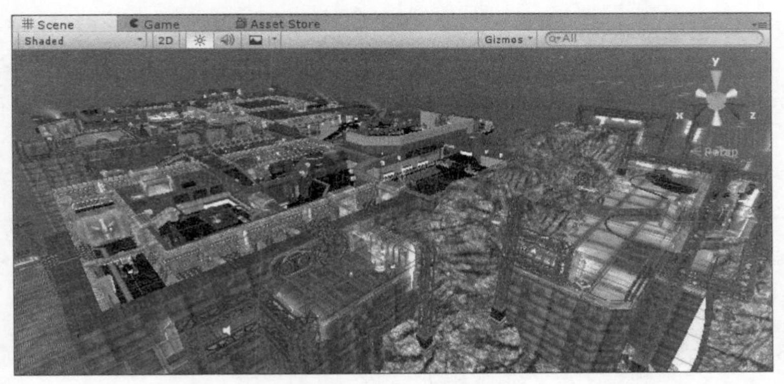

图 2.54　Scene 视图

(1) 视图布局。

Unity 引擎的 Scene 视图用于构建游戏场景，开发者可以在该视图中通过可视化方式进行项目开发，并根据个人喜好调整 Scene 视图的位置。

(2) 操作介绍。

Scene 视图上端的控制栏如图 2.55 所示，该栏中的选项用于改变摄像机查看场景的方式。在视图控制栏中可以选择各种选项，以查看场景，并控制是否启用灯光和音频。这些控件仅在开发过程中影响 Scene 视图，而对内置游戏没有影响。

图 2.55 Scene 视图控制栏

Scene 视图中的渲染模式如图 2.56 所示，属性参数如表 2.1 所示。

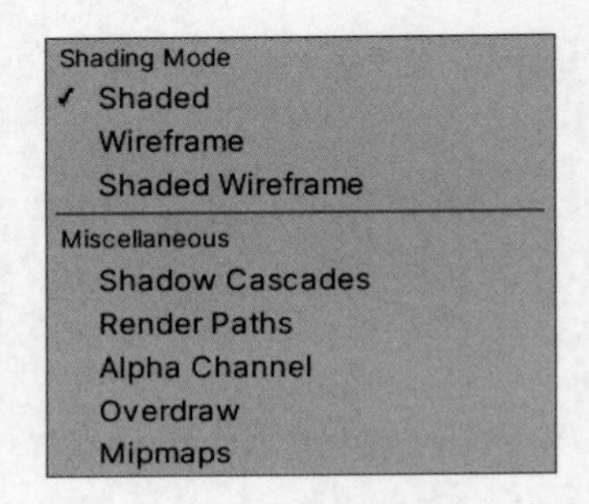

图 2.56 Scene 视图中的渲染模式

表 2.1 渲染模式参数

英文名称	中文名称	功能详解
Shaded	默认模式	所有游戏对象的贴图都正常显示
Wireframe	网格线框显示模式	此选项用于以网格线框形式显示所有对象
Shaded Wireframe	阴影线框	此选项用于以网格线框加贴图形式显示对象
Shadow Cascades	阴影级联	阴影级联仅适用于方向光，使用阴影级联有助于解决透视混叠的问题
Render Paths	渲染路径	使用颜色代码显示每个对象的渲染路径：绿色表示延时光照，黄色表示正向渲染，红色表示顶点光照
Alpha Channel	Alpha 通道	此选项用于显示透明通道
Overdraw	半透明方式显示	此选项用于将对象显示为半透明的剪影
Mipmaps	MIP 映射图显示	此选项用于显示纹理尺寸是否合适

如图 2.57 所示，Scene 视图渲染模式菜单右侧的三个按钮用于打开或关闭 Scene 视图中的 2D、照明和音频。

如图 2.58 所示，音频右侧的按钮 是效果按钮和菜单，具有启用或禁用渲染场景视图的效果。

图 2.57 2D、照明和音频开关

图 2.58 效果按钮和菜单

如图 2.59 所示，场景可见性开关用于设置 GameObject 游戏对象在 Scene 视图中的可见性。启用后，Unity 引擎将进行应用场景可见性设置。另外，此开关还显示场景中隐藏的 GameObject 的数量。

图 2.59 场景可见性开关

如图 2.60 所示，组件编辑器开关用于显示或隐藏 Scene 视图中的组件编辑面板。

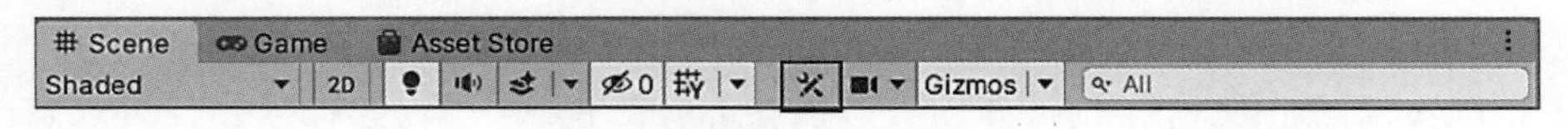

图 2.60 组件编辑器开关

如图 2.61 所示，摄像机设置工具用于设置 Scene 视图摄像机的属性。

图 2.61 摄像机设置工具

如图 2.62 所示，Gizmos 工具包含许多对象，是 Scene 视图的可视化调试和辅助工具。此工具在“Scene”视图和“Game”视图中均可用。

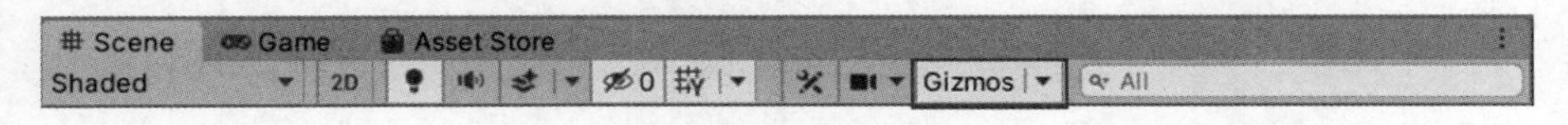

图 2.62 Gizmos 工具

如图 2.63 所示，控制栏上最右边的项目是一个搜索框，可按名称或类型过滤 Scene 视图中的项目。与搜索过滤器匹配的项目集也显示在 Hierarchy 视图中，该视图默认情况下位于 Scene 视图的左侧。

图 2.63 搜索框

5. Game(游戏)视图

Unity 引擎中的 Game 视图用于显示最后发布游戏后的运行画面,如图 2.64 所示,游戏开发者可以通过此视图测试游戏。

图 2.64　Game 视图

(1) 视图布局。

单击 Play(播放)按钮后,开发者可以在 Game 视图中预览测试,并且可以随时中断或停止测试,如图 2.65 所示。

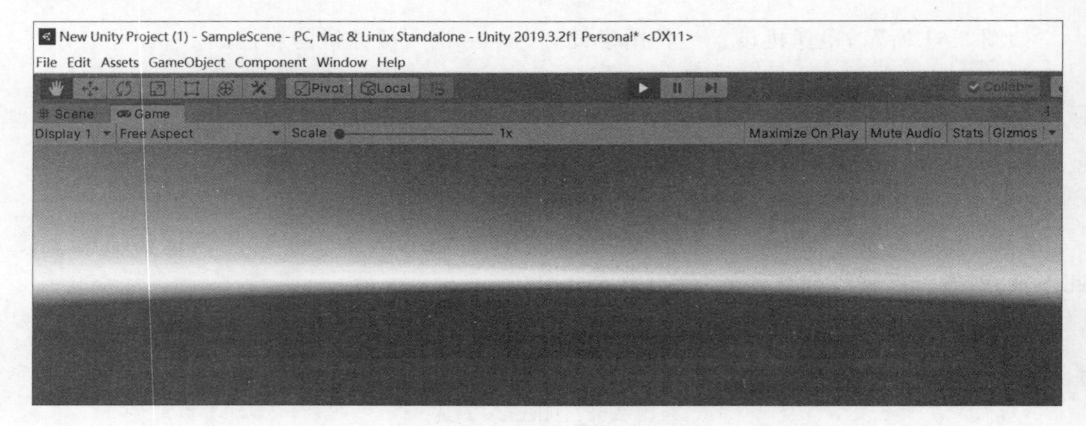

图 2.65　预览测试

(2) 操作介绍。

Game 视图的顶部是用于控制 Game 视图中显示属性的控制条,如图 2.66 所示,选项中的内容如表 2.2 所示。

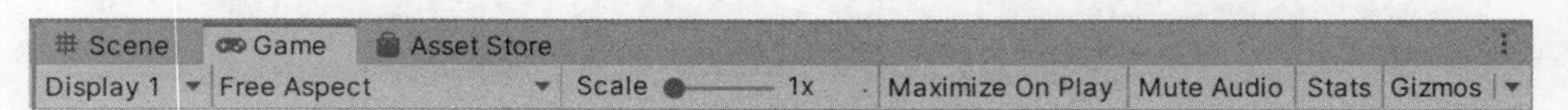

图 2.66　Game 视图属性控制条

表 2.2 Game 视图属性控制条相关参数设置

英文名称	中文名称	功能详解
Free Aspect	自由比例	此选项用于调整屏幕的显示比例，默认为自由比例
Scale	缩放	此选项用于缩放游戏运行时场景中游戏对象的显示大小
Maximize On Play	运行时最大窗口	此选项用于切换游戏运行时的最大化显示场景
Mute Audio	静音	单击此按钮后，游戏在运行预览时会静音
Stats	统计	单击此按钮，弹出 Statistics 视图，视图中显示运行场景的渲染速度、帧率、内存参数等内容
Gizmos	辅助线框	单击三角形符号可以显示隐藏场景中的灯光、声音、摄像机等游戏对象图标

2.3.3 菜单栏

菜单栏是 Unity 引擎操作界面的重要组成部分，主要用于集合分散的功能与板块，其友好的设计使开发者能以较快的速度查找到相应的功能内容。Unity 引擎菜单栏中一共包含 File(文件)、Edit(编辑)、Assets(资源)、GameObject(游戏对象)、Component(组件)、Window(窗口)和 Help(帮助)7 组菜单，如图 2.67 所示。

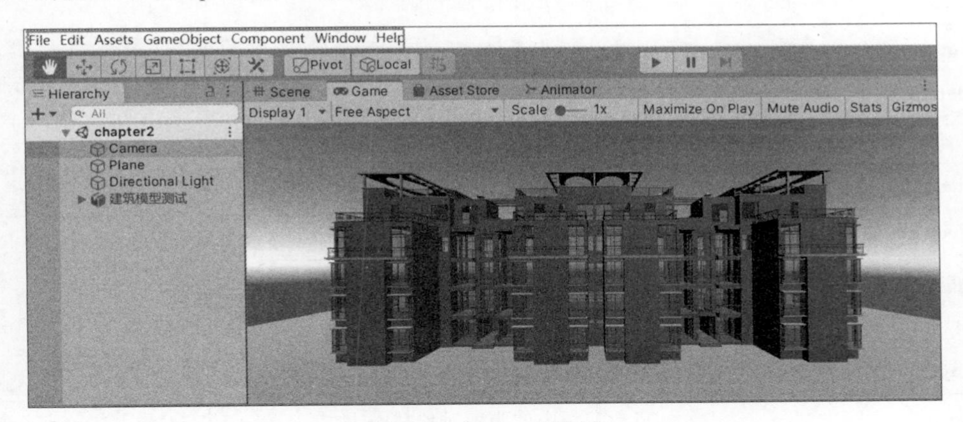

图 2.67 Unity 菜单栏

1. File(文件)菜单

File 菜单主要用于打开和保存场景项目，也可以创建场景，具体使用方法及快捷键如表 2.3 所示。

表 2.3 File 菜单及快捷键

英文名称	功能详解	快捷键
New Scene(新建场景)	创建一个新的场景	Ctrl+N
Open Scene(打开场景)	打开一个已经创建的场景	Ctrl+O
Save(保存场景)	保存当前场景	Ctrl+S

续表

英文名称	功能详解	快捷键
Save As(另存场景)	将当前场景另存为	Ctrl+Shift+S
New Project(新建工程)	新建一个新的项目工程	无
Open Project(打开工程)	打开一个已经创建的工程	无
Save Project(保存工程)	保存当前项目工程	无
Build Setting(发布设置)	工程发布的相关设置	Ctrl+Shift+B
Build & Run(发布 & 执行)	工程发布并运行项目	Ctrl+B
Exit(退出)	退出 Unity 引擎	无

2. Edit(编辑)菜单

Edit 菜单用于场景对象的基本操作(如撤销、重做、复制、粘贴)以及项目的相关设置,具体使用方法及快捷键如表 2.4 所示。

表 2.4 Edit 菜单及快捷键

英文名称	功能详解	快捷键
Undo Selection change	撤销上一步操作	Ctrl+Z
Redo	重复上一步动作	Ctrl+Y
Select All	选中所有对象	Ctrl+A
Deselect All	取消全部选择	Shift+D
Select Chidren	选择子对象	Shift+C
Select Prefab Root	选择预制体根对象	Ctrl+Shift+R
Invert Selection	反转选择	Ctrl+I
Cut	将对象剪切到剪切板	Ctrl+X
Copy	复制并贴上对象	Ctrl+C
Paste	将剪切板中的当前对象粘贴上	Ctrl+V
Duplicate	复制并粘贴上对象	Ctrl+D
Delete	删除对象	Shift+Delete
Frame Selected	平移缩放窗口至选择的对象	F
Look View to Selected	聚焦到所选对象	Shift+F
Find	切换到搜索框,通过对象名称搜索对象	Ctrl+F
Play	执行游戏	Ctrl+P
Pause	暂停游戏	Ctrl+Shift+P
Step	单步执行程序	Ctrl+Alt+P
Sign in	登录到 Unity 账户	无

续表

英文名称	功能详解	快捷键
Sign out	退出 Unity 账户	无
Selection	载入和保存已有选项	无
Project Settings	设置项目相关参数	无
Preferences	设定 Unity 编辑器偏好功能相关参数	无
Shortcuts	快捷方式	无
Clear All PlayerPrefs	清除所有 PlayerPrefs	无
Graphics Tier	图形层	无
Grid and Snap Settings	设置吸附功能相关参数	无

3. Assets(资源)菜单

Assets 菜单主要用于资源的创建、导入、导出以及同步相关的所有功能,具体使用方法及快捷键如表 2.5 所示。

表 2.5 Assets 菜单及快捷键

英文名称	功能详解	快捷键
Create	创建功能(脚本、动画、材质、字体、贴图、物理材质、GUI 皮肤等)	无
Show In Explorer	打开资源所在的目录位置	无
Open	开启对象	无
Delete	删除对象	无
Rename	重命名	无
Copy Path	复制路径	Alt+Ctrl+C
Open Scene Addictive	打开添加的场景	无
View in Package Manager	在包管理器中查看	无
Import New Asset	导入新的资源	无
Import Package	导入资源包	无
Export Package	导出资源包	无
Find References in Scene	在场景视图中找到所选资源	无
Select Dependencies	选择相关资源	无
Refresh	刷新资源	Ctrl+R
Reimport	将所选对象重新导入	无
Reimport All	将所有对象重新导入	无
Extract from Prefab	从预制体中提取	无

续表

英文名称	功能详解	快捷键
Run API Updater	启动 API 更新器	无
Update UIElements Schema	更新 UIElements 模式	无
Open C# Project	开启 MonoDevelop 并与工程同步	无

4. GameObject(游戏对象)菜单

GameObject 菜单主要用于创建、显示游戏对象,具体使用方法及快捷键如表 2.6 所示。

表 2.6 GameObject 菜单及快捷键

英文名称	功能详解	快捷键
Create Empty	创建一个空的游戏对象	Ctrl+Shift+N
Create Empty Child	给选中的对象创建一个空的子对象	Alt+Shift+N
3D Object	创建 3D 游戏对象	无
2D Object	创建 2D 游戏对象	无
Effects	创建特效	无
Light	创建灯光对象	无
Audio	创建声音对象	无
Video	创建视频对象	无
UI	创建 UI 对象	无
Camera	创建摄像机对象	无
Center On Children	将父对象的中心移动到子对象上	无
Make Parent	选中多个对象后创建父子对象集的对应关系	无
Clear parent	取消父子对象的对应关系	无
Set as first sibling	设置选定子对象为所在父对象下面的第一个子对象	Ctrl+=
Set as last sibling	设置选定子对象为所在父对象下面的最后一个子对象	Ctrl+-
Move To View	改变对象的 Position 坐标值,将所选对象移动到 Scene 视窗中	Ctrl+Alt+F
Align With View	改变对象的 Position 坐标值,将所选对象移动到 Scene 视图的中心点	Ctrl+Shift+F
Align View To Selected	将编辑视角移动到选中物体的中心位置	无
Toggle Active State	设置选定对象为激活或不激活状态	Alt+Shift+A

5. Component(组件)菜单

Component 菜单主要用于在项目制作过程中为游戏对象添加组件或属性,具体使用方法及快捷键如表 2.7 所示。

表 2.7　Component 菜单及快捷键

英文名称	功能详解	快捷键	英文名称	功能详解	快捷键
Add	添加组件	Ctrl＋Shift＋A	Tilemap	贴图组件	无
Mesh	网格组件	无	Layout	布局组件	无
Effect	特效组件	无	Playables	直接连接组件	无
Physics	物理组件	无	AR	增强现实组件	无
Physics 2D	2D 物理组件	无	Miscellaneous	杂项组件	无
Navigation	导航组件	无	UI	界面组件	无
Audio	音频组件	无	Scripts	脚本组件	无
Video	视频组件	无	Event	Event 组件	无
Rendering	渲染组件	无			

6. Window(窗口)菜单

Window 菜单主要用于在项目制作过程中显示 Layout 布局、Scene 视图、Game 视图和 Inspector 视图，具体使用方法及快捷键如表 2.8 所示。

表 2.8　Window 菜单及快捷键

英文名称	功能详解	快捷键
Next Window	显示下一个窗口	Ctrl＋Tab
Previous Window	显示前一个窗口	Ctrl＋Shift＋Tab
Layouts	页面布局方式，可以根据需要自行调整	无
Asset Store	资源商店	Ctrl＋9
Package Manager	资源包管理	无
Assets Management	资源管理	无
TexMeshPro	TexMeshPro 窗口，可以让文本看起来更美观	无
General	综合窗口包括 Scene、Game、Hierarchy、Inspector 等	无
Rendering	渲染窗口	无
Animation	动画窗口	Ctrl＋6
Audio	音效窗口，用于控制音效，实现声音混合	无
Sequencing	序列窗口	无
Analysis	用于分析探查的窗口	无
2D	2D 窗口	无
AI	AI 窗口	无
XR	XR 窗口	无
UI	UI 窗口，用于显示 UI 元素示例	无

7. Help(帮助)菜单

Help 菜单主要用于帮助用户快速地学习和掌握 Unity 引擎,提供当前安装 Unity 引擎的版本号,具体使用方法及快捷键如表 2.9 所示。

表 2.9 Help 菜单及快捷键

英文名称	功能详解	快捷键
About Unity	提供 Unity 引擎的安装版本号及相关信息	无
Unity Manual	连接至 Unity 引擎官方在线教程	无
Scripting Reference	连接至 Unity 引擎官方在线脚本参考手册	无
Rremium Expert Help-Beta	连接至 Unity Live Help	无
Unity Service	连接至 Unity 引擎官方在线服务平台	无
Unity Forum	连接至 Unity 引擎官方论坛	无
Unity Answers	连接至 Unity 引擎官方在线问答平台	无
Unity Feedback	连接至 Unity 引擎官方在线反馈平台	无
Check for Updates	检查 Unity 引擎版本更新	无
Download Beta	下载 Unity 引擎的 Beta 版本安装程序	无
Manage License	打开 Unity 引擎许可管理工具	无
Release Notes(发行说明)	连接至 Unity 引擎官方在线发行说明	无
Software License	软件许可	无
Report a Bug	向 Unity 引擎官方报告相关问题	无
Reset Packages to defaults	将软件包重置为默认值	无
Troubleshoot issue	连接至问题解决页面	无
Quick Search	连接至快速查询页面	Alt+

2.3.4 工具栏

工具栏一共包含 19 种基本的控制按钮,如表 2.10 所示。

表 2.10 工具栏中的基本按钮

图标	工具名称	功能详解	快捷键
	平移工具	用于在场景对移动视角	Q
	位移工具	用于场景中对游戏对象进行位移	W
	旋转工具	用于场景中对游戏对象进行旋转	E
	缩放工具	用于场景中对游戏对象进行缩放	R
	矩形手柄	用于设定矩形选框	T

续表

图 标	工具名称	功 能 详 解	快捷键
	矩形变换	用于定位 2D 元素(例如 Sprites)或 UI 元素	Y
	定制工具	用于打开组件编辑器工具	无
Center	变换轴向	与 Pivot 切换显示,表示以对象中心为参考轴来作移动、旋转及缩放	Z
Pivot	变换轴向	与 Center 切换显示,表示以网格的实际轴点来作移动旋转及缩放	Z
Local	变换轴向	与 Global 切换显示,用于控制对象本身的轴向	X
Global	变换轴向	与 Local 切换显示,用于控制世界坐标的轴向	X
	播放	用于运行测试	Ctrl+P
	暂停	用于暂停测试	Ctrl+Shift+P
	逐步执行	用于逐步进行测试	Ctrl+Alt+P
Collab	协作	用于启动 Unity 协作	无
	云按钮	用于打开 Unity Services 窗口	无
Account	账户	用于访问 Unity 账户	无
Layers	图层	用于设定图层	无
Layout	页面布局	用于选择或自定义 Unity 的页面布局方式	无

2.4 Unity 引擎的基本操作

2.4.1 创建项目

Unity 引擎创建游戏的理念可以简单地理解为:一款完整的游戏就是一个 Project(项目工程),游戏中不同的关卡对应的是项目下的 Scene。一款游戏可以包含若干个关卡,因此一个项目工程下面可以保存多个场景。

双击 Unity Hub 软件图标,在弹出的对话框中单击右上角的“新建”按钮。创建一个新的工程,可以设置 Project 的目录,然后修改文件名称和文件路径。在 Project name(项目名称)中输入项目名称,然后在 Location(项目路径)下选择项目保存路径,并且选择 2D 或者 3D 工程的默认配置,如图 2.68 所示。设置完成后,单击“创建”按钮完成新建项目。Unity 引擎会自动创建一个空项目,其中会自带一个名为 Main Camera 的摄像机和一个名为 Directional Light 的方向光。

创建好工程后,由于每个工程可能会有多个不同的场景或关卡,所以开发人员往往要新增多个场景。新建场景的方法是:选择 Unity 引擎界面上的 File(文件)→New Scene(新建场景)命令,如图 2.69 所示。

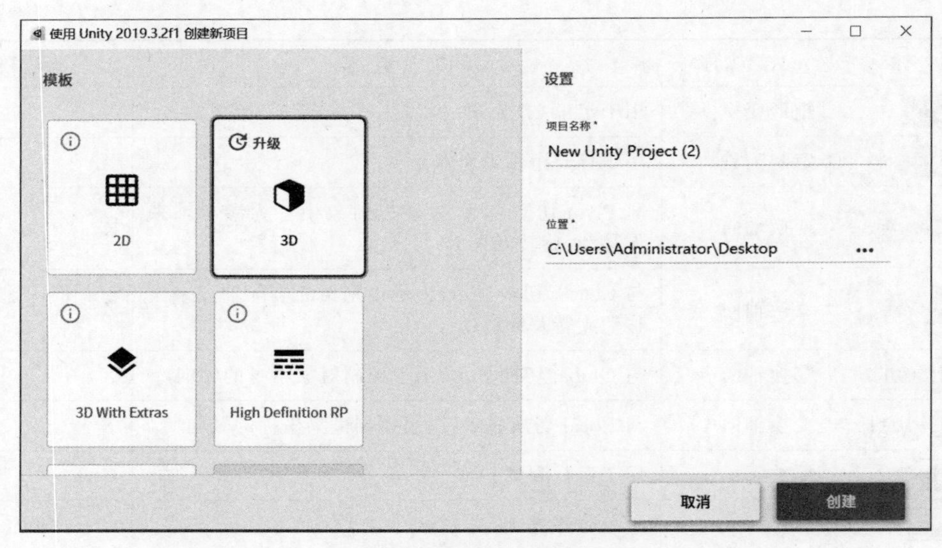

图 2.68 新建项目

2.4.2 创建游戏对象

选择菜单栏中的 GameObject(游戏对象)→3D Object(三维物体)→Plane(平面)命令,创建一个平面,用于放置物体,如图 2.70 所示。选择菜单栏中的 GameObject(游戏对象)→3D Object(三维物体)→Cube(立方体)命令,创建一个立方体,如图 2.71 所示。最后使用移动工具调整游戏对象的位置,完成游戏对象的创建,如图 2.72 所示。

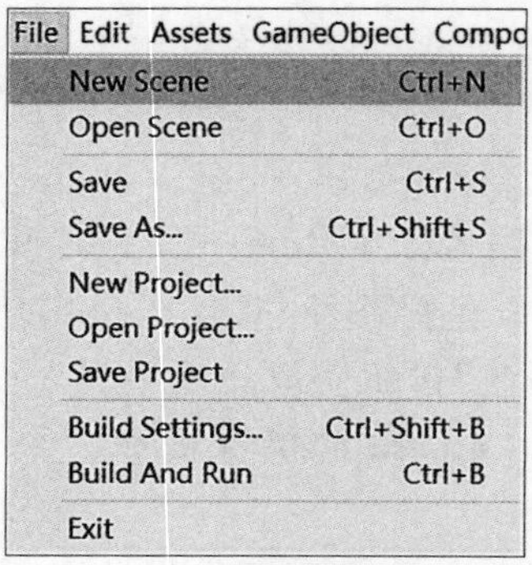

图 2.69 新建场景

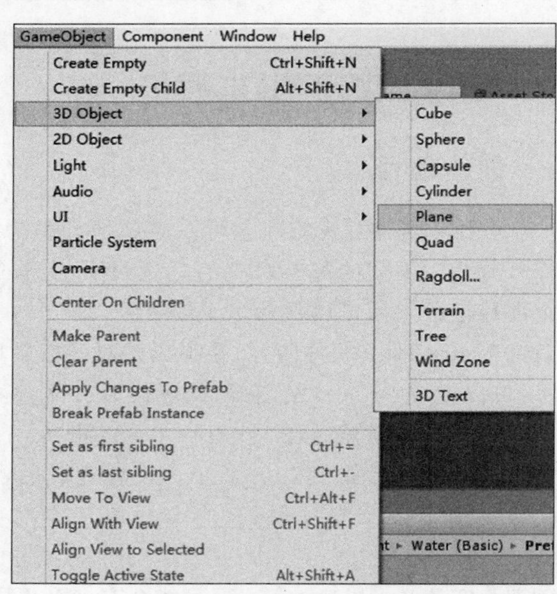

图 2.70 创建平面命令

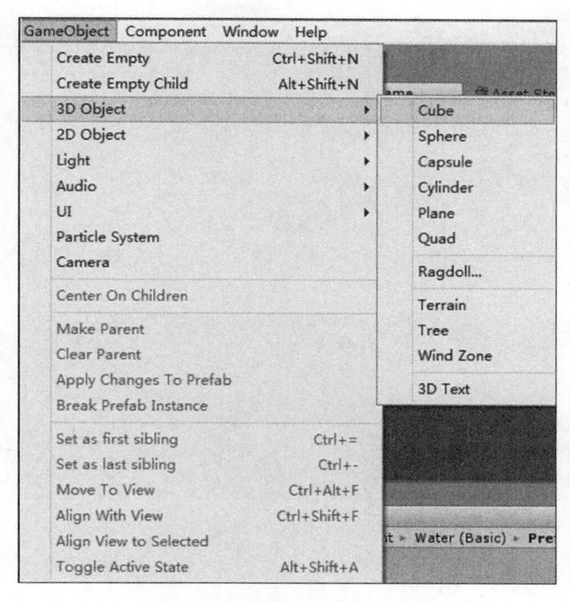

图 2.71 创建立方体命令

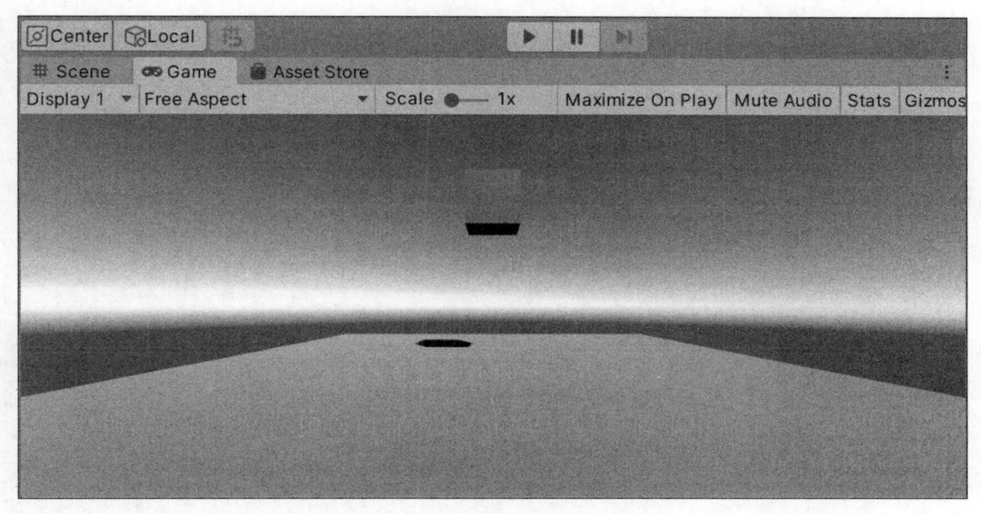

图 2.72 立方体创建效果图

2.4.3 添加材质

采用添加材质的方法赋予立方体和地面颜色。首先创建一个材质球,然后在 Project 视图中右击,在弹出的快捷菜单中选择 Create→Material 命令,创建一个材质球。然后在 Inspector 视图中赋予材质球颜色。接下来分别选中立方体和平面,将对应的材质球分别拖到立方体和平面上即可,效果如图 2.73 所示。如果需要进行贴图操作,可以先将资源图片放置在项目的根目录 Assets 下,Unity 引擎会自动加载资源,然后分别选中立方体和平面,将对应的资源图片分别拖到立方体和平面上即可。

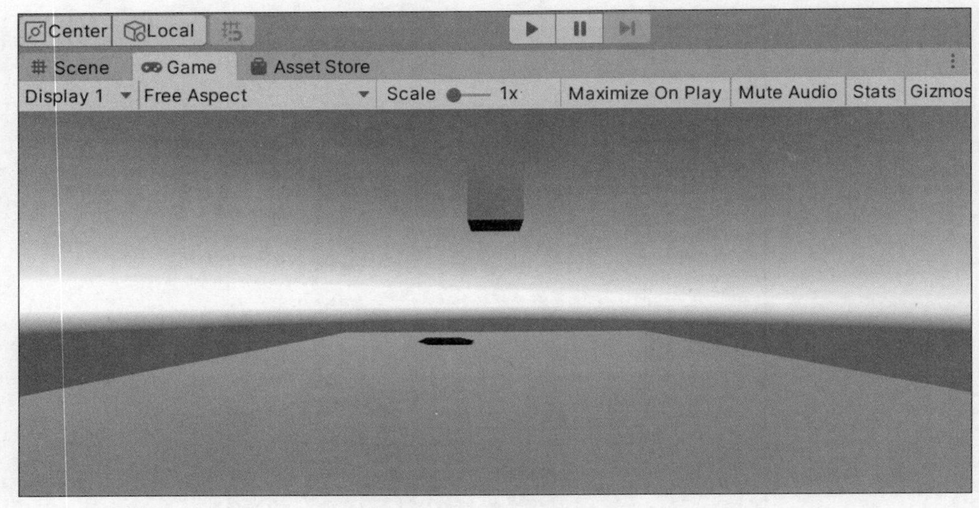

图 2.73　添加材质效果图

2.4.4　添加组件

游戏对象本身的组件可以在 Inspector 视图中显示。游戏对象的组件添加方法是在 Hierarchy 视图中选中 Cube(立方体),选择菜单栏中的 Component(组件)→Physics(物理)→Rigidbody(刚体)命令,即可为 Cube 添加一个 Rigidbody 组件,如图 2.74 和图 2.75 所示。

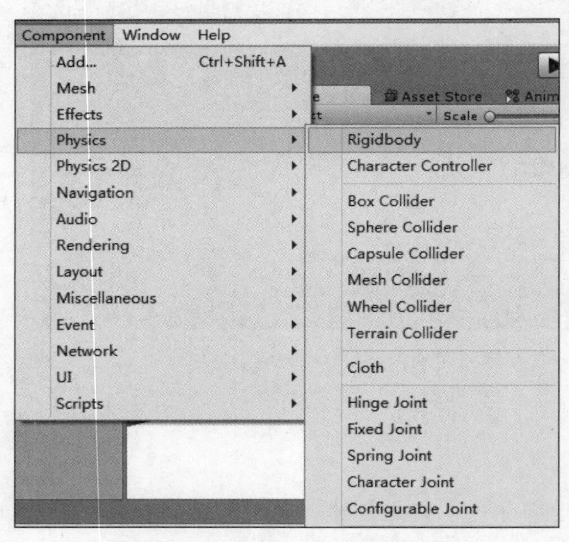

图 2.74　添加 Rigidbody 组件命令

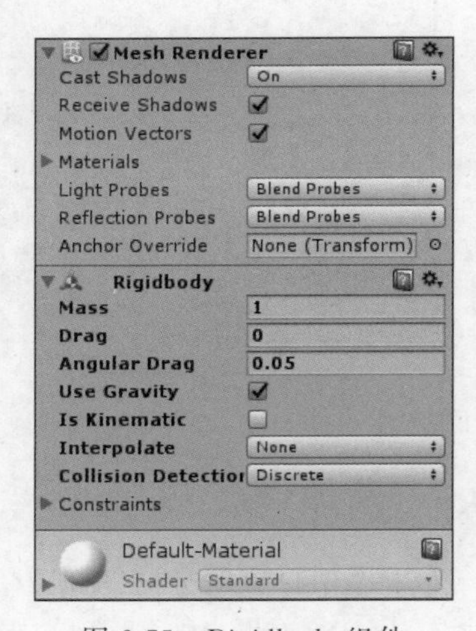

图 2.75　Rigidbody 组件

添加完刚体后,在 Scene 视图中将 Cube 拖到平面上方,然后单击 Play 按钮测试,可以发现 Cube 会做自由落体运动,与地面发生相撞,最后留在地面,如图 2.76 和图 2.77 所示。

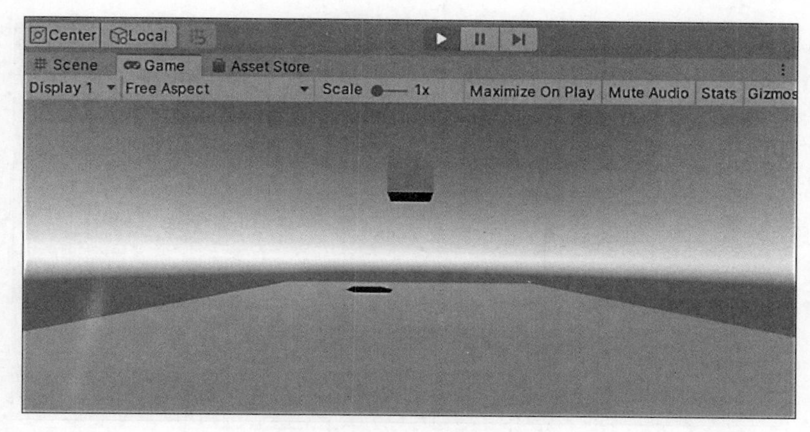

图 2.76 项目运行测试前

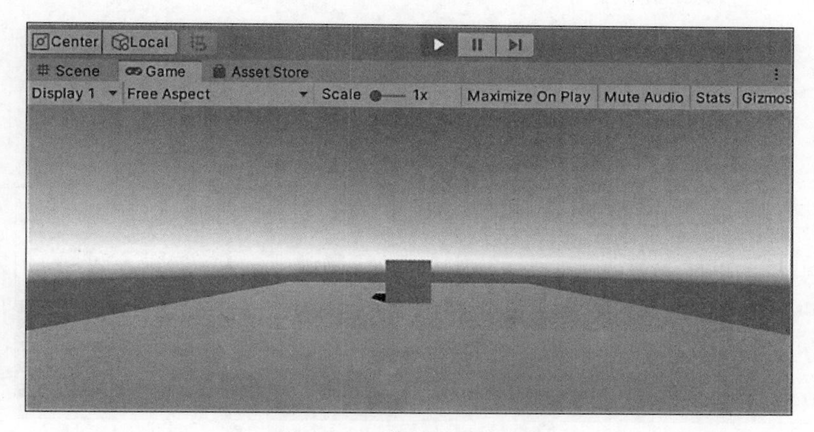

图 2.77 项目运行测试后

2.4.5 保存项目

选择菜单栏中的 File(文件)→Save Scene(保存场景)命令,或按下快捷键 Ctrl+S,如图 2.78 所示。在弹出的 Save Scene 对话框中输入要保存的文件名,如图 2.79 所示。此时在 Project 视图中能够找到刚刚保存的场景。

File Edit Assets GameObject Compo

New Scene	Ctrl+N
Open Scene	Ctrl+O
Save	Ctrl+S
Save As...	Ctrl+Shift+S
New Project...	
Open Project...	
Save Project	
Build Settings...	Ctrl+Shift+B
Build And Run	Ctrl+B
Exit	

图 2.78 保存场景

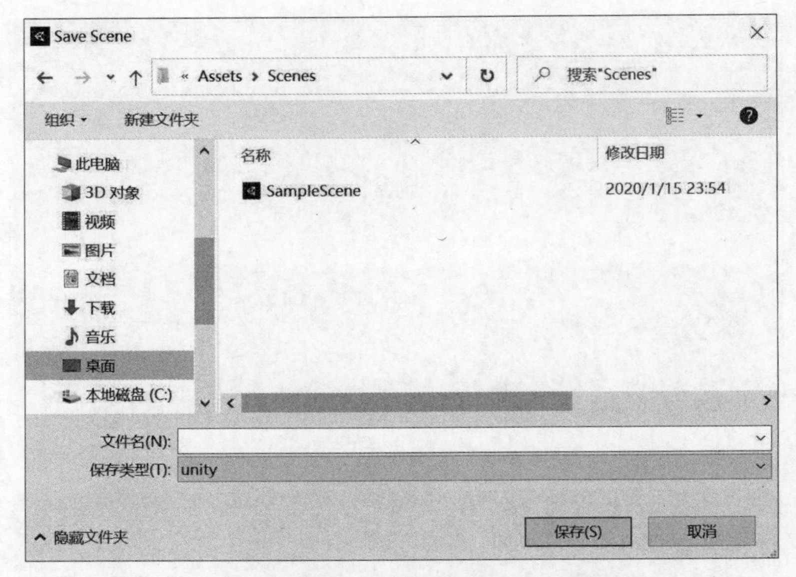

图 2.79 在 Save Scene 对话框中输入场景名

2.4.6 发布项目

Unity 引擎的跨平台性非常强,PC 平台就是其中最重要的发布平台之一。利用 Unity 引擎开发项目时,如果需要发布,就选择 File 菜单中的 Build Setting 命令,如图 2.80 所示。单击 Add Open Scenes 按钮,将当前场景添加到 Platform 窗口中。选择 PC,Mac & Linux Standalone 选项,在右侧的 Target Platform 选项框中根据需要选择 Windows、Mac OS X、Linux,在 Architecture 选项框中根据需要选择 x86 或 x86_64,如图 2.81 所示。

New Unity Project - SampleScene - P
File Edit Assets GameObject Compo
New Scene Ctrl+N
Open Scene Ctrl+O
Save Ctrl+S
Save As... Ctrl+Shift+S
New Project...
Open Project...
Save Project
Build Settings... Ctrl+Shift+B
Build And Run Ctrl+B
Exit

图 2.80 选择 File 菜单中的 Build Setting 命令

单击左下角的 Player Setting 按钮,在弹出的界面中有 5 个选项设置：Icon、Resolution and Presentation、Splash Image、Other Settings 和 XR Settings,如图 2.82 所示。其中,Company Name 和 Product Name 用于设置相关名称,而 Default Icon 用于设定程序在平台上显示的 Icon,应用发布时需要修改 Bundle Identifier,如图 2.83 所示。

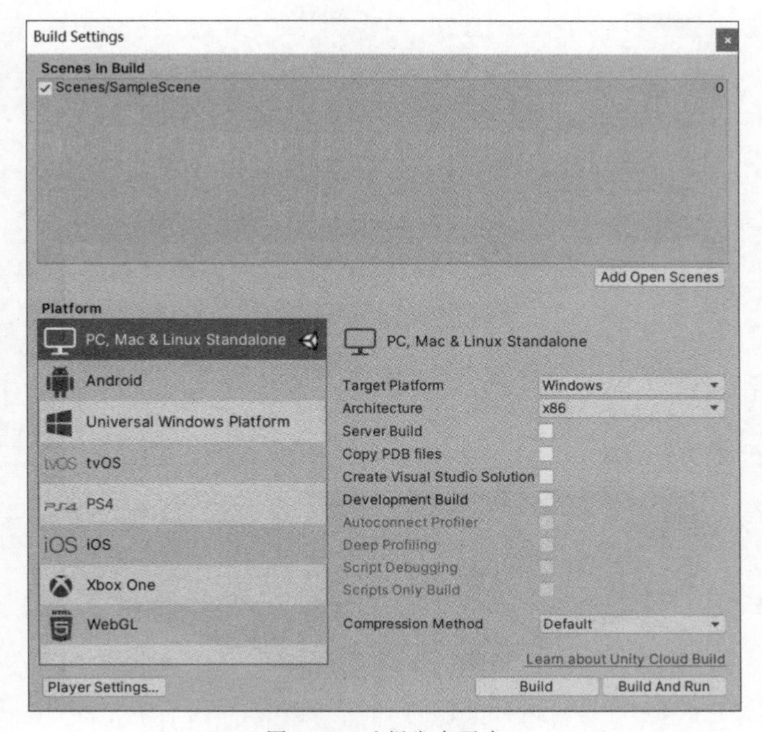

图 2.81　选择发布平台

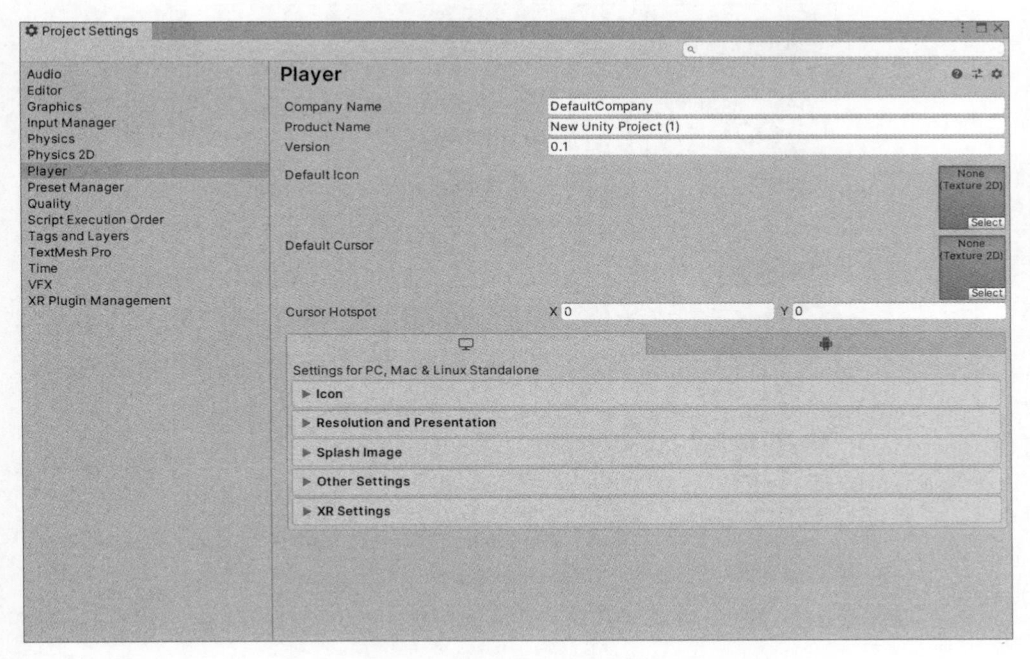

图 2.82　Project Settings 界面

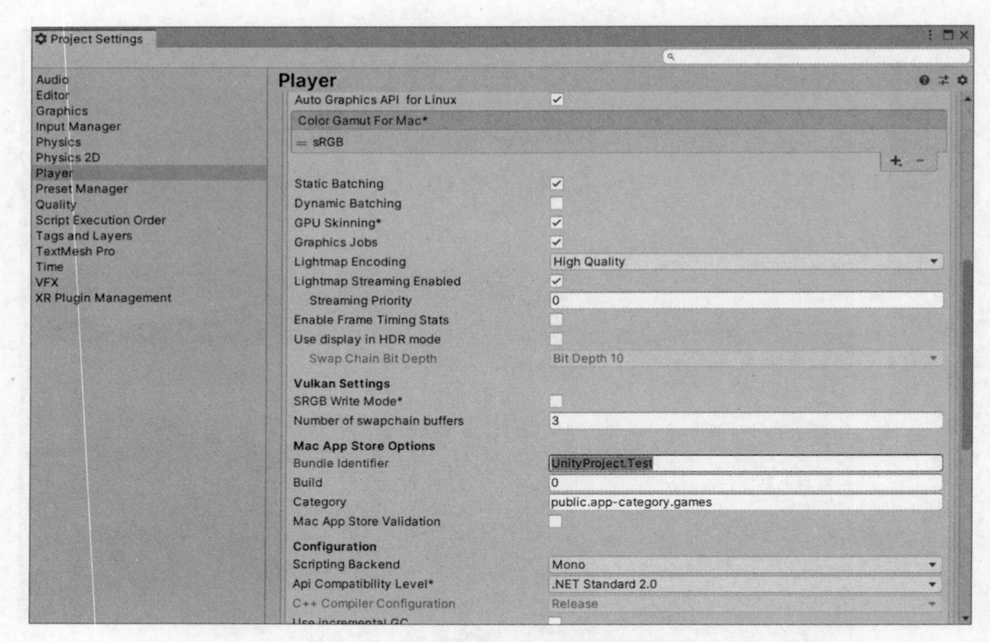

图 2.83 Bundle Identifier 参数设置

完成上述设置后，便可返回到 Build Settings 对话框，单击右下角的 Build 按钮，选择文件路径，存放可执行文件，系统开始自动发布项目，如图 2.84 所示。

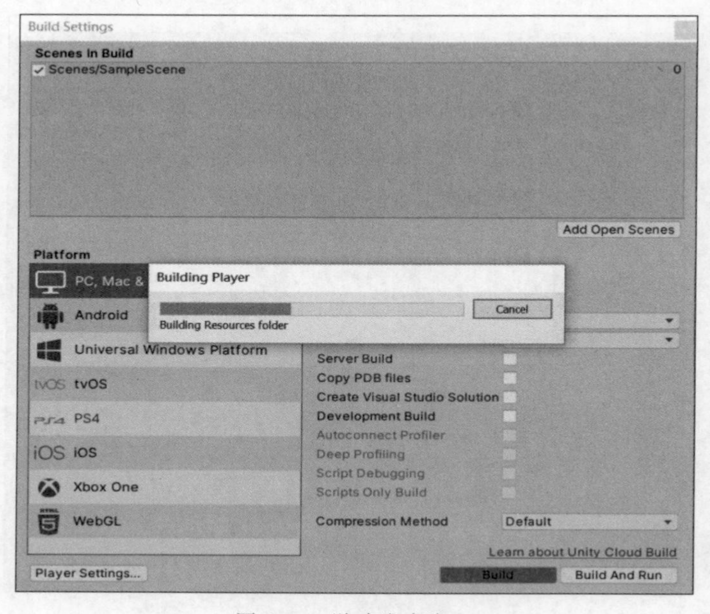

图 2.84 游戏发布窗口

发布出来的内容是一个可执行的 exe 文件和包含其所需资源的同名文件夹，单击该文件，便会出现图 2.85 所示的项目运行测试窗口，按快捷键 Alt+F4 可以退出。

图 2.85　项目运行测试窗口

2.5　基础操作综合项目

1. 项目构思

游戏中有许多关卡，项目创建初期叫做场景，一款游戏可以包含若干个场景，因此一个项目工程可以保存多个游戏场景。本项目旨在通过三维场景的创建，将资源加载与自由物体创建等知识整合在一起，通过一些外部资源的导入以及系统资源的利用创建一个简单的3D场景。

2. 项目设计

本项目计划在Unity引擎内搭建一个简单的3D场景，场景资源模型使用3ds Max软件制作。场景计划包括一个平面以及从外部加载的模型资源，如图2.86所示。

图 2.86　资源载入后的测试效果

3. 项目实施

第1步：建立一个空项目。首先双击Unity Hub图标，启动Unity引擎，并设置其存储路径，单击Create按钮即生成一个新项目，如图2.87所示。

第2步：创建平面。选择菜单栏中的GameObject→3D Object→Plane命令，创建平面，如图2.88所示。

第3步：贴材质。在Project视图中右击，在弹出的快捷菜单中，选择Create→Material命令，创建一个材质球，并在材质球的Inspector视图中对其进行颜色赋值，将制作好的材质球拖曳到平面上，如图2.89所示。

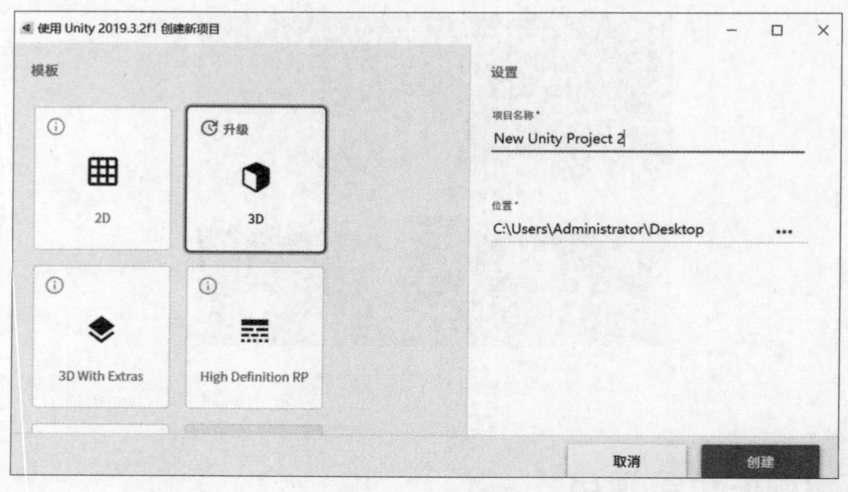

图 2.87 新建项目

图 2.88 创建平面

图 2.89 材质贴图到平面上

第 4 步：导入外部资源。将在 3ds Max 软件中制作好的建筑模型和贴图文件夹直接拖到 Project 视图中，如图 2.90 所示。

图 2.90 Project 视图中的建筑模型

第 5 步：将建筑模型从 Project 视图中拖到 Hierarchy 视图中，调整到合适的位置，使摄像机能够看清建筑模型全景。

第 6 步：单击 Hierarchy 视图中的建筑模型下拉菜单，根据贴图名字为建筑模型赋予贴图材质，如图 2.91 所示。

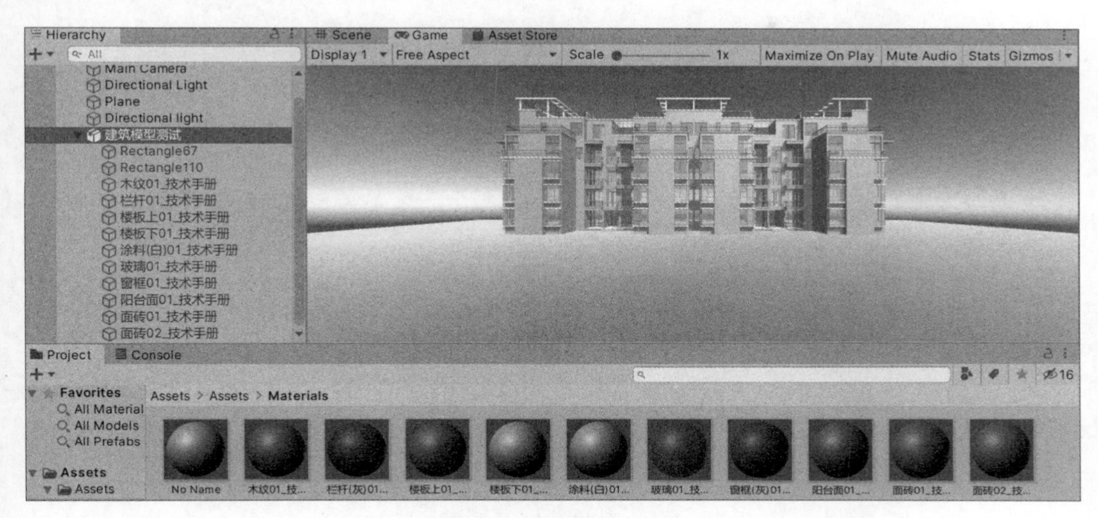

图 2.91　模型材质贴图

第 7 步：单击 Play 按钮进行测试，在 Game 视图中看到最终建筑的摆放效果，如图 2.92 所示。

图 2.92　资源载入后的测试效果

第 8 步：保存场景，选择菜单栏中的 File→Save Scene 命令，输入场景名称并单击“保存”按钮，然后选择 File→Save Project 命令。

第 9 步：选择菜单栏中的 File→Build Settings 命令，如图 2.93 所示。

File Edit Assets GameObject Compo	
New Scene	Ctrl+N
Open Scene	Ctrl+O
Save	Ctrl+S
Save As...	Ctrl+Shift+S
New Project...	
Open Project...	
Save Project	
Build Settings...	Ctrl+Shift+B
Build And Run	Ctrl+B
Exit	

图 2.93　Build Settings 选项

第 10 步：在弹出的 Build Settings 对话框中单击 Add Open Scenes，添加当前场景，然后选择 Platform，这里需要选择的是 PC，在右侧界面中选择 Windows 平台，最后单击 Build 按钮。如果想编译打包后直接运行并查看运行结果，就单击 Build And Run 按钮，如图 2.94 所示。接下来就可以看到 Building Player 窗口的进度条,等进度条刷新完后,就完成了打包。

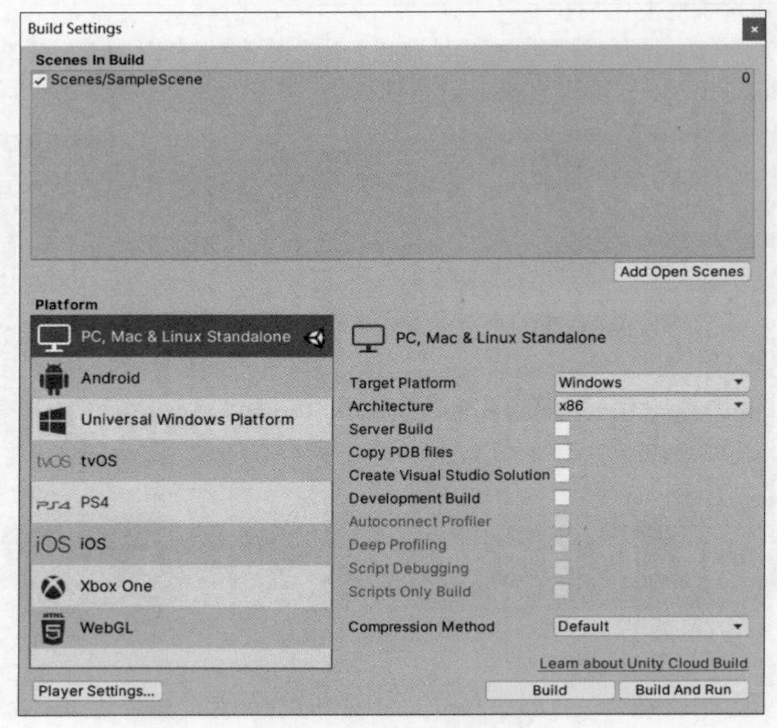

图 2.94 场景发布窗口

4. 项目测试

完成打包后,双击 exe 文件,即可运行项目。此时可以看到运行效果,平面上有一个建筑模型,如图 2.95 所示。

图 2.95 运行测试效果

2.6 小结

Unity 引擎是广泛应用的 2D、3D 游戏开发引擎和虚拟现实、增强现实开发工具,可以实现 PC 端、Web 端、移动端的跨平台 2D、3D 游戏开发和 AR、VR 产品开发。本章主要介绍 Unity 引擎的特色、发展以及应用领域;Unity 引擎的下载与安装方法,从创建一个空项目开始介绍编辑器界面；讲解 Unity 引擎的场景基本操作，并将知识点贯穿起来，完成一个 3D 简单场景搭建项目。

2.7　习题

1. 简述 Unity 引擎的应用并说明市面上哪些产品是由 Unity 引擎开发的。
2. 简述 Unity 引擎的主要界面组成和各个视图的功能。
3. 简述 Unity 引擎支持哪几种三维建模软件开发的三维模型。
4. 简述 Unity 引擎的界面布局方式。
5. 简述 Unity 引擎创建游戏对象的方法。

第 3 章

Chapter 3

脚本开发基础

脚本是一款游戏的灵魂，Unity 引擎脚本用来界定用户在游戏中的行为，是游戏制作中不可或缺的一部分。它能实现各个文本的数据交互并监控游戏的运行状态。以往，Unity 引擎主要支持三种语言：C#、JavaScript 以及 Boo。但是选择 Boo 作为开发语言的使用者非常少，而 Unity 公司还需要投入大量资源支持它，这显然非常浪费。所以，在 Unity 5.0 后，Unity 公司放弃了对 Boo 语言的技术支持，在 Unity 2017 之后又摒弃了 JavaScript。本章主要以 C#语言为例讲解 Unity 引擎脚本的创建、链接方法及脚本编写注意事项，为后续复杂游戏脚本开发打下基础 。

3.1 脚本概述

Unity 引擎的 C#和微软.Net 家族中的 C#是同一个语言，语言本身是差不多的。但 Unity 引擎的 C#是运行在 Mono 平台上的，微软的 C#则是运行在.Net 平台上，有一些针对 Windows 平台的专用 C#类库可能无法在 Unity 引擎中使用。因此，编写 Unity 引擎脚本，除了要注意语言自身的语法规则外，还要注意 Unity 引擎开发环境的特性。

为了能运行脚本，最基本的要求是将脚本指定给一个 GameObject 作为它的脚本组件，最简单的方法是将脚本直接拖到 GameObject 对象的 Inspector 视图的空白位置，或者在 Hierarchy 视图中选中 GameObject 对象，将脚本拖向 Hierarchy 视图中的 GameObject 对象，即可完成脚本组件的添加。

Unity 引擎脚本有几个最重要的类，它们是 MonoBehaviour、Transform 和 Rigidbody/Rigidbody2D。MonoBehavior 是所有 Unity 脚本的基类，提供了大部分的 Unity 功能。如果脚本不是继承自 MonoBehavior，则无法将这个脚本作为组件运行。Transform 类是每个 GameObject 都包括的默认组件，它提供了位置变换、旋转、缩放、父物体连接等功能。Rigidbody(2D 版本为 Rigidbody2D)类则主要提供物理功能。

3.2 脚本编写

3.2.1 创建脚本

选择 Unity 引擎菜单栏中的 Assets→Create→C# Script 命令，创建一个空白脚本，将其命名为 Move，如图 3.1 所示。

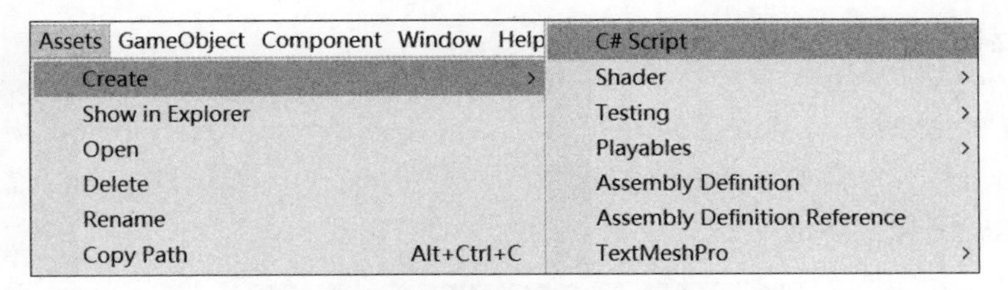

图 3.1　创建一个空白脚本

在 Project 视图中双击 Move,打开脚本,进行脚本编写。在 Update()函数中插入如下代码。函数内的每一帧代码,系统都会去执行。

```
using UnityEngine;
    using System.Collections;
    public class Move : MonoBehaviour {
      void Update () {
        transform.Translate (Input.GetAxis ("Horizontal"), 0, Input.GetAxis
        ("Vertical"));
    }
}
```

其中,Input.GetAxis()函数返回−1～1 的值,在水平轴上,左方向键对应−1,右方向键对应 1。由于目前不需要向上移动摄像机,所以 Y 轴的参数为 0。选择菜单栏中的 Edit→Project Settings→Input Manager 命令,即可修改映射到水平方向和垂直方向的对应名称和快捷键,如图 3.2 所示。

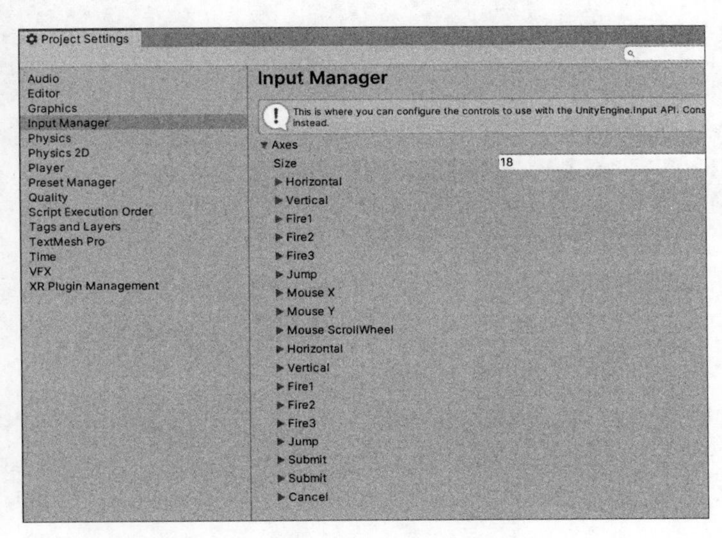

图 3.2　Input Manager 菜单

3.2.2 链接脚本

创建完脚本后,需要将其链接到游戏对象上。在 Hierarchy 视图中单击需要添加脚本的 Main Camera,然后将脚本直接拖到 Main Camera 的 Inspector 视图的空白位置,如图 3.3 所示,Move 脚本就链接到了 Main Camera 上。

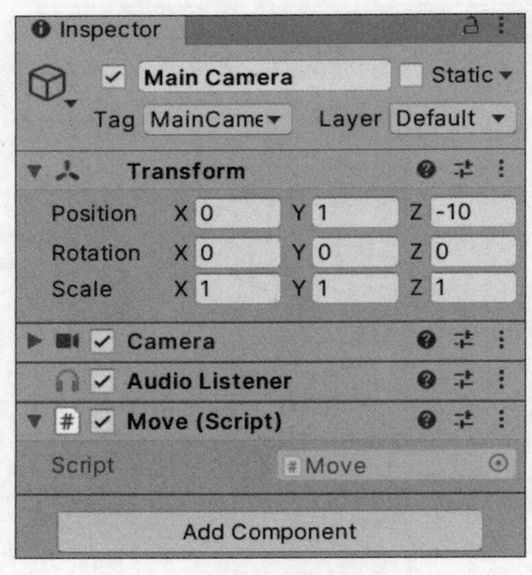

图 3.3 脚本链接

3.2.3 运行脚本

在 Game 视图中单击 Play 按钮进行测试,可以使用键盘上的方向键(水平方向、竖直方向)移动摄像机,运行效果如图 3.4 和图 3.5 所示。

图 3.4 运行测试效果图 1

图 3.5 运行测试效果图 2

3.2.4 注意事项

1. 继承自 MonoBehaviour 类

Unity 所有挂载到游戏对象上的脚本中包含的类都继承自 MonoBehaviour 类。MonoBehaviour 类中定义了各种回调方法,例如 Start、Update 和 FixedUpdate 等。在 Unity 中创建 C# 脚本,系统模板已经包含了必要的定义,如图 3.6 所示。

```
NewBehaviourScript.cs
杂项文件                          NewBehaviourScript
 1  using System.Collections;
 2  using System.Collections.Generic;
 3  using UnityEngine;
 4
 5  public class NewBehaviourScript : MonoBehaviour
 6  {
 7      // Start is called before the first frame update
 8      void Start()
 9      {
10
11      }
12
13      // Update is called once per frame
14      void Update()
15      {
16
17      }
18  }
19
```

图 3.6 在 Unity 中创建 C#脚本

2. 使用 Awake 或 Start 函数初始化

在 Unity 中,C#中用于初始化的脚本代码必须置于 Awake()或 Start()方法中。Awake()和 Start()的不同之处在于 Awake()方法是在加载场景时运行,Start()方法是在第一次调用 Update()或 FixedUpdate()方法之前调用。

3. 类名字必须匹配文件名

在 Unity 中,C#脚本中的类名必须和文件名相同,否则当脚本挂载到游戏对象时,控制台会报错。

4. 只有满足特定情况变量才能显示在 Inspector 视图中

在 Unity 中,C#脚本只有公有的成员变量才能显示在 Inspector 视图中,而 private 和 protected 类型的成员变量不能显示。如果属性项要在 Inspector 视图中显示,必须是 public 类型的。

5. 尽量避免使用构造函数

在 Unity 中,C#脚本不需要在构造函数中初始化任何变量,而是使用 Awake 或 Start 方法来实现。在单一模式下使用构造函数可能会导致严重后果,因为它把普通类构造函数封装了,这些构造函数主要用于初始化脚本和内部变量值,这些初始化有随机性,容易引发引用异常。因此,一般情况下尽量避免使用构造函数。

3.3 脚本开发实践项目

3.3.1 移动的立方体

1. 项目构思

在脚本环境测试的实践项目中,需要通过脚本的编写、编译、链接过程实现一个简单的游戏场景中走动的效果。本项目旨在通过脚本环境编译测试结果使读者熟悉 Unity 引擎脚本开发环境，为后续程序编写打下基础。

2. 项目设计

本项目计划在 Unity 引擎内创建一个简单的 Cube 模型，通过键盘的方向按键控制 Cube 模型的上、下、左、右移动，并能与鼠标交互实现 Cube 模型复制效果，如图 3.7 所示。

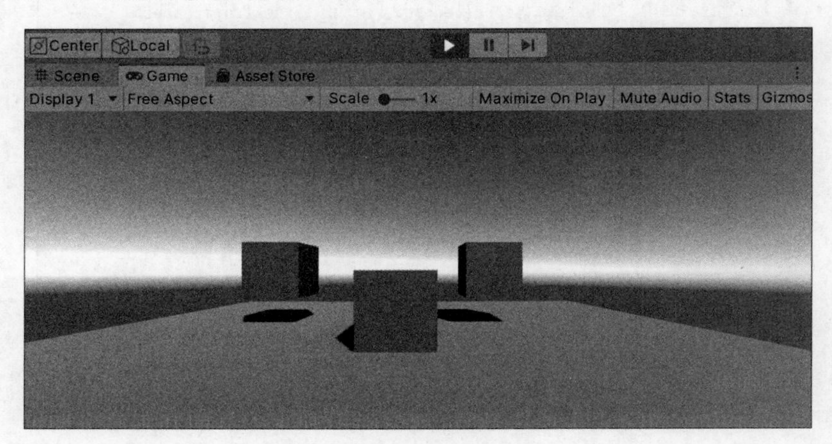

图 3.7 简单场景搭建

3. 项目实施

第 1 步：双击 Unity Hub 图标，并设置其名称以及存储路径，单击右上角“新建”按钮即生成一个新项目，如图 3.8 所示。

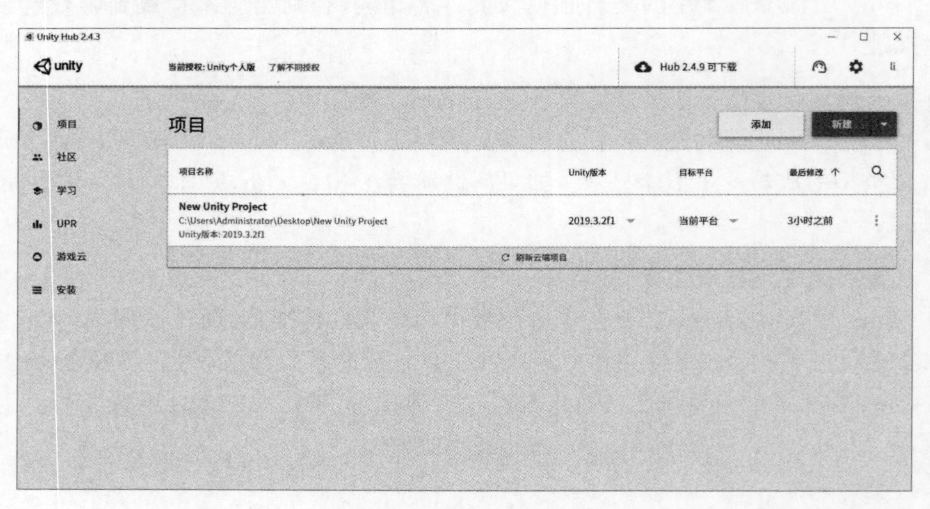

图 3.8 新建项目

第 2 步：选择菜单栏中的 GameObject→3D Object→Plane 命令，在游戏场景中创建一个 Plane 作为地面，如图 3.9 所示。

第 3 步：选择菜单栏中的 GameObject→3D Object→Cube 命令，将它放置在 plane 的中心位置，如图 3.10 所示。

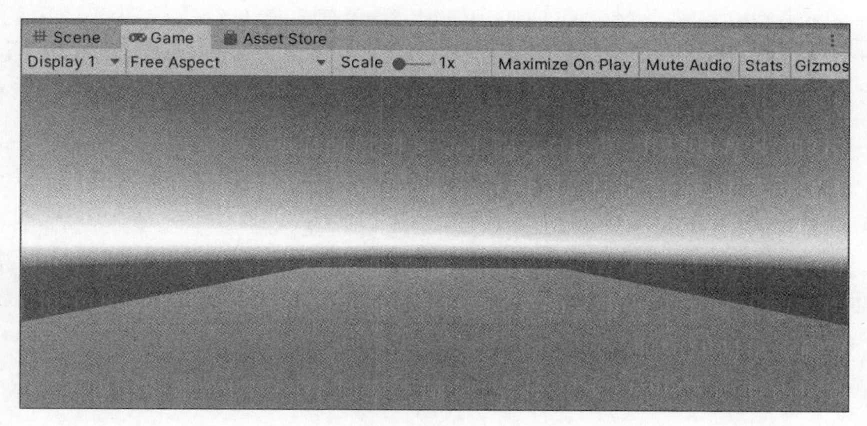

图 3.9 创建 Plane

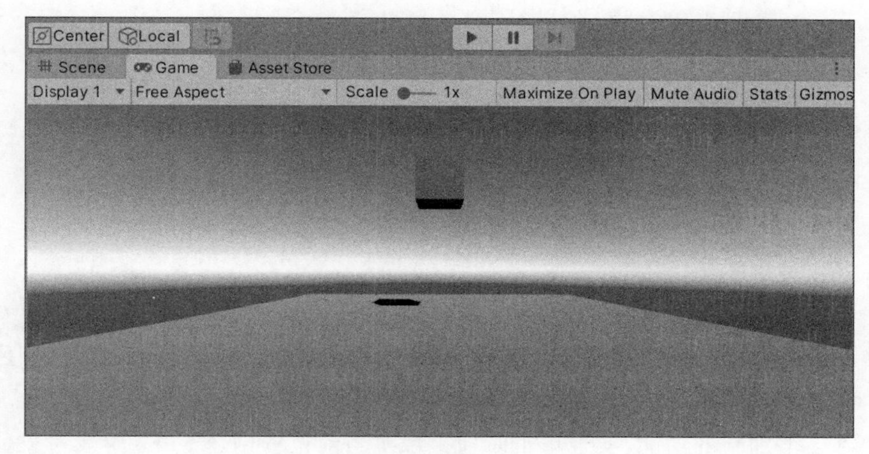

图 3.10 创建 Cube

第 4 步：接下来创建一个空脚本，选择菜单中的 Assets→Create→C# Script 命令，并在项目视图中重命名为 Move。

第 5 步：双击 Move 脚本，输入如下代码。

```
using System.Collections;
using System.Collections.Generic;
using UnityEngine;

public class Move : MonoBehaviour
{
void Update()
    {
        transform.Translate(Input.GetAxis("Horizontal"), 0, Input.GetAxis
        ("Vertical"));
    }
}
```

Update()函数在渲染一帧之前被调用,这里是大部分游戏行为代码被调用的地方。在脚本中,为了移动一个游戏对象,需要用 transform 来更改它的位置,Translate 函数有 x、y 和 z 共 3 个参数。

第 6 步:保存脚本(快捷键为 Ctrl+S)。

第 7 步:将脚本与主摄像机相连,即将脚本拖到 Hierarchy 视图中的 Main Camera 对象上,这时脚本与场景中的摄像机产生了关联。

第 8 步:单击 Play 按钮测试,发现通过键盘方向键可以在场景中移动摄像机,但是速度稍快,并且速度不能改变。

第 9 步:更新代码,内容如下。

```
using System.Collections;
using System.Collections.Generic;
using UnityEngine;

public class Move : MonoBehaviour
{
    public float speed=5.0f;
    void Update()
    {
        float x=Input.GetAxis("Horizontal") * Time.deltaTime * speed;
        float z=Input.GetAxis("Vertical") * Time.deltaTime * speed;
        transform.Translate(x, 0, z);
    }
}
```

位于 Update()函数上面的这个速度变量 speed 是一个 public 变量,它会显示在 Inspector 视图中,可以调整它的值,便于测试。

第 10 步:增加新的功能,实现单击时在摄像机当前位置创建 Cube 游戏对象,创建 C# 脚本,将其命名为 Create,并将脚本链接到 Main Camera 上,如图 3.11 所示。

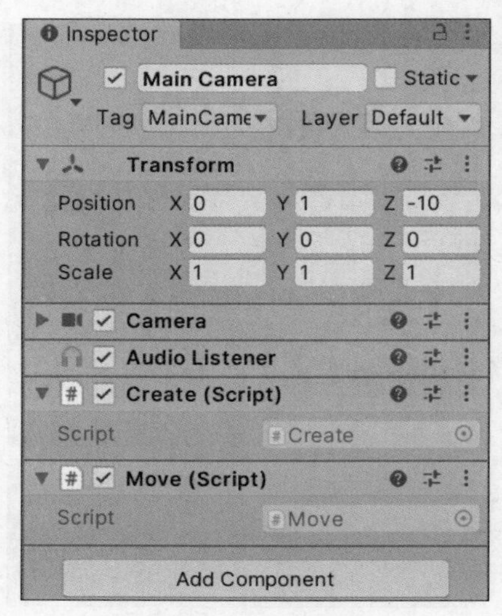

图 3.11 脚本链接

第 11 步：输入代码，如下所示。

```
using System.Collections;
using System.Collections.Generic;
using UnityEngine;
public class Create : MonoBehaviour
{
    public Transform newObject;
    void Update()
    {
        if (Input.GetButtonDown("Fire1"))
        {
            Instantiate(newObject, transform.position, transform.rotation);
        }
    }
}
```

第 12 步：创建预制体。

Unity 2019 新版本采用直接的预制体创建方式，直接将游戏对象从 Hierarchy 视图拖到 Project 视图，即可完成预制体的创建。具体实现时，将 Hierarchy 视图中制作完成的立方体 Cube 拖到 Project 视图中，重命名为 MyCube 即可完成预制体内容的制作，如图 3.12 所示。

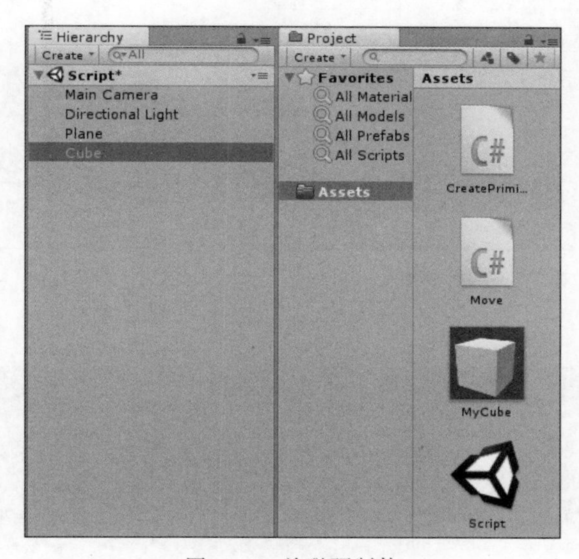

图 3.12　关联预制体

第 13 步：调试。调试是发现和修正代码中人为错误的技巧，Unity 提供了 Debug 类，Log()函数允许用户发送信息到 Unity 的控制台。当用户单击时，发送一个消息到 Unity 控制台，修改脚本如下所示。

```
using System.Collections;
using System.Collections.Generic;
```

```
using UnityEngine;

public class Create : MonoBehaviour
{
    public Transform newObject;
    void Update()
    {
        if (Input.GetButtonDown("Fire1"))
        {
            Instantiate(newObject, transform.position, transform.rotation);
            Debug.Log("Cube created");
        }
    }
}
```

第 14 步：将 MyCube 拖入 Inspector 视图中对 Create 脚本赋值，如图 3.13 所示。

4. 项目测试

运行游戏并单击，创建一个新的 Cube 实例，控制台会出现 Cube created 字样，如图 3.14 所示。同时场景中创建了新的 Cube，如图 3.15 所示。

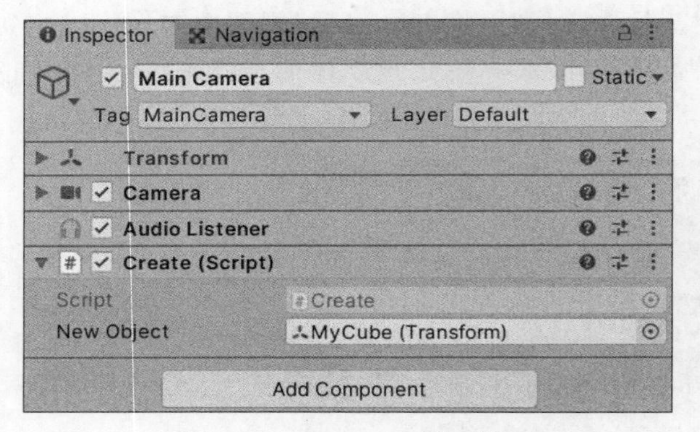

图 3.13　对 Create 脚本赋值

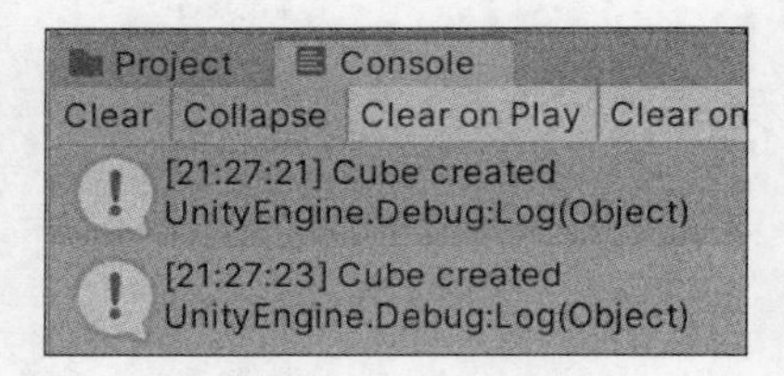

图 3.14　控制台测试效果

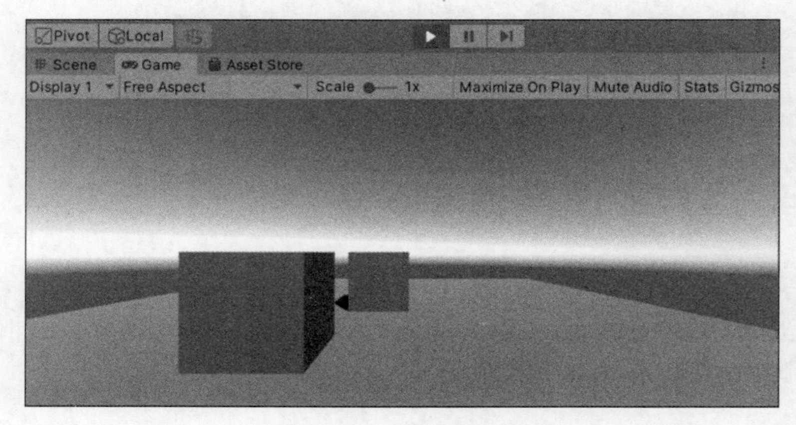

图 3.15　运行测试效果

3.3.2 创建游戏对象

1. 项目构思

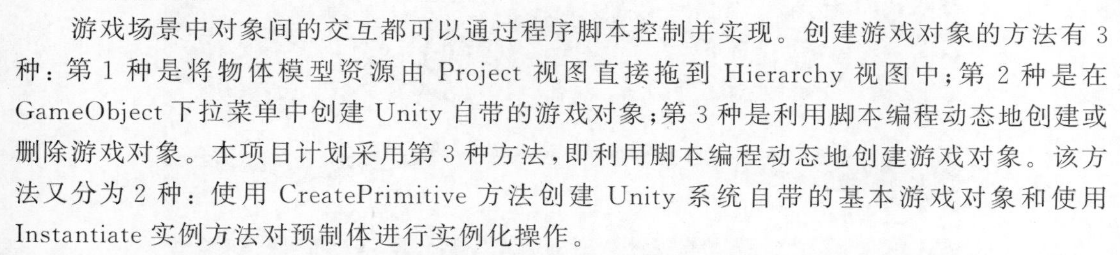

游戏场景中对象间的交互都可以通过程序脚本控制并实现。创建游戏对象的方法有 3 种：第 1 种是将物体模型资源由 Project 视图直接拖到 Hierarchy 视图中；第 2 种是在 GameObject 下拉菜单中创建 Unity 自带的游戏对象；第 3 种是利用脚本编程动态地创建或删除游戏对象。本项目计划采用第 3 种方法，即利用脚本编程动态地创建游戏对象。该方法又分为 2 种：使用 CreatePrimitive 方法创建 Unity 系统自带的基本游戏对象和使用 Instantiate 实例方法对预制体进行实例化操作。

调用 Instantiate 方法实例化游戏对象与调用 CreatePrimative 方法创建游戏对象的最终结果是完全一样的，实例化游戏对象会将对象的脚本及所有继承关系实例化到游戏场景中。相较于创建物体的 CreatePrimative 方法，Instantiate 实例化方法的执行效率要高很多。在开发过程中，通常会使用 Instantiate 方法执行实例化物体。调用该方法时，一般与预制体 Prefab 结合使用。

2. 项目设计

本项目计划通过 C＃脚本在 Unity 引擎内创建一个简单的 Cube 模型和 Sphere 模型。单击屏幕左上方的按钮创建 Cube 和 Sphere 模型，如图 3.16 所示。

图 3.16 创建 Cube 和 Sphere 模型

3. 项目实施

第 1 步：选择菜单栏中的 File→New Scene 命令，新建场景，创建平面，搭建简单场景，如图 3.17 所示。

第 2 步：使用 CreatePrimitive 方法创建游戏对象，创建 C＃脚本，将其命名为 CreatePrimiteve，输入代码如下。

```
using System.Collections;
using System.Collections.Generic;
using UnityEngine;

public class CreatePrimiteve : MonoBehaviour
{
```

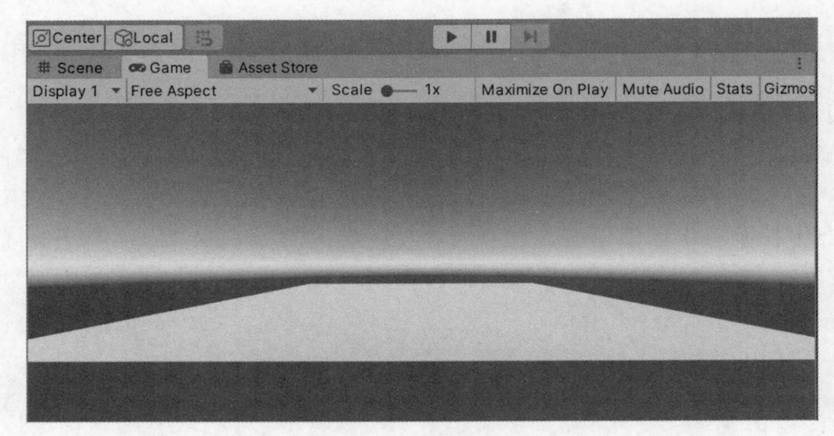

图 3.17　创建平面

```
    void OnGUI()
    {
        if (GUILayout.Button("CreateCube", GUILayout.Height(50)))
        {
            GameObject m_cube=GameObject.CreatePrimitive(PrimitiveType.Cube);
            m_cube.AddComponent<Rigidbody>();
            m_cube.GetComponent<Renderer>().material.color=Color.blue;
            m_cube.transform.position=new Vector3(0, 10, 0);
        }
        if (GUILayout.Button("CreateSphere", GUILayout.Height(50)))
        {
            GameObject m_cube=GameObject.CreatePrimitive(PrimitiveType.Sphere);
            m_cube.AddComponent<Rigidbody>();
            m_cube.GetComponent<Renderer>().material.color=Color.red;
            m_cube.transform.position=new Vector3(0, 10, 0);
        }
    }
}
```

第 3 步：将 CreatePrimitive 脚本链接到 Main Camera 对象上，如图 3.18 所示。

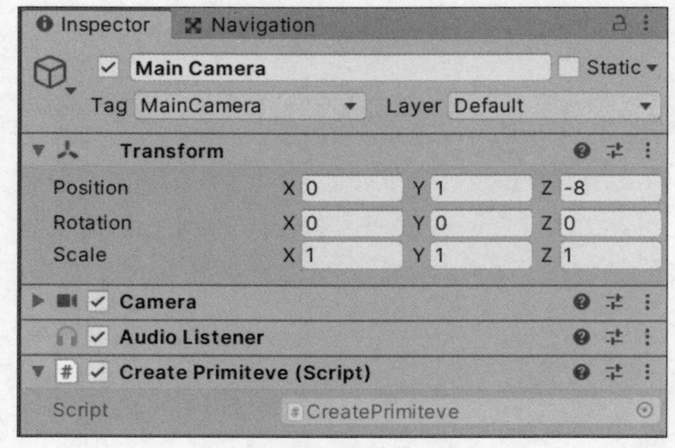

图 3.18　脚本链接

4. 项目测试

单击 Play 按钮进行测试。可以看到，在 Game 视图中单击 CreateCube 按钮或 CreateSphere 按钮后，将分别调用 CreatePrimitive()方法，从而创建 Cube 和 Sphere 游戏对象，运行效果如图 3.19 和图 3.20 所示。

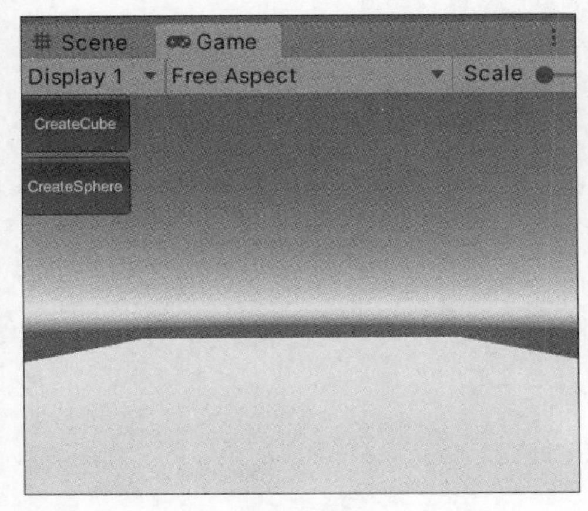

图 3.19 运行测试前

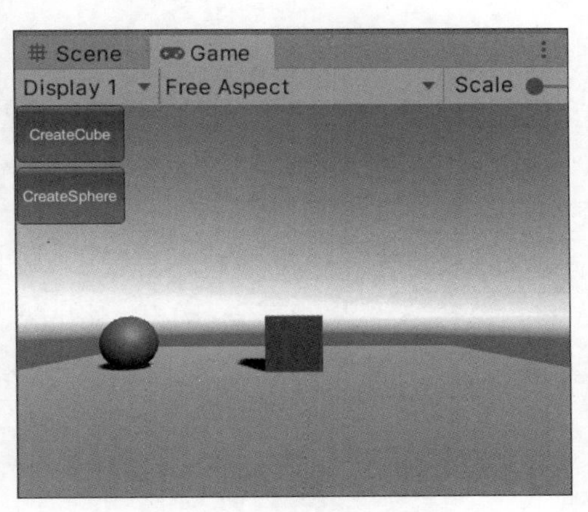

图 3.20 运行测试后

3.3.3 变换的立方体

1. 项目构思

移动、旋转、缩放功能在脚本编写中经常遇到，可以使用 transform. Translate()、transform.Rotate()等方法实现。本项目通过一个立方体讲解脚本编译中的移动、旋转、缩放函数的编写以及与 OnGUI()函数交互功能的实现。

2. 项目设计

本项目计划通过 C#脚本在 Unity 引擎内创建一个简单的 Cube 模型，采用 OnGUI()方法写 3 个交互按钮，实现与 Cube 模型进行移动、旋转、缩放的交互功能，如图 3.21～图 3.24 所示。

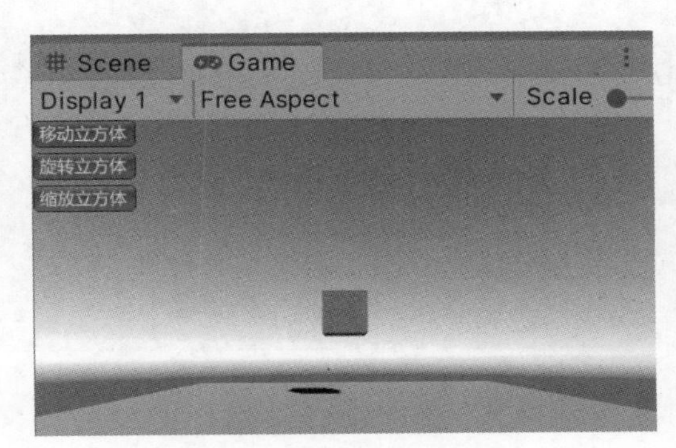

图 3.21 初始场景效果

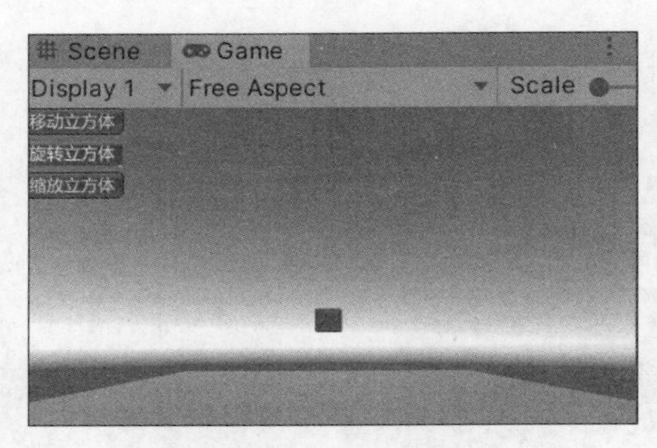

图 3.22　移动立方体效果

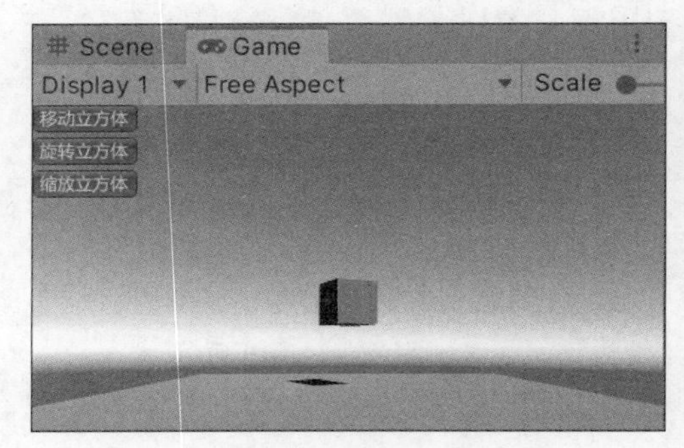

图 3.23　旋转立方体效果

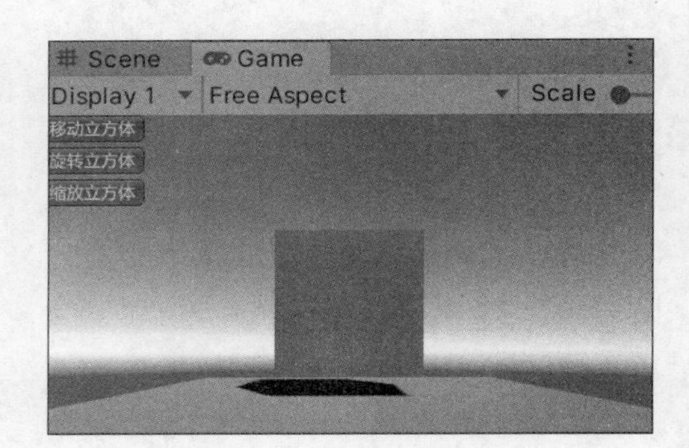

图 3.24　缩放立方体效果

3. 项目实施

第 1 步：选择菜单栏中的 File→New Scene 命令，新建场景。

第 2 步：选择菜单栏中的 GameObject→3D Object→Plane 命令，创建平面，搭建简单场景，如图 3.25 所示。

图 3.25　创建平面

第 3 步：选择菜单栏中的 GameObject→3D Object→Cube 命令，创建一个盒子，如图 3.26 所示。

第 4 步：在 Project 视图中新建一个 C# 脚本，将其命名为 MyScript，打开此脚本并添

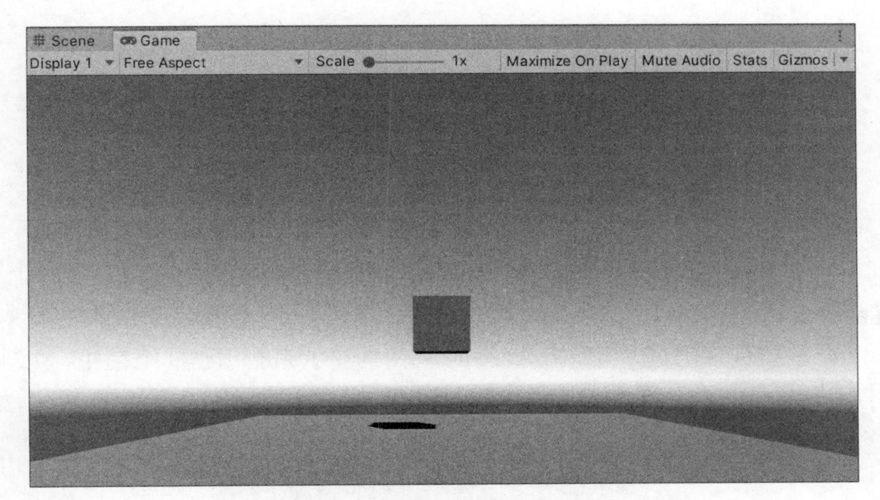

图 3.26　游戏物体场景摆放图

加代码，如下所示。

```
using UnityEngine;
  using System.Collections;
  public class MyScript : MonoBehaviour
{//声明 4 个变量
  public GameObject myCube;
    public int transSpeed=100;
    public float rotaSpeed=10.5f;
    public float scale=3;
    void OnGUI()
    { if(GUILayout.Button ("移动立方体"))
    {
    myCube.transform.Translate (Vector3.forward * transSpeed * Time.deltaTime,
Space.World);
    }
if(GUILayout.Button ("旋转立方体"))
     {  myCube.transform.Rotate (Vector3.up * rotaSpeed,Space.World); }
    if(GUILayout.Button ("缩放立方体"))
    { myCube.transform.localScale=new Vector3(scale,scale,scale);}
      }
  }
```

脚本的第 5 行到第 8 行一共声明了 4 个变量，且都使用 public 修饰，所以它们可以作为属性出现在 Inspector 视图中。脚本的第 9 行到第 17 行是 OnGUI() 函数，用于在界面中显示按钮，通过单击按钮实现与立方体的交互功能。

第 5 步：将脚本 MyScript 链接到 Main Camera 上，并将 Cube 拖入 Inspector 视图中，如图 3.27 所示。

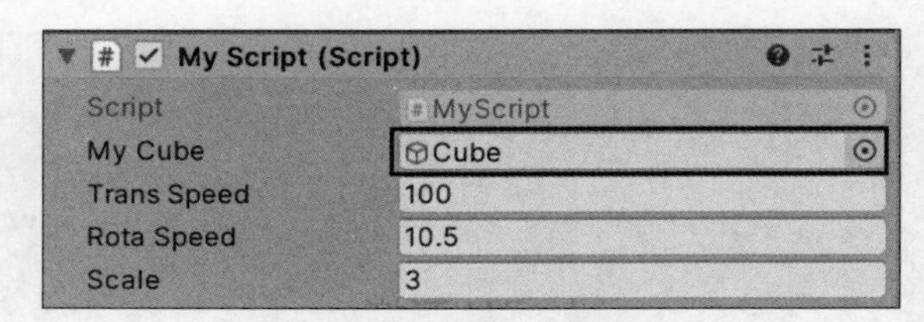

图 3.27　脚本链接

4. 项目测试

单击 Play 按钮进行测试,可以看到 Game 视图的左上角会出现 3 个按钮:移动立方体、旋转立方体和缩放立方体。单击相应的按钮,即可完成对立方体对象的指定操作,如图 3.28 所示。

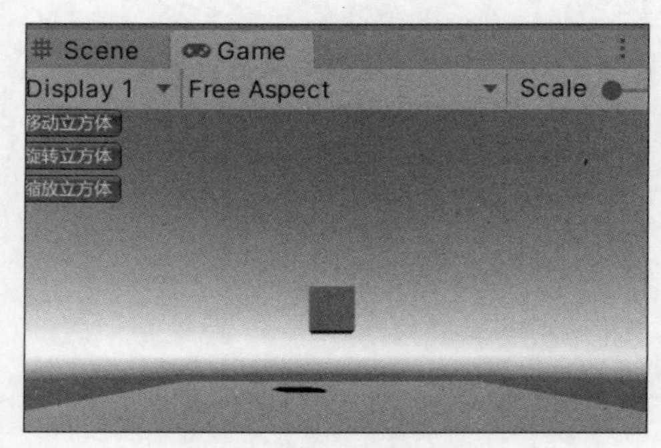

图 3.28　运行测试效果图

3.4　脚本开发综合项目

1. 项目构思

虚拟漫游可以提升游戏玩家的沉浸感。Unity 引擎中提供了第一人称及第三人称虚拟漫游的组件。本项目通过脚本实现第一人称虚拟漫游功能,使读者深入掌握 Unity 脚本编写的方法。

2. 项目设计

本项目计划在场景内摆放一些基本几何体,构建简单 3D 场景,采用 C# 脚本开发第一人称虚拟漫游功能。即通过键盘的 W、S、A、D 键在场景内自由行走,通过鼠标实现观察者视角的旋转功能,如图 3.29 所示。

3. 项目实施

第 1 步:双击 Unity Hub 图标,启动 Unity 引擎,建立一个空项目。

第 2 步:在游戏场景中选择菜单栏中的 GameObject→3D→Plane 命令,创建一个平面,如图 3.30 所示。

第 3 步:选择菜单栏中的 GameObject→Create Empty 命令,创建空物体,并将其标签设为 Player。

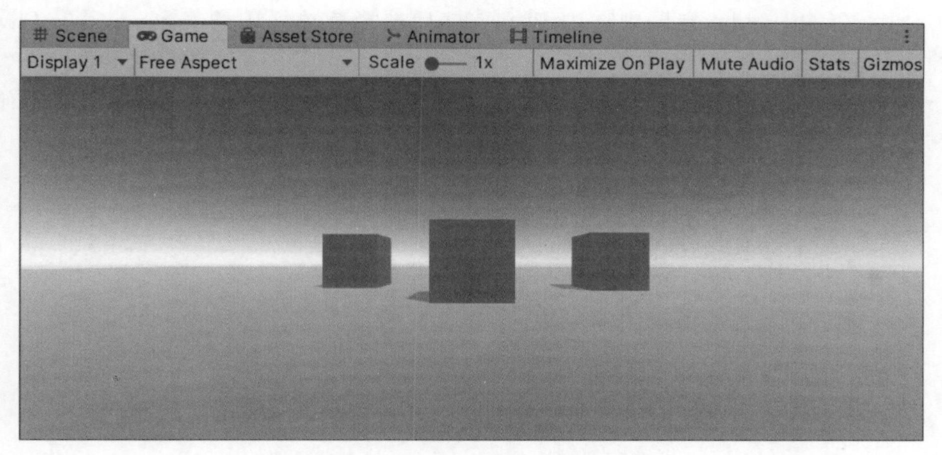

图 3.29 第一人称虚拟漫游测试效果

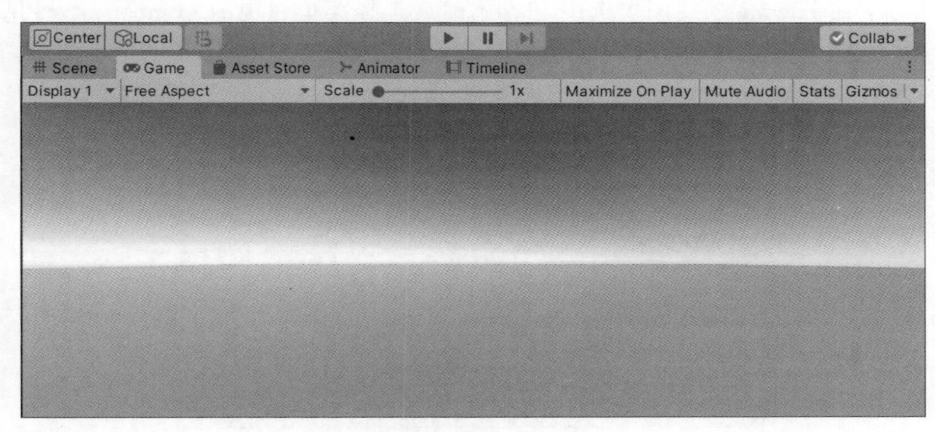

图 3.30 创建平面

一个标签是用来索引一个或一组游戏对象的词。标签是为了编程而对游戏对象的标注,可以使用标签来书写脚本代码,通过搜索找到包含想要的标签的对象。添加标签的方法很简单,即选中 Inspector 视图右上方的 Tag,单击 Add Tag,打开标签管理器,然后在其中输入 Player,如图 3.31 所示。然后再次选择空物体,在 Tag 的下拉菜单中找到 Player 标签,完成标签添加,如图 3.32 所示。

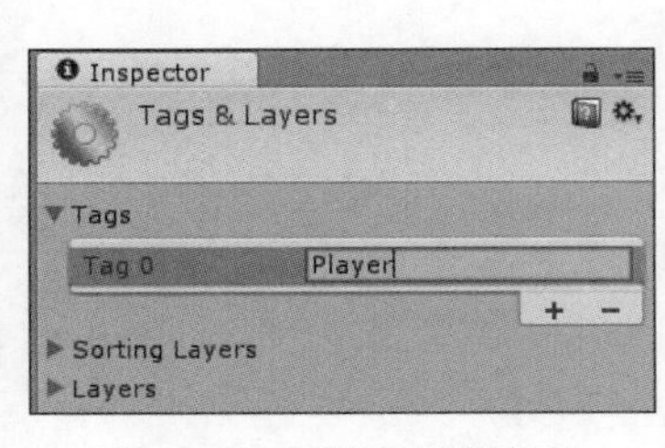

图 3.31 打开标签管理器

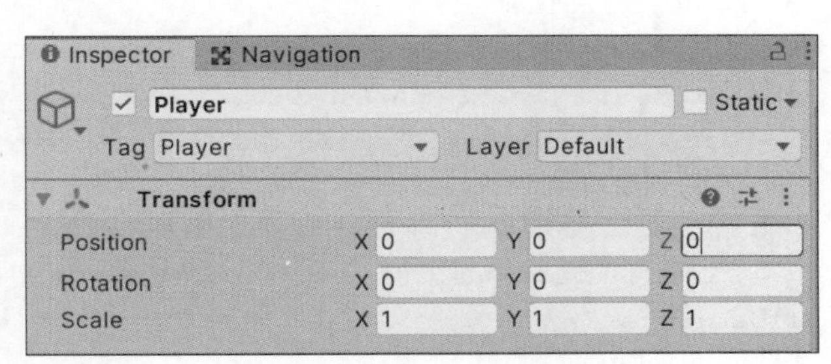

图 3.32 添加标签

第 4 步：在 Hierarchy 视图中选中 Player，然后选择菜单栏中的 Component→Physics→Character Controller 命令，为主角 Player 添加 Character Controller 组件，如图 3.33 所示。Character Controller 主要用于第三人称或第一人称游戏主角控制，并不使用刚体物理效果。

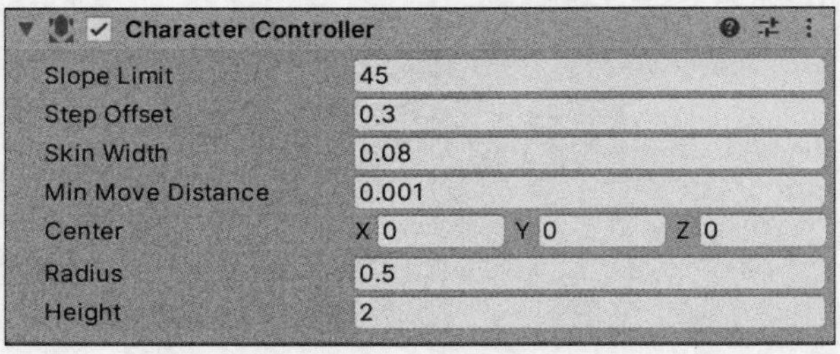

Character Controller	
Slope Limit	45
Step Offset	0.3
Skin Width	0.08
Min Move Distance	0.001
Center	X 0 Y 0 Z 0
Radius	0.5
Height	2

图 3.33　添加 Character Controller 组件

第 5 步：在 Hierarchy 视图中选中 Player，然后选择菜单栏中的 Component→Physics→Rigidbody 命令，为主角 Player 添加 Rigidbody 组件。在 Rigidbody 组件属性中取消 Use Gravity，选中 Is Kinematic，使其不受物理影响，而受脚本控制，如图 3.34 所示。

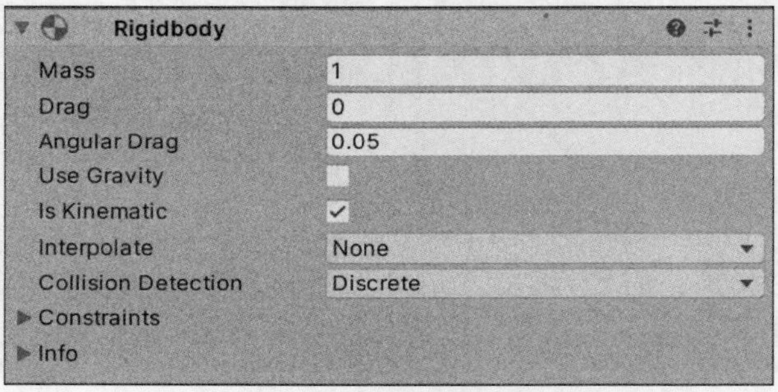

Rigidbody	
Mass	1
Drag	0
Angular Drag	0.05
Use Gravity	☐
Is Kinematic	✓
Interpolate	None
Collision Detection	Discrete
▶ Constraints	
▶ Info	

图 3.34　添加 Rigidbody 组件

第 6 步：在 Scene 视图中调整 Character Controller 的位置和大小，使其置于平面之上。

第 7 步：在 Project 视图的空白处右击，在弹出的快捷菜单中选择 Create→C＃命令，创建一个 C＃脚本，将脚本命名为 Player。

第 8 步：输入代码，如下所示。

```
using UnityEngine;
using System.Collections;
public class Player : MonoBehaviour {
    public Transform m_transform;
    //角色控制器组件
    CharacterController m_ch;
    float m_movSpeed=3.0f;           //角色移动速度
float m_gravity=2.0f;                //重力
      void Start ()
    {   m_transform=this.transform;
      m_ch=this.GetComponent<CharacterController>();    //获取角色控制器组件
```

```
    }
    void Update ()
    {Control();}
    void Control()
    {  float xm=0, ym=0, zm=0;                              //定义 3 个值控制移动
       ym -=m_gravity * Time.deltaTime;                     //重力运动
          //上下左右移动
       if (Input.GetKey(KeyCode.W)){
          zm+=m_movSpeed * Time.deltaTime;  }
       else if (Input.GetKey(KeyCode.S)){
          zm -=m_movSpeed * Time.deltaTime; }
       if (Input.GetKey(KeyCode.A)){
          xm -=m_movSpeed * Time.deltaTime; }
       else if (Input.GetKey(KeyCode.D)){
          xm+=m_movSpeed * Time.deltaTime; }
       //使用角色控制器提供的 Move 函数进行移动
       m_ch.Move(m_transform.TransformDirection (new Vector3(xm, ym, zm)));
    }
}
```

上述代码主要是控制主角前、后、左、右移动。在 Start ( ) 函数中，首先获取 CharacterController 组件，然后在 Control 函数中通过键盘操作获得 X 和 Y 方向上的移动距离，最后使用 CharacterController 组件提供的 Move 移动主角。使用 CharacterController 提供的功能移动，在移动的同时会自动计算移动体与场景之间的碰撞。

第 9 步：在 Hierarchy 视图中选中 Player 游戏对象，将写好的 Player 脚本链接到 Player 游戏对象上，如图 3.35 所示。

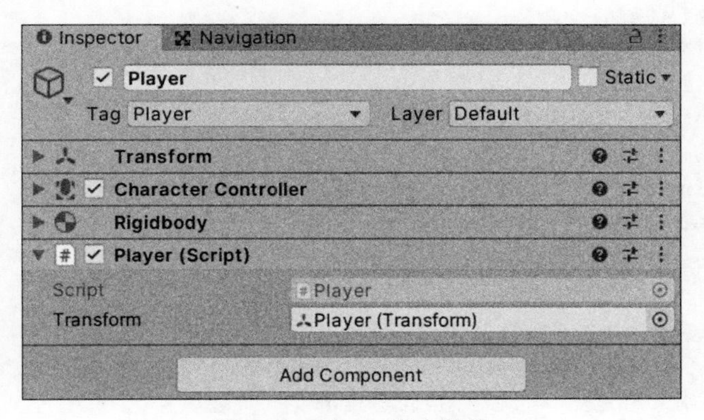

图 3.35 Player 脚本链接

第 10 步：此时运行测试，按 W、S、A、D 键可以控制主角前、后、左、右移动。但是，在 Game 视图中却观察不到主角在场景中移动的效果，这是因为摄像机还没有与主角的游戏对象关联起来。此时需要添加摄像机代码，打开 Player.cs 继续添加代码，如下所示。

```
using UnityEngine;
using System.Collections;
```

```
public class Player : MonoBehaviour {
    public Transform m_transform;
    CharacterController m_ch;
    float m_movSpeed=3.0f;
    float m_gravity=2.0f;
    Transform m_camTransform;                                  //摄像机 Transform
    Vector3 m_camRot;                                          //摄像机旋转角度
    float m_camHeight=1.4f;                                    //摄像机高度
    //修改 Start()函数,初始化摄像机的位置和旋转角度
void Start ()
{   m_transform=this.transform;
    m_ch=this.GetComponent<CharacterController>();             //获取角色控制器组件
    m_camTransform=Camera.main.transform;                      //获取摄像机
    Vector3 pos=m_transform.position;
    pos.y+=m_camHeight;
    m_camTransform.position=pos;
    m_camTransform.rotation=m_transform.rotation;              //设置摄像机的旋转方向与主
                                                                 角一致
    m_camRot=m_camTransform.eulerAngles;
    Screen.lockCursor=true;                                    //锁定鼠标
}
void Update ()
{ Control();}
void Control()
{   //获取鼠标移动距离
    float rh=Input.GetAxis("Mouse X");
    float rv=Input.GetAxis("Mouse Y");
    //旋转摄像机
    m_camRot.x-=rv;
    m_camRot.y+=rh;
    m_camTransform.eulerAngles=m_camRot;
    //使主角的面向方向与摄像机一致
    Vector3 camrot=m_camTransform.eulerAngles;
    camrot.x=0; camrot.z=0;
    m_transform.eulerAngles=camrot;
    float xm=0, ym=0, zm=0;
    ym-=m_gravity * Time.deltaTime;
    if (Input.GetKey(KeyCode.W)){
        zm+=m_movSpeed * Time.deltaTime;}
    else if (Input.GetKey(KeyCode.S)){
        zm-=m_movSpeed * Time.deltaTime;}
    if (Input.GetKey(KeyCode.A)){
        xm-=m_movSpeed * Time.deltaTime;}
    else if (Input.GetKey(KeyCode.D)){
        xm+=m_movSpeed * Time.deltaTime;}
    m_ch.Move(m_transform.TransformDirection (new Vector3(xm, ym, zm)));
    //使摄像机位置与主角一致
```

```
    Vector3 pos=m_transform.position;
    pos.y+=m_camHeight;
    m_camTransform.position=pos;}
}
```

上述代码通过控制鼠标旋转摄像机方向，使主角跟随摄像机的Y轴旋转方向，移动主角时，使摄像机跟随主角运动。

4. 项目测试

单击Play按钮进行测试，效果如图3.36和图3.37所示。通过鼠标可以在场景中旋转视角，通过W、S、A、D键可以在场景中移动主角向前、向后、向左、向右移动。

图3.36　用鼠标控制旋转视角

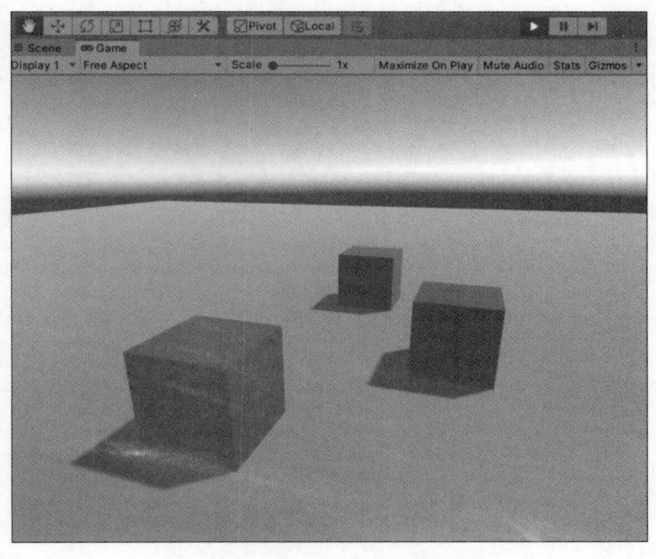

图3.37　用键盘控制移动方向

3.5 小结

Unity引擎采用了C#语言实现脚本功能,并扩展了自主的功能和技术来支持脚本访问引擎。本章主要介绍了Unity引擎中C#脚本开发的基本方法,包括脚本的创建、链接及编写注意事项。在实践中通过“移动的立方体”“创建游戏对象”“变换的立方体”项目讲解C#脚本控制游戏对象的移动、旋转、缩放及创建方法。最后使用C#脚本实现第一人称虚拟漫游综合项目。

3.6 习题

1. 简述Transform组件的作用和属性。

2. 在Unity引擎中,编写C#脚本有哪些注意事项?

3. 在场景中创建自定义大小的“地球”和“月球”对象,编写脚本,实现“月球”围绕“地球”旋转的效果。

4. 创建一个自定义大小的立方体,添加绿色材质,实现按下R键时,立方体围绕Y轴旋转的效果。

5. 创建一个自定义大小的球体,编写脚本,实现球体的自动旋转,并且在旋转10s后自动停止。

Chapter 4

第 4 章

GUI 游戏界面

在游戏开发过程中,为了增强艺术性与美观性,开发人员往往会制作大量图形用户界面。Unity 引擎中的图形系统分为 OnGUI、NGUI 和 UGUI 等,它们的内容十分丰富,包含游戏中经常用到的按钮、图片、文本等控件。本章主要介绍 UGUI 图形系统中各个控件的使用方法,并将 UGUI 控件进行整合,设计开发一款包括游戏开始界面、游戏介绍界面以及游戏进入界面的综合实践项目。

4.1 GUI 概述

4.1.1 GUI 的概念

GUI 是 Graphical User Interface 的简称,即图形用户界面,也称作 UI。与早期计算机使用的命令行界面相比,GUI 在视觉上更易于接受。游戏中的 GUI 界面比大多数其他类型的 GUI 界面更复杂,因为游戏中的 GUI 是玩家和游戏之间的交互界面,需要接收从硬件输入设备上传来的输入信息,然后根据交互模型转换为游戏世界中的动作,并在输出设备上输出。《植物大战僵尸》和《愤怒的小鸟》中的 GUI 界面如图 4.1 和图 4.2 所示。

图 4.1 《植物大战僵尸》的 GUI 界面

图 4.2 《愤怒的小鸟》的 GUI 界面

4.1.2 GUI 的发展

在整个游戏开发过程中,游戏界面占据了非常重要的地位。玩家启动游戏的时候,首先看到的就是游戏的 GUI。游戏中的 GUI 通常包括文本、贴图、按钮等控件。早期的 Unity 引擎采用 OnGUI 系统,后来又出现了 NGUI 插件,在 Unity 4.6 版本以后,Unity 引擎官方推出了新的 UGUI 系统,采用全新的独立坐标系,使运转效率更高。

4.2 UGUI 控件

UGUI 允许用户快速直观地创建图形用户界面,并提供了强大的可视化编辑器,提高了 GUI 开发效率。选择菜单栏中的 GameObject→UI 命令,可以创建 Unity 引擎提供的 UGUI 控件,如图 4.3 所示。

4.2.1 Canvas 控件

Canvas(画布)是摆放容纳所有 UI 元素的区域,在场景中创建的所有控件都会自动变为 Canvas 的子对象。创建画布有两种方式:一是通过选择菜单栏中的 GameObject→UI→Canvas 命令直接创建;二是选择菜单栏中的 GameObject→UI 命令创建一个 UI 控件时,系统会自动创建一个容纳该组件的画布,其属性对话框如图 4.4 所示。

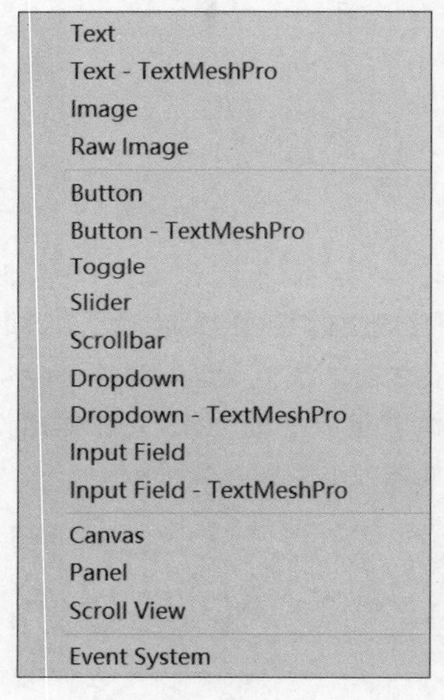

图 4.3 UGUI 控件

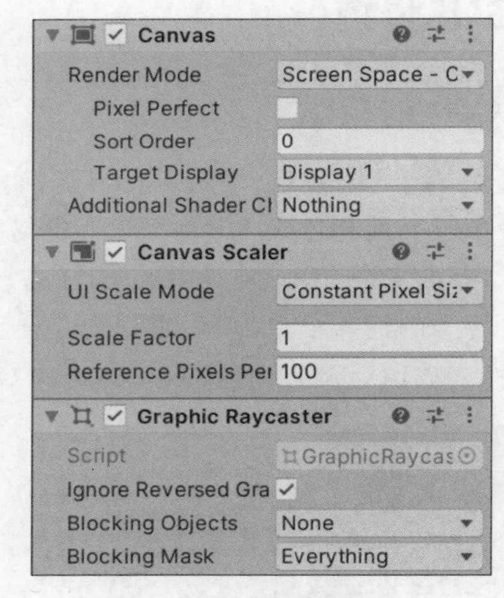

图 4.4 Canvas 属性对话框

画布上有 Render Mode 属性,它有 3 个选项,分别对应 Canvas 的 3 种渲染模式:Screen Space-Overlay、Screen Space-Camera 和 World Space。

(1) Screen Space-Overlay 渲染模式。

在 Screen Space-Overlay 渲染模式下,画布拉伸以适应全屏大小,场景中的 UI 在场景中渲染于其他物体前方。如果屏幕大小改变或分辨率改变,画布将自动更改大小,以很好地适配屏幕。此种模式不需要 UI 摄像机,UI 将永远出现在所有摄像机的最前面,Screen Space-Overlay 渲染模式参数如表 4.1 所示。

(2) Screen Space-Camera 渲染模式。

Screen Space-Camera 渲染模式类似 Screen Space-Overlay 模式。这种渲染模式下,画布被放置在指定摄像机前的一个给定距离上。它支持在 UI 前方显示 3D 模型与粒子系统等内容，通过指定的摄像机呈现UI。摄像机设置会影响UI的呈现，如果屏幕大小改变或分辨率更改，画布将自动更改大小，以很好地适配屏幕，Screen Space-Camera 渲染模式参数如表4.2所示。

表4.1 Screen Space-Overlay 渲染模式参数

属性	功能详解
Pixel Perfect	重置元素大小和坐标，使贴图的像素完美对应到屏幕像素上
Sort Order	排列顺序
Target Display	在 Overlay 模式下出现，和多屏显示相关
Additional Shader Channels	设置在创建画布网格时使用的附加着色器通道

表4.2 Screen Space-Camera 渲染模式参数

属性	功能详解
Pixel Perfect	重置元素大小和坐标，使贴图的像素完美对应到屏幕像素上
Render Camera	UI绘制所对应的摄像机
Plane Distance	UI距离摄像机镜头的距离
Sorting Layer	界面分层，选择 Edit→Project Setting→Tags and Layers→Sorting Layers 命令进行新增，越下方的层，界面显示时越在前面
Order Layer	界面顺序，该值越高，界面显示时越在前面
Additional Shader Channels	设置创建画布网格时使用的附加着色器通道

（3）World Space 渲染模式。

World Space 渲染模式使画布在场景中像其他游戏对象一样，可以手动改变大小，屏幕大小取决于拍摄的角度和摄像机的距离。它是一个完全3D的UI，也就是把UI也当成3D对象，如摄像机离UI远了，其显示就会变小，近了就会变大，World Space 渲染模式参数如表4.3所示。

表4.3 World Space 渲染模式参数

属性	功能详解
Event Camera	用来处理用户界面事件的摄像机
Sorting Layer	界面分层
Order Layer	界面顺序
Additional Shader Channels	设置创建画布网格时使用的附加着色器通道

4.2.2 EventSystem 事件系统

创建了界面控件后，Unity 引擎会同时创建一个名为 EventSystem 的事件系统，用于控制各类事件，其属性对话框如图4.5所示。EventSystem 事件处理器中有如下2个组件：

(1) EventSystem(事件处理系统),该模块用于控制构成事件的元素,协调哪个InputModule当前处于活动状态,哪个GameObject当前被视为选定。

(2) Standalone Input Module(独立输入模块),该模块根据输入管理器跟踪的输入发送移动事件并提交/取消事件。

4.2.3 Text控件

在Hierarchy视图中右击,在弹出的快捷菜单中选择UI→Text命令,即可创建一个Text(文本)控件。Text控件显示非交互文本,可以作为标题或标签,也可用于显示指令或文本。在Text属性对话框中可以输入要显示的文本,设置字体、样式、字号等内容,如图4.6所示,具体参数含义如表4.4所示。

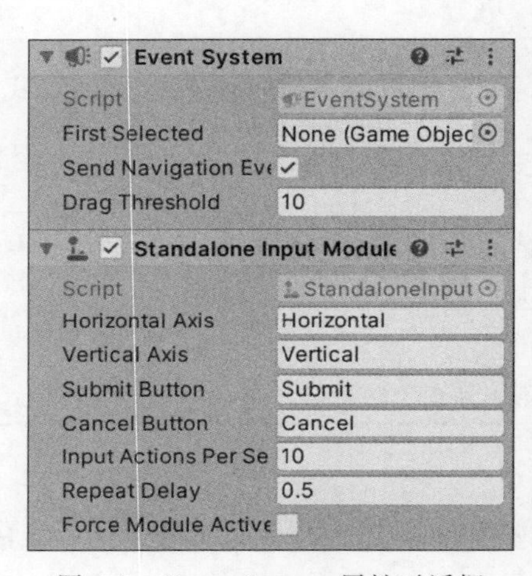

图4.5 Event System属性对话框

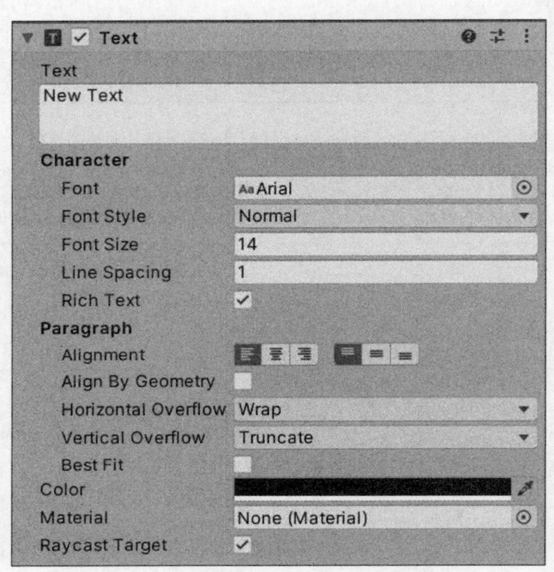

图4.6 Text属性

表4.4 Text属性参数

属 性	功 能 详 解
Text	控件显示的文本,默认为New Text
Font	显示文本的字体,默认为Arial字体
Font Style	控件显示的文本样式,比如粗体、斜体等
Font Size	显示文本的字号,如果字号设置过大,超过矩形变换设置的宽度和高度,文字将不显示
Line Spacing	文本之间的行间距(多行)
Rich Text	"富"文本样式,如果勾选此项,可以通过加入颜色命令字符来修改文字颜色
Alignment	设置文本在Text框中的水平及垂直方向上的对齐方式
Align By Geometry	几何对齐,图文混排的时候需要该功能的配合
Horizontal Overflow	水平方向上溢出时的处理方式,分为Wrap隐藏和Overflow溢出两种

续表

属　性	功能详解
Vertical Overflow	垂直方向上溢出时的处理方式，分为 Truncate 截断和 Overflow 溢出两种
Best Fit	勾选后根据矩形框大小来调整文本大小
Color	文本颜色
Material	渲染文本的材质
Raycast Target	是否标记为光线投射目标

4.2.4 Image 控件

在 Hierarchy 视图中右击，在弹出的快捷菜单中选择 UI→Image 命令，即可创建一个 Image(图像)控件。Image 控件用来显示非交互式图像，可用于装饰、图标等。除了两个公共的组件 Rect Transform 与 Canvas Renderer 外，该控件默认情况下就只有一个 Image 组件，如图 4.7 所示。其中 Source Image 是要显示的源图像。如果将一个图片赋给 Image，需要先将图片转换成 Sprite(精灵)格式，转化后的图片就可以拖放到 Image 组件下的 Source Image 中了。

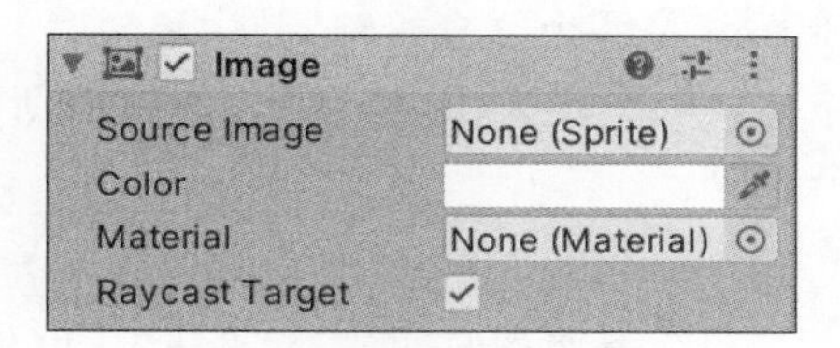

图 4.7　Image 属性

Sprite 格式的转换方法为：在 Project 视图中选中要转换的图片，然后在其 Inspector 视图中单击 Texture Type(纹理类型)右边的下拉框，在弹出的快捷菜单中选中 Sprite(2D and UI)，并单击下方的 Apply 按钮即可。转成 Sprite 格式的图片就可以拖放到 Image 控件中的 Source Image 上了，Image 控件的属性参数如表 4.5 所示。

表 4.5　Image 属性参数

属　性	功能详解
Source Image	要显示的图像纹理图片，格式必须为 Sprite(精灵)格式
Color	应用在图像上的颜色
Material	应用在图像上的材质
Raycast Target	是否启用光线投射

4.2.5 Raw Image 控件

在 Hierarchy 视图中右击，在弹出的快捷菜单中选择 UI→Raw Image 命令，即可创建一个 Raw Image(原始图像)控件。Raw Image 控件用来显示非交互图像控件，可以用于装饰、图标等，其属性如图 4.8 所示。Raw Image 控件和 Image 控件相似，但是不具备 Image 控件的动画控制等功能。它支持任何类型的纹理，而 Image 控件仅支持 Sprite 类型的纹理。Raw Image 控件的属性参数如表 4.6 所示。

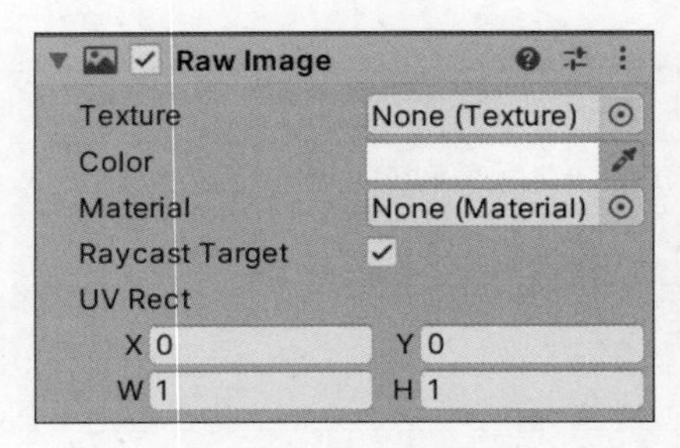

图 4.8 Raw Image 属性

表 4.6 Raw Image 属性参数

属性	功能详解
Texture	显示的图像纹理
Color	应用在图像上的颜色
Material	为图像渲染所用的材质
Raycast Target	是否启用光线投射
UV Rect	图像在控件矩形中的偏移和大小，范围为 0～1

4.2.6 Button 控件

在 Hierarchy 视图中右击，在弹出的快捷菜单中选择 UI→Button 命令，即可创建一个 Button(按钮)控件。Button 控件响应来自用户的单击事件，用于启动或确认某项操作。Button 是一个复合控件，其中还包含一个 Text 子控件，可设置 Button 上显示的文字内容、字体、样式、字大小、颜色等，与前面所讲的 Text 控件是一样的。Button 控件的属性如下所示。

(1) Interactable(是否启用交互)。

如果去掉其后的对钩，此 Button 运行时将单击不动，即失去了交互性。

(2) Transition(过渡方式)控制按钮响应方式，共有 4 个选项，如图 4.9 所示。

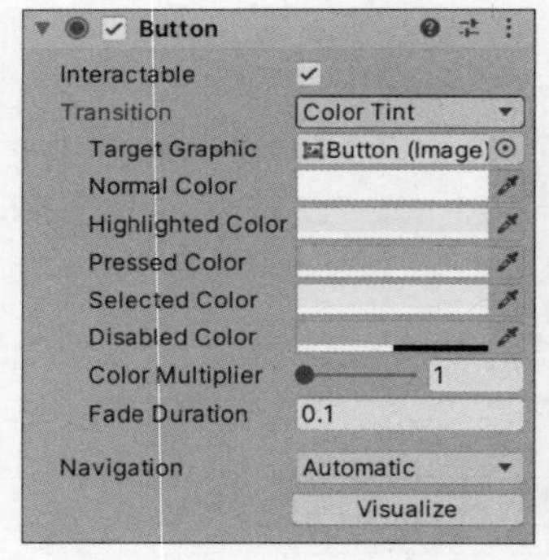

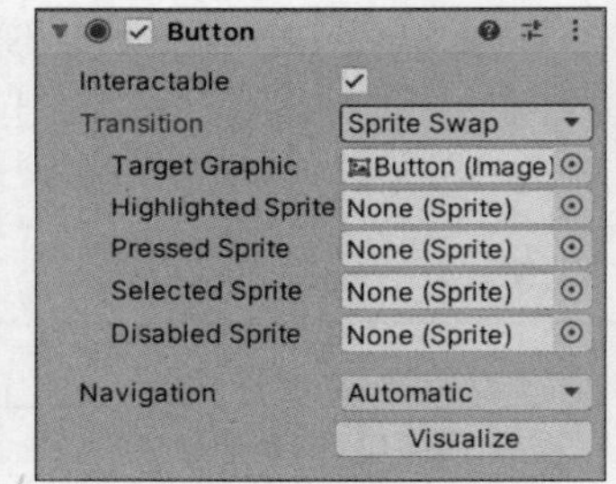

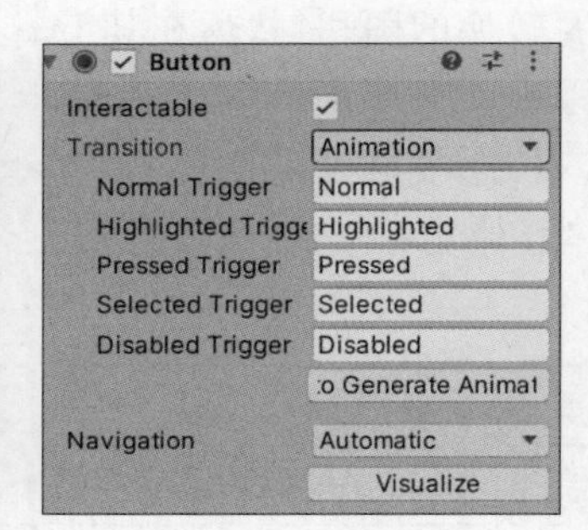

图 4.9 Button 控件的过渡方式

① None：没有过渡方式。

② Color Tint：颜色过渡，控件的属性参数如表 4.7 所示。

表 4.7 Color Tint 属性参数

属性	功能详解
Target Graphic	用于交互的图形
Normal Color	控件的正常颜色
Highlighted Color	控件高亮时显示的颜色
Pressed Color	控件被按下时显示的颜色

续表

属　性	功能详解
Selected Color	控件被选择时显示的颜色
Disabled Color	控件被禁用时显示的颜色
Color Multiplier	颜色倍数,该项数值会与每个状态的颜色数值相乘
Fade Duration	变化持续的时间,以秒为单位

③ Sprite Swap:Sprite 交换,需要使用相同功能不同状态的贴图,控件的属性参数如表 4.8 所示。

表 4.8 Sprite Swap 属性参数

属　性	功能详解
Target Graphic	正常状态显示的 Sprite 类型图片
Highlighted Sprite	鼠标划过控件时显示的 Sprite 类型图片
Pressed Sprite	鼠标被按下时显示的 Sprite 类型图片
Disabled Sprite	鼠标被禁用时显示的 Sprite 类型图片

④ nimation:动画过渡,其属性参数如表 4.9 所示。

表 4.9 Animation 属性参数

属　性	功能详解
Normal Trigger	正常状态下使用的动画触发器
Highlighted Trigger	高亮状态下使用的动画触发器
Pressed Trigger	控件被按下时使用的动画触发器
Selected Color	控件被选择时显示的颜色
Disabled Trigger	控件被禁止时使用的动画触发器

(3) Navigation(导航):确定控件的顺序,其属性参数如表 4.10 所示。

表 4.10 Navigation 属性参数

属　性	功能详解
None	无键盘导航
Horizontal	水平导航
Vertical	垂直导航
Automatic	自动导航
Explicit	在此模式下,可以显式指定控件导航至不同的位置

4.2.7 Toggle 控件

在 Hierarchy 视图中右击,在弹出的快捷菜单中选择 UI→Toggle 命令,即可创建一个

Toggle(开关)控件。Toggle 控件允许用户选中或取消选中某个选项的复选框,非常适合做开关选项,如打开或关闭音乐功能,其属性如图 4.10 所示。创建 Toggle 控件后,可以发现它也是一个复合型控件,有 Background 与 Label 两个子控件,如图 4.11 所示。其中 Background 控件中还有一个 Checkmark 子控件。Background 是一个图像控件,其子控件 Checkmark 也是一个图像控件,Label 控件是一个文本框,改变它们的属性值即可改变 Toggle 的外观,如颜色、字体等等,Toggle(开关)控件部分属性参数如表 4.11 所示。

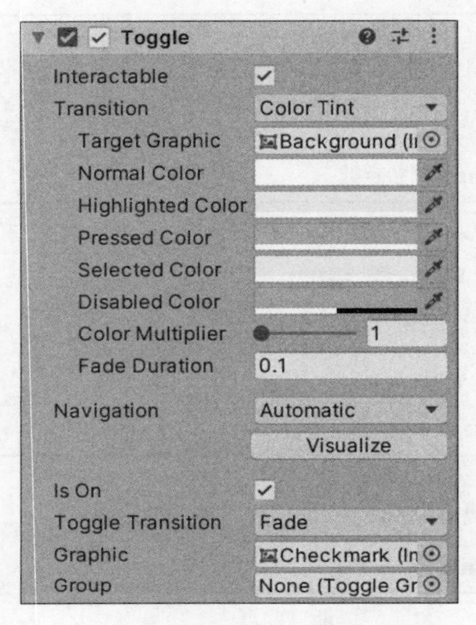

图 4.10　Toggle 属性

图 4.11　Toggle 子对象

表 4.11　Toggle 属性参数

属　性	功 能 详 解
Interactable	控制是否接受输入。如果该选项没有被选中,表示 Toggle 不能接受输入且动画过渡不可用
Transition	用于控制 Toggle 响应用户的操作方式,分为 None、Color Tint、Sprite Swap、Animation 4 类
Navigation	确定控件的顺序,可以选择 Horizontal、Vertical、Automatic、Explicit 4 类
Is On	确定初始时控件是否启用
Toggle Transition	Toggle 值改变时 Toggle 响应用户操作的方式,可选择 None(无效果)或 Fade(渐变效果)
Graphic	Toggle 被勾选时显示的图形
Group	表示 Toggle 所在的单选按钮组

4.2.8　Input Field 控件

在 Hierarchy 视图中右击,在弹出的快捷菜单中选择 UI→Input Field 命令,即可创建一个 Input Field(输入栏)控件。Input Field 控件是用于接受用户输入文字的控件,如用户名、密码等，其属性如图 4.12 所示。Input Field 也是一个复合控件，包含 Text 与 Placeholder 两个子控件，其中 Text 是文本控件，默认为空，程序运行时，用户输入的内容就保存在这个 Text 中。Placeholder 是占位符，表示程序运行时还没有输入内容时显示的提示信息，控件的属性参数如表 4.12 所示。

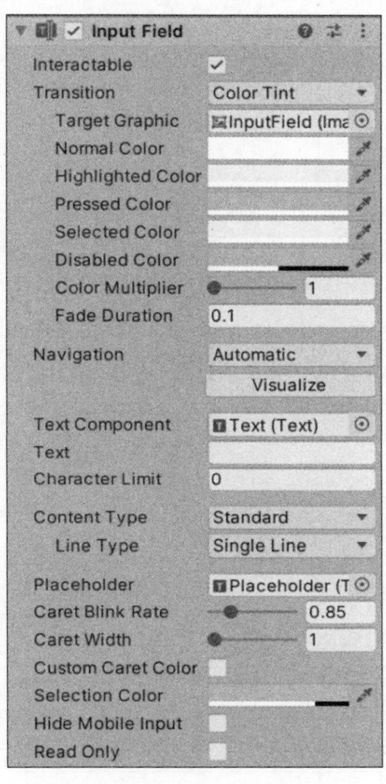

图 4.12 Input Field 属性

表 4.12 Input Field 属性参数

属 性	功 能 详 解
Interactable	控制是否接受输入。如果该选项没有被选中，Input Field 不能接受输入且动画过渡为不可用
Transition	用于控制 Input Field 响应用户的方式
Navigation	确定控件的顺序，可以选择 Horizontal、Vertical、Automatic、Explicit 4 类
Text Component	输入域的文本显示组件，用于显示用户输入的文本框
Text	输入字符值
Character Limit	限定此输入域最大输入的字符数，0 为不限制
Content Type	限定此输入域的内容类型，包括数字、密码等，常用的类型如下： Standard(标准类型)：什么字符都能输入，只要是当前字体支持的 Autocorrected(自动校正)：自动校正输入的未知单词，并建议更合适的替换候选对象，除非用户明确地覆盖该操作，否则将自动替换输入的文本

续表

属　性	功 能 详 解
Content Type	Integer Number(整数类型):只能输入一个整数 Decimal Number(十进制数):能输入整数或小数 Alpha numeric(文字和数字):能输入数字和字母 Name(姓名类型):能输入英文及其他文字。当输入英文时,自动地利用每个单词的第一个字母 Email Address(电子邮箱):允许输入一个由最多一个@符号组成的字母数字字符串 Password(密码类型):输入的字符隐藏为星号 Pin(个人识别码):用星号隐藏字符。只允许输入整数 Custom(定制类型):允许自定义行类型、输入类型、键盘类型和字符验证
Line Type	当输入的内容超过输入域边界时,分以下几种情况处理: Single Line(单一行):超过边界也不换行,继续延伸此行,输入域中的内容只有一行 Multi Line Submit(多行):允许文本使用多行。只有需要的时候才使用新行 Multi Line Newline(多行):允许文本使用多行。可以通过按回车键使用换行符
Placeholder	占位文本,输入栏没有输入或输入值为空时显示的提示文本
Caret Blink Rate	占位符的闪烁速度
Caret Width	占位符的宽度
Custom Caret Color	占位符的颜色
Selection Color	选中部分文本的背景颜色
Hide Mobile Input	是否在移动端隐藏输入栏
Read Only	是否只读

4.2.9　Slider 控件

在 Hierarchy 视图中右击,在弹出的快捷菜单中选择 UI→Slider 命令,即可创建一个 Slider(滑动条)控件。Slider 控件允许用户从一个预先确定的范围内选择一个数值,适合制作滑动条或进度条等。Slider 也是一个复合控件,包括 Background、Fill Area 和 Handle Slide Area。其中 Background 是背景,默认颜色是白色,Fill Area 是填充区域,Handle Slide Area 是手柄区域。Slider 控件的属性如图 4.13 所示。

Slider 控件中有个需要注意的参数是 Whole Number,该参数表示滑块的值是否只可为整数,开发人员可根据需要设置。此外,Slider 控件也可以挂载脚本,用来响应事件监听,其属性参数如表 4.13 所示。

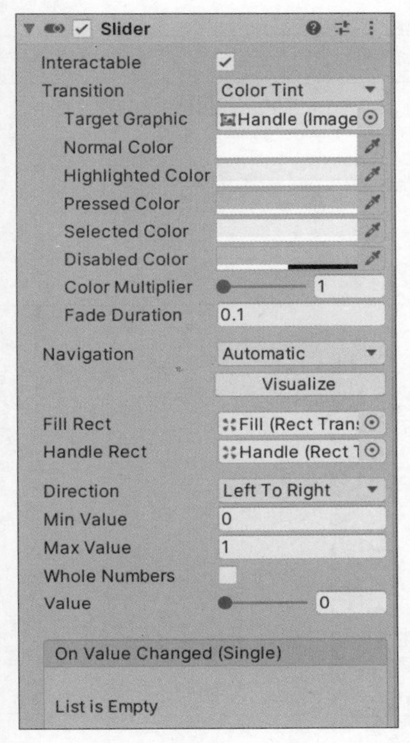

图 4.13 Slider 属性

表 4.13 Slider 属性参数

属　　性	功 能 详 解
Intractable	控制是否接受输入。如果该选项没有被选中，表示 Slider 不能接受输入且动画过渡不可用
Transition	用于控制 Slider 响应用户的操作方式，分为 None、Color Tint、Sprite Swap、Animation 4 类
Navigation	确定控件的顺序，可以选择 Horizontal、Vertical、Automatic、Explicit 4 类
Fill Rect	滑动条填充矩形区域
Handle Rect	滑动块信息
Direction	Slider 的摆放方向，包括 Left To Right、Right To Left、Bottom To Top 和 Top To Bottom
Min Value	滑块滑动的最小数值
Max Value	滑块滑动的最大数值
Whole Numbers	滑块值是否限定为整数值
Value	滑块当前的数值

4.2.10 Scrollbar 控件

在 Hierarchy 视图中右击，在弹出的快捷菜单中选择 UI→Scrollbar 命令，即可创建一个 Scrollbar(滚动条)控件。Scrollbar 控件允许用户因图像或其他可视物体太大而不能完全看到视图而滚动，其与滑动条的区别在于滑动条用于选择数值，而滚动条用于滚动视图。滚动条是一个用于形象地拖动以改变目标比例的控件，其属性如图 4.14 所示。它的最恰当应用是将一个整体值变为它的指定百分比例，最大值为 1(100%)，最小值为 0(0%)。拖动滑块可在此之间改变，例如改变滚动视野的显示区域。Scrollbar 控件的属性参数如表 4.14 所示。

表 4.14 Scrollbar 属性参数

属　　性	功 能 详 解
Intractable	控制是否接受输入。如果该选项没有被选中，表示 Scrollbar 不能接受输入且动画过渡不可用
Transition	用于控制 Scrollbar 响应用户的操作方式，分为 None、Color Tint、Sprite Swap、Animation 4 类
Navigation	确定控件的顺序，可以选择 Horizontal、Vertical、Automatic、Explicit 4 类
Handle Rect	当前值处于最小值与最大值之间比例的显示范围，也就是整个滑条的最大可控制范围

续表

属　性	功能详解
Direction	当移动滑块时，滚动条值会增加的方向，包括 Left To Right、Right To Left、Bottom To Top 和 Top To Bottom 4 类
Value	当前滚动条对应的值，是一个相对的百分比，范围为 0.0～1.0
Size	滑块的大小，范围为 0.0～1.0
Numbers Of Steps	滚动条可滚动的位置数目

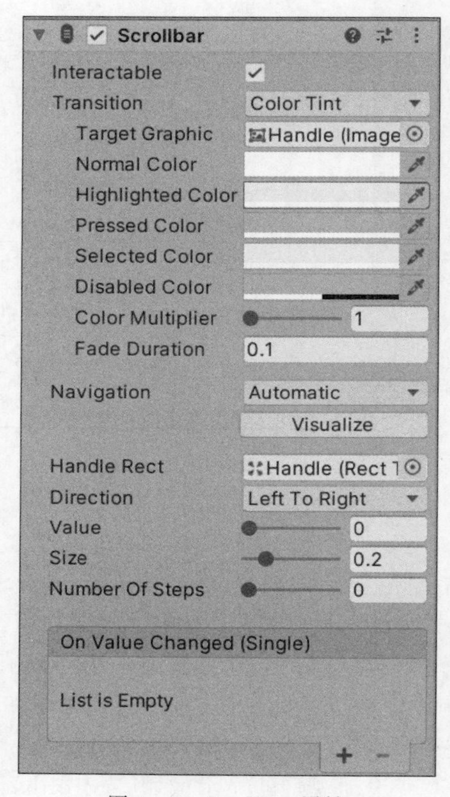

图 4.14　Scrollbar 属性

4.2.11　Panel 控件

在 Hierarchy 视图中右击，在弹出的快捷菜单中选择 UI→Panel 命令，即可创建一个 Panel(面板)控件。Panel 控件实际就是一个容器，其上可放置其他控件。当移动视图时，放在其上的控件就会跟随移动，这样可以更加合理方便地移动与处理一组控件。一个功能完备的游戏界面往往会使用多个 Panel 控件，其属性如图 4.15 所示。其中，Source Image 用来设置 Panel 的图像，Color 用来改变 Panel 的颜色。

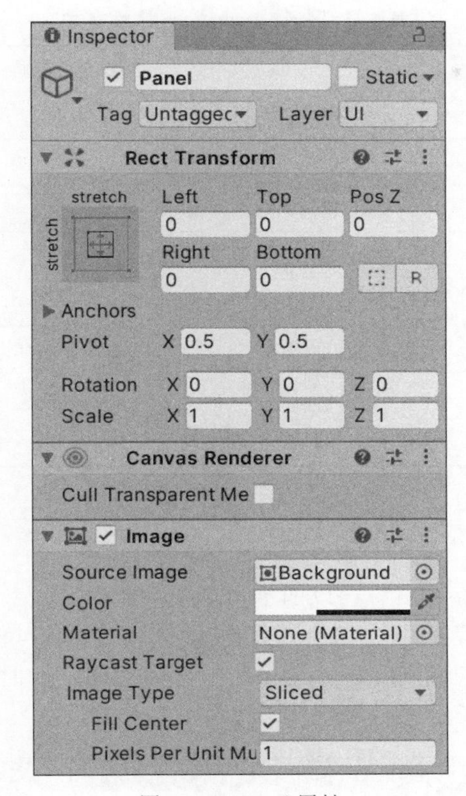

图 4.15 Panel 属性

4.3 Rect Transform

Rect Transform(矩形变换)继承自 Transform,其属性如图 4.16 所示。它表示一个可容纳 UI 元素的矩形,整合了常见的 Anchors(相对父物体的锚点)、Rotation(旋转)和 Scale(缩放)等属性,其属性参数如表 4.15 所示。

Rect Transform
center
middle
Pos X Pos Y Pos Z
0 0 0
Width Height
160 30
R
Anchors
Min X 0.5 Y 0.5
Max X 0.5 Y 0.5
Pivot X 0.5 Y 0.5
Rotation X 0 Y 0 Z 0
Scale X 1 Y 1 Z 1

图 4.16 Rect Transform 属性

表 4.15 Rect Transform 属性参数

属　　性	功 能 详 解
Pos(X,Y,Z)	定义矩形,相当于锚的轴心点位置
Width/Height	定义矩形的宽度和高度
Anchors	定义矩形在左下角和右上角的锚点
Min	定义矩形左下角的锚点
Max	定义矩形右上角的锚点
Pivot	定义矩形旋转时围绕的中心点坐标
Rotation	定义矩形围绕旋转中心点的旋转角度
Scale	定义该对象的缩放系数

4.3.1 Anchors

在 Scene 视图中,Anchors(锚点)以四个三角形手柄的形式呈现。每个手柄都对应固定于相应的父物体的矩形的角。用户可以单独拖动每一个锚点,当它们在一起的时候,也可以单击它们的中心而一起拖动它们。当按下 Shift 键拖动锚点的时候,矩形相应的角会跟随锚点一起移动,如图 4.17 所示。

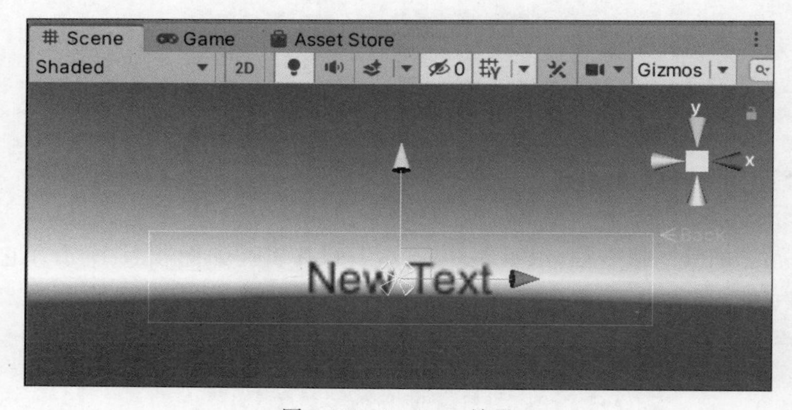

图 4.17　Anchors 效果

在 Inspector 视图中,Anchor Presets(锚点预置)按钮在矩形变换组件的左上角。如图 4.18 所示。单击该按钮可以打开预置锚点的下拉列表,在这里可以便捷地选择常用的锚点选项。可以将 UI 控件固定在父物体的某一边或中心,或拉伸到与父对象相同的大小。

4.3.2 Pivot

旋转和缩放都围绕轴心发生变换,所以 Pivot(轴心点)的位置影响旋转和缩放效果。当在工具栏中选中 Pivot Mode 时,可以在场景中移动中心点位置。另外,在 Rect Transform 中也可以修改 Pivot 的位置,Scene 视图中的 Pivot 如图 4.19 所示。

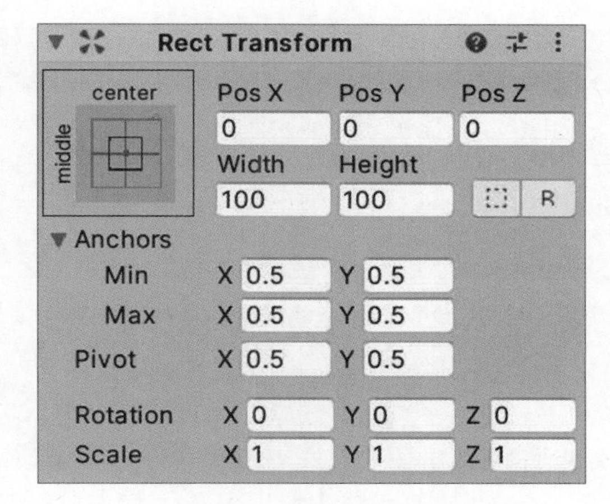

图 4.18 锚点预置列表

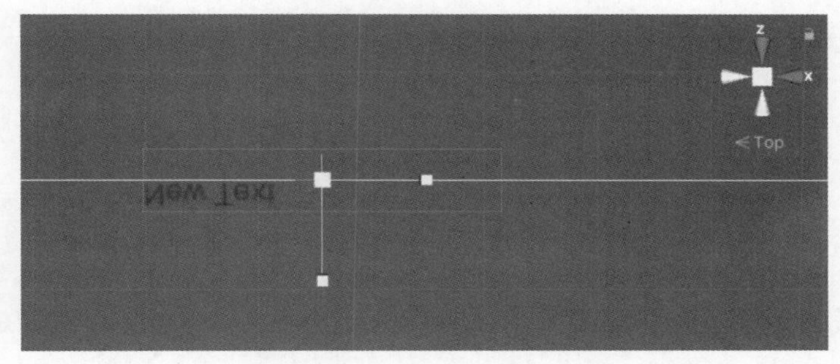

图 4.19 Pivot 中心点位置

4.4 GUI 游戏界面综合项目

1. 项目构思

Unity 引擎推出的 UGUI 系统相比于 OnGUI 和 NGUI 更加人性化，而且是一个开源的系统。本项目旨在整合 UGUI 控件，开发游戏界面。

2. 项目设计

游戏界面计划以 The Forest 为主题，基于 UGUI 控件开发，包括界面背景、文字标题、按钮交互、声音设置、Panel 显示控制等内容，控件摆放设计如图 4.20 所示。

3. 项目实施

第 1 步：双击 Unity Hub 图标，启动 Unity 引擎，建立一个空项目。然后导入本章 The Forest 资源素材包，具体操作时可直接将 The Forest 素材包拖入项目中的 Project 视图中。该素材包包含项目需要用到的背景图片、图标和字体等一些游戏元素，如图 4.21 所示。

第 2 步：将图片变成 Sprite 格式。在 Project 视图中找到导入的资源包，单击 Images 文件夹里的图片 bg1，在其 Inspector 视图中找到 Texture Type 选项，将图片类型改为 Sprite(2D and UI)，如图 4.22 所示，单击下方的 Apply 按钮。类似地，设置图片 bg2 也为 Sprite 格式。

(a) 主界面　(b) 设置界面　(c) 进入界面　(d) 介绍界面

图 4.20　界面设计效果图

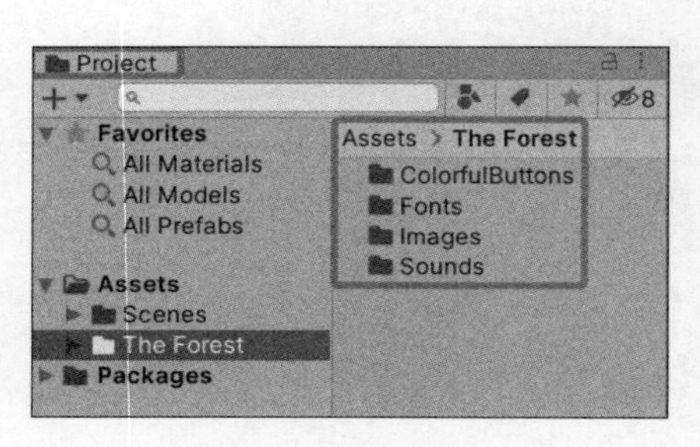

图 4.21　导入资源包

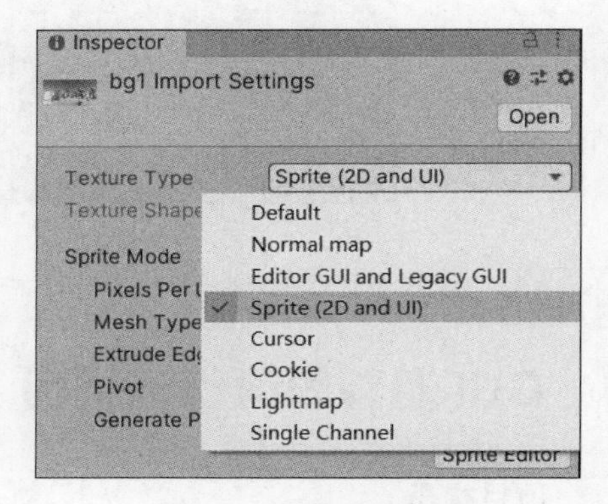

图 4.22　转换图片类型

第 3 步：创建 Image。选择菜单栏中的 GameObject→UI→Image 命令，在场景中添加一个 Image 控件，此时会自动生成一个父物体 Canvas，同时加载 EventSystem，负责处理场景中的输入、映射和事件，如图 4.23 所示。

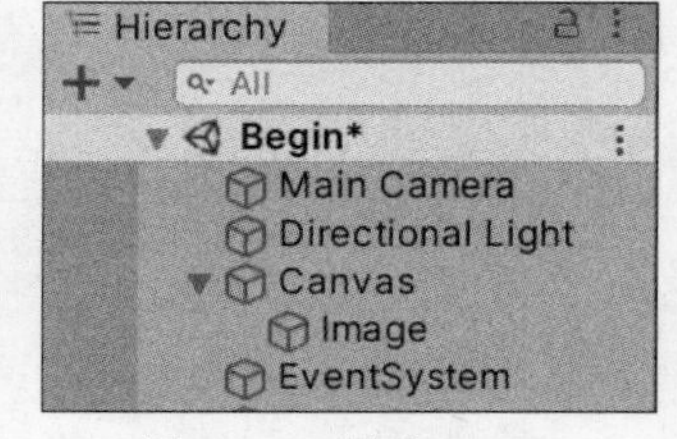

图 4.23　创建 Image

第 4 步：调整 Image 位置。在 Scene 视图中单击“2D”按钮，将视角转换成 2D。通过鼠标滚轮缩放调整适合的视角范围，同时设置 Image 位置位于场景中央，如图 4.24 所示。

第 5 步：Image 贴图。在 Project 视图中找到 Assets→The Forest Package→Images 中的图片 bg1，将其拖入 Image 控件下的 Source Image 区域中，如图 4.25 所示。

第 6 步：调整 Image 的大小。在 Hierarchy 视图中选中 Image，在其 Inspector 视图中调整 Image 的 Width 和 Height 参数。根据屏幕大小铺满屏幕，如图 4.26 所示。

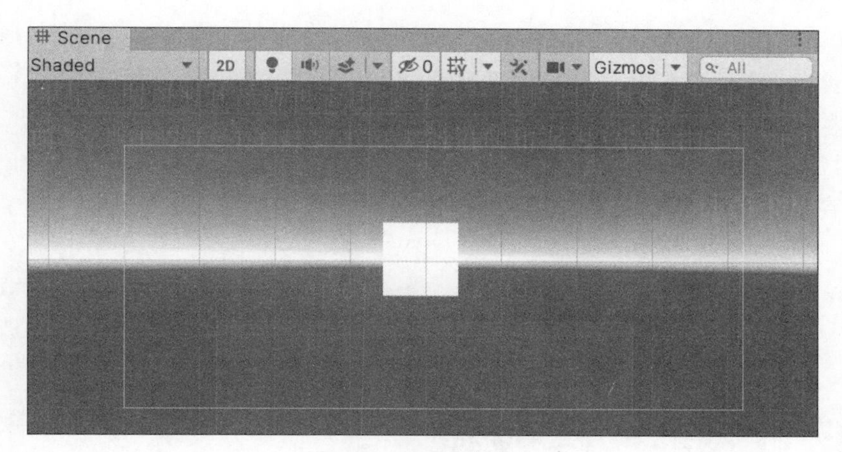

图 4.24 2D 转换按钮

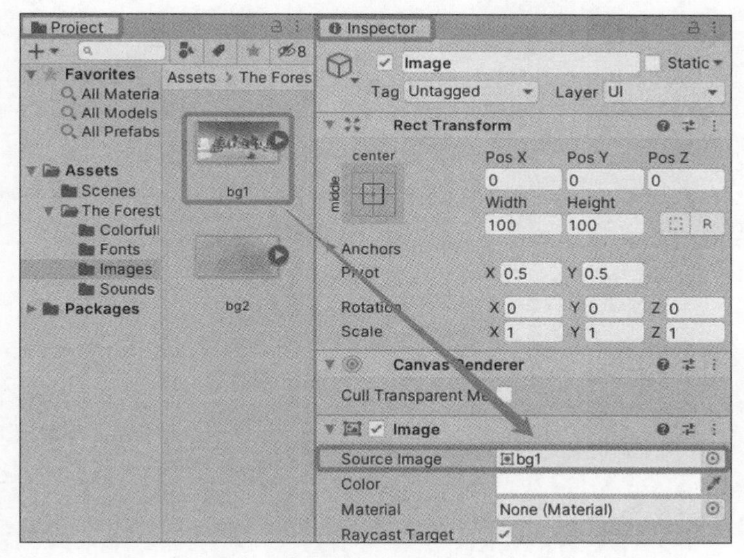

图 4.25 为图片赋值

图 4.26 调整 Image 大小

第 7 步：创建标题 Text。在 Hierarchy 视图中右击，在弹出的快捷菜单中选择 UI→Text 命令创建文本框。在 Inspector 视图中的 Text 组件里编辑文字 The Forest，将下方的 Font 调整为“方正少儿_GBK_0”，将 Font Size 调整为“60”，将 Color 调整为“白色”，如图 4.27 所示。此时注意，如果 Scene 视图没有显示，可调整 Text 文本控件的 Width 和 Height 大小，使其能容纳下文字，即可显示完整文字。字体设置效果如图 4.28 所示。

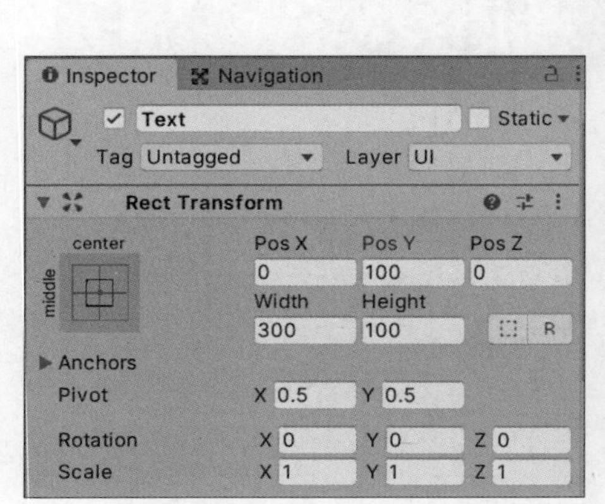

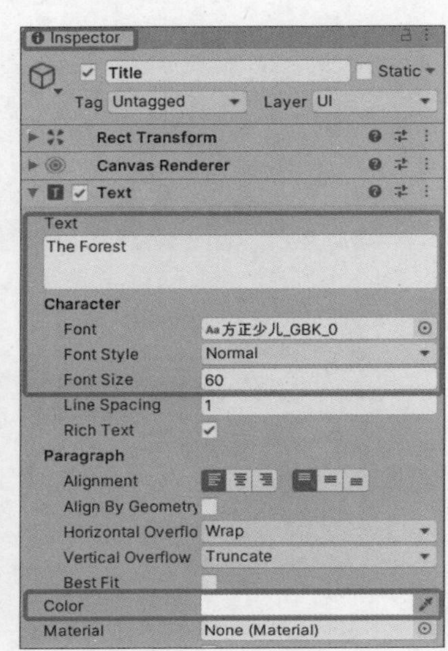

图 4.27　设置字体参数

图 4.28　字体设置效果

第 8 步：创建按钮。在 Hierarchy 视图中右击，在弹出的快捷菜单中选择 UI→Button 命令，创建一个 Button 按钮。在按钮的 Inspector 视图中调整按钮的颜色。这里需要调整 3 个颜色，即正常颜色（Normal Color）、高亮颜色（Highlighted Color）和按下颜色（Pressed Color）。单击打开颜色视图，将正常颜色、高亮颜色和按下颜色的 Hexadecimal 属性设置为以下颜色数值，分别为“38C85B”“34E45E”“29A400”，如图 4.29 所示。

第 9 步：调整按钮属性。在 Hierarchy 视图中选中 Button 的子对象 Text 控件，设置按

图 4.29 设置按钮过渡颜色

钮文字。在 Inspector 视图中将 Text 修改为“开始游戏”，调整字体为“方正少儿_GBK_0”，字体大小为“20”，字体颜色为“白色”，如图 4.30 所示。

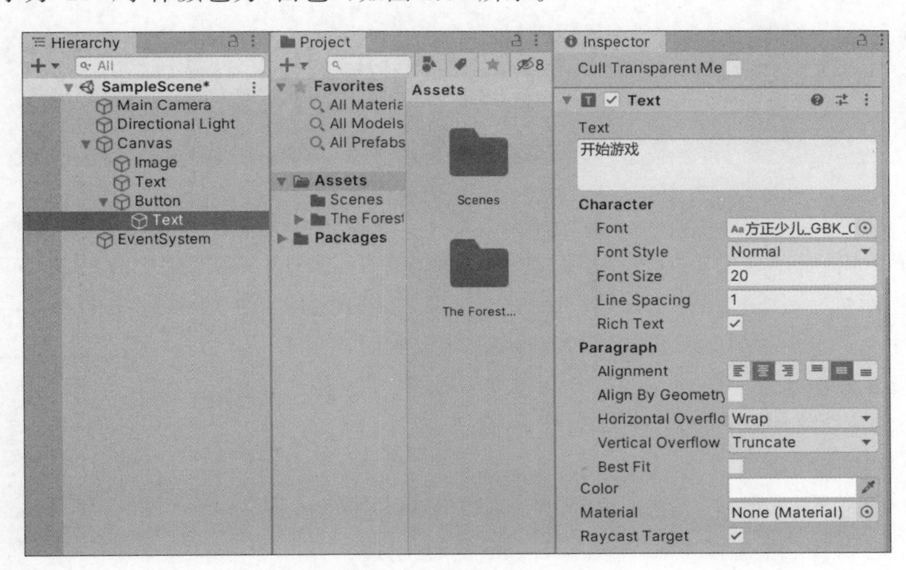

图 4.30 设置按钮字体

第 10 步：复制按钮。在 Hierarchy 视图中选中刚才设置好的 Button，按快捷键 Ctrl+D 进行复制，复制后系统会自动将其命名为 Button(1)。同上述方法，将按钮的 Text 改为“游戏介绍”，以便统一整体按钮风格，按钮文字设置效果如图 4.31 所示。

第 11 步：重命名按钮。在 Scene 视图中选中按钮，拖动以调整位置，在水平和垂直线上会自动吸附对齐。然后在 Hierarchy 视图中选中 Button，按 F2，将其重命名为 kaishiBtn。

图 4.31 按钮字体设置效果

重复该操作,将按钮 Button(1)重命名为 jieshaoBtn。将背景图 Image 重命名为 bg。将标题重命名为 Title,以便区分,如图 4.32 所示。

图 4.32 重命名按钮

第 12 步:创建并设置用于场景跳转的按钮。在 Hierarchy 视图中创建按钮 Button,修改按钮名称为 SettingBtn。同时在 Inspector 视图中找到 Source Image,单击右侧的"齿轮"图标加载图片,如图 4.33 所示。在上方的 Rect Transform 中调整 Width 和 Height 均为 60,如图 4.34 所示。在 Hierarchy 视图中删除自带的 Text,调整按钮到合适位置,如图 4.35 所示。

图 4.33 创建并设置按钮

第 13 步:新建场景。在菜单栏中选择 File→Save 命令保存当前场景,再选择 File→New Scene 命令创建一个新场景,用于制作游戏介绍界面,如图 4.36 所示。

第 14 步:在新场景下创建 Image。选择菜单栏中的 GameObject→UI→Image 命令创建背景图。然后在 Hierarchy 视图中选中 Image,在其 Inspector 视图中的 Source Image 处添加图片 bg2,如图 4.37 所示。调整 Image 大小,使其平铺界面,如图 4.38 所示。

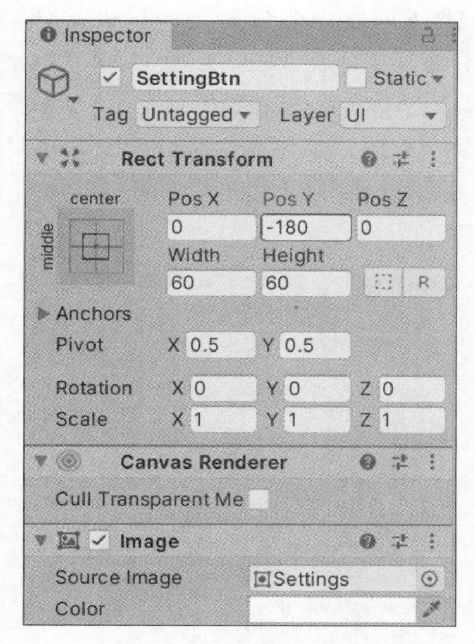

图 4.34 设置按钮大小

图 4.35 设置按钮显示效果

图 4.36 新建场景

图 4.37 设置界面背景

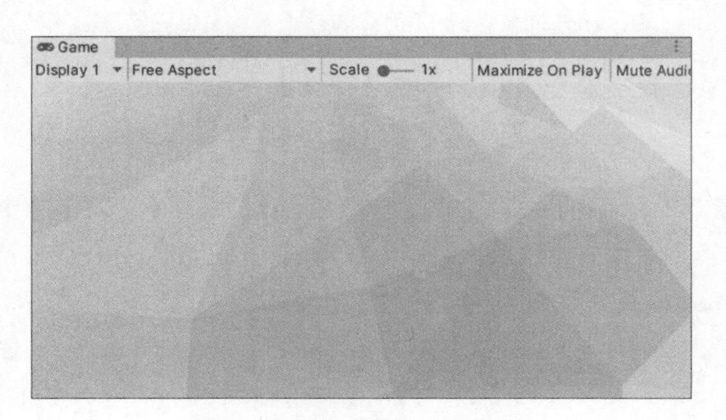

图 4.38 界面背景设置效果

第 15 步：选择菜单栏中的 GameObject→UI→Text 命令创建 2 个 Text 控件。然后选中其中一个 Text 控件，修改文字内容为“游戏介绍”，字体为“方正少儿_GBK_0”，字体大小为“60”，字体颜色为“白色”。在 Scene 视图中调整字体的大小和位置，作为该界面标题。选中另一个 Text 控件，修改文字内容为“这里是游戏介绍”，字体为“方正少儿_GBK_0”，字体大小为“20”，字体颜色为“白色”，调整字体大小和位置，作为游戏介绍内容，如图 4.39 和图 4.40 所示。

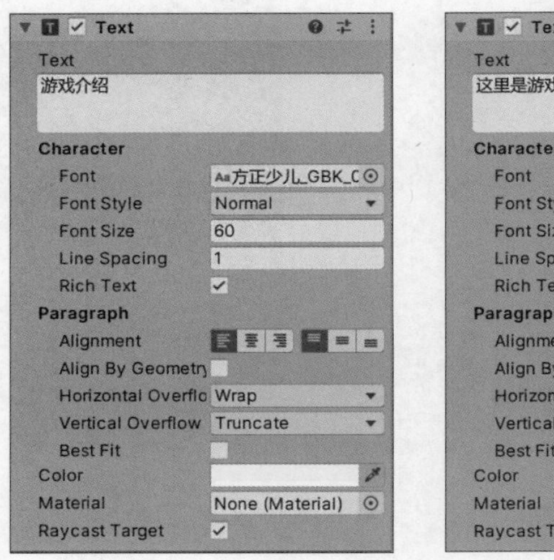

图 4.39 设置界面文字

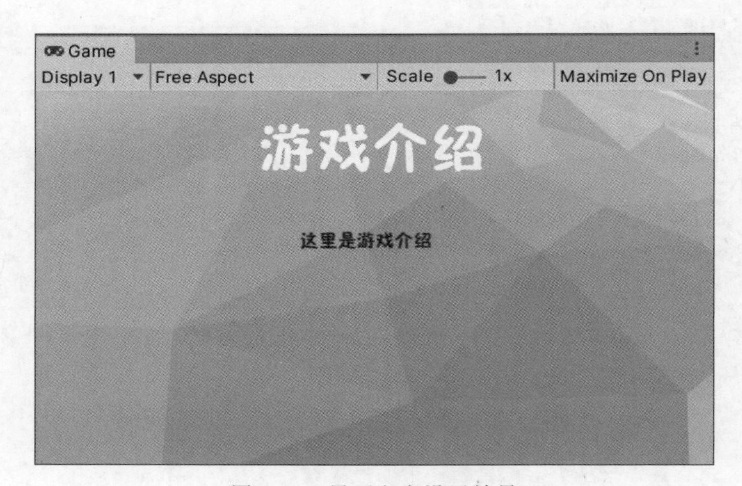

图 4.40 界面文字设置效果

第 16 步：选择菜单栏中的 GameObject→UI→Button 命令创建一个按钮，实现返回功能。删除自带的 Text 文本，选择“小房子”作为 Source Image 图片，调整图片 Width 和 Height 大小为 60、60，将按钮调整到合适位置，如图 4.41 和图 4.42 所示。

第 17 步：保存当前场景。选择菜单栏中的 File→Save Scene 命令保存当前场景，将场景并命名为 Introduce，如图 4.43 所示。（注意：保存时选择目录到当前项目的 Assets→Scenes 文件夹中。）

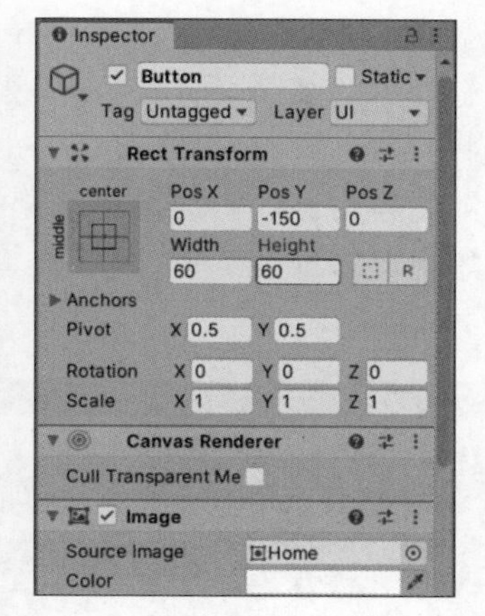

图 4.41　设置返回 Button

图 4.42　返回按钮效果

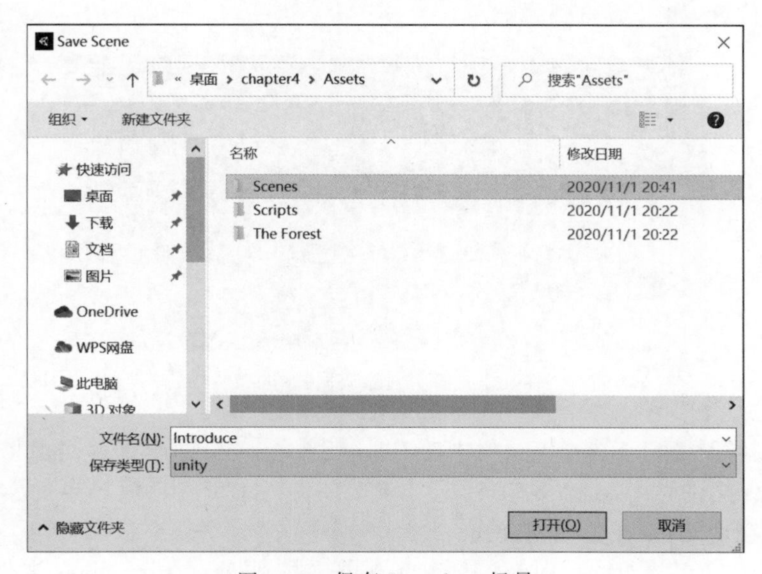

图 4.43　保存 Introduce 场景

第 18 步：创建游戏场景。首先，选择菜单栏中的 File→New Scene 命令创建一个新场景，此场景为进入游戏后的画面，故仅制作一张图片代替。选择菜单栏中的 GameObject→UI→Image 命令创建一个图片，在其 Inspector 视图中的 Source Image 处拖入 bg1 图片，调整图片大小，使其铺满界面。然后选择菜单栏中的 GameObject→UI→Text 命令，编辑文本为“这是进入游戏的画面”，调整字号“70”，文本颜色为“白色”，在 Scene 视图中将文字拖到中间位置，如图 4.44 所示。

图 4.44　游戏场景设置效果

第 19 步：实现游戏场景返回主界面功能。首先，选择菜单栏中的 GameObject→UI→Button 命令创建一个返回按钮，实现返回主界面的功能。然后，在 Hierarchy 视图中选中 Button，在其 Inspector 视图的 Source Image 处选择“小房子”作为背景图片，调整宽度和高度均为 60。接下来，在 Hierarchy 视图中删除 Button 自带的 Text。最后，将创建的按钮调整到左上角的位置，如图 4.45 所示。

图 4.45　创建返回按钮

第 20 步：场景管理。选择菜单栏中的 File→Save Scene 命令保存当前场景，即保存到 Assets→Scenes 文件夹中，并命名为 Start。该文件夹为 Unity 存放场景的文件夹，以后创建的场景均保存于此，以便管理和查找。

第 21 步：重命名场景。此时，在 Project 视图中找到 Assets→Scenes 文件夹，里面有 3 个场景，其中主界面为 SampleScene 场景，将其重命名为 Begin，如图 4.46 所示。

第 22 步：将项目场景添加到 Scenes In Build 中。选择菜单栏中的 File→Build Settings 命令，打开 Build Settings 对话框，在其中单击 Add Open Scenes 按钮，将当前场景添加到 Scenes In Build 窗口中。用同样的方法，依次在 Project 视图中双击另外两个场景 Introduce 和 Start，把项目中的三个场景均添加到 Scenes In Build 窗口中，用于实现后面脚本的场景跳转功能，如图 4.47 所示。

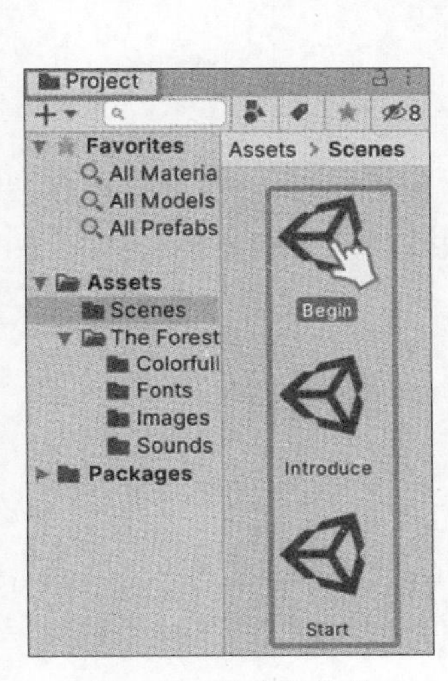

图 4.46　重命名场景

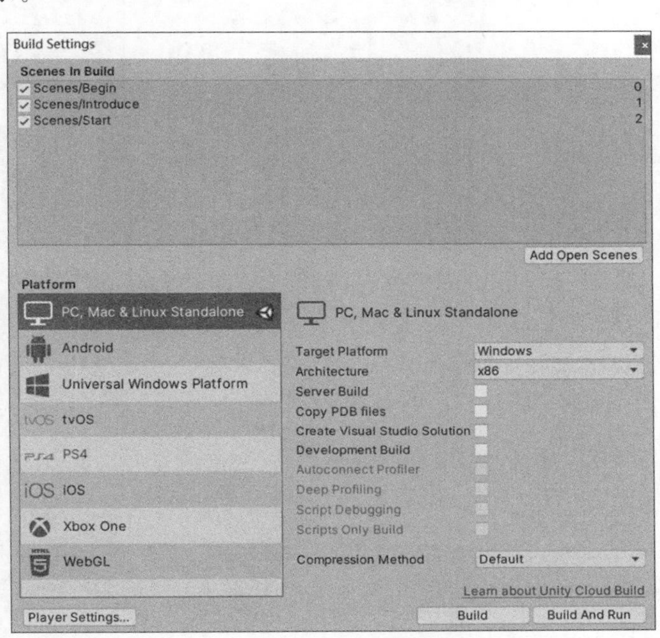

图 4.47　添加项目场景

第 23 步：创建脚本。首先回到主界面场景 Begin 中，在 Project 视图中创建 Folder 文件夹，并将其命名为 Scripts，用于存放用到的各种脚本。然后进入该文件夹，右击，在弹出的快捷菜单中选择 Create→C# Script 命令，创建脚本文件，如图 4.48 所示。

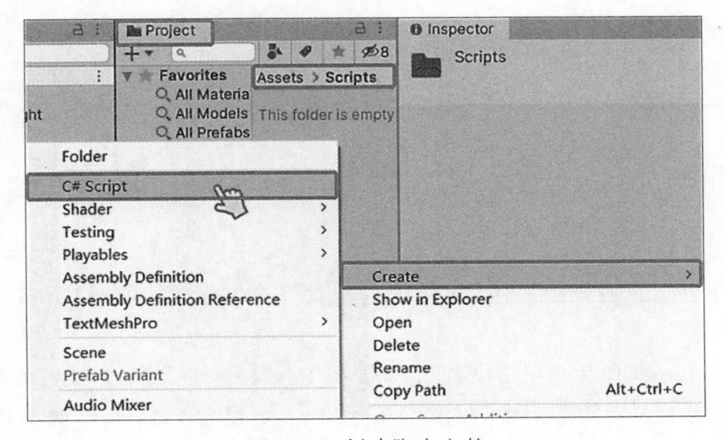

图 4.48　创建脚本文件

第 24 步：将创建的 C# 脚本文件命名为 SceneJump，如图 4.49 所示。

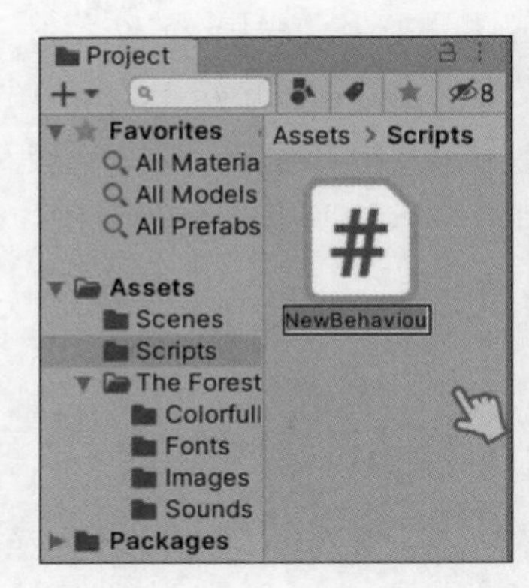

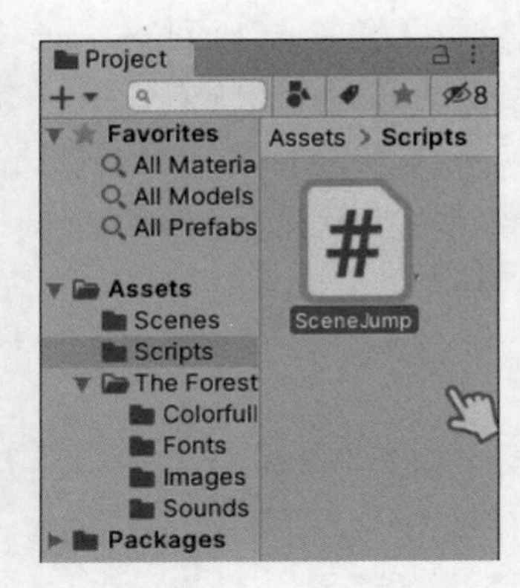

图 4.49　重命名脚本

第 25 步：双击脚本后会跳转到 Visual Studio 编辑器中。此时注意，该项目一共有三个场景，故创建三个函数，分别用于三个场景的跳转。第一个函数名为 StartScene()，对应项目中的场景为 Start，之后的函数 IntroduceScene()和 BeginScene()也分别对应项目中的场景 Introduce 和 Begin，具体代码如下。

```
using System.Collections;
using System.Collections.Generic;
using UnityEngine;
using UnityEngine.SceneManagement;
public class SceneJump : MonoBehaviour
{
public void StartScene()
{
        SceneManager.LoadScene("Start");           //" "里面为需要跳转的场景名称
    }
    public void IntroduceScene()
    {
        SceneManager.LoadScene("Introduce");
    }
    public void BeginScene()
    {
        SceneManager.LoadScene("Begin");
    }
}
```

第 26 步：在 Begin 场景中右击，在弹出的快捷菜单中选择 UI→Panel 命令，如图 4.50 所示。

第 27 步：将 Panel 作为设置的界面，需要在 Panel 中加入标题和相关控件。在 Panel 中创建 Image 作为 Panel 的子对象，将其 Source Image 设置为 bg2，并调整到合适大小作为背景。在 Panel 中创建 Text 作为 Panel 的子对象，文字内容编辑为“游戏设置”，字体为“方正少儿_GBK_0”，字体大小为“60”，字体颜色为“白色”，如图 4.51 所示。

第 28 步：在 Project 视图中右击，在弹出的快捷菜单中选择 Create→C# Script 命令，

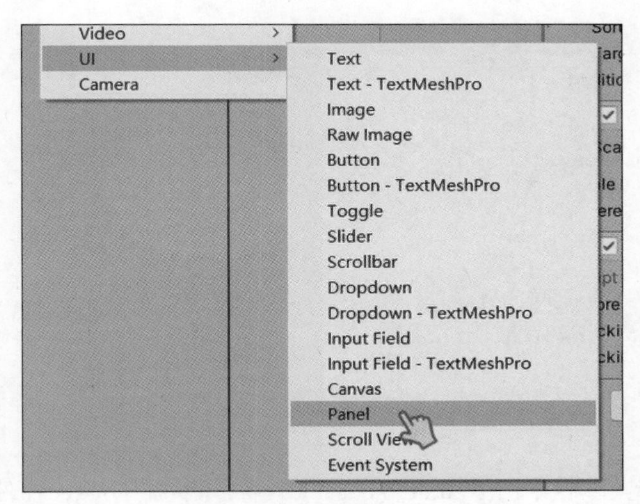

图 4.50　选择 Panel 命令

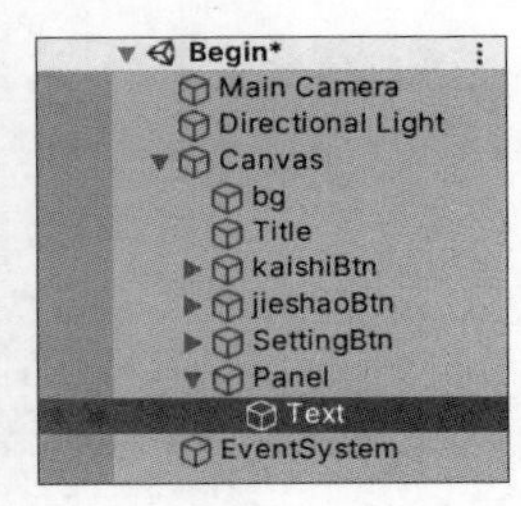

图 4.51　在 Panel 中设置标题

创建 C#脚本文件，将其命名为 PanelJump，用于设置 Panel 的关闭与显示，代码如下所示。

```
using System.Collections;
using System.Collections.Generic;
using UnityEngine;
public class PanelJump : MonoBehaviour     //注意这里名称与脚本文件的名称一样
{
    public GameObject panel;
    private bool isclick=false;

    void playRenwu(bool isnotclick)
    {
        panel.gameObject.SetActive(isnotclick);
    }
    public void Onclickbutton()
```

```
        {
            if (isclick==false)
            {
                isclick=true;
                playRenwu(true);
            }
            else
            {
                isclick=false;
                playRenwu(false);
            }
        }
    }
```

第 29 步：选择菜单栏中的 GameObject→UI 命令，添加 Toggle 控件和 Slider 控件，注意都是添加到 Panel 中作为 Panel 的子对象。Toggle 控件是用来开关音乐的，单击 Hierarchy 视图中 Toggle 前方的小三角，展开后单击 Label，编辑文本为 Music。Slider 控件用来调整音量大小，如图 4.52 所示。

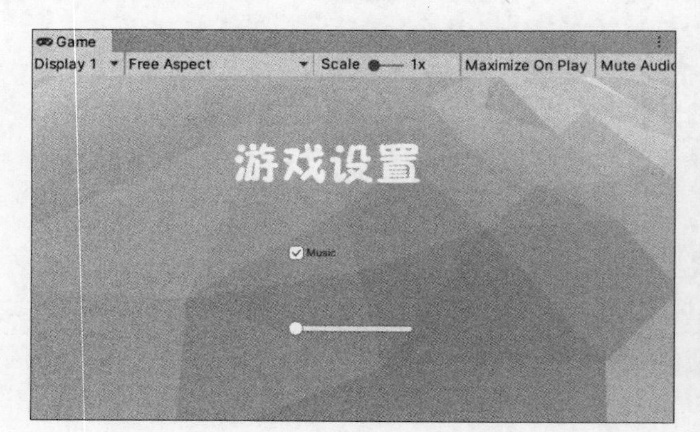

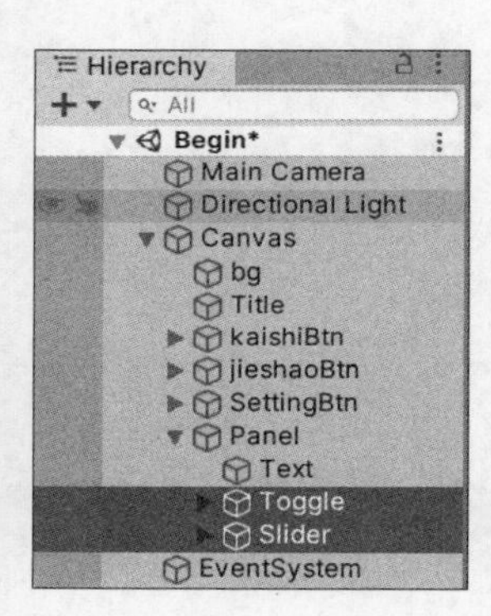

图 4.52 在 Panel 中添加 Toggle 控件和 Slider 控件

第 30 步：在 Project 视图中右击，在弹出的快捷菜单中选择 Create→C# Script 命令创建 C# 脚本文件，将其命名为 Sound，用于音乐控制，包括音乐的音量控制和播放与暂停功能，代码如下所示。

```
using System.Collections;
using System.Collections.Generic;
using UnityEngine;
using UnityEngine.UI;
public class Sound : MonoBehaviour
{
    public Slider musicslider;
    public Toggle Tog;
    private void Start()
    {
```

```
        GetComponent<AudioSource>().enabled=true;
        GetComponent<AudioSource>().Play();
    }
    public void Music()
    {
        if (Tog.isOn==false)
        {
            GetComponent<AudioSource>().enabled=false;
            GetComponent<AudioSource>().Stop();
        }
        else
        {
            GetComponent<AudioSource>().enabled=true;
            GetComponent<AudioSource>().Play();
        }
    }
    public void MusicVolume()
    {
        GetComponent<AudioSource>().volume=musicslider.value;
    }
}
```

第 31 步：选择菜单栏中的 Gameobject→UI→Button 命令，添加按钮作为 Panel 的子对象，用于返回主界面，单击"×"图标。删除自带的 Text，宽度、高度均设为 60，调整到合适位置，如图 4.53 所示。

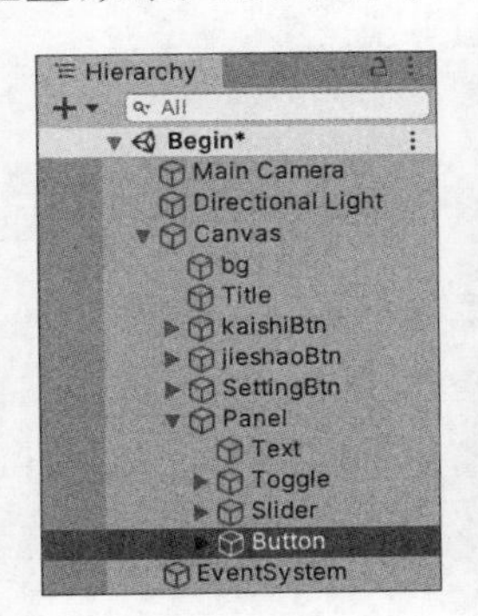

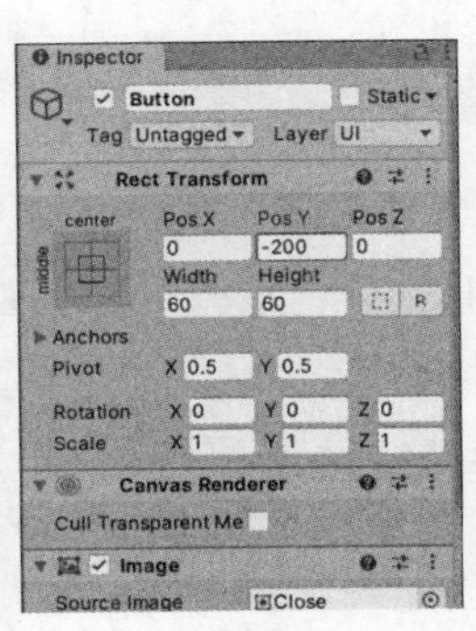

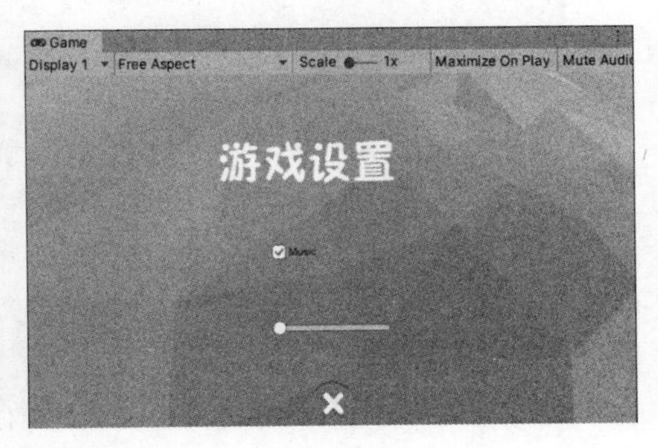

图 4.53 设置返回按钮

第 32 步：在 Hierarchy 视图中选中 Panel，在其 Inspector 视图中取消勾选显示复选框，此时 Panel 在 Hierarchy 视图中的颜色变成浅灰色。同时，Panel 在场景中隐藏不见，只有项目运行时单击按钮进行场景跳转时才会出现，如图 4.54 所示。

第 33 步：在 Begin 场景中链接脚本文件。选择菜单栏中的 GameObject→Create Empty 命令。此时 Hierarchy 视图中会出现一个 GameObject 空游戏对象。然后在 Hierarchy 视图中选中 GameObject 空游戏对象，将 Project 视图中的 SceneJump、PanelJump、Sound 三个 C#脚本文件依次拖入 GameObject 的 Inspector 视图中，如图 4.55 所示。

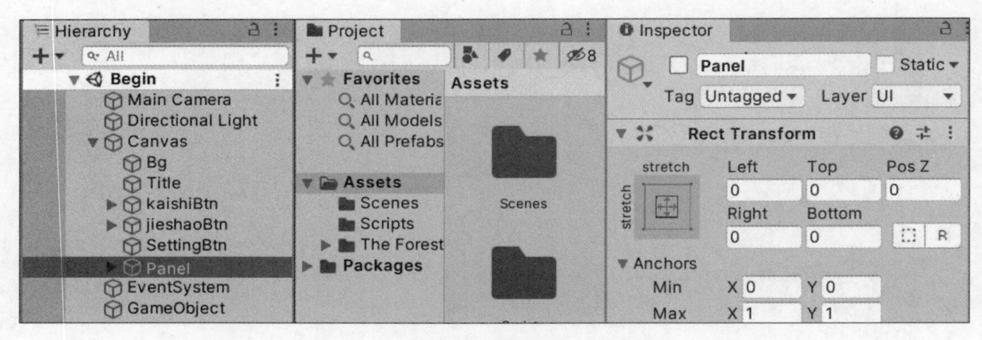

图 4.54 隐藏 Panel

图 4.55 链接脚本文件

第 34 步：完成脚本链接后，Panel 脚本中有一个选项为 None，Sound 脚本中的 MusicSlider 和 Tog 也为 None。这就需要把对应的控件拖入这些选项中。依次将 Hierarchy 视图中已经创建好的 Panel、Toggle 和 Slider 拖入对应的选择框中，如图 4.56 所示。

图 4.56 脚本赋值

第 35 步：在 Hierarchy 视图中找到之前创建好的 kaishiBtn 按钮，该按钮用于从主界面的 Begin 场景跳转到开始游戏界面 Start 场景。在 Hierarchy 视图中选中 kaishiBtn 按钮，在其 Inspector 视图底部找到 On Click() 注册单击事件，单击＋号，将已经挂载脚本的 GameObject 游戏对象拖入 Runtime 下方的 None 空白框中，如图 4.57 所示。然后选择对应的场景跳转脚本名 SceneJump，再找到对应的函数名 StartScene() 即可，如图 4.58 所示。

第 36 步：按照上述方法，对 jieshaoBtn 按钮和 SettingBtn 按钮也添加交互单击事件。

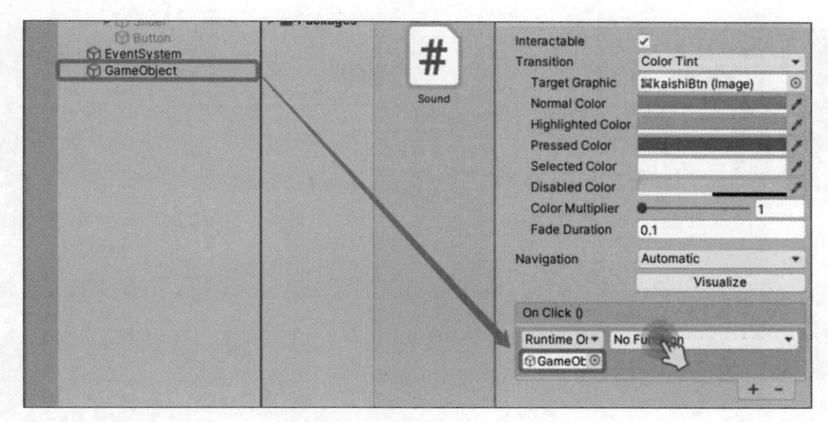

图 4.57　添加按钮单击事件

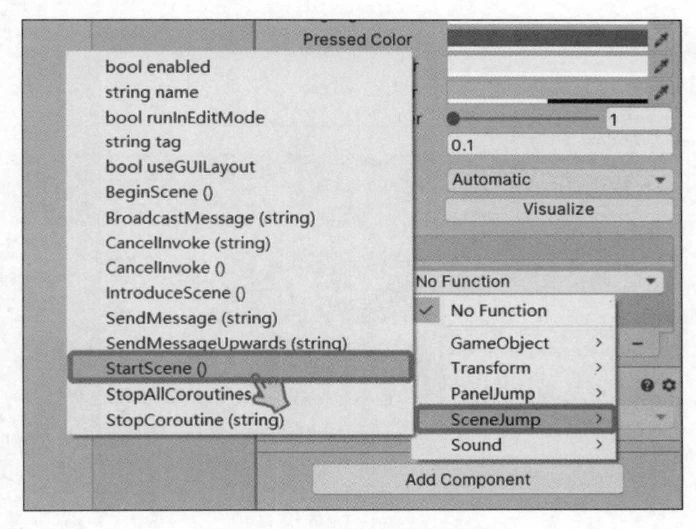

图 4.58　选择单击事件脚本

不同的是，对 jieshaoBtn 按钮，选择 SceneJump→IntroduceScene()函数。对 SettingBtn 按钮，选择 PanelJump→Onclickbutton()函数，如图 4.59 所示。

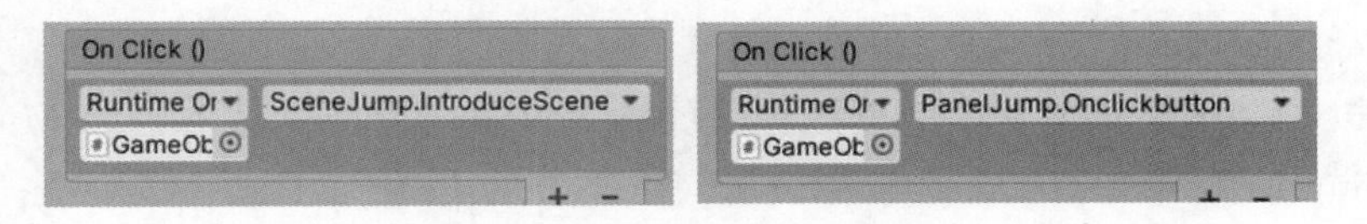

图 4.59　添加交互单击脚本

第 37 步：在 Hierarchy 视图中展开 Panel，选中其中的 Toggle，按以上方法添加单击事件，单击＋号，将 GameObject 游戏对象拖入 Runtime 下方的空白框后，再选择 Sound→Music()函数，如图 4.60 所示。接下来，在 Hierarchy 视图中选中 Slider，在其 Inspector 视图中单击＋号，将 GameObject 游戏对象拖入 Runtime 下方的空白框后，再选择 Sound→Musicvolume()函数，如图 4.61 所示。

图 4.60　添加 Toggle 单击事件

图 4.61　添加 Slider 单击事件

第 38 步：在 Hierarchy 视图中选中 Panel 下的 Button 按钮，在其 Inspector 视图中单击＋号，将 GameObject 游戏对象拖入 Runtime 下方的空白框后，再选择 PanelJump→Onclickbutton()函数，如图 4.62 所示。

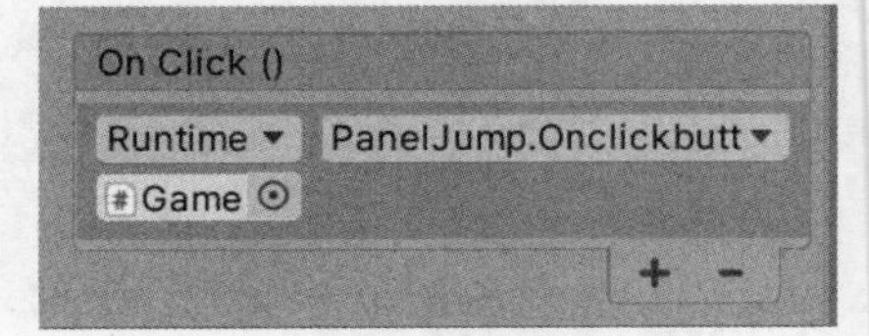

图 4.62　添加 Button 单击事件

第 39 步：添加音乐组件。在 Hierarchy 视图中选中 GameObject，在菜单栏中选择 Component→Audio→Audio Source 命令，即可将 Audio Source 声音播放组件挂载到 GameObject 游戏对象上，如图 4.63 所示。

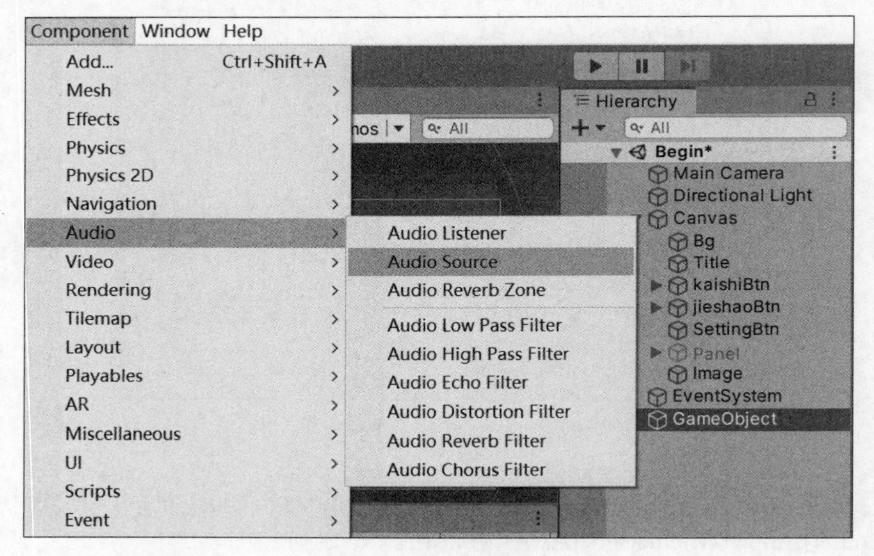

图 4.63　添加音乐组件

第 40 步：在 Project 视图中的资源包里找到 Sounds 文件夹，将其中的 Music1 音乐拖入 Audio Source 组件中的 AudioClip 中。可勾选下方的 Loop 复选框为循环播放，如图 4.64 所示。

第 41 步：选择菜单栏中的 File→Save 命令保存 Begin 场景。然后进入 Introduce 场景中。采取同样的方法选择菜单栏中的 GameObject→Create Empty 命令，创建一个 GameObject 空物体，将 SceneJump 脚本挂载到空物体 GameObject 上，然后在 Hierarchy 视图中选中 Button，在其 Inspector 视图中单击＋号，将已经挂载脚本的 GameObject 游戏对象拖入 Runtime 下方的空白框后，再选择 SceneJump→BeginScene()函数，如图 4.65 所示。

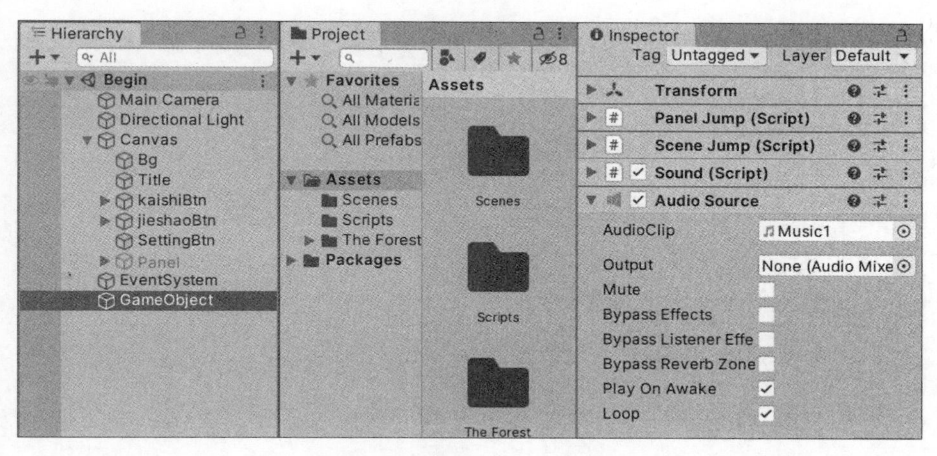

图 4.64　设置 Audio Source 组件

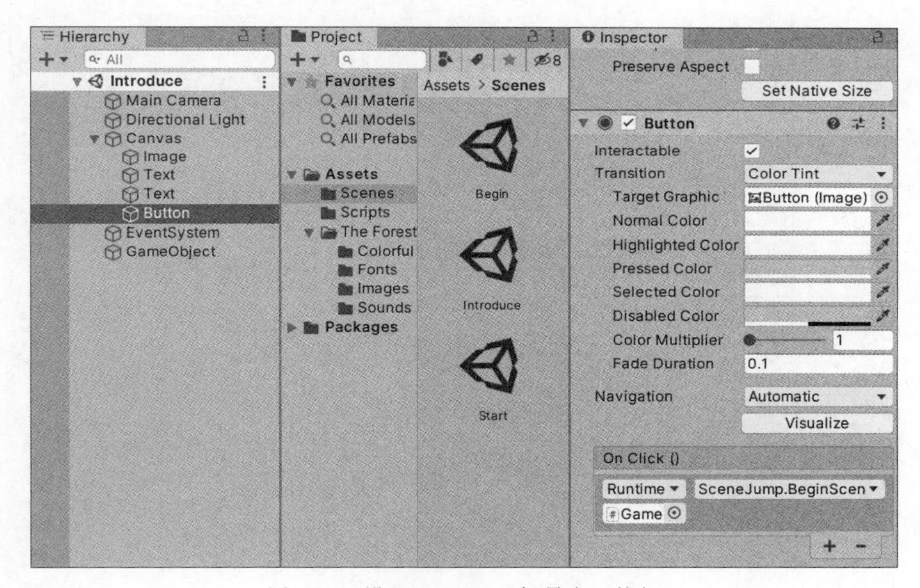

图 4.65　设置 Introduce 场景交互按钮

第 42 步：选择菜单栏中的 File→Save 命令，保存 Introduce 场景。打开 Start 场景，此场景也有一个返回主界面按钮。用同样的方法，选择菜单栏中的 GameObject→Create Empty 命令创建 GameObject，挂载 SceneJump 脚本到 GameObject 上。然后在 Hierarchy 视图中选中 Button，在其 Inspector 视图中单击＋号，将已经挂载脚本的 GameObject 游戏对象拖入 Runtime 下方的空白框后，再选择 SceneJump→BeginScene()函数，如图 4.66 所示。

4. 项目测试

选择菜单栏中的 File→Save Scene 命令，保存 Start 场景。进入主界面的 Begin 场景。此时选择菜单栏中的 File→Build Setting 命令，检查三个场景是否均已添加，如图 4.67 所示。到此就完成了整个 UGUI 游戏界面的制作，可单击 play 按钮进行测试，效果如图 4.68～图 4.71 所示。（注意：在 Begin 场景中需要隐藏 Panel 后再进行测试。）

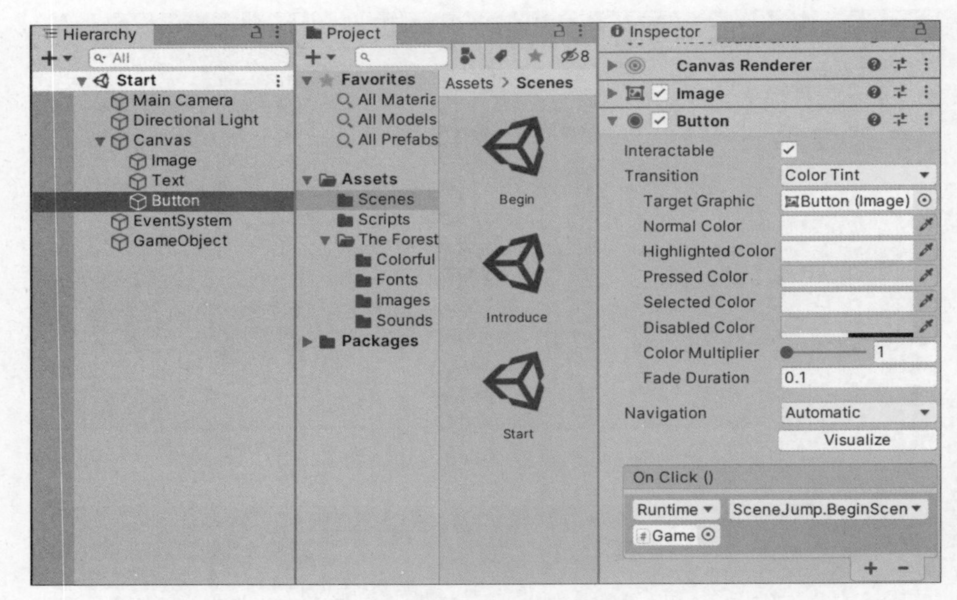

图 4.66 设置 Start 场景

图 4.67 添加场景

图 4.68 开始界面测试

图 4.69 游戏设置界面测试

图 4.70 游戏介绍界面测试

图 4.71 游戏进入界面测试

4.5 小结

GUI 是游戏的重要组成部分，游戏的很多操作直接通过 GUI 控制。无论摄像机拍到的图像如何变幻，GUI 永远显示在屏幕上，不受变形、碰撞、光照等信息影响。本章首先整体阐述 Unity 引擎的 GUI 图形用户界面，重点讲解 UGUI 图形系统中主要控件的使用方法。与老版 OnGUI 系统相比，新版 UGUI 系统的使用更加方便，控件更加美观。最后通过一个 The Forest 游戏界面开发项目整合了 UGUI 控件，完成了游戏界面综合项目的开发。

4.6 习题

1. 简述 Unity 引擎中图形界面系统的发展历程,并说明不同界面系统的特点。
2. 简述 Unity 引擎中用 Button 控件添加单击事件的方法。
3. 简述 Unity 引擎中用 Button 控件实现颜色渐变效果的方法。
4. Unity 引擎中 Canvas 渲染模式分为哪几种?不同渲染模式下的区别有哪些?
5. 简述 Unity 引擎中将图片变成 Sprite 格式的方法。

3D 游戏场景

在 3D 游戏世界中,可以将很多丰富多彩的游戏元素融合在一起,构建出完整的 3D 场景。比如起伏的地形、郁郁葱葱的树木、蔚蓝的天空、漂浮在天空中的朵朵祥云、凶恶的猛兽等。这些绚丽的 3D 游戏场景让玩家置身游戏世界,忘记现实,给人以沉浸感。本章主要讲解在 3D 游戏场景中创建场景地形的方法、创建光源阴影的方法、添加角色控制的方法、添加环境效果的方法、添加影音效果的方法、系统资源管理的方法以及资源商店等内容,并将游戏元素整合起来,设计开发 3D 游戏场景综合项目。

5.1 游戏场景概述

不可否认,一款游戏的可玩性是衡量其成功与否的最主要标准,这一点从《魔兽世界》的成功就可以看出。玩家对一款游戏的第一印象是非常重要的,它决定着玩家是否继续玩下去,这时才能展现出游戏性,所以游戏场景设计的好坏也是评价一款游戏成败的标准。

Unity 引擎提供了 3D 基础模型创建功能,但游戏中的大多数人物和建筑模型都是在 3ds Max、Maya 等专业 3D 模型制作软件中完成后再导入 Unity 中整合。在创建场景地形方面,Unity 引擎功能相当强大,图 5.1 就是基于 Unity 引擎开发的《仙剑奇侠传》游戏场景。

图 5.1 《仙剑奇侠传》游戏场景

5.2 创建场景地形

Unity 引擎有一套功能强大的地形编辑器，支持以笔刷方式精细地雕刻出山脉、峡谷、平原、盆地等地形，可以让开发者实现游戏中任何复杂的游戏地形。

5.2.1 使用高度图创建地形

高度图是通过导入一幅预先渲染好的灰度图来快速建模地形。地形上每个点的高度被表示为一个矩阵列中的值。灰度图是一种使用 2D 图形来表示 3D 图形的高度变化的图片。近黑色的、较暗的颜色表示较低的高度；近白色的、较亮的颜色表示较高的高度。通常可以用 Photoshop 导出灰度图，格式应为 RAW 格式，Unity 引擎可以支持 16 位的灰度图。

Unity 引擎提供了地形导入、导出高度图的选项。单击 Settings tool 工具，找到标记为 Import RAW 和 Export RAW 的按钮。其中 Import RAW 按钮允许从标准的 RAW 格式中读取或写入高度图，并且兼容大部分图片和地表编辑器。

1. 创建地形

选择菜单栏中的 GameObject→3D Object→Terrain 命令，窗口内会自动产生一个平面，它是地形系统默认使用的基本原型。在 Hierarchy 视图中选择主摄像机，可以在 Scene 视图中观察到游戏地形。如果想调节地形的显示区域，可以调整摄像机或地形的位置与角度，使摄像机位于平面上的合适位置，效果如图 5.2 所示。

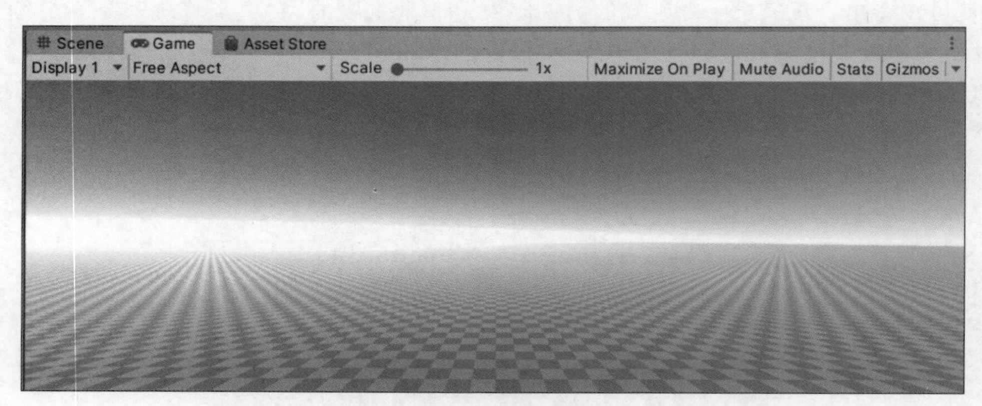

图 5.2 Terrain 效果图

2. 调整地形参数

创建完地形后，Unity 引擎会默认地形的大小、宽度、厚度、图像分辨率、纹理分辨率等数值，这些数值是可以修改的。在 Hierarchy 视图中选择创建的地形，在其 Inspector 视图中找到 Mesh Resolution 属性，如图 5.3 所示。该属性视图的参数与选项设置功能如表 5.1 所示。

▼ Mesh Resolution (On Terrain Data)

Terrain Width	1000
Terrain Length	1000
Terrain Height	600
Detail Resolution	32
Detail Resolution	1024

图 5.3 Mesh Resolution 属性

表 5.1　**Mesh Resolution 属性参数**

英文名称	中文名称	功能详解
Terrain Width	地形宽度	全局地形总宽度
Terrain Length	地形长度	全局地形总长度
Terrain Height	地形高度	全局地形允许的最大高度
Detail Resolution	细节分辨率	全局地形所生成的细节贴图的分辨率
Detail Resolution Per Patch	子地形模块细节分辨率	每个子地形块的网格细节分辨率

3. 导入高度图

第 1 步：在 Hierarchy 视图中选中 Terrain 对象，单击其 Inspector 属性中的 Settings tool 工具，找到 Texture Resolutions 后，单击 Import Raw 按钮添加地形，如图 5.4 所示。

图 5.4　导入地形高度图

第 2 步：设置地形参数，如图 5.5 所示，具体参数含义如表 5.2 所示。

Import Heightmap
Raw files must use a single channel and be either 8 or 16 bit.
Script ImportRawHeightmap
Depth Bit 8
Resolution 1000
Byte Order Windows
Flip Vertically
Terrain Size
X 1000 Y 600 Z 1000
Import

图 5.5　设置地形参数

表 5.2　**高度图地形属性参数**

英文名称	中文名称	功能详解
Depth	深度	根据文件格式来设置，可以是 8 位或 16 位
Resolution	分辨率	定义地形分辨率大小

续表

英文名称	中文名称	功能详解
Byte Order	字节顺序	根据文件格式来设置,可以是 Mac 或是 Windows
Flip Vertically	垂直翻转	确定 Unity 是否沿 X 轴垂直翻转导出的高度贴图
Terrain Size	地形大小	Unity 导入的高度图应用到的地形的大小

第 3 步：设置好后,在 Scene 视图中即可观察到基于高度图创建出的地形效果,如图 5.6 所示。

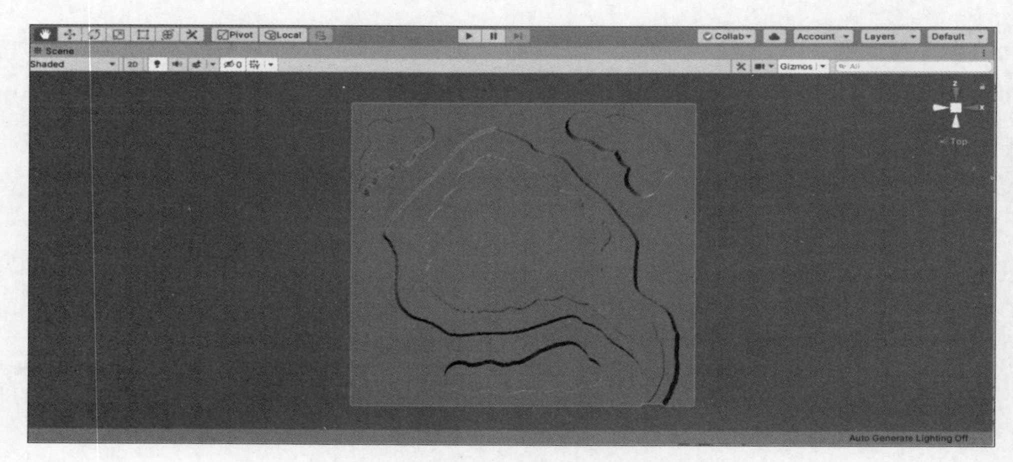

图 5.6 使用高度图创建地形的效果

5.2.2 使用地形编辑器创建地形

在 Unity 引擎中,除了使用高度图来创建地形外,还可以使用笔刷绘制地形。选择菜单栏中的 GameObject→3D Object→Terrain 命令,可以为场景创建一个地形对象。初始的地表只有一个巨大的平面,但在 Unity 引擎中,可以使用地形编辑器来轻松添加地形及植被。地形编辑工具一共有 Create Neighbor Terrains、Paint Terrain、Paint Trees、Paint Details、Terrain Settings 5 个,如图 5.7 所示,每个工具都可以激活一个不同的子菜单。

图 5.7 地形编辑工具

1. Create Neighbor Terrains 工具

Create Neighbor Terrains 工具用于快速扩展现有地形,可以沿着空白边界快速添加匹配的地形平铺,如图 5.8 所示。

2. Paint Terrain 工具

Paint Terrain 工具允许修改地形。它可以使用光标来雕刻地形的高度,或以贴图方式将纹理绘制到地形上。光标采用的画笔形状,可以从几个内置形状中选择,也可以使用自定义纹理。在 Inspector 视图中,还可以更改画笔的大小和不透明度(应用效果的强度)。然后单击或拖动地形,以创建不同的形状和纹理。

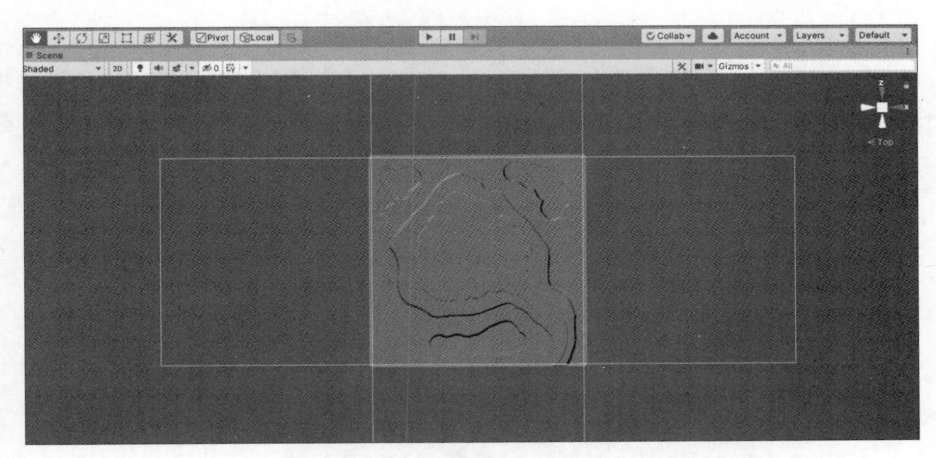

图 5.8 使用 Create Neighbor Terrains 工具的效果

(1) Raise or Lower Terrain——快捷键 F1。

使用这个工具时,高度将随着光标在地形上扫过而升高,如图 5.9 所示。如果在一处固定光标,高度将逐渐增加,类似图像编辑器中的喷雾器工具。如果按下 Shift 键,高度将会降低。不同的刷子可以创建不同的效果。使用笔刷大小(Brush Size)滑块可以控制工具的大小,使用不透明度(Opacity)滑块决定笔刷应用于地形时的强度,其属性如图 5.10 所示。

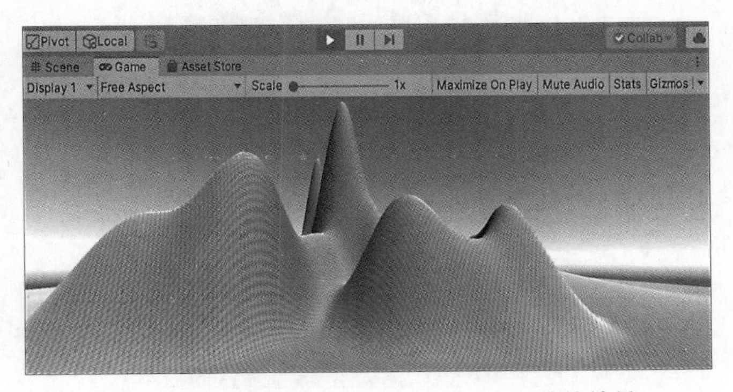

图 5.9 使用 Raise or Lower Terrain 工具的效果

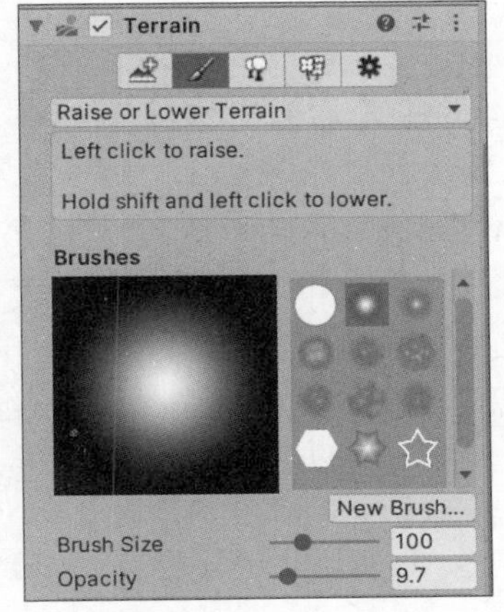

图 5.10 Raise or Lower Terrain 工具属性

(2) Paint Holes——快捷键 F8。

Paint Holes 工具可以隐藏部分地形,用于在地形上为洞穴和悬崖等地形结构绘制洞口,如图 5.11 所示。使用笔刷大小(Brush Size)滑块控制工具的大小,使用不透明度(Opacity)滑块决定将笔刷应用于地形时的强度,其属性如图 5.12 所示。

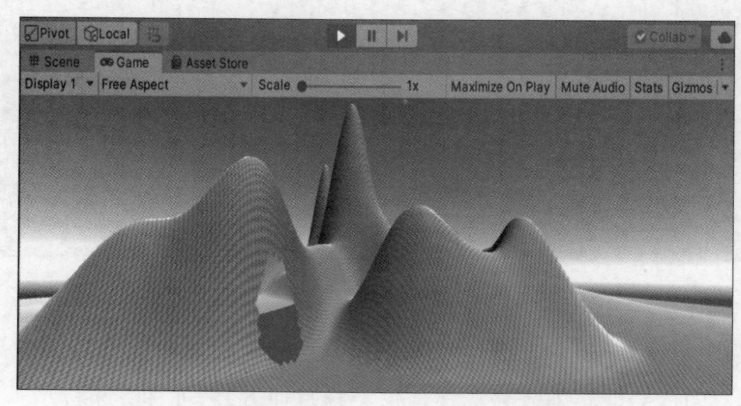

图 5.11 使用 Paint Holes 工具的效果

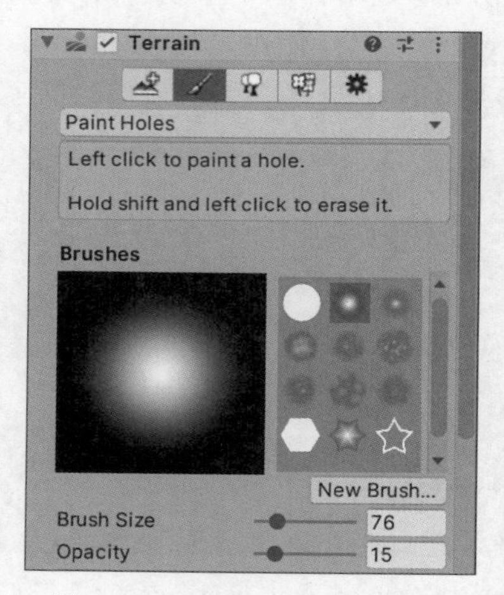

图 5.12 Paint Holes 工具属性

(3) Paint Texture——快捷键 F4。

Paint Texture 工具可以在地形的表面添加纹理图片,创造着色和良好的细节。由于地形是巨大的对象,实践中的标准做法是使用一个无空隙的重复的纹理,成片地覆盖表面。可以绘制不同的纹理区域来模拟不同的地面,如草地、沙漠和雪地,其属性如图 5.13 所示。

单击 Edit Terrain Layers 按钮,并在其下拉菜单中选择 Create Layer 命令,在弹出的窗口中添加纹理图片,如图 5.14 所示。添加纹理图片后,第一个添加的纹理将作为背景而覆盖地形,如图 5.15 所示。如果想添加更多的纹理图片,可以继续选择 Create Layer 命令,并使用刷子工具,通过设定刷子的尺寸、不透明度以及目标强度(Target Strength)实现不同纹理的贴图效果,如图 5.16 所示。

(4) Set Height——快捷键 F2。

Set Height 工具可以手动设置高度。它简单地拉平整个地形到选定的高度,会降低当

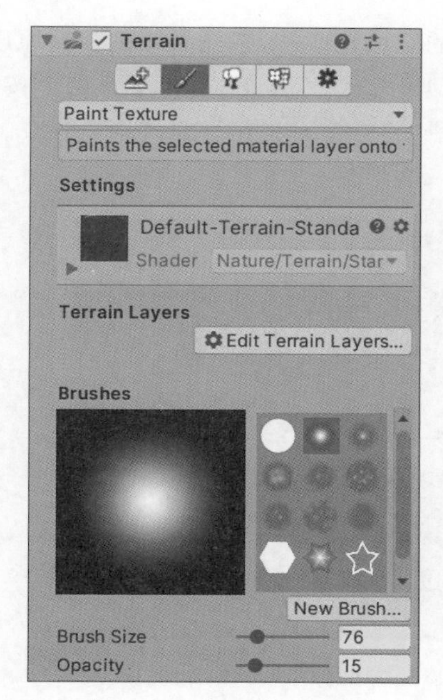

图 5.13 纹理贴图属性

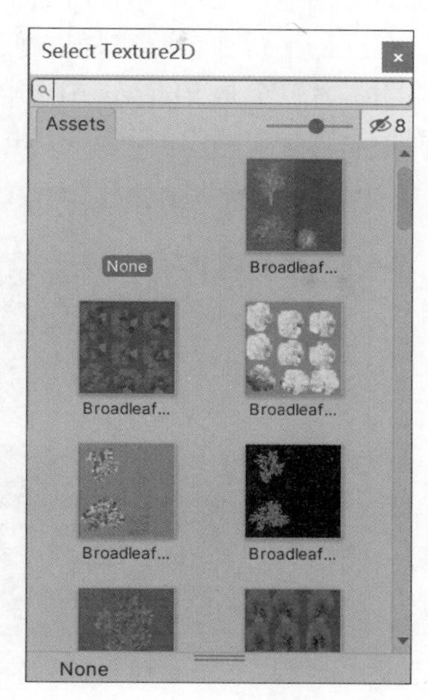

图 5.14 Terrain 纹理贴图

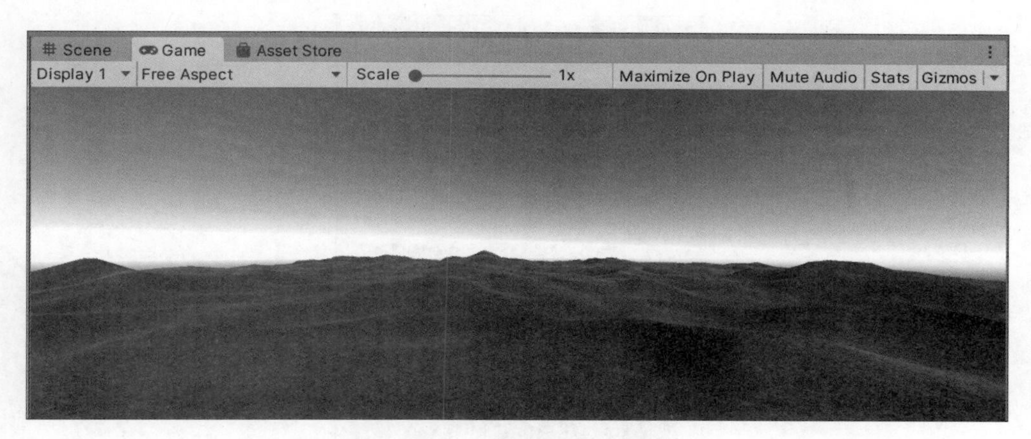

图 5.15 纹理贴图覆盖效果

图 5.16 不同纹理贴图效果

前高于目标高度的地形区域,并升高低于该高度的区域,这对于在场景中创建高原以及添加人工元素(如道路、平台和台阶)都很方便,如图 5.17 所示。Set Height 下有两个按钮,一个是 Flatten Tile,另一个是 Flatten All,其属性如图 5.18 所示。它们的区别是:Flatten Tile 是将地平面抬高到指定高度,Flatten All 是将整个地形抬高。

图 5.17 使用 Set Height 工具的效果

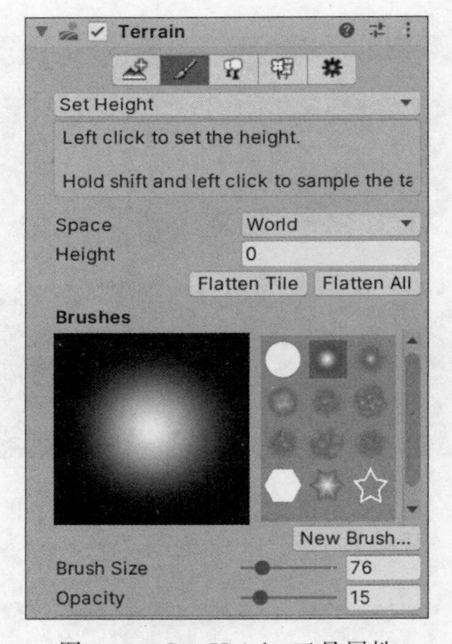

图 5.18 Set Height 工具属性

(5) Smooth Height——快捷键 F3。

Smooth Height 工具并不会明显地抬升或降低地形高度,但会平均化附近的区域。这缓和了地表起伏,避免了陡峭变化的出现,类似于图片处理中的模糊工具。例如,如果已经在可用集合中使用了一个噪声较大的刷子绘制了细节,则会在地表塑造尖锐、粗糙的地形,接下来就可以使用 Smooth Height 工具来缓和。使用时可以使用笔刷大小(Brush Size)滑块控制工具的大小,使用不透明度(Opacity)滑块控制笔刷应用于地形时的强度。使用前后的效果如图 5.19 和图 5.20 所示,其属性如图 5.21 所示。

图 5.19 使用 Smooth Height 工具平滑前的效果

图 5.20 使用 Smooth Height 工具平滑后的效果

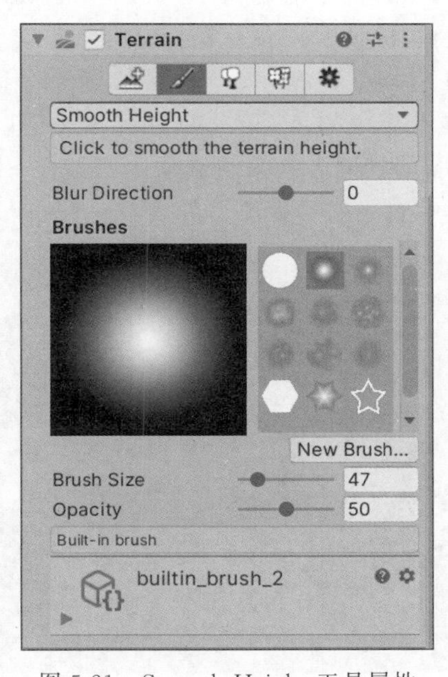

图 5.21 Smooth Height 工具属性

(6) Stamp Terrain——快捷键 F7。

Stamp Terrain 工具用于在当前高度贴图的顶部标记笔刷形状,其属性如图 5.22 所示。使用时,在 Hierarchy 视图中选中 Terrain 地形,然后在其 Inspector 视图中单击 Paint Terrain 工具,从下拉菜单中选择 Stamp Terrain。

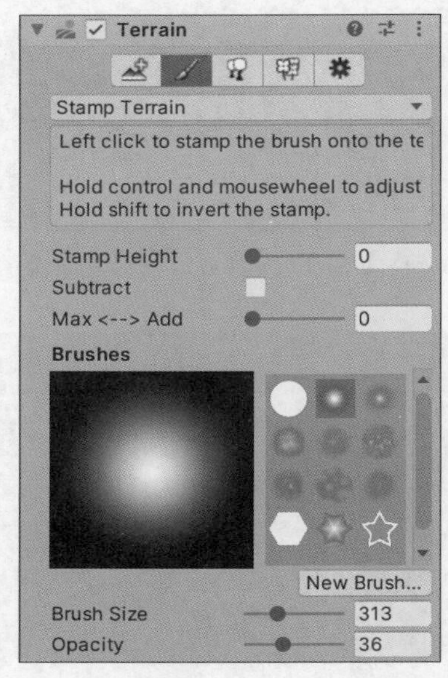

图 5.22 Stamp Terrain 工具属性

3. Paint Trees 工具

Unity 引擎中的地形编辑工具可以绘制树木,可以像绘制高度图和纹理那样绘制树木到地形上。Unity 引擎使用公告板技术来优化渲染效果,所以一个地形可以拥有上千棵树组成的茂密森林,同时保持在可接受的帧率,如图 5.23 所示。使用时,单击 Paint Trees 按钮,并且选择 Edit Trees 下拉菜单中的 Add Tree,在弹出的窗口中选择一种树木资源,然后在地表上用绘制纹理或高度图的相同方式来绘制树木。按住 Shift 键可以在区域中移除树木,其属性如图 5.24 所示,其中对应的参数属性如表 5.3 所示。

图 5.23 使用 Paint Trees 工具的效果

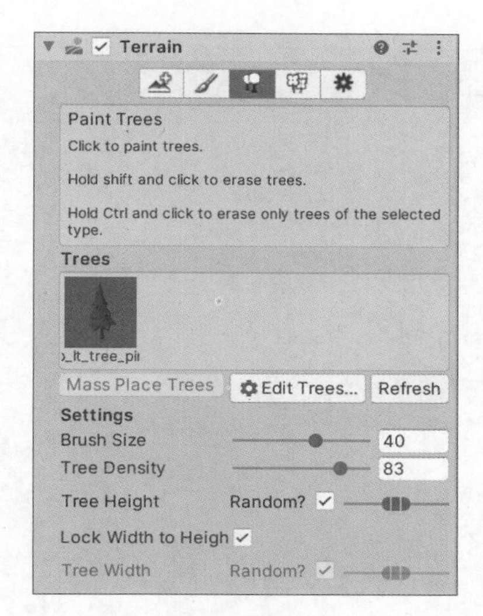

图 5.24 Paint Trees 工具属性

表 5.3 Paint Trees 工具属性参数

英文名称	中文名称	功能详解
Brush Size	笔刷尺寸	设置种植树木时笔刷的大小
Tree Density	树木密度	设置树木的间距
Tree Height	树木高度	设置树木的高度，勾选 Random 复选框可以出现树木高度在指定范围内随机变化的效果
Lock Width to Height	锁定树木的宽高比	勾选此复选框则锁定树木宽高比
Tree Width	树木宽度	设置树木的宽度，勾选 Random 复选框可以出现树木高度在指定范围内随机变化的效果

4. Paint Details 工具

一个地形可以有草丛和其他小物体，如覆盖表面的石头。草地使用 2D 图像进行渲染，以表现单个草丛，如图 5.25 所示。使用时，在 Hierarchy 视图中选中 Terrain，然后单击 Inspector 视图中的 Edit Details 按钮，如图 5.26 所示。在弹出的菜单中选择 Add Grass Texture 命令，最后在弹出的属性对话框中选择合适的草资源，Paint Details 工具选项及功能如表 5.4 所示。

图 5.25 使用 Paint Details 工具的效果

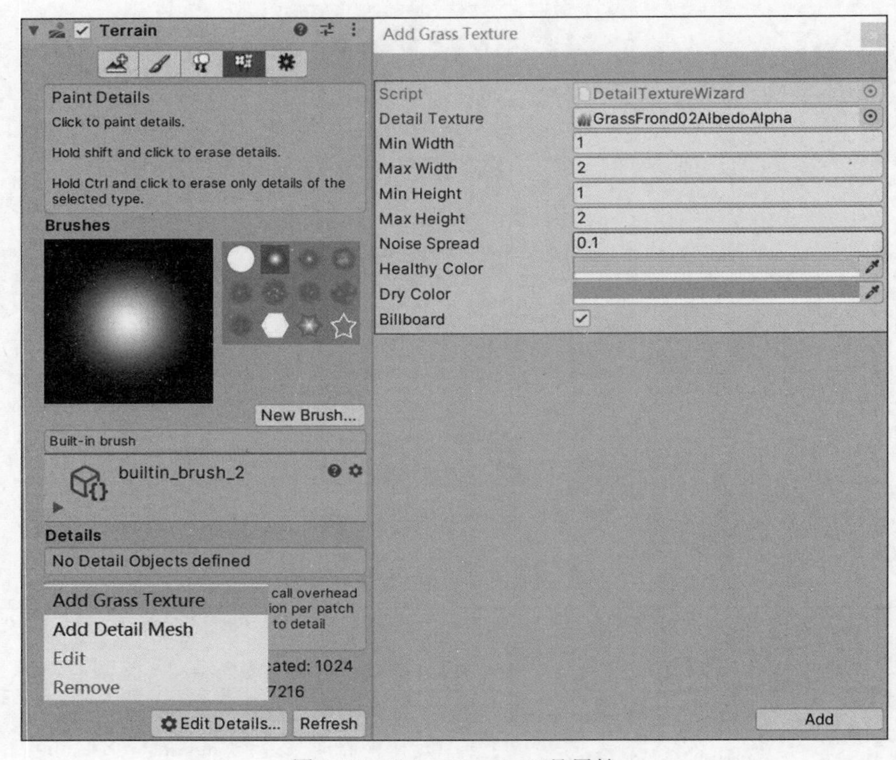

图 5.26 Paint Details 工具属性

表 5.4 Paint Details 工具属性参数

英文名称	中文名称	功能详解
Detail Texture	细节纹理	指定图片作为草的纹理
Min Width	最小宽度	设置草的最小宽度值
Max Width	最大宽度	设置草的最大宽度值
Min Height	最小高度	设置草的最小高度值
Max Height	最大高度	设置草的最大高度值
Noise Spread	噪声范围	控制草产生簇的大小
Healthy Color	健康颜色	设置草纹理绘制的健康颜色
Dry Color	干燥颜色	设置草纹理绘制的干燥颜色
Billboard	广告牌	草将随着摄像机同步转动,永远面向摄像机

5. Terrain Settings 工具

单击 Terrain Settings 工具,弹出地形属性,如图 5.27 所示。该面板用于设置基本地形属性参数,参数设置及功能如表 5.5 所示。树和细节属性如图 5.28 所示,参数设置及功能如表 5.6 所示。风属性如图 5.29 所示,参数设置及功能如表 5.7 所示。网格分辨率属性如图 5.30 所示,参数设置及功能如表 5.8 所示。洞属性如图 5.31 所示,参数设置及功能如表 5.9

所示。地形贴图分辨率属性如图 5.32 所示，参数设置及功能如表 5.10 所示。灯光属性如图 5.33 所示，参数设置及功能如表 5.11 所示。光照贴图属性如图 5.34 所示，参数设置如表 5.12 所示。

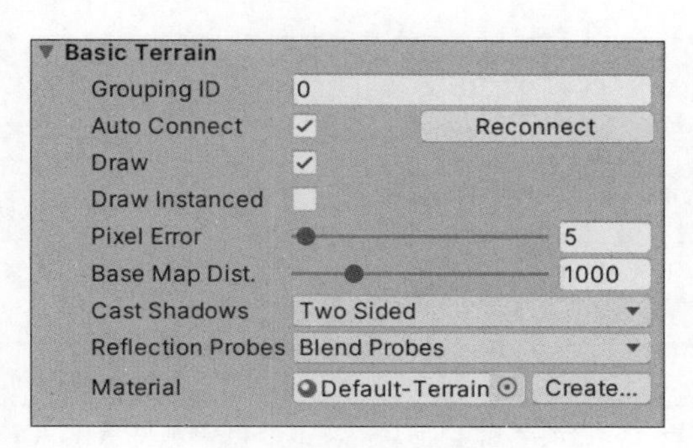

图 5.27 地形属性

表 5.5 地形属性参数

英文名称	中文名称	功能详解
Grouping ID	分组 ID	分组 ID，用于自动连接功能
Auto Connect	自动连接	选中此框可自动连接当前地形，平铺到共享相同分组 ID 的相邻地形
Draw	绘制	绘制地形，选中此框可启用地形渲染
Draw Instanced	绘制实例	选中此框可启用实例渲染
Pixel Error	像素容差	高度图或纹理图与生成的地形之间的映射精度。较高的值表示较低的精度，但渲染开销较低
Base Map Dist.	基本地图距离	设置地形高分辨率的距离，超出此距离，系统将使用较低分辨率的合成图像，以提高效率
Cast Shadows	投影	设置地形是否有投影
Reflection Probes	反射探针	设置 Unity 如何在地形上使用反射探针
Material	材质	为地形添加材质

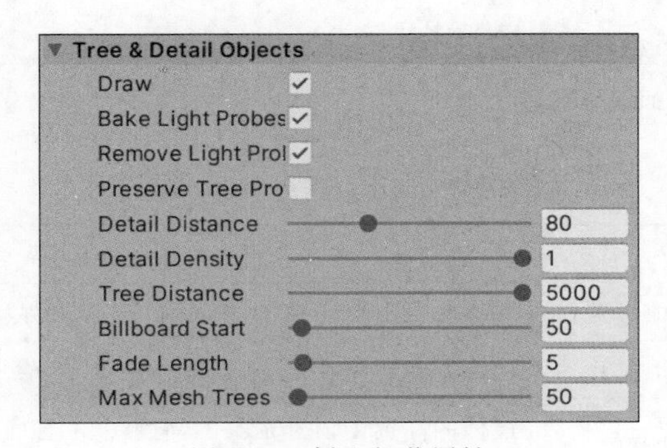

图 5.28 树和细节属性

表 5.6　树和细节属性参数

英文名称	中文名称	功能详解
Draw	绘制	选中此框可以绘制树木、草皮和细节
Bake Light Probes For Trees	为树木用光照探针去烘焙	如果选中此框，Unity 将在每个树的位置创建内部光照探针
Remove Light Probe Ringing	消除多余光斑	如果选中此框，Unity 会自动从场景中消除多余的光斑，可以降低对比度
Preserve Tree Prototype Layers	保留树原型层	如果希望树实例采用其原型预制体的层值，请选中此框
Detail Distance	细节距离	摄像机停止对草等细节对象渲染的距离
Detail Density	细节密度	摄像机显示树和草等对象的密度
Tree Distance	树木距离	摄像机停止对树进行渲染的距离
Billboard Start	开始广告牌	广告牌图像替换 3D 树对象的摄像机的距离
Fade Length	渐变距离	树木在 3D 对象和广告牌之间过渡的距离
Max Mesh Trees	网格渲染树木最大数量	表示实体 3D 网格的可见树的最大数量。超过此限制，广告牌将替换树

表 5.7　风属性参数

英文名称	中文名称	功能详解
Speed	速度	风吹过草地的速度
Size	大小	同一时间受到风影响的草的数量
Bending	弯曲	草跟随风弯曲的强度
Grass Tint	草的色调	对于地形上使用的所有草和细节网格的总体渲染颜色

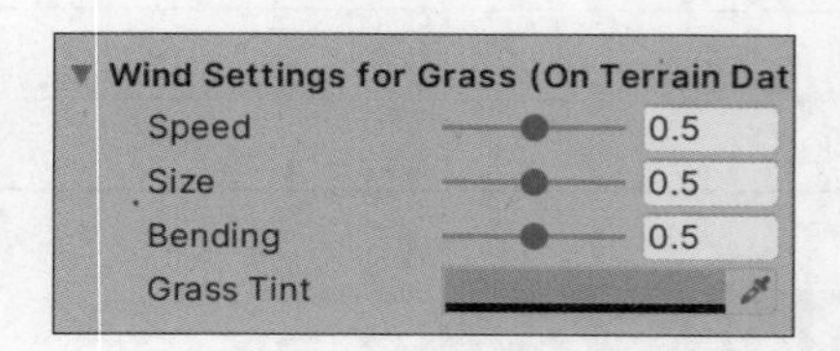

图 5.29　风设置属性

Mesh Resolution (On Terrain Data)
Terrain Width　100
Terrain Length　100
Terrain Height　100

图 5.30　网格分辨率设置属性

表 5.8　网格分辨率属性参数

英文名称	中文名称	功能详解
Terrain Width	地形宽	地形游戏对象在 X 轴上的大小，以世界单位表示
Terrain Length	地形长	地形游戏对象在 Z 轴上的大小，以世界单位表示
Terrain Height	地形高	最低的高度图值和最高的高度图值之间的 Y 坐标差异，以世界单位表示

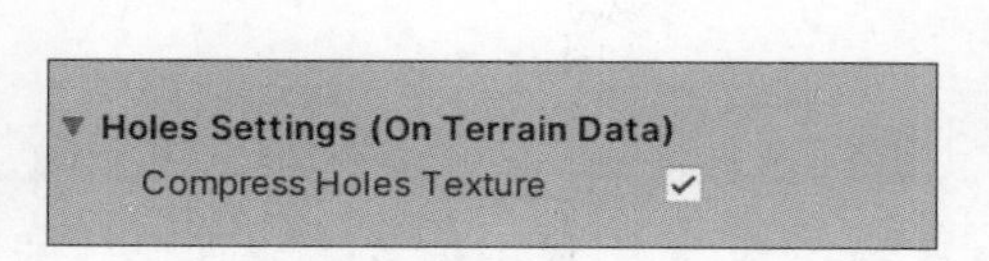

图 5.31 洞属性

图 5.32 地形贴图分辨率属性

表 5.9 洞属性参数

英文名称	中文名称	功能详解
Compress Holes Texture	压缩洞纹理	选中此框,Unity 会在运行时将地形洞纹理压缩为 DXT1 图形格式,不选中此框,则 Unity 不会压缩纹理

表 5.10 地形贴图分辨率属性参数

英文名称	中文名称	功能详解
Heightmap Resolution	高度图分辨率	地形高度图的分辨率
Control Texture Resolution	控制纹理分辨率	控制不同地形纹理混合的分辨率
Base Texture Resolution	基础纹理分辨率	在地形上使用的合成纹理的分辨率

图 5.33 灯光属性

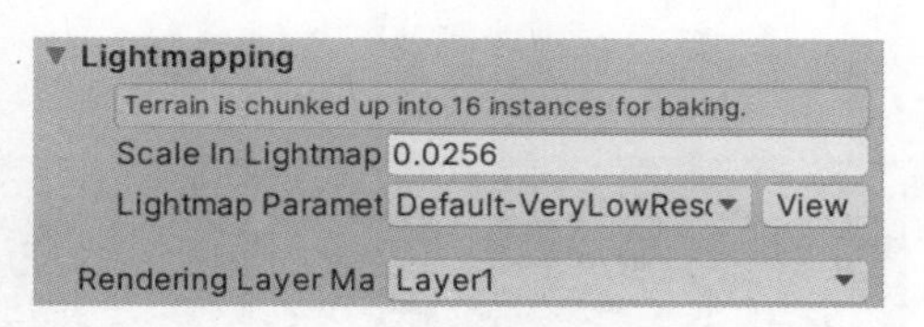

图 5.34 光照贴图属性

表 5.11 灯光属性参数

英文名称	中文名称	功能详解
Contribute Global Illumination	贡献全局照明	启用此复选框,以指示地形影响全局照明计算
Receive Global Illumination	接收全局照明	只有在上面启用了“贡献全局照明”时,才能配置此选项

表 5.12 光照贴图属性参数

英文名称	中文名称	功能详解
Scale in Lightmap	在光照贴图中缩放	用于指定光照贴图中对象 UV 的相对大小
Lightmap Parameters	光照贴图参数	用于调整对象生成光照贴图过程的参数
Rendering Layer Mask	渲染层掩码	确定此地形所处的渲染层

5.3 创建光源阴影

5.3.1 光源分类

光源是每个场景的重要组成部分，它决定了场景环境的明暗、色彩和气氛，可以用来模拟太阳、燃烧的火柴、手电筒、枪的火光或爆炸等效果。Unity 引擎中内置了 4 种形式的光源，分别为点光源、方向光、聚光灯和区域光。选择菜单中的 GameObject→Light 命令，即可查看这 4 种不同形式的光源。点光源从一个位置向四面八方发出光线，就像一盏灯。方向光被放置在无穷远的地方，影响场景的所有物体，就像太阳。聚光灯的灯光从一点发出，只在一个方向按照一个锥形物体的范围照射，就像一辆汽车的车头灯。区域光无法应用于实时光照，仅适用于光照贴图烘焙。可以当作摄影用的柔光灯，均匀地照亮作用区域。

1. 点光源

点光源(Point Light)是一个可以向四周发射光线的点，类似现实世界中的灯泡，通常用于制作爆炸、灯泡效果等。选择菜单栏中的 GameObject→Light→Point Light 命令，可以添加点光源效果，如图 5.35 所示。点光源可以移动，场景中围成的圆圈就是点光源的作用范围，光照强度从中心向外递减，球面处的光照强度基本为 0。点光源的属性如图 5.36 所示，参数如表 5.13 所示。

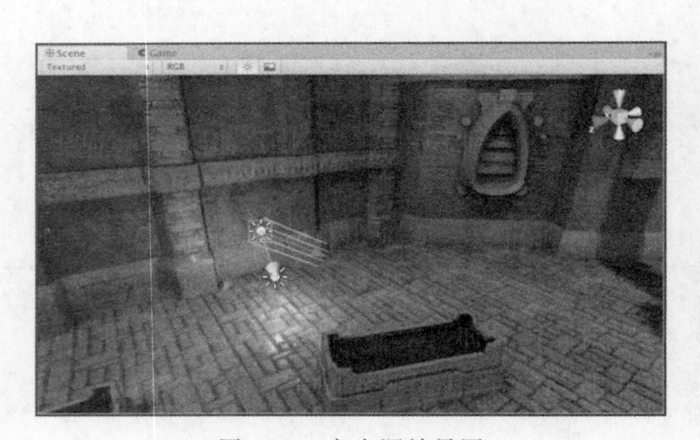

图 5.35　点光源效果图

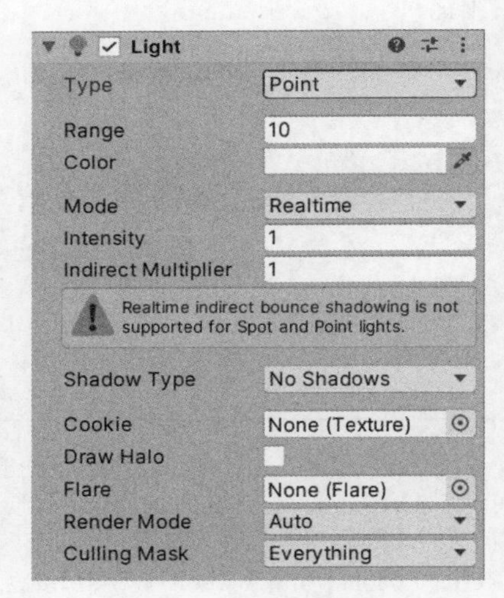

图 5.36　点光源属性

表 5.13　点光源属性参数

英文名称	中文名称	功能详解
Type	类型	光照类型有 Directional（方向光）、Point（点光源）、Spot（聚光灯）、Area(区域光)
Range	范围	光从物体的中心发射能到达的距离
Color	颜色	光线的颜色

续表

英文名称	中文名称	功能详解
Mode	模式	指定灯光模式,可选的模式有实时、混合和烘焙
Intensity	强度	光线的明亮程度
Indirect Multiplier	间接系数	此值可以改变间接光的强度。如果设置此值小于1,则每次反射都会使反射光变暗;如果设置此值大于1,会使每次反射的光变亮
Shadow Type	阴影类型	由灯光所投射的阴影,有软阴影、硬阴影和不投射阴影3种类型
Cookie	纹理遮罩	为灯光附加一个纹理。该纹理的Alpha通道将被作为蒙版,使光线在不同地方有不同亮度
Draw Halo	绘制光晕	若选中此复选框,将绘制带有一定半径范围的球形光晕的光线
Flare	耀斑	在光的位置渲染闪光效果
Render Mode	渲染模式	设置灯光的渲染模式,包括Auto、Important和Not Important 3种模式
Culling Mask	消隐遮罩	有选择地使部分对象不受光的效果影响

2. 方向光

方向光(Directional Light)发出的光线是平行的,从无限远处投射到场景中,类似太阳,适用于户外照明,如图5.37所示。选择菜单栏中的GameObject→Light→Directional Light命令可以添加方向光,属性如图5.38所示。如果方向光在场景中的位置发生变化,它的光照效果不会发生任何改变,因此可以放到场景中的任意地方。如果旋转方向光,它的光线照射方向就会随之发生变化。方向光会影响场景中对象的所有表面,它们在图形处理器中最不耗费资源,并且支持阴影效果,其参数如表5.14所示。

图5.37 方向光效果图

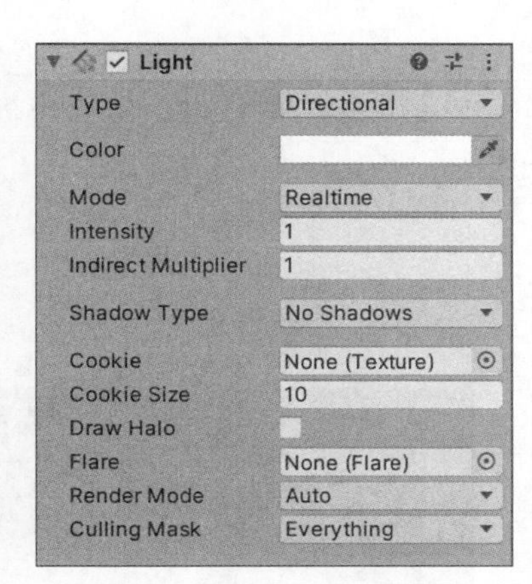

图5.38 方向光属性

表5.14 方向光属性参数

英文名称	中文名称	功能详解
Type	类型	光照类型有Directional(方向光)、Point(点光源)、Spot(聚光灯)、Area(区域光)
Color	颜色	光线的颜色

续表

英文名称	中文名称	功能详解
Mode	模式	指定灯光模式,可选的模式有实时、混合和烘焙
Intensity	强度	光线的明亮程度
Indirect Multiplier	间接系数	此值可以改变间接光的强度。如果设置此值小于1,则每次反射都会使反射光变暗;如果设置此值大于1,会使每次反射的光变亮
Shadow Type	阴影类型	由灯光投射形成的阴影,具有软阴影、硬阴影和不投射阴影3种类型
Cookie	纹理遮罩	为灯光附加一个纹理。该纹理的Alpha通道将被作为蒙版,使光线在不同地方有不同亮度
Cookie Size	Cookie大小	缩放Cookie投影(只用于方向光)
Draw Halo	绘制光晕	如果选中此复选框,将绘制带有一定半径范围的球形光晕的光线
Flare	耀斑	在光的位置渲染闪光效果
Render Mode	渲染模式	设置灯光的渲染模式,包括Auto、Important和Not Important 3种模式
Culling Mask	消隐遮罩	有选择地使部分对象不受光的效果影响

3. 聚光灯

聚光灯(Spot Light)只在一个方向上,在一个圆锥体范围内发射光线。它类似手电筒或汽车车头灯的灯柱。选择菜单栏中的GameObject→Light→Spot Light命令,可以添加聚光灯,属性如图5.39所示。聚光灯可以移动,场景中由细线围成的锥体就是聚光灯光源的作用范围,光照强度从锥体顶部向下递减,锥体底部的光照强度基本为0。聚光灯同样也可以带有Cookies,这可以很好地创建光线透过窗户的效果,如图5.40所示,聚光灯的属性如表5.15所示。

图5.39　聚光灯效果图

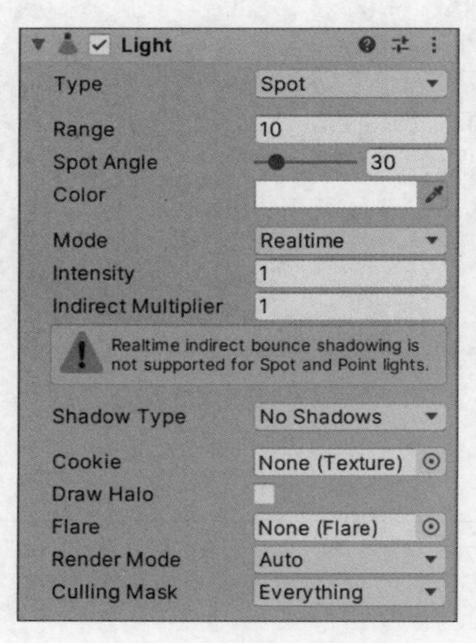

图5.40　聚光灯属性

表 5.15 聚光灯属性参数

英文名称	中文名称	功能详解
Type	类型	光照类型有 Directional（方向光）、Point（点光源）、Spot（聚光灯）、Area(区域光)
Range	范围	光从物体的中心发射能到达的距离
Spot Angle	聚光灯角度	灯光的聚光角度
Color	颜色	光线的颜色
Mode	模式	指定灯光模式,可选的模式有实时、混合和烘焙
Intensity	强度	光线的明亮程度
Indirect Multiplier	间接系数	此值可以改变间接光的强度。如果设置此值小于 1,则每次反射都会使反射光变暗;如果设置此值大于 1,会使每次反射的光变亮
Shadow Type	阴影类型	由灯光投射的阴影,具有软阴影、硬阴影和不投射阴影 3 种类型
Cookie	纹理遮罩	为灯光附加一个纹理。该纹理的 Alpha 通道将被作为蒙版,使光线在不同地方有不同亮度
Draw Halo	绘制光晕	如果选中此复选框,将绘制带有一定半径范围的球形光晕的光线
Flare	耀斑	在光的位置渲染闪光效果
Render Mode	渲染模式	设置灯光的渲染模式,包括 Auto、Important 和 Not Important 3 种模式
Culling Mask	消隐遮罩	有选择地使部分对象不受光的效果影响

4. 区域光

区域光(Area Light)在空间中以一个矩形展现。光从矩形一侧照向另一侧会衰减。因为区域光非常占用 CPU,所以是 4 种光源中唯一必须提前烘焙的光源类型(提前烘焙光源是指 Unity 在运行之前预先计算区域光产生的光照,而不会将区域光包括在任何运行时的光照计算中,这意味着提前烘焙的区域光没有运行时开销)。区域光适用于模拟街灯,它可以从不同角度照射物体,所以明暗变化更柔和。

选择菜单栏中的 GameObject→Create Other→Area Light 命令,即可在当前场景中创建一个区域光光源。在游戏组成对象列表中选中刚刚创建的 Area Light,属性查看器中将显示区域光的属性及其默认的设置,如图 5.41 所示,属性参数如表 5.16 所示。

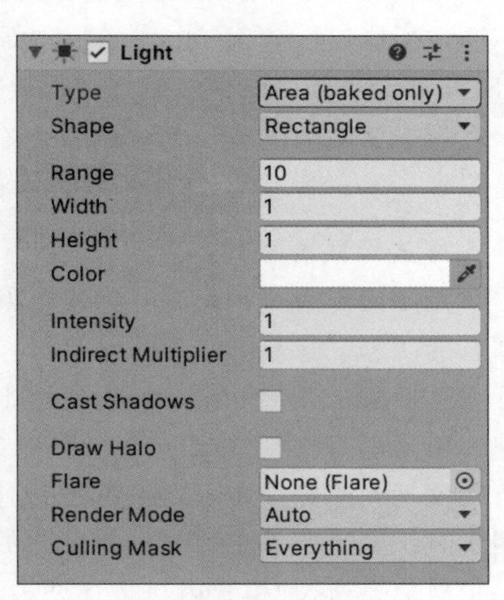

图 5.41 区域光属性

表 5.16 区域光属性参数

英文名称	中文名称	功能详解
Type	类型	当前区域光对象的类型
Shape	形状	区域光辐射的形状
Range	范围	区域光辐射的范围
Width	宽度	设置区域光范围的宽度,默认值为 1
Height	高度	设置区域光范围的高度,默认值为 1
Color	颜色	光线的颜色
Intensity	强度	光线的明亮程度,默认值为 1
Indirect Multiplier	间接乘数	光源系数倍增
Cast Shadows	投射阴影	开启投射阴影
Draw Halo	绘制光晕	如果勾选此复选框,将绘制带有一定半径范围的球形光晕光线
Flare	耀斑	在光的位置渲染闪光效果
Render Mode	渲染模式	设置灯光的渲染模式,包括 Auto、Important 和 Not Important 3 种模式
Culling Mask	消隐遮罩	有选择地使部分对象不受光的效果影响

5.3.2 光照阴影

1. 光照阴影种类

Unity 引擎中受到光源照射的物体会投射阴影。在 Hierarchy 视图中选择 Light,在其 Inspector 视图中可以通过 Shadow Type 一栏选择阴影种类,有 3 个选项,即 No Shadows(无阴影)、Hard Shadows(硬边缘阴影)和 Soft Shadows(软边缘阴影)。其中 No Shadows 不造成阴影,Hard Shadows 产生边界明显的阴影,甚至是锯齿。Hard Shadows 没有 Soft Shadows 的阴影效果好,但是运行效率高。Soft Shadows 的阴影边缘比较平滑,接近真实,但是性能消耗大于 Hard Shadow。在光照阴影属性设置中,Strength 属性决定了阴影的明暗程度,Resolution 属性用来设置阴影边缘,清晰的边缘需要设置高分辨率。

2. 光照阴影模式

光照阴影有 3 种模式:实时光照阴影(Realtime)、场景烘焙阴影(Baked)以及以上两者结合的阴影(Mixed)。

Realtime:所有场景物体的光照都实时计算,实时光照对性能消耗比较大。

Baked:只显示被烘焙过的场景的光照效果,场景烘焙是指选择一些静态物体在游戏运行前就把光照效果做好,生成光照贴图,游戏运行时直接把光照贴图显示出来就可以了,不用实时计算光照效果,用空间(贴图的存储空间)换取了时间(实时光照的计算时间)。

Mixed:这种模式就是上述两种模式的结合。如果选择这个模式,被烘焙过的部分就用光照贴图直接显示,没有烘焙过的地方就实时计算。

5.4 添加角色控制

5.4.1 第一人称角色

在游戏场景中添加第一人称角色，玩家就可以不再像别的游戏一样操纵屏幕中的虚拟人物，而是身临其境地体验游戏带来的视觉冲击，大大增强了游戏的主动性和真实感。第一人称角色中的摄像机占据了化身眼睛的位置，因此玩家通常看不到化身，和第三人称角色相比，第一人称角色不需要设计 AI 来控制摄像机，玩家与环境的交互变得更加容易，真实感会更强。Unity 引擎为游戏开发者提供了第一人称和第三人称角色资源，其中第一人称的添加方法如下。

第 1 步：导入角色控制器资源包 Standard Assets 到 Project 视图中，如图 5.42 所示。

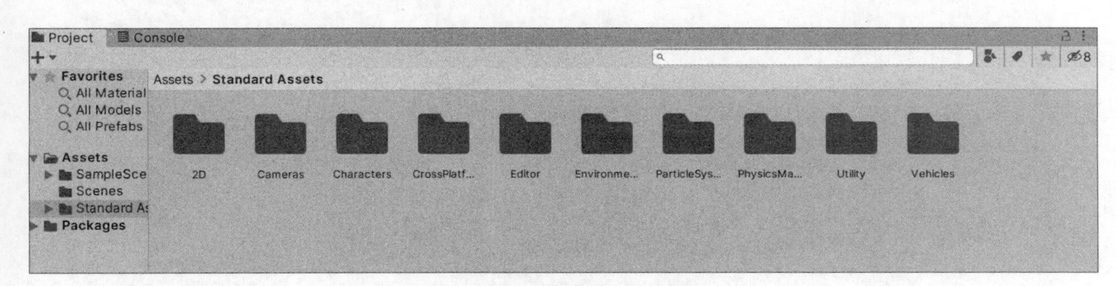

图 5.42 导入角色控制器资源包

第 2 步：在 Project 视图中依次打开文件夹 Assets→Standard Assets→Characters，Characters 文件夹下包括 FirstPersonCharacter 和 ThirdPersonCharacter 两个文件夹，如图 5.43 所示。

图 5.43 Project 视图中的资源显示

第 3 步：将 FirstPersonCharacter 文件夹中的 FPSController 预制体拖动到 Scene 视图中，将其放到地面上方的位置，如图 5.44 所示。

第 4 步：关闭场景中的 MainCamera，单击工具栏中的 Play 按钮运行测试，在 Game 视图中使用 W、S、A、D 键控制摄像机移动，用鼠标控制摄像机的视角旋转，用 Shift 键切换走路和跑步状态，用空格键控制跳跃状态，效果如图 5.45 所示。

图 5.44　拖入第一人称预制体

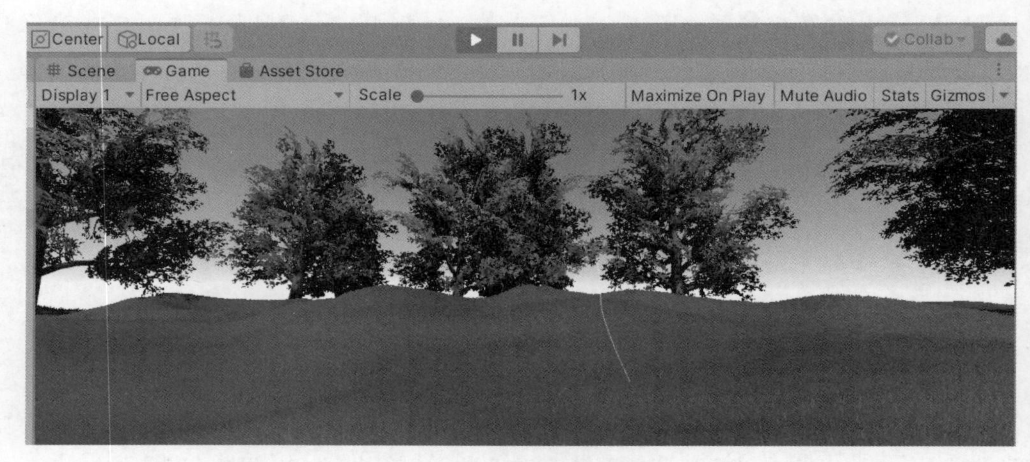

图 5.45　第一人称漫游效果

5.4.2　第三人称角色

第三人称角色在现代动作和冒险类游戏中经常使用。它基于化身交互模型,化身在游戏世界中奔跑时,摄像机以一个固定的距离跟随化身。使用第三人称角色可以让玩家看到化身,获得游戏的动作体验感。在 Unity 引擎中添加第三人称角色资源的方法如下。

第 1 步:导入角色控制器资源包 Standard Assets 到 Project 视图中,如图 5.46 所示。

图 5.46　导入角色控制器资源包

第 2 步:在 Project 视图中依次打开文件夹 Assets→Standard Assets→Characters,

Characters 文件夹下有 FirstPersonCharacter 和 ThirdPersonCharacter 文件夹，如图 5.47 所示。

图 5.47　Project 视图中的资源

第 3 步：将 ThirdPersonCharacter 文件夹中的 ThirdPersonController 预制体拖动到 Scene 视图中，调整 ThirdPersonCharacter 的位置，使其出现在场景中 MainCamera 前方的合适位置，如图 5.48 所示。

图 5.48　第三人称放置效果

第 4 步：单击工具栏中的 Play 按钮运行测试，在 Game 视图中使用 W、S、A、D 键控制摄像机移动，用 Shift 键切换走路和跑步状态，用空格键控制跳跃，用 C 键控制蹲起状态，如图 5.49 所示。

图 5.49　第三人称漫游效果

5.5 添加环境效果

5.5.1 添加天空盒

Unity 引擎中的天空盒是一种使用了特殊类型的 Shader 材质，这种材质可以笼罩在整个场景之外，并根据材质中指定的纹理模拟出类似远景、天空等效果，使游戏场景看起来更加完整。目前，Unity 引擎提供了两种天空盒，包括六面天空盒和系统天空盒。这两种天空盒都会将游戏场景包含在其中，用来显示远处的天空、山峦等。选择菜单栏中的 Window→Rendering→Lighting Settings 命令，打开渲染设置对话框，如图 5.50 所示。单击 Scene 视图中 Environment 模块中 Skybox Material 选项后面的设置按钮，弹出选择材质对话框，双击即可选择不同材质的天空盒，如图 5.51 所示。

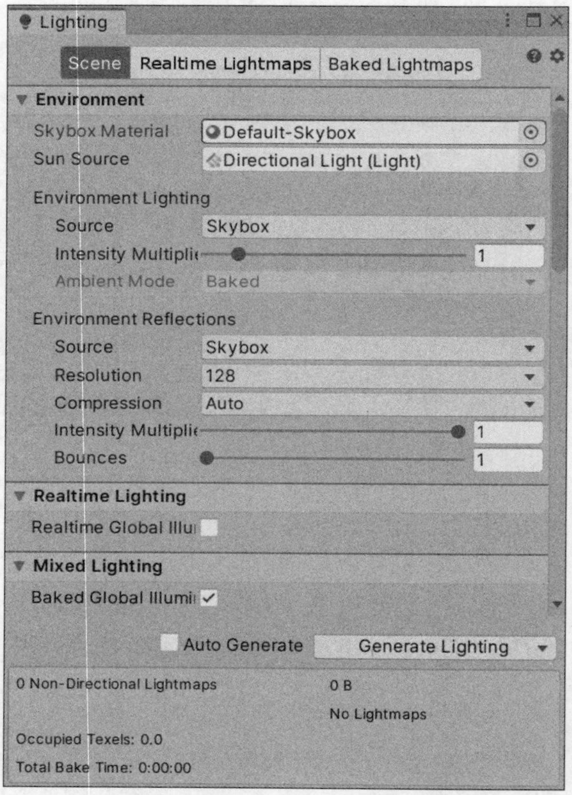

图 5.50 渲染设置对话框

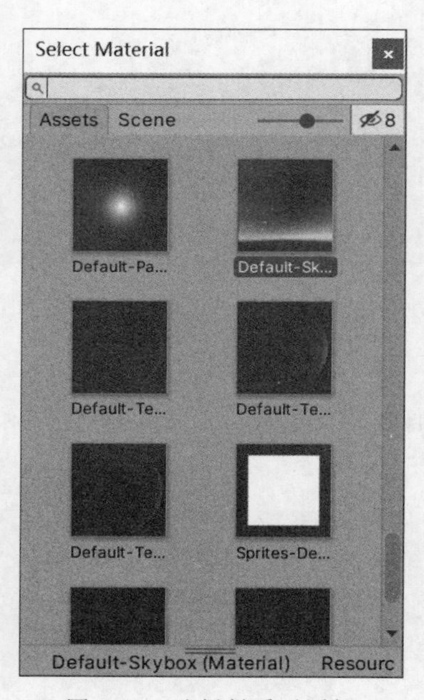

图 5.51 选择材质对话框

5.5.2 添加水效果

第 1 步：导入水资源包，将资源 Standard Assets 导入 Project 视图中，如图 5.52 所示。

第 2 步：在 Project 视图中依次打开文件夹 Assets→Standard Assets→Environment，文件夹包含了 Water 和 Water (Basic)两个文件夹，如图 5.53 所示。其中每个文件夹下都包含了若干个水资源预制体。

图 5.52 导入水资源包

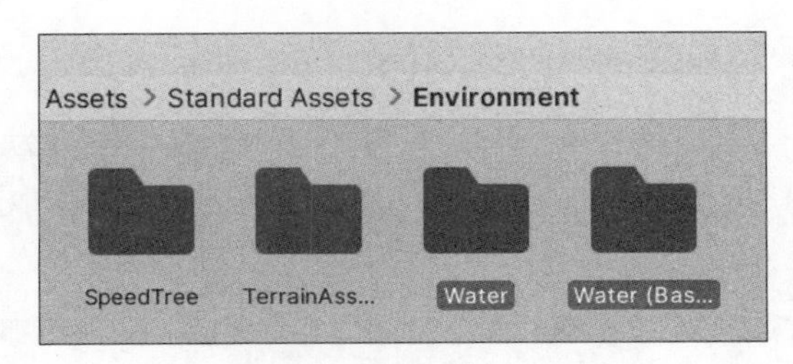

图 5.53 水资源文件夹

第 3 步：找到 Water 文件夹下的 water 资源预制体，如图 5.54 所示。这两种水特效的功能较丰富，能够实现反射和折射效果，并且可以实现波浪、反射扭曲等效果，如图 5.55 所示。Water（Basic）文件夹下也包含两种基本水资源，分别是 WaterBasicDaytime 和 WaterBasicNighttime，如图 5.56 所示。该水特效的功能较为单一，没有反射、折射等功能，仅可以设置水波纹大小与颜色，所以消耗的计算资源很小，更适合移动平台的开发。

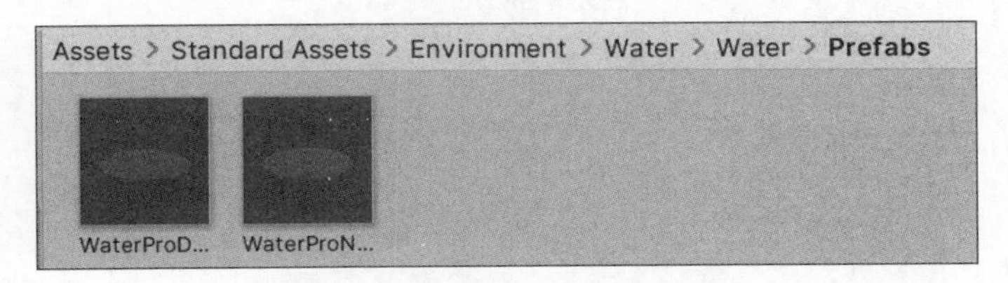

图 5.54 Water 资源预制体

图 5.55 Water 资源添加效果

图 5.56　Water(Basic)资源预制体

5.5.3　添加雾效果

Unity 引擎集成开发环境中的雾效果有 3 种模式，分别为 Linear（线性模式）、Exponential(指数模式)和 Exponential Squared(指数平方模式)，如图 5.57 所示。它们的不同之处在于雾效的衰减方式。

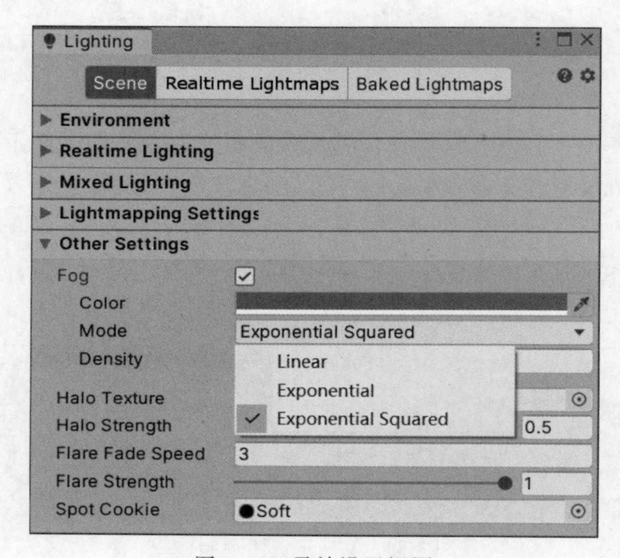

图 5.57　雾效设置视图

选择菜单栏中的 Window→Rendering→Lighting Settings 命令，打开 Lighting 对话框，选择 Fog 菜单，然后在其属性视图中设置雾的模式以及雾的颜色。开启雾效果通常用于优化性能，运用雾效果后的物体被遮挡，此时可选择不渲染距离摄像机较远的物体。这种性能优化方案需要配合摄像对象的远裁切面设置使用。通常先调整雾效果，得到正确的视觉效果，然后调小摄像机的远裁切面，使场景中距离摄像机较远的游戏对象在雾效变淡前被裁切掉，雾效属性参数如表 5.17 所示。

表 5.17　雾效属性参数

英文名称	功能详解
Color	雾的颜色
Mode	雾效模式
Density	雾效浓度，取值为 0～1

5.6 添加影音效果

5.6.1 添加音效

1. 导入音效

播放音效之前，需要将音效文件导入 Unity 项目中。Unity 引擎支持不同类型的音频格式，通常导入 Unity 引擎中的音频都会被压缩，Unity 引擎支持的主要音频文件格式如表 5.18 所示。

表 5.18 Unity 支持的音频文件格式

文件类型	适用情况
.WAV	Windows 上默认的音频格式，未压缩的声音文件。适用于较短的音乐文件，可用作游戏打斗音效
.AIFF	Mac 上默认的音频格式，未压缩的声音文件。适用于较短的音乐文件，可用作游戏打斗音效
.MP3	压缩的声音文件，适用于较长的音乐文件，可用作游戏背景音乐
.OGG	压缩的声音文件，适用于较长的音乐文件，可用作游戏背景音乐

收集好音频文件后，将其导入 Unity 引擎中，即将文件拖到 Unity 引擎中的 Project 视图中，如图 5.58 所示。

2. 播放音效

音效的播放需要两个元素：音频侦听器（Audio Listener）和音频源（Audio Source）。这两个元素都是某个具体游戏对象的 Component 组件属性，如 Main Camera 对象默认具有 Audio Listener 属性。

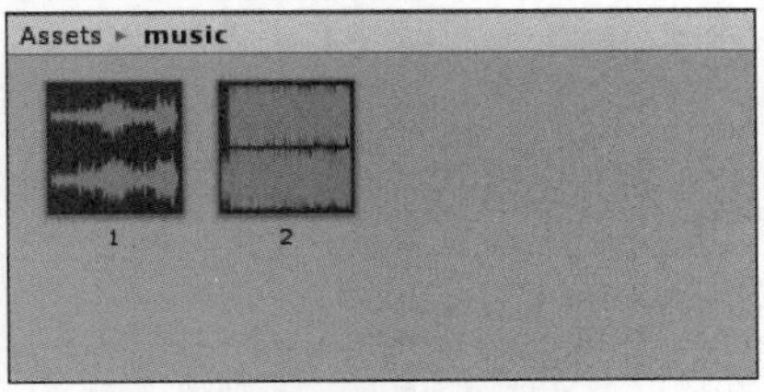

图 5.58 导入音频文件

(1) 音频侦听器。

音乐侦听器是游戏场景中不可或缺的，它在场景中类似麦克风设备，从场景中给定的音频源接受输入，并通过计算机的扬声器播放声音。选择菜单栏中的 Component→Audio→Audio Listener 命令，可添加音频侦听器。

(2) 音频源。

在游戏场景中播放音乐就需要用到音频源。其播放的是音频剪辑（Audio Clip），音频可以是 2D 的，也可以是 3D 的。若音频剪辑是 3D 的，声音会随着音频侦听器与音频源之间距离的增大而衰减。

音频源的添加方法是：首先在 Hierarchy 视图中选中 Main Camera 游戏对象，然后选择菜单栏中的 Component→Audio→Audio Source 命令，添加音频源，其属性如图 5.59 所示。音频源参数如表 5.19 和表 5.20 所示。

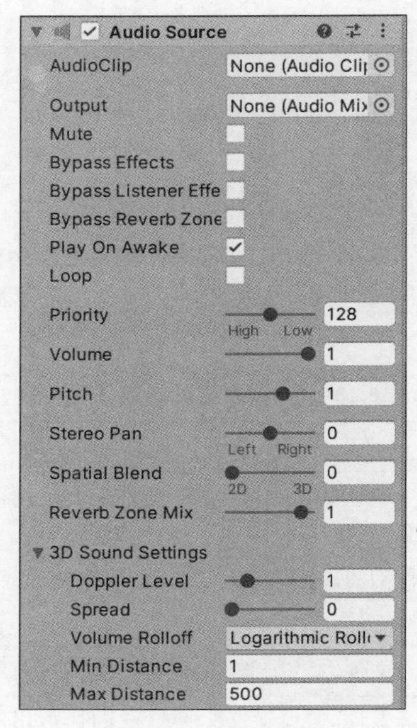

图 5.59　音频源属性

表 5.19　音频源参数

英文名称	中文名称	功能详解
AudioClip	音频剪辑	将要播放的声音片段
Output	输出	音频剪辑通过音频混合器输出
Mute	静音	勾选此复选框,音频播放时会没有声音
Bypass Effects	音频特效	快速打开或关闭所有特效
Bypass Listener Effect	侦听器特效	快速打开或关闭侦听器特效
Bypass Reverb Zone	混响区	快速打开或关闭混响区
Play On Awake	唤醒时播放	如果启用,声音在场景启动时就会播放,如果禁用,需要在脚本中通过 Play 命令播放声音
Loop	循环	循环播放音频
Priority	优先权	确定场景中所有并存的音频源之间的优先权
Volume	音量	音频侦听器监听到的音量
Pitch	音调	改变音调值,可以加速或减速播放音频剪辑
Stereo Pan	立体声	设置 2D 声音在立体声场中的位置
Spatial Blend	空间混合	通过 3D 空间化计算来确定音频源受影响的程度
Reverb Zone Mix	区域混响	从音频源发出的信号将被混合到混响区域中

表 5.20 3D 音效属性参数表

英文名称	中文名称	功能详解
Doppler Level	多普勒级别	决定了对此音频源应用多普勒效果的程度
Spread	扩散	设置 3D 立体声或者多声道音响在发声空间中的扩散角度
Volume Rolloff	音量衰减模式	设置音量衰减模式
Min Distance	最小距离	在最小距离之内,声音会保持恒定。在最小距离之外,声音开始衰减
Max Distance	最大距离	声音停止衰减的最大距离

5.6.2 添加视频

Unity 引擎支持视频播放,可以导入影片,并附加到游戏对象上。Unity 引擎支持的影片格式有下列几种:.mov、.mpg、.mpeg、.mp4、.avi、.asf。需要注意的是,Unity 引擎播放视频一般需要 QuickTime 软件的支持,添加视频的方法如下。

第 1 步:双击 Unity Hub 图标,启动 Unity 引擎,建立一个空项目。在 Project 视图中创建一个文件夹,命名为 sucai。将本章素材包内 naidong.mp4、musi.mp4、yuebing.mp4 视频资源和海报图片资源导入 sucai 文件夹中,如图 5.60 所示。

第 2 步:在 Project 视图中找到合适的背景图片,并将其修改为 Sprite 格式。然后选择菜单栏中的 GameObject→UI→Panel 命令,其属性如图 5.61 所示。将 Sprite 格式图片作为 Source Image,对 Panel 赋值,效果如图 5.62 所示。

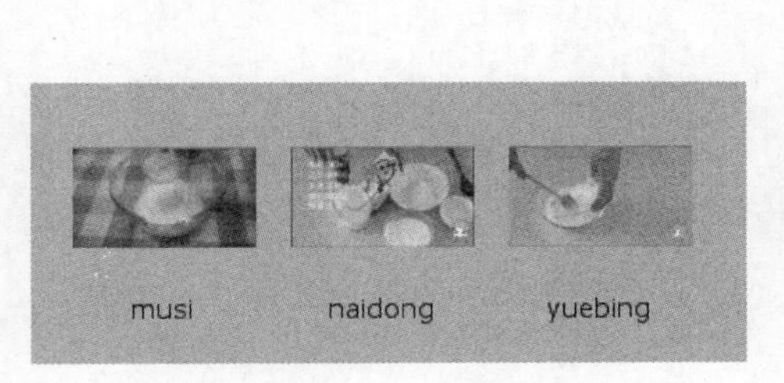

图 5.60 导入资源素材

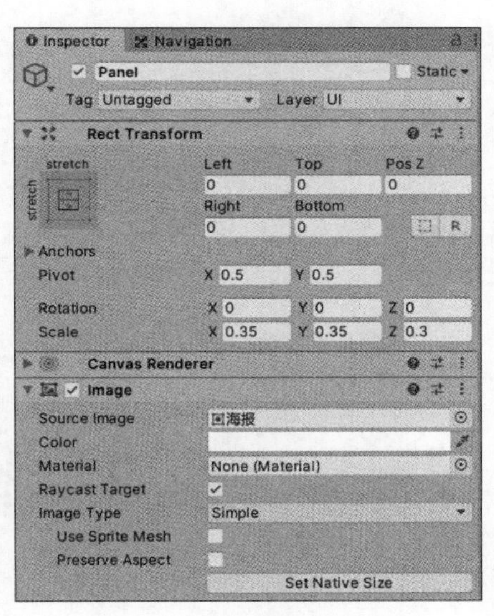

图 5.61 Panel 属性

第 3 步:选择菜单栏中的 GameObject→3D Object→Plane 命令,创建三个平面,分别将其命名为 naidong、musi 和 yuebing,如图 5.63 所示。

第 4 步:调整 Canvas 属性参数,如图 5.64 所示。调整三个平面的位置,使其在同一平面内,如图 5.65 所示。

图 5.62　Panel 赋值效果

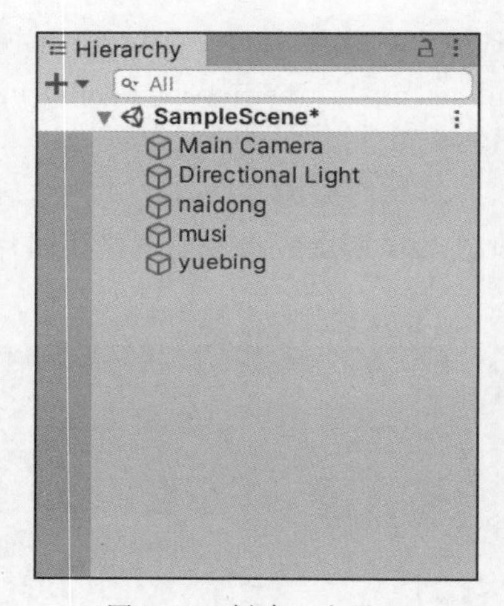

图 5.63　创建 3 个平面

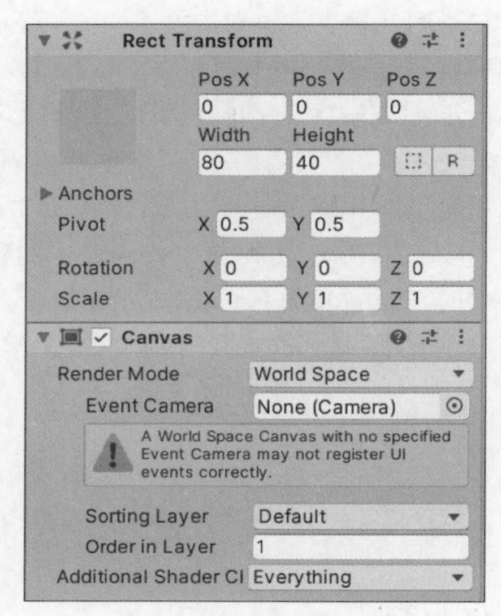

图 5.64　调查 Canvas 属性

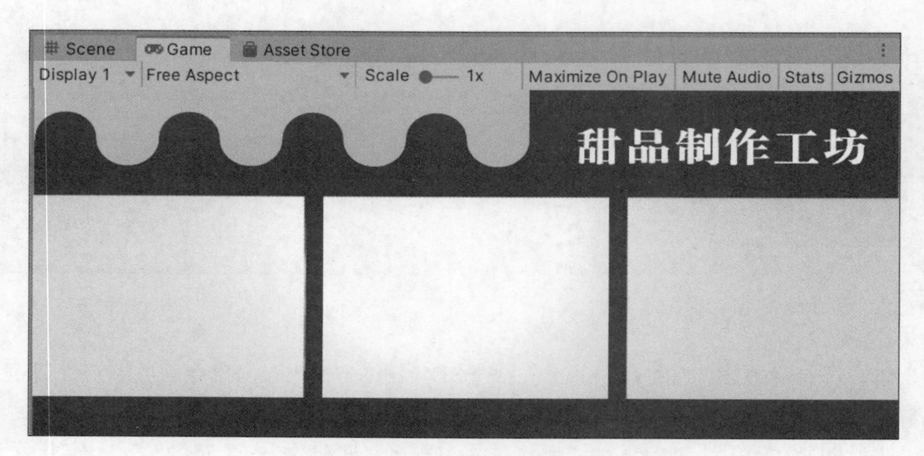

图 5.65　三个平面位置调整效果

第 5 步：在 Hierarchy 视图中依次选中 naidong、musi 和 yuebing，然后选择菜单栏中的 Component→Video→Video Player 命令，分别为 naidong、musi 和 yuebing 添加 Video Player 组件。取消选择 Play On Awake 复选框，改由程序控制，同时勾选 Loop，设置视频循环播放，具体参数设置如图 5.66 所示。

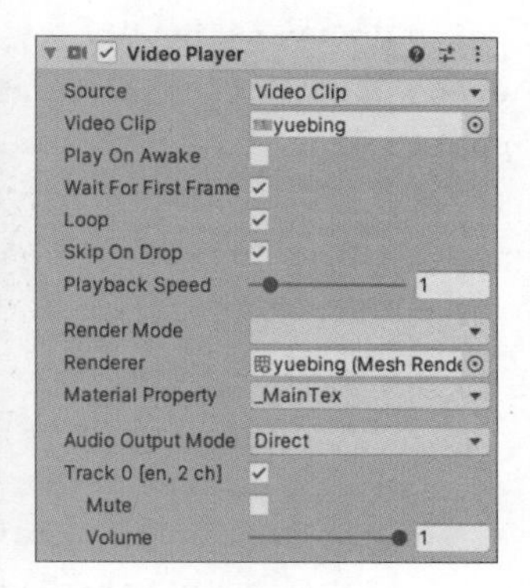

图 5.66　设置视频播放控制参数

第 6 步：选择菜单栏中的 GameObject→UI→Button 命令，创建三个按钮，将其分别命名为 naidong、musi、yuebing，具体位置参数如图 5.67 所示。

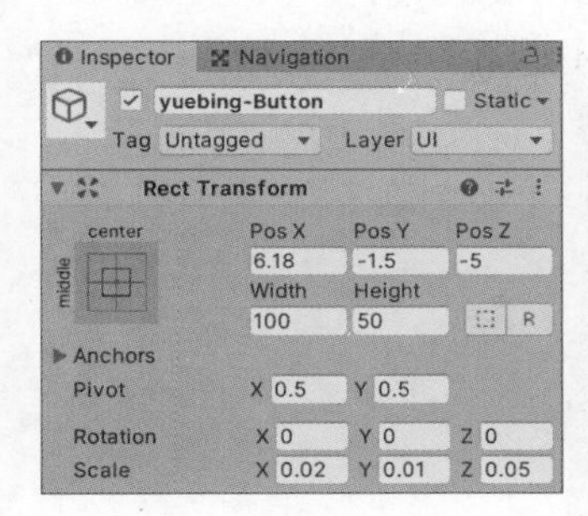

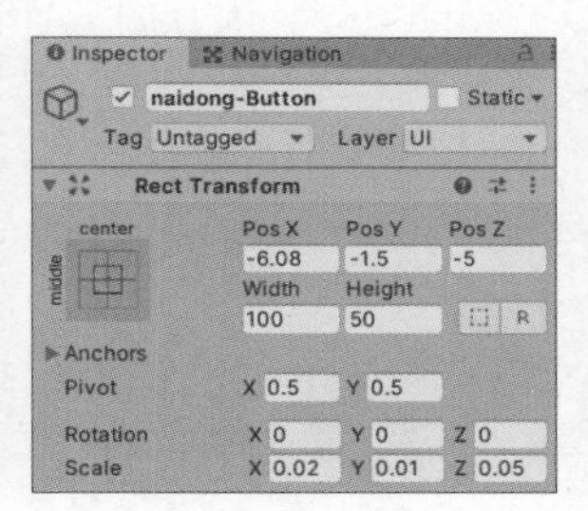

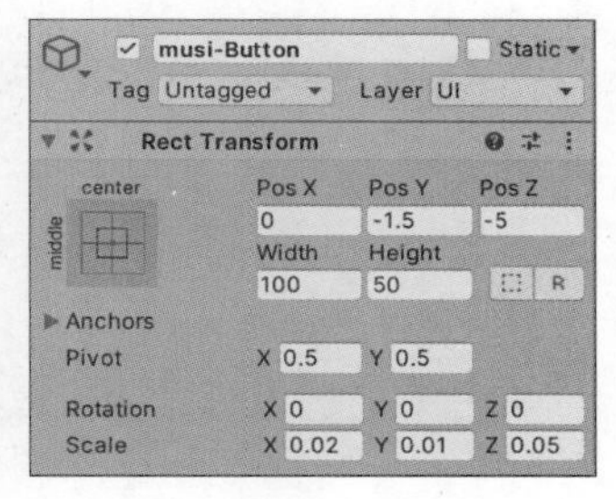

图 5.67　创建 UI Button 按钮

第 7 步：将 Button 下的 Text 内容分别改为“奶冻”“慕斯”和“月饼”，如图 5.68 所示。

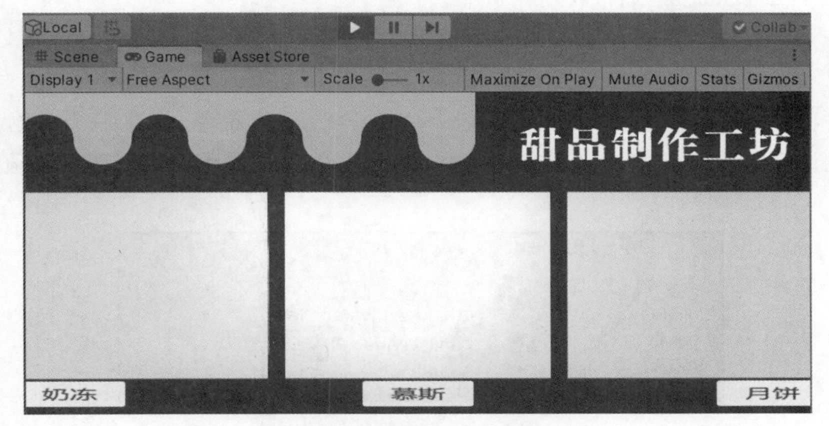

图 5.68　UI Button 命名

第 8 步：创建 C#脚本,将其命名为 play,输入下列代码。

```
using System.Collections;
using System.Collections.Generic;
using UnityEngine;
using UnityEngine.UI;
using UnityEngine.Video;
public class play: MonoBehaviour
{
public VideoPlayer naidong;
    public VideoPlayer musi;
    public VideoPlayer yuebing;
     public void coconutplay()
    {
        if (naidong.isPlaying)
        { naidong.Pause(); }
        else
        { naidong.Play(); }
    }
    public void mofangplay()
    {
        if (musi.isPlaying)
        { musi.Pause(); }
        else
        { musi.Play(); }
    }
    public void yuebingplay()
    {
        if (yuebing.isPlaying)
        { yuebing.Pause(); }
        else
        { yuebing.Play(); }
    }
}
```

第 9 步：选择菜单栏中的 GameObject→Create Empty 命令,创建一个空物体,用于链接脚本。将写好的 play 脚本链接在空物体上,并在 Inspector 视图中进行变量赋值,如图 5.69 所示。

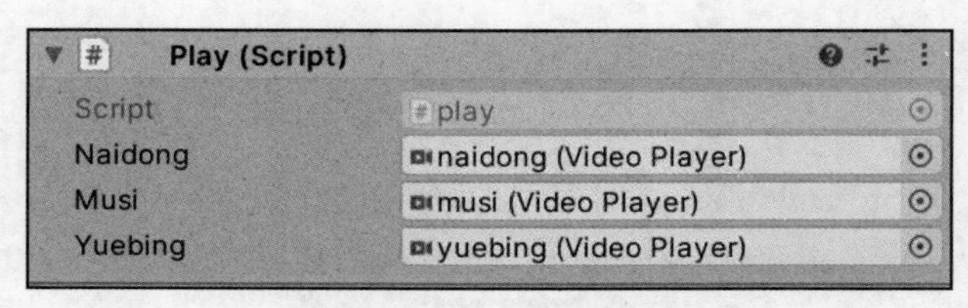

图 5.69　脚本属性赋值

第 10 步：在 Hierarchy 视图中分别选中播放、暂停、停止三个按钮，然后在其 Inspector 视图中添加 On Click 按钮响应事件，如图 5.70 所示。

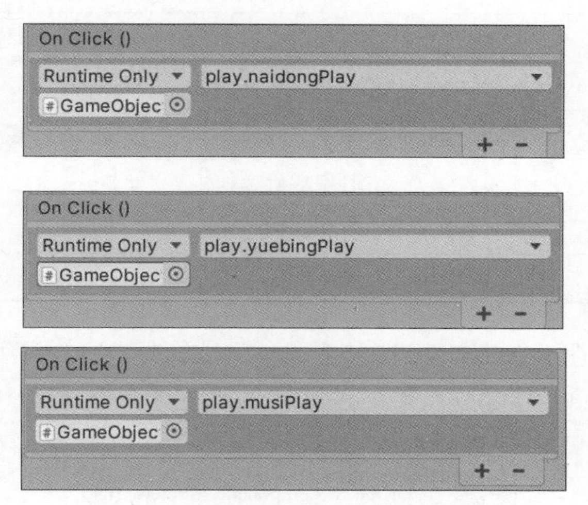

图 5.70　添加按钮响应事件

第 11 步：单击 Play 按钮进行运行测试，如图 5.71 所示。

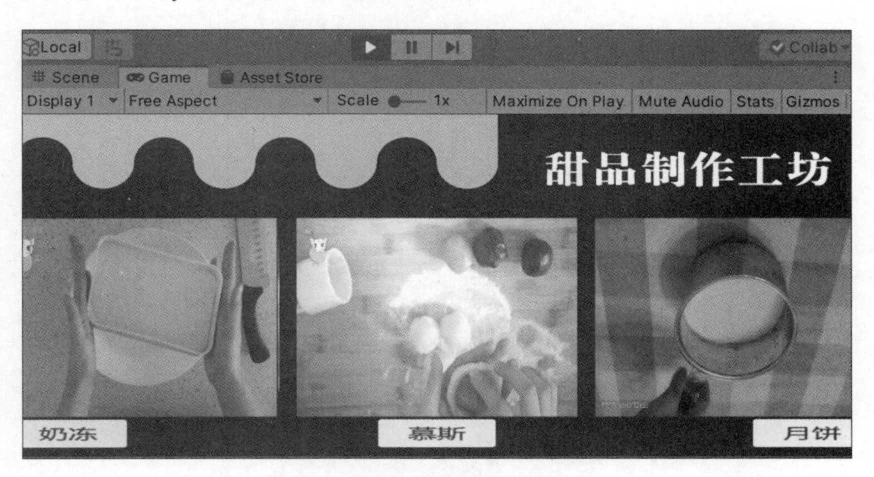

图 5.71　运行测试效果

5.7　系统资源管理

完整的游戏项目会有各种各样的资源，需要对资源进行合理的管理。资源管理最直观地体现在对文件的归类与命名。在 Unity 引擎中，所有与游戏相关的文件都放置在 Assets 文件夹下，常见文件夹名称如表 5.21 所示。

一个 Unity 项目通常包含大量的模型、材质以及其他游戏资源，所以需要将游戏资源归类到不同文件夹，做分类管理。一般是在创建完成的 Unity 项目中选择菜单栏中的 Assets→Create→Folder 命令，或者直接在 Project 视图的空白处右击，在弹出的快捷菜单中选择

表 5.21　常见文件夹名称

英文名称	功 能 详 解
Models	模型文件,其中包括自动生成的材质球文件
Prefabs	预制体文件
Scene	场景文件
Scripts	脚本代码文件
Sounds	音频文件
Texture	贴图文件

Create→Folder 命令,即可创建文件夹,对 Unity 项目资源进行分类管理。另外,选择菜单栏中的 Assets→Show in Explorer 命令,可以打开 Assets 文件夹在计算机文件管理器中的实际文件夹路径,如图 5.72 所示。

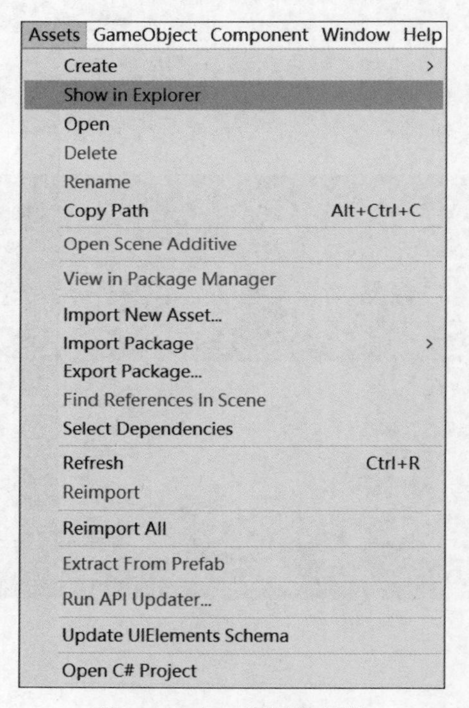

图 5.72　打开资源管理器

5.7.1　导入系统资源包

Unity 引擎中有很多资源包,可支持多种主流媒体资源格式,包括模型、材质、动画、图片、音频、视频等,为游戏开发者提供了相当便利的操作经验,也使其开发的游戏作品具有较高的可玩性和丰富的游戏媒体体验。游戏开发者可以根据实际情况导入不同的资源包。在 Unity 2018 之前的版本中,下载 Unity 引擎都提供官方 Standard Assets,可以选择菜单栏中的 Assets→Import Package 命令,在弹出的下拉菜单中选择需要的资源包导入即可。但是，在 Unity 2019 版本之后，就需要到资源商店中搜索 Standard Assets 下载资源。

5.7.2 导入外部资源包

外部资源包的导入与系统资源包的导入过程大体一致。首先，选择菜单栏中的 Assets→Import Package→Custom Package 命令，在弹出的对话框中选中资源包，然后单击"打开"按钮，如图 5.73 所示。在弹出的对话框中根据需要选择合适的资源，单击 Import 按钮完成导入，如图 5.74 所示。

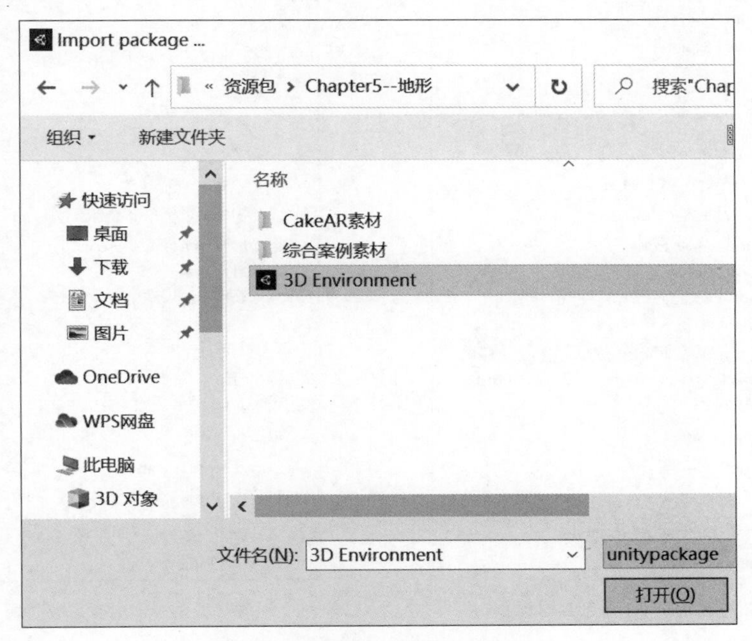

图 5.73 选择资源包

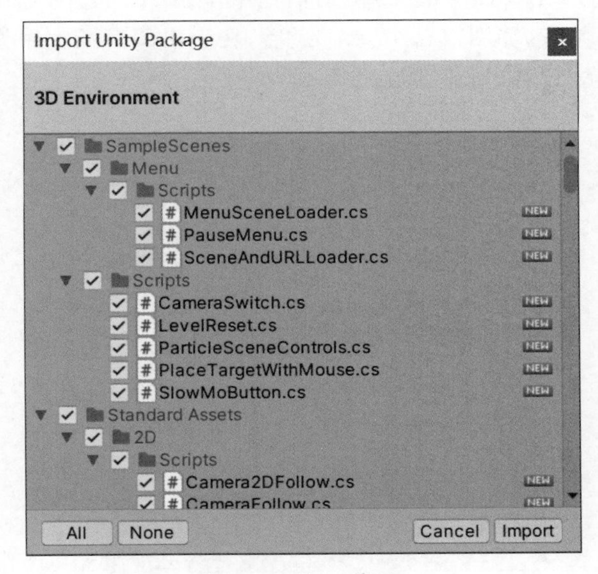

图 5.74 导入资源

5.7.3 导出系统内资源

Unity 项目中的一些资源可以重复使用。导出系统内资源的方法很简单，首先选择需要导出的资源内容，然后选择菜单栏中的 Assets→Select Dependencies 命令，如图 5.75 所示，选中与导出资源相关联的资源。最后选择菜单栏中的 Assets→Export Package 命令，如图 5.76 所示。

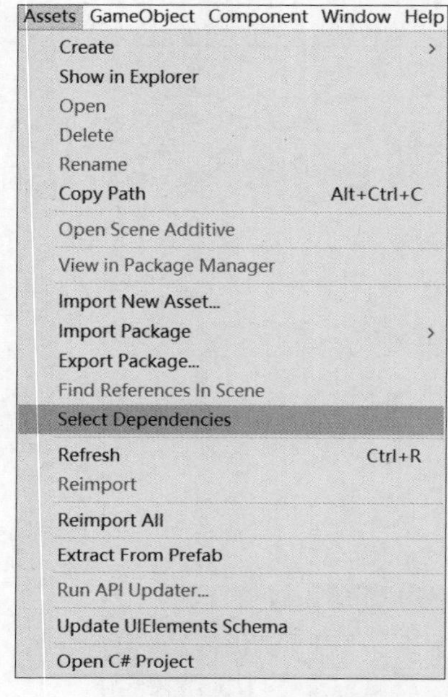

图 5.75　选择系统资源

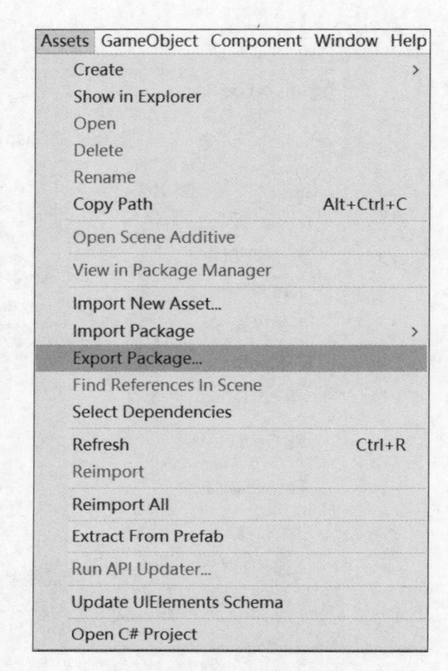

图 5.76　导出系统资源

接下来，在弹出的 Exporting package 对话框中单击 All 按钮，选中所有将要导出的文件，然后单击 Export 按钮，如图 5.77 所示。最后，在弹出的对话框中设置资源包的保存路径及名称，完成后单击“保存”按钮即可。

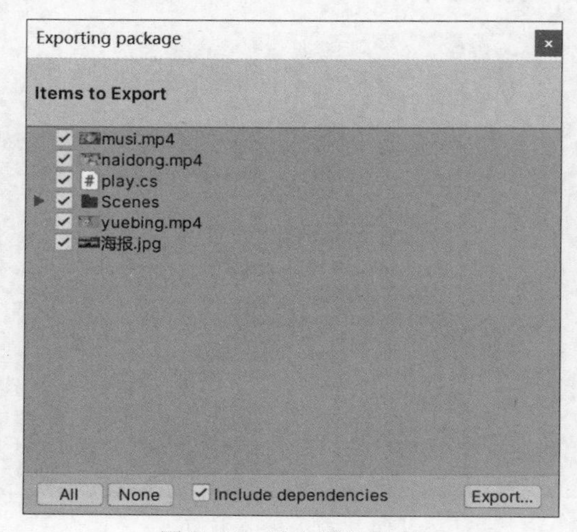

图 5.77　导出所选文件

5.8 资源商店

5.8.1 资源商店简介

资源商店(Unity Asset Store)提供了多种游戏媒体资源,如人物模型、动画、粒子特效、纹理、游戏创作工具、音乐特效、功能脚本和其他类拓展插件等,可以分为几类,如表 5.22 所示。Unity 资源商店的官方网址为 https://www.assetstore.unity3d.com/,也可以在 Unity 引擎中单击 Window 菜单,选择 Asset Store 命令来直接访问,如图 5.78 所示。其中的资源可以下载和购买。

表 5.22 Asset Store 的资源分类

英文名称	功能详解	英文名称	功能详解
Home	首页	Particle Systems	粒子系统
3D Models	3D 模型	Scripting	脚本
Animation	动画	Services	服务
Audio	音频	Shaders	着色器
Complete Projects	完整的项目	Textures & Materials	纹理和材质
Editor Extensions	扩展编辑器		

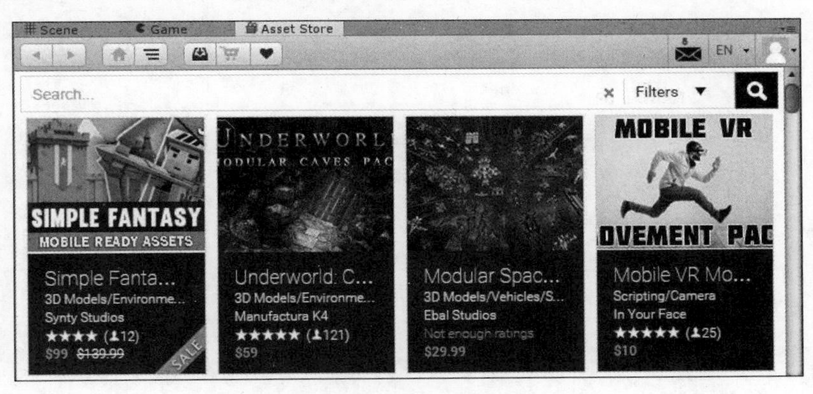

图 5.78 Unity 资源商店主页

5.8.2 资源商店的使用

为了帮助开发者制作更加完美的游戏,Unity 引擎提供了大量特效包。Unity 官方资源商店里的各类特效资源可以供开发者使用。

第 1 步: 在 Unity 引擎中打开 Asset Store 窗口,Unity 引擎会自动和资源商店建立连接,如图 5.79 所示。

第 2 步: 展开 All Categories 资源,可以看到 Unity 提供的所有资源类别及数量,如图 5.80 所示。

第 3 步: 挑选好下载资源后,在其详细介绍界面中单击 Download 按钮,如图 5.81 所示,即可自动下载。下载完毕后,单击 Import 按钮,如图 5.82 所示。

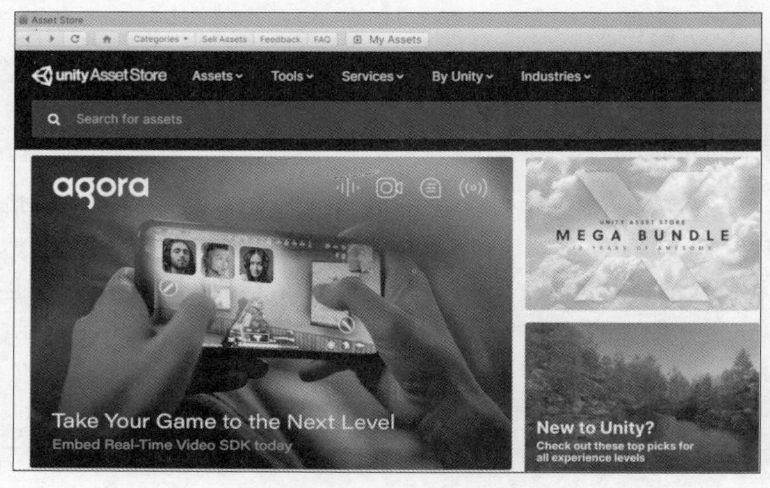

图 5.79　Unity Asset Store 窗口

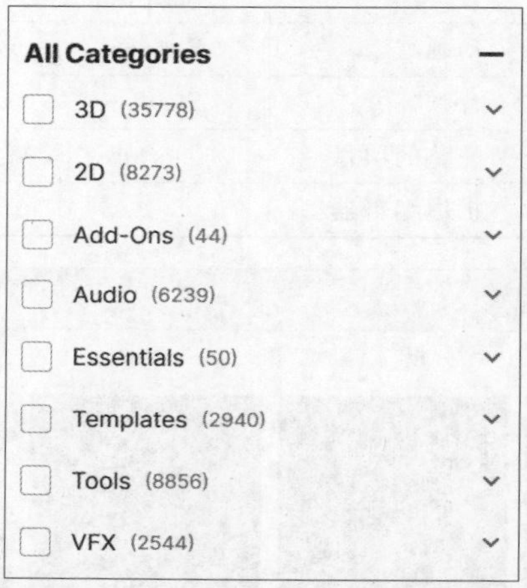

All Categories

- 3D (35778)
- 2D (8273)
- Add-Ons (44)
- Audio (6239)
- Essentials (50)
- Templates (2940)
- Tools (8856)
- VFX (2544)

图 5.80　资源商店中的资源类别

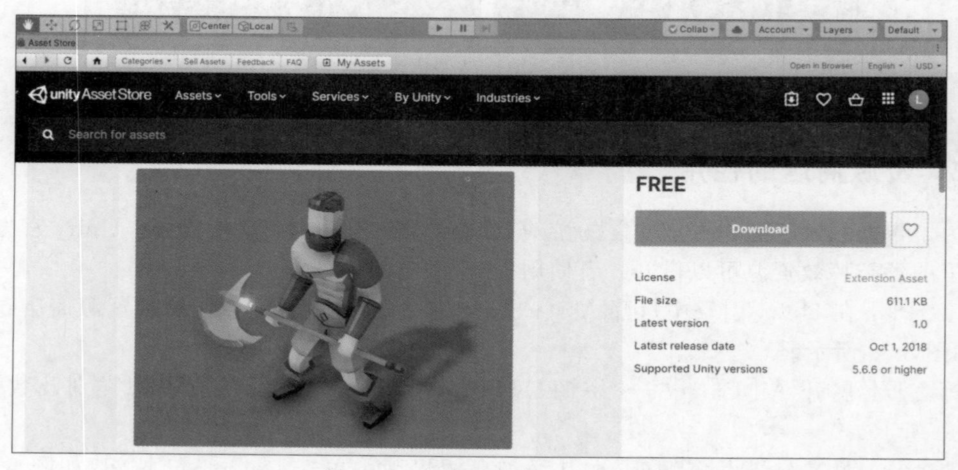

图 5.81　在资源商店下载资源

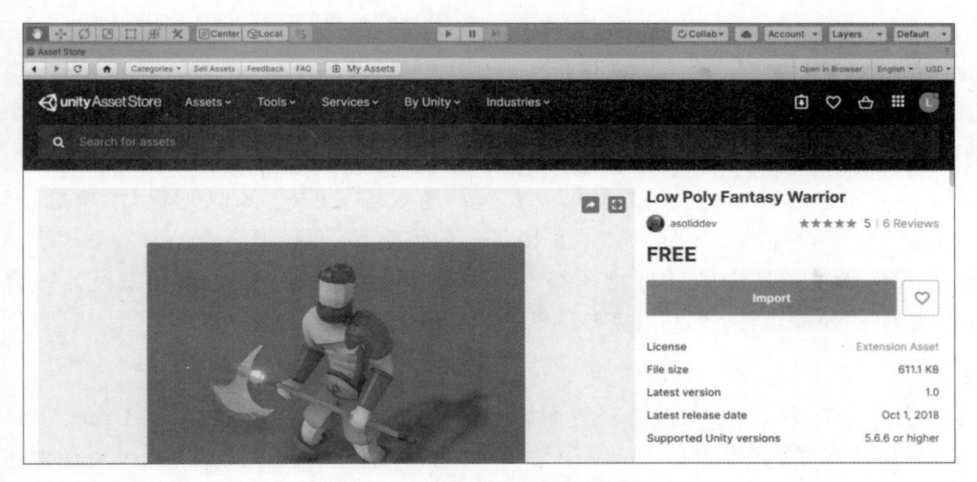

图 5.82 从资源商店导入资源

第 4 步：在弹出的窗口中单击 Import 按钮，如图 5.83 所示。

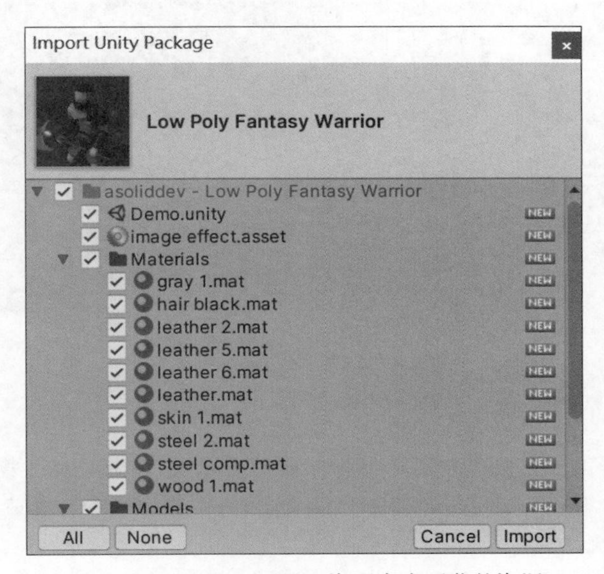

图 5.83 在 Unity 里导入资源商店下载的资源

第 5 步：资源导入完成后，Project 视图的 Assets 文件夹中会显示新增的资源文件目录，如图 5.84 所示。

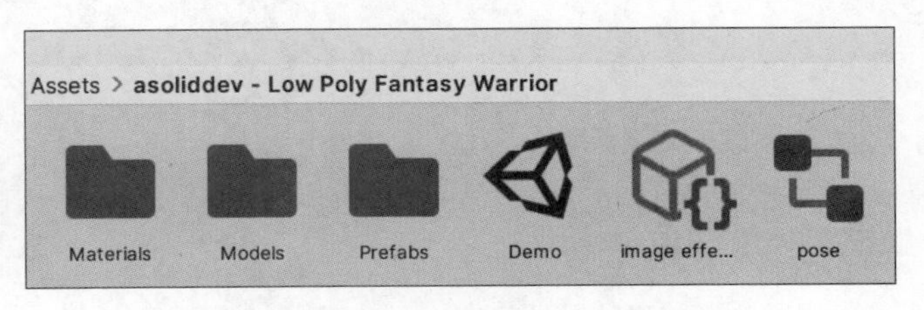

图 5.84 从 Unity 资源商店下载的资源

5.9 3D游戏场景综合项目

1. 项目构思

在Unity引擎中,3D游戏场景设计主要包括游戏场景的规划、地形设计、山脉设计、河流山谷设计、森林设计等。不同的游戏采用不同的策略,需要根据游戏的每一个故事情节设计每个游戏场景及场景内的各种物体造型。本项目旨在通过3D游戏场景设计整合利用Unity引擎中的地形资源,开发出完整的3D游戏场景。

2. 项目设计

本项目计划在第4章"GUI游戏界面综合项目"的基础上继续完善,在Unity引擎内创建一个3D游戏场景,其中包括Unity引擎提供的各种地形资源以及从Unity资源商店下载的3D模型资源、水资源以及天空盒资源等。通过第一人称角色实现3D场景虚拟漫游效果,如图5.85所示。

图5.85 3D场景虚拟漫游效果

3. 项目实施

第1步:打开第4章完成的"GUI游戏界面综合项目"中的Start场景,如图5.86所示。删除之前添加的图片和文字,同时保留返回主菜单的按钮,将其调整至左上角合适的位置,如图5.87所示。

图5.86 打开Start场景界面

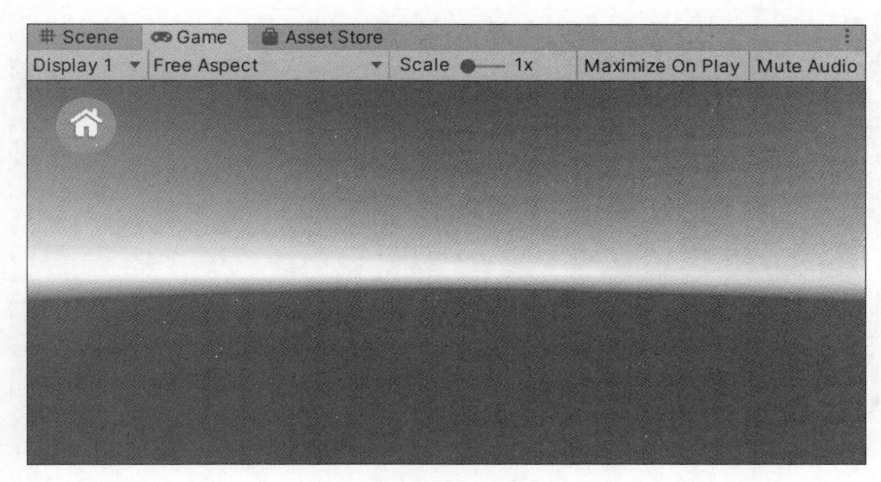

图 5.87 删除图片和文字

第 2 步：选择菜单栏中的 Window→Assets Store 命令，打开 Unity 引擎内置的资源商店，本项目需要下载一个免费的资源包，供项目搭建场景使用，如图 5.88 所示。

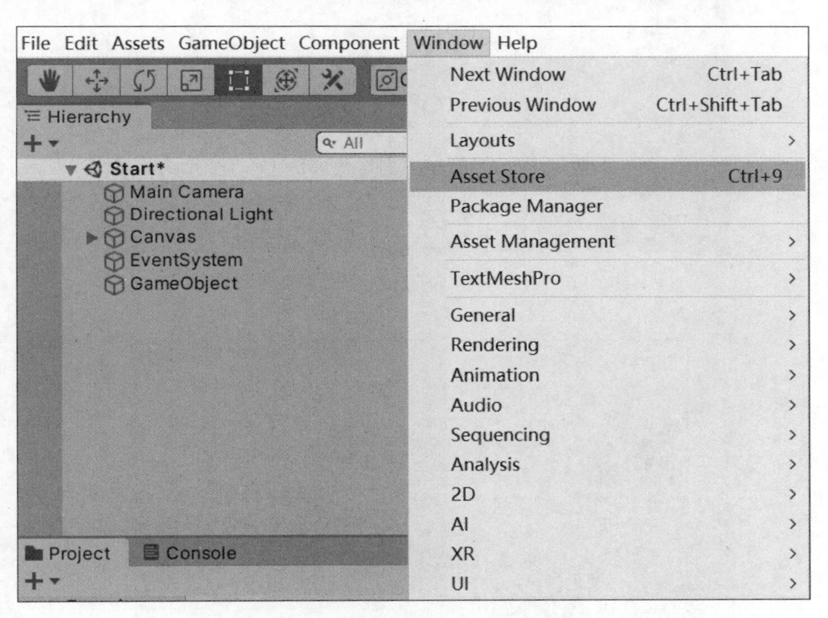

图 5.88 在 Unity 资源商店下载资源

第 3 步：打开 Asset Store 资源商店，单击屏幕右上角的三个点⋮，在弹出的快捷菜单中找到 Maximize 全屏查看，再单击一次则取消全屏查看，如图 5.89 所示。

第 4 步：在搜索框中输入 Low-Poly Simple Nature Pack 项目资源包，下载该资源，如图 5.90 所示。

第 5 步：下载完成后，单击 Import 按钮，等待加载时会弹出 Import Unity Package 窗口，单击右下方的 Import 按钮，如图 5.91 所示，即可将资源导入项目中，完成后可在项目的 Project 视图中找到导入完成的资源包。

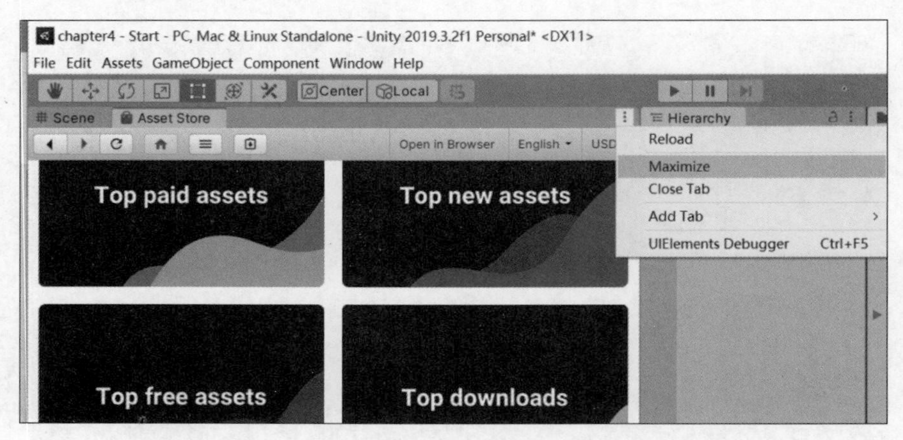

图 5.89　在 Unity 资源商店全屏查看

图 5.90　在 Unity 资源商店寻找并下载资源

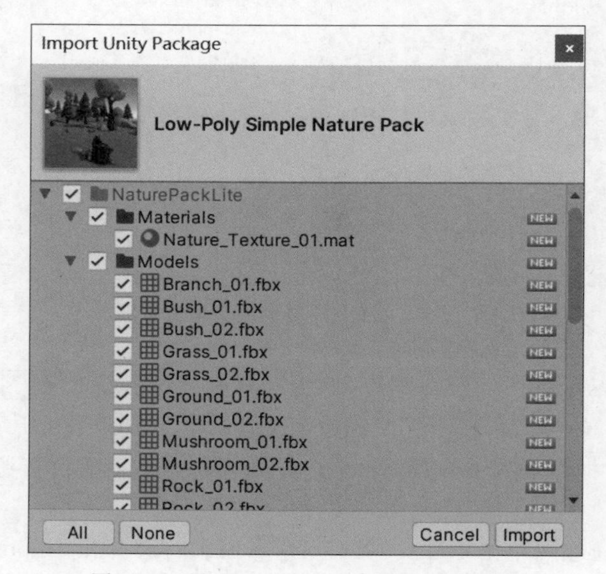

图 5.91　导入 Unity 资源商店下载的资源

第 6 步：导入资源后关闭资源商店。单击 Hierarchy 视图左上角的倒三角▼按钮，在弹出的快捷菜单中选择 3D Object→Terrain 命令，创建一个 Terrain 作为本项目场景的地形，如图 5.92 所示。

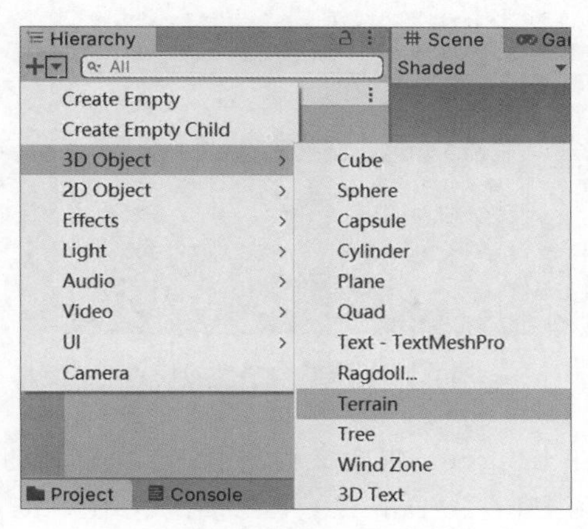

图 5.92 创建 Terrain 地形

第 7 步：在 Hierarchy 视图中选择 Terrain，在其 Inspector 视图中找到 Terrain Settings 工具，如图 5.93 所示。在 Terrain Settings 工具中找到 Mesh Resolution(On Terrain Data) 命令，用于调整 Terrain 的大小。Terrain Width 和 Terrain Length 分别用来设置地形的宽度和长度，本项目均设为 150，如图 5.94 所示。

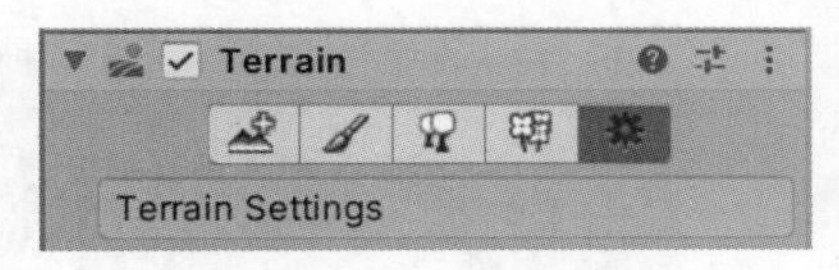

图 5.93 Terrain 设置按钮

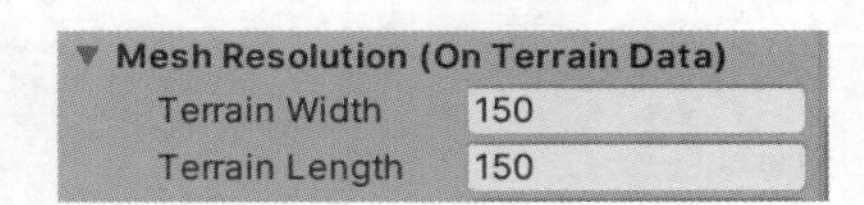

图 5.94 调整 Terrain 地形的大小属性

第 8 步：抬高地形。首先，在 Scene 窗口选中地形 Terrain，通过鼠标滚轮缩放将其调整到合适的位置。然后，在 Inspector 视图中找到第二个笔刷按钮，单击后在下拉菜单中找到 Set Height 工具，如图 5.95 所示。在其 Height 选项中输入 20，单击 Flatten All 按钮，如图 5.96 所示。这里调整地形的高度，以便进行挖坑等操作。地形抬高后需要重新调整摄像机的位置，使其视野能出现在地形中央，如图 5.97 所示。

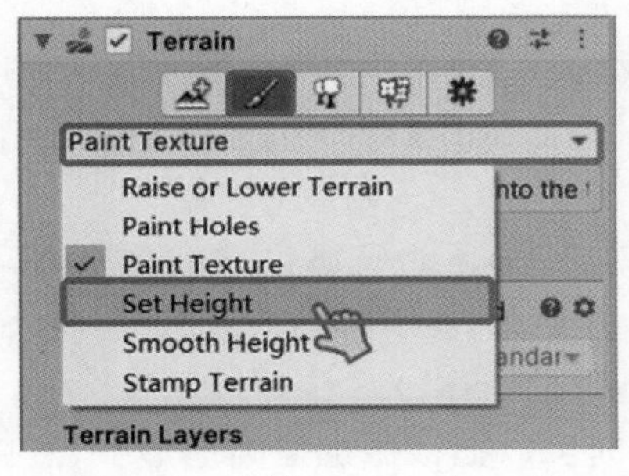

图 5.95 选择 Set Height 工具

图 5.96 设置 Terrain 地形高度

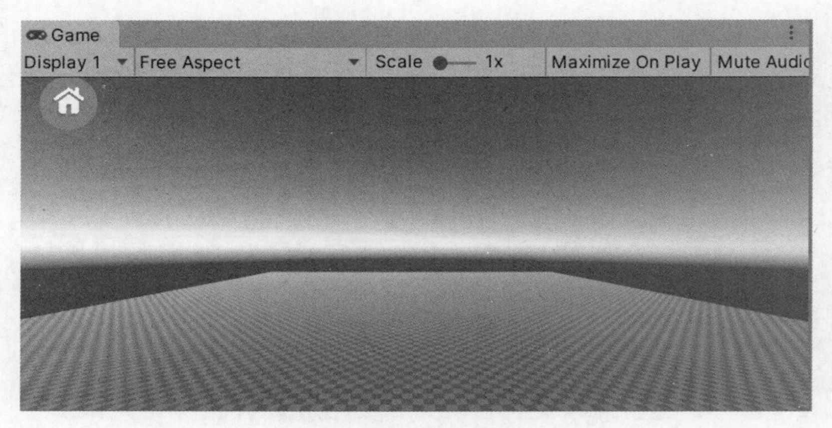

图 5.97 调整摄像机的位置

第 9 步：地形贴图。在 Inspector 视图中找到第二个笔刷按钮，单击后在下拉菜单中找到 Paint Texture，下拉找到 Edit Terrain Layers...按钮，如图 5.98 所示。单击 Edit Terrain Layers...后，在弹出的菜单中选择 Create Layer 命令。在弹出的 Select Texture2D 窗口中下拉找到项目需要的绿色小方块，或者搜索 SwatchTurquoise 图片，双击选择，如图 5.99 所示。此时整个地形 Terrain 变成了绿色，如图 5.100 所示。(注意：如果项目中没有贴图资源，可以导入素材包中的本章资源 Low Poly。)

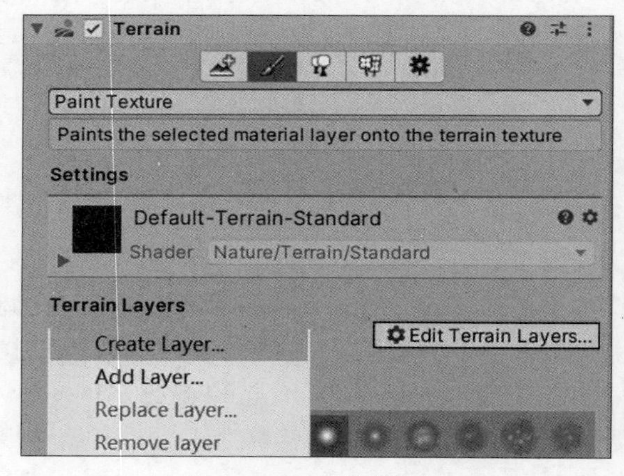

图 5.98 地形贴图按钮

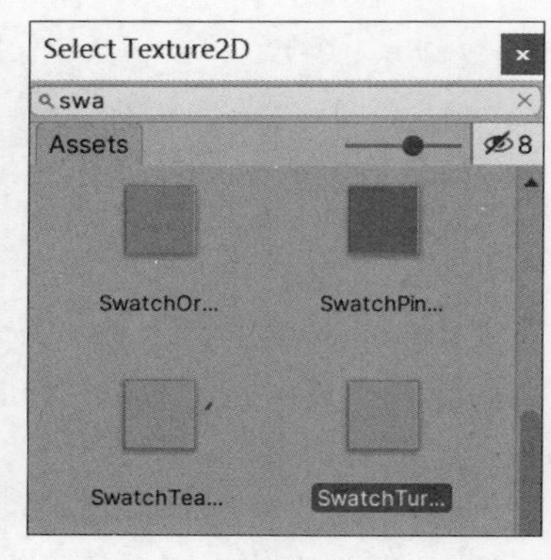

图 5.99 设置 Terrain 地形贴图

第 10 步：重复上述步骤，在 Inspector 视图中找到第二个笔刷按钮，单击后在下拉菜单中找到 Raise or Lower Terrain，开始对地形进行操作，可在 Brushes 中选择合适的笔刷，在 Brush Size 中调整笔刷范围大小，如图 5.101 所示。

第 11 步：选中笔刷后，在 Scene 视图中可直接对 Terrain 进行操作，按下鼠标即可在笔刷范围内升高地形，按住 Shift 键时单击，则会降低地形，如图 5.102 所示。(注意：若 Terrain 没有设置高度，默认为 0 时，不能进行降低地形的操作。)

第 12 步：根据项目前期设计进行地形建造，期间可以把摄像机拖到地形上，然后运行测试，看看效果如何，再进行修改，如图 5.103 所示。

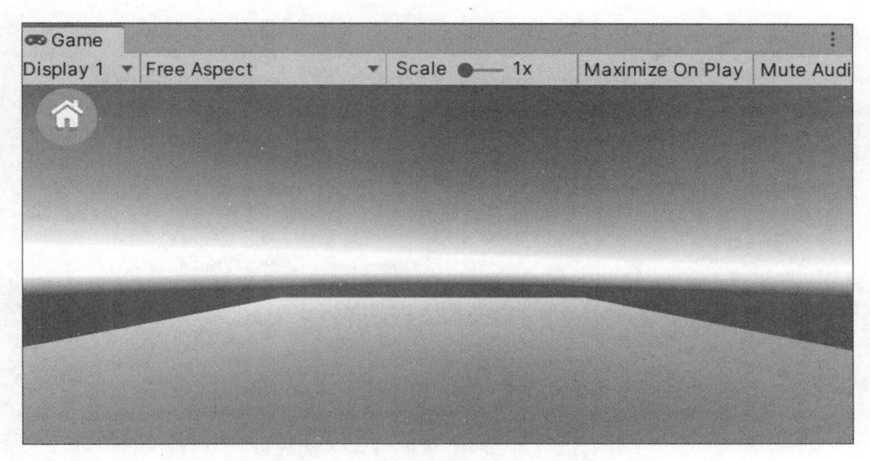

图 5.100 Terrain 地形贴图效果

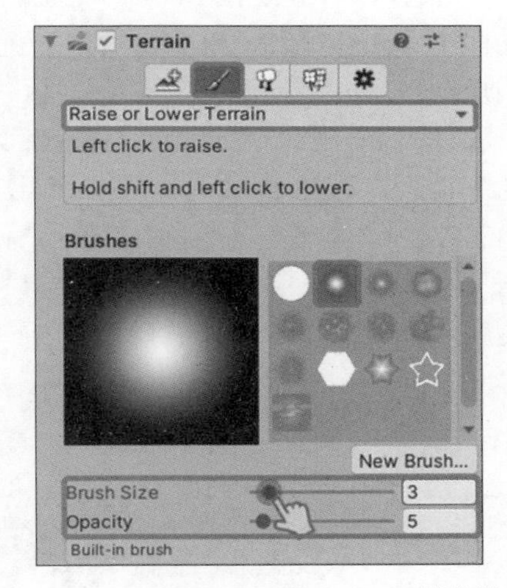

图 5.101 Raise or Lower Terrain 属性设置

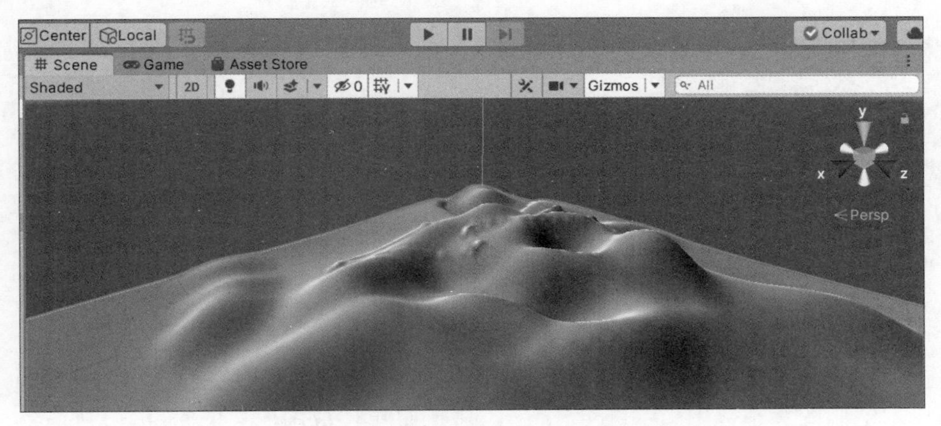

图 5.102 Raise or Lower Terrain 设置效果

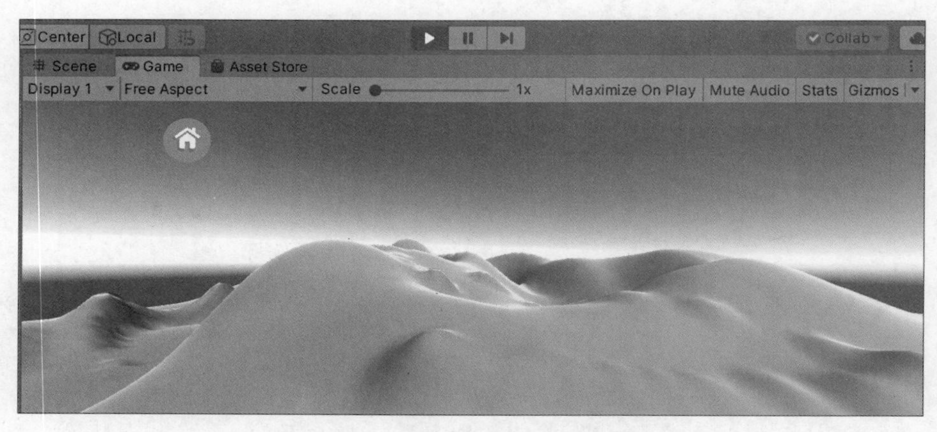

图 5.103　Terrain 地形搭建测试效果

第 13 步：平滑地形。搭建完地形后，继续在 Inspector 视图中找到第二个笔刷按钮，单击后在下拉菜单中选择 Smooth Height，对刚才塑造好的地形进行平滑处理，以便看起来更符合真实的形状，如图 5.104 所示。

第 14 步：添加树木。在 Hierarchy 视图中选择 Terrain 后，在其 Inspector 视图中继续选中第三个树木图案的按钮，在其下方选择 Edit Trees，在弹出的菜单中选择 Add Tree 命令，如图 5.105 所示。在弹出的 Add Tree 窗口中选择 Tree Prefab，给树木添加预制体，如图 5.106 所示。这里可以在导入的资源包中选择自己喜欢的树木，单击窗口下方的 Add 按钮即可添加。建议选择低多边形风格，即几何形状的树，便于项目的整体风格统一。

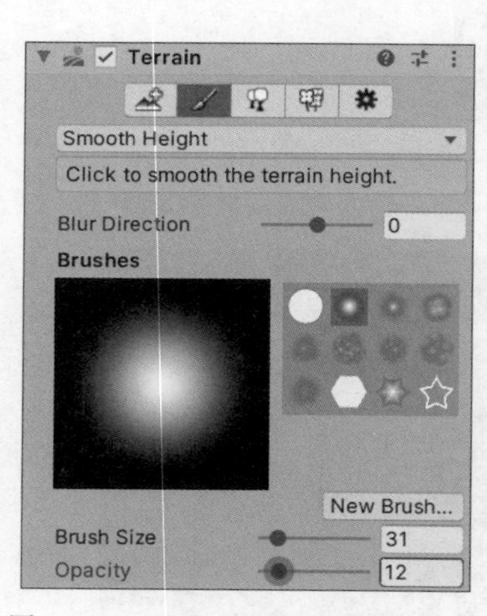

图 5.104　Smooth Height 属性设置

图 5.105　Add Tree 按钮

第 15 步：此时，在 Inspector 视图中选中刚才添加的树，同地形笔刷一样，在 Brush Size 中调整树木笔刷的大小范围，在 Tree Density 中调整单位范围内树的密度，根据场景自由添加树木，属性设置如图 5.107 所示。同样，按住 Shift 键时为消除效果。添加树木后的效果如图 5.108 所示。

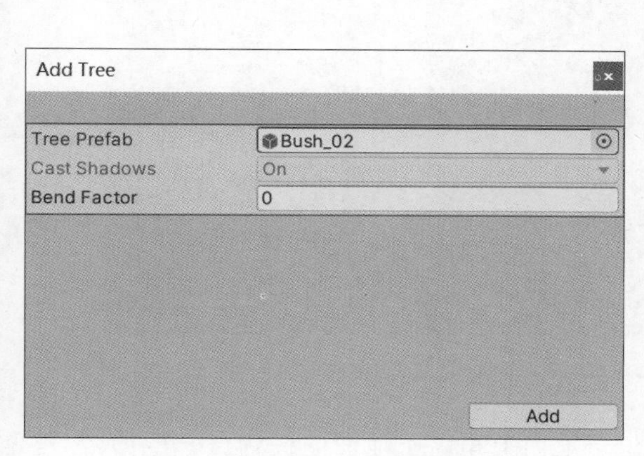

图 5.106　Add Tree 属性设置

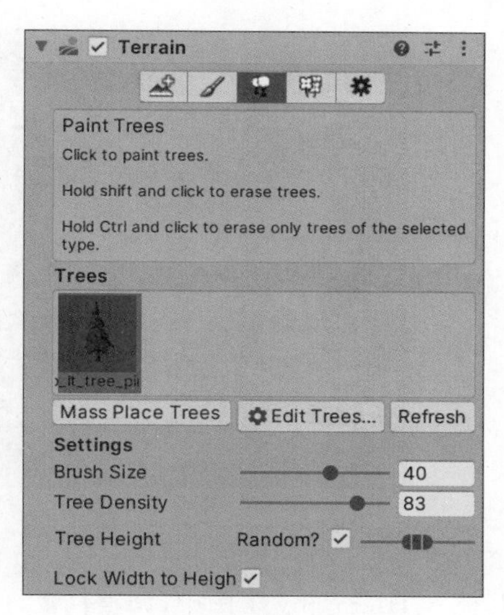

图 5.107　添加树木属性设置

图 5.108　添加树木效果

第 16 步：搭建完地形后，给场景添加海水模型，营造出一种四面环水、水天一色的感觉。在 Project 视图中选择海水资源包 Assets→low poly package→water，如图 5.109 所示，将海水(Ocean)拖到场景中，调整位置和大小。

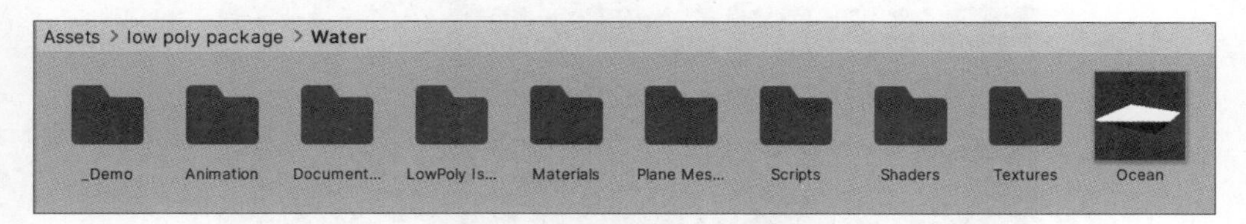

图 5.109　添加海水(Ocean)效果

第 17 步：调整海水的位置、方向和大小，添加后的效果如图 5.110 所示。

第 18 步：最后，向场景中添加用于场景漫游的第一人称控制器，运行并测试刚刚建立的地形效果。在 Project 视图找到第一人称资源 Assets→low poly package→Standard Assets→Characters→First Person Character→Prefabs，如图 5.111 所示。选中 FPSController，将

图 5.110　添加海水(Ocean)后的效果

其拖入 Hierarchy 视图中,调整位置,使其位于地面上稍高于地面的位置。(第一人称角色 FPSControler 自带摄像机,可以取消使用场景中的 Main Camera)。

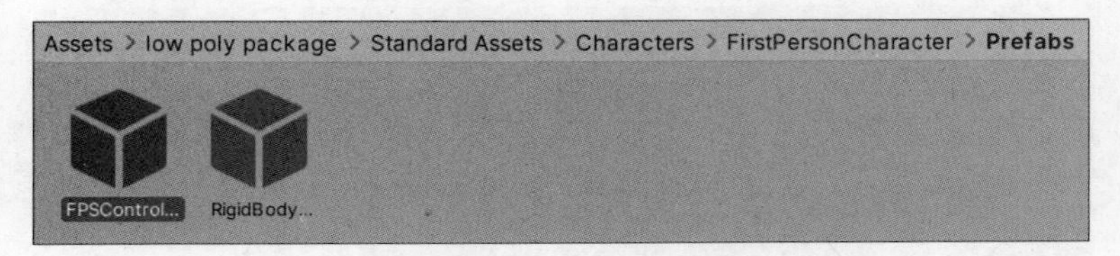

图 5.111　添加第一人称控制器

第 19 步:添加天空盒。在 Hierarchy 视图中选择 FPSController 并展开,选中 FirstPersonCharacter,将其 Inspector 视图拉到最下面,单击 Add Component 按钮,搜索 SkyBox 并添加。在 SkyBox 中单击右侧小圆点,找到天空特效名称 Polyverse Skies-Night Sky,如图 5.112 所示。此时转到 Game 视图测试一下,会发现背景已经变了,如图 5.113 所示。

图 5.112　添加天空盒

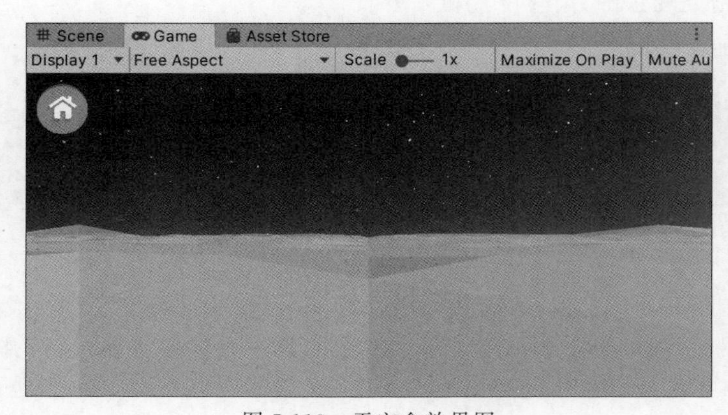

图 5.113　天空盒效果图

第 20 步：利用导入的资源包中的预制体进一步丰富场景。在 Project 视图中选择 Assets→low poly package→low poly pack→Fbx low poly，选择其中的雪山模型 Rock3，如图 5.114 所示。将 Rock3 添加到场景中。

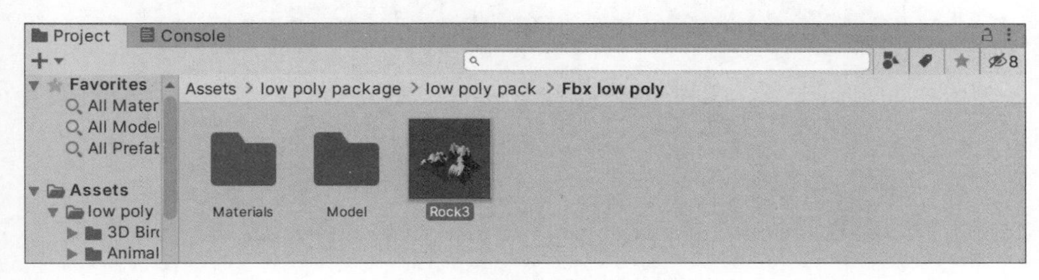

图 5.114 添加雪山模型

第 21 步：调整雪山的大小，并将其放到场景中的合适位置。此时可在 Scene 窗口观察效果，如图 5.115 所示。

图 5.115 场景测试效果

第 22 步：使用同样的操作，将 Assets→low poly package→low poly pack 中的 Rockone(尖形山)也添加到场景中，调整大小和位置。然后在同目录下的 Materials 文件夹中找到 Color_D02 棕色材质球，如图 5.116 所示。将其拖到场景中的尖形山上即可变色，如图 5.117 所示。

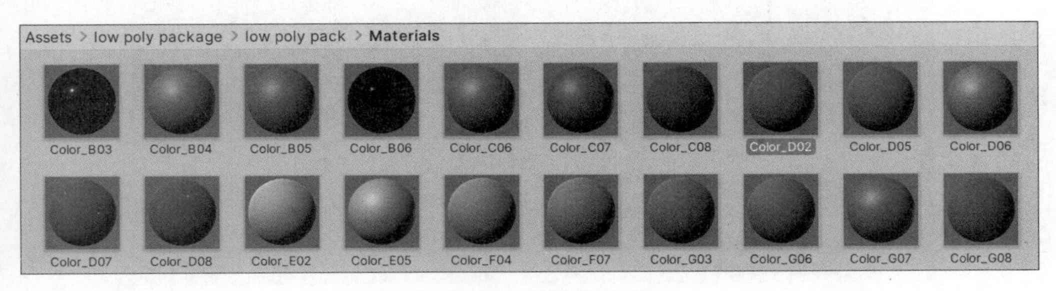

图 5.116 场景材质球

图 5.117　添加尖山模型

第 23 步：在 Project 视图中选择 Assets→low poly package→low poly pack，找到白云 Sky 和 Sky2，将其添加到场景中，调整大小，将其放置到尖形山附近，形成一种包围着尖形山的感觉，如图 5.118 所示。

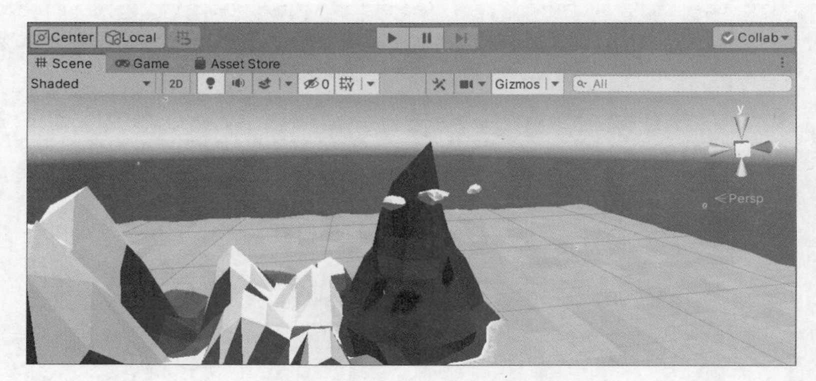

图 5.118　添加白云模型

第 24 步：在 Project 视图中搜索 Assets→low poly package→low poly pack 中的资源，继续丰富场景细节。添加石头，通过调整每块石头的大小和位置来搭建一个大小不一的石堆，在这里可自由发挥，按照自己的喜好搭建，如图 5.119 所示。

图 5.119　丰富场景细节

第 25 步：添加资源环境预制体。在 Project 视图中搜索 Assets→NaturePackLite→Prefabs 资源包和 Assets→low poly package→RPG→Prefabs 资源包，向场景中添加不同的树、小草、蘑菇等。可以改变方向和大小来营造现实森林的样子，注意物体比例要与现实大致相符，不要造成场景的不协调，如图 5.120 所示。

图 5.120　在场景中添加 NaturePackLite 预制体模型

第 26 步：导入资源包中其他目录下的模型，继续在 Project 视图中搜索 Assets→low poly package→Animals→Prefabs→Nature 资源包，如图 5.121 所示。将资源模型自由发挥添加到场景中。

图 5.121　在场景中添加 Nature 预制体模型

第 27 步：丰富完场景细节后，在 Hierarchy 视图中将所有场景中的预制体模型拖入 Terrain 文件夹，以便统一管理，如图 5.122 所示。

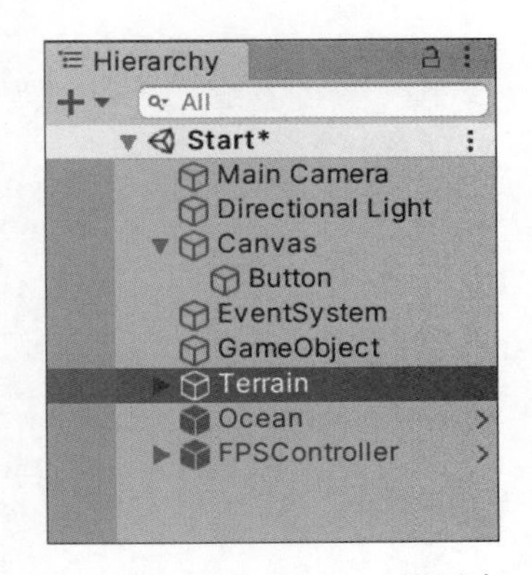

图 5.122　在 Hierarchy 视图中统一管理预制体模型

第 28 步：搭建完场景后，开始做 UI 界面。在 Scene 视图中，可以先把视角切换成 2D，之前已经有一个返回主菜单的按钮，现在计划把单击返回主菜单操作变成单击按钮弹出 Panel 面板，并在 Panel 上添加三个按钮，一个用于关闭 Panel，一个用于直接退出游戏，一个用于返回主菜单。

第 29 步：选择菜单栏中的 GameObject→UI→Panel 命令，添加一个 Panel 面板，然后调整合适的位置和大小，如图 5.123 所示。

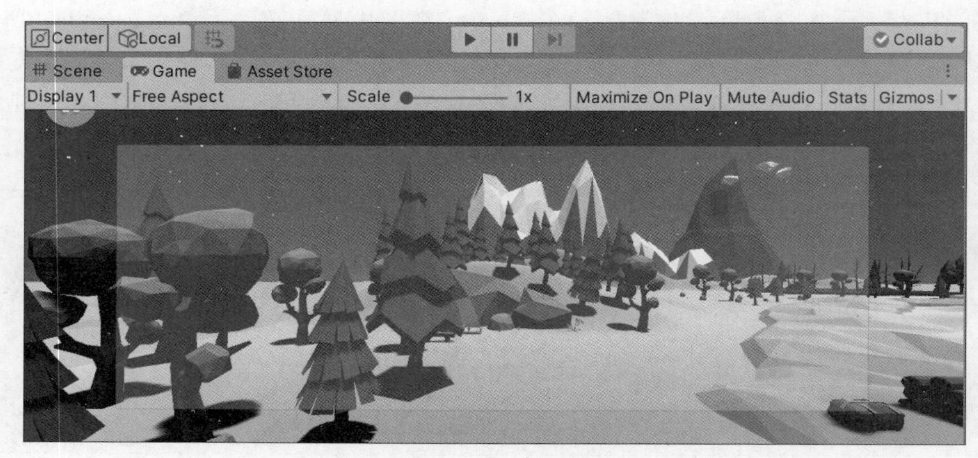

图 5.123 添加 Panel 面板

第 30 步：创建 C#脚本，将其命名为 panelback，代码如下。

```
using System.Collections;
using System.Collections.Generic;
using UnityEngine;

public class panelback : MonoBehaviour
{
    public GameObject panel;
    private bool isclick=false;
    void palyRenwu(bool isnotclick)
    {
        panel.gameObject.SetActive(isnotclick);
    }
    public void Onclickbutton()
    {
        if (isclick==false)
        {
            isclick=true;
            palyRenwu(true);
        }
        else
        {
            isclick=false;
            palyRenwu(false);
        }
    }
}
```

第 31 步：将脚本链接到 GameObject 空物体上，然后对 panelback 脚本进行属性赋值，将制作好的 Panel 拖入 Inspector 视图中即可，如图 5.124 所示。

第 32 步：将左上角的返回按钮调整为单击弹出 Panel 事件。在 Inspector 视图中将按钮单击事件变成 panelback→OnClickButton()即可，如图 5.125 所示。

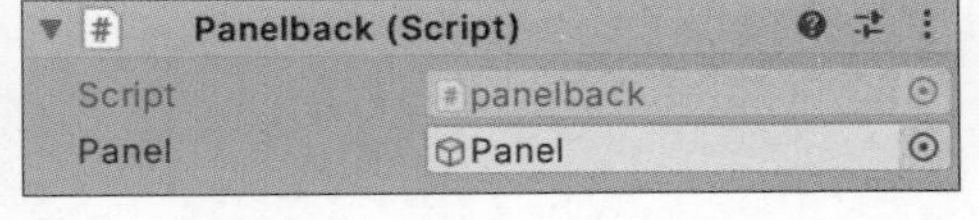

图 5.124　对 Panel 属性赋值

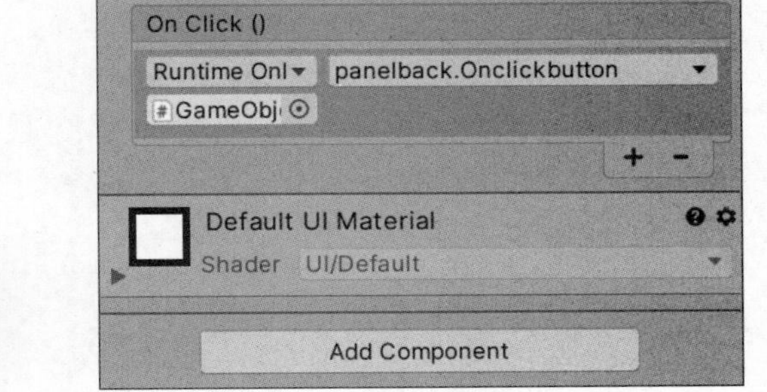

图 5.125　设置返回按钮单击事件

第 33 步：单击菜单栏中的 GameObject→UI→Text 命令，在 Panel 下添加 Text 文本框，输入"是否退出游戏?"，调整字体的大小和颜色，然后放到界面中合适的位置，如图 5.126 所示。

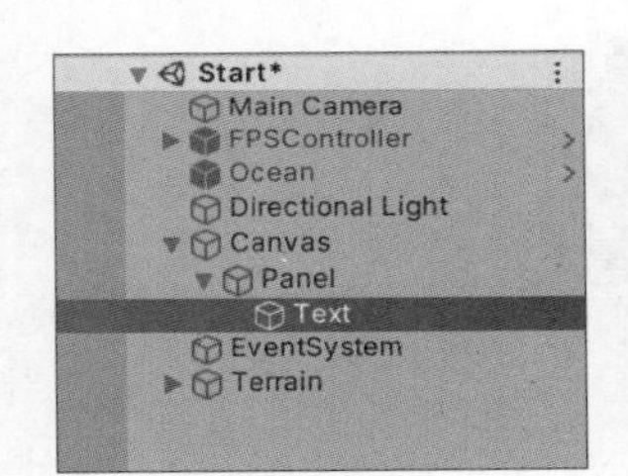

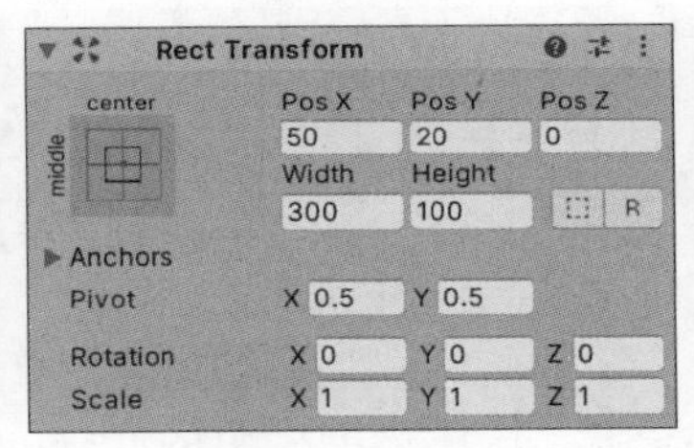

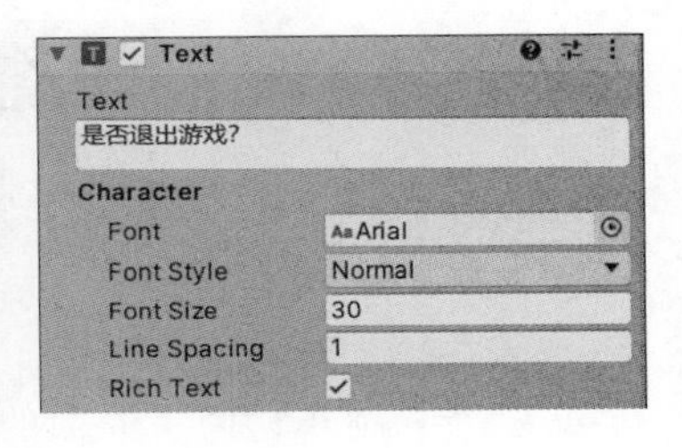

图 5.126　Text 文本属性

第 34 步：选择菜单栏中的 GameObject→UI→Button 命令，在 Panel 下制作退出按钮，如图 5.127 所示。将退出按钮中的 Text 文本内容设为"退出游戏"，选择透明的贴图，调整字体的大小和颜色，如图 5.128 所示。

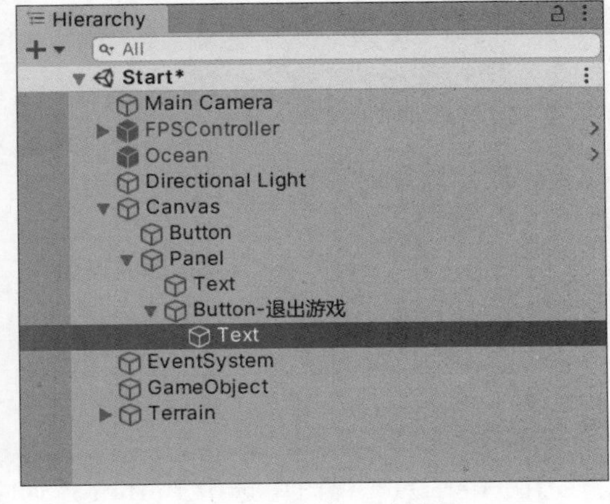

图 5.127　制作退出按钮

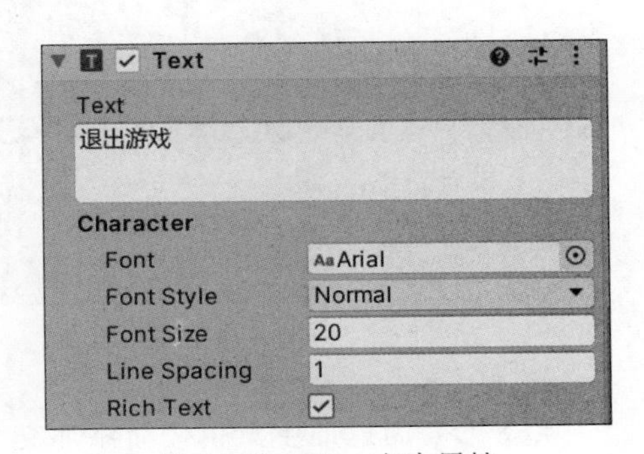

图 5.128　Text 文本属性

第 35 步：创建 C# 脚本，将其命名为 tuichu，代码如下。

```
using System.Collections;
using System.Collections.Generic;
using UnityEngine;
public class tuichu : MonoBehaviour
{
    public void tuichu1(){
#if UNITY_EDITOR
        UnityEditor.EditorApplication.isPlaying=false;
#else
        Application.Quit();
#endif
    }
}
```

第 36 步：为退出按钮添加单击事件，即将 tuichu 脚本链接到 GameObject 上，然后在退出 Panel 下的 Button 按钮上添加单击事件 tuichu→tuichu1()，如图 5.129 所示。

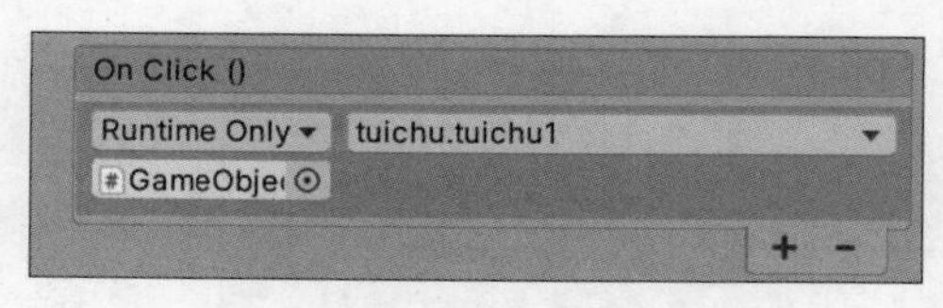

图 5.129 设置退出按钮单击事件

第 37 步：制作返回主界面的按钮。选择菜单栏中的 GameObject→UI→Button 命令，在 Panel 下创建一个按钮，用于返回主界面，如图 5.130 所示。将退出按钮中的 Text 文本内容设为"返回主菜单"，选择透明的贴图，调整字体的大小和颜色，如图 5.131 所示。

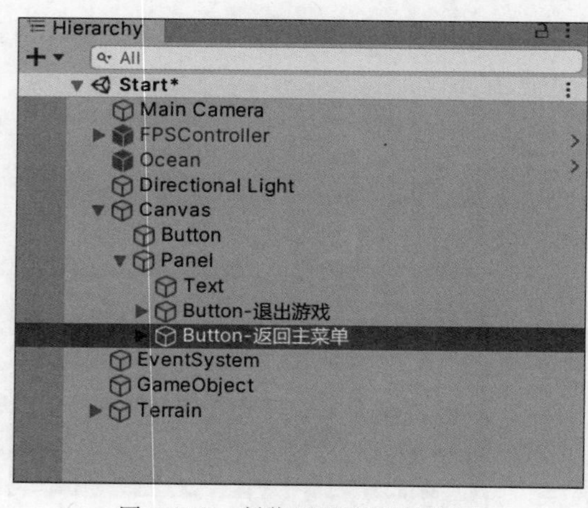

图 5.130 制作返回主菜单按钮

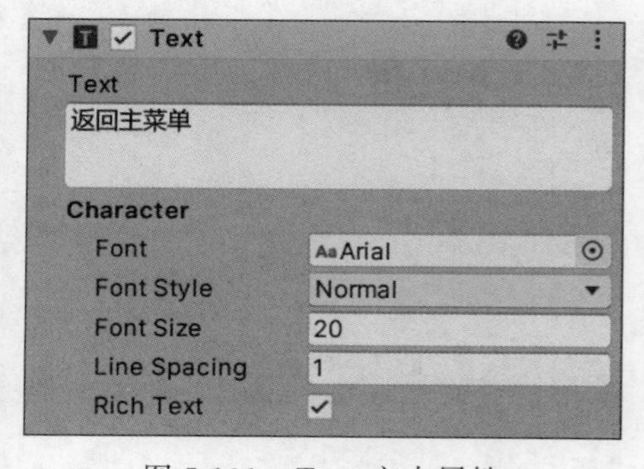

图 5.131 Text 文本属性

第 38 步：为返回主菜单按钮添加交互功能。在 Hierarchy 视图中选中 Button-返回主菜单按钮，在右侧的 Inspector 视图中为返回主菜单按钮添加 On Click 单击事件，选择 SceneJump→BeginScene()即可，如图 5.132 所示。

第 39 步：选择菜单栏中的 GameObject→UI→Button 命令，在 Panel 下添加关闭按钮，如

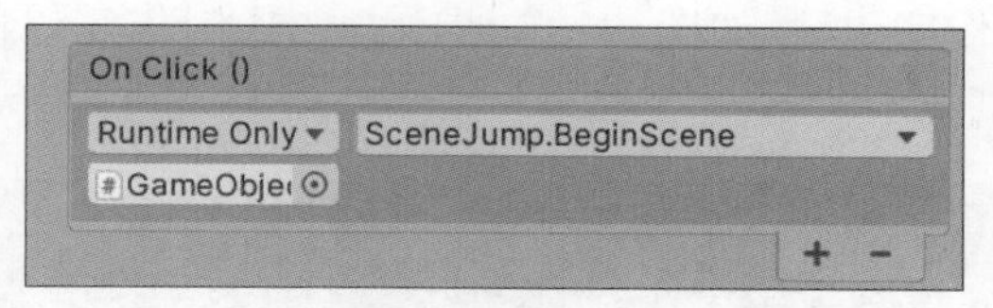

图 5.132 设置跳转主界面单击事件

图 5.133 所示。将创建好的关闭按钮放到 Panel 中的合适位置,这里用大写 X 当作关闭图案,如图 5.134 所示。采用同样的操作,为 On Click 单击事件选择 panelback→OnClickButton(),如图 5.135 所示。

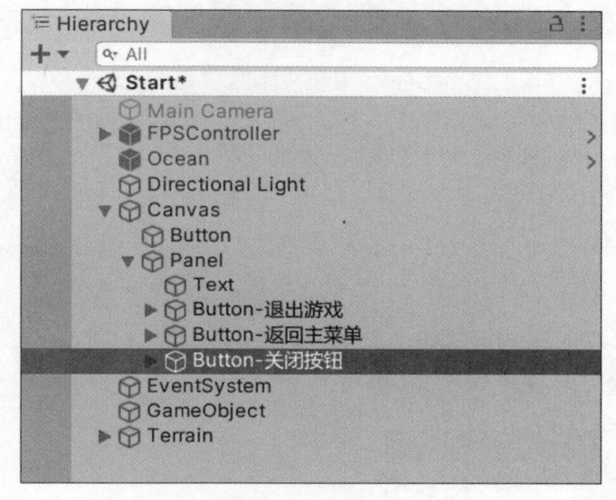

图 5.133 添加关闭按钮

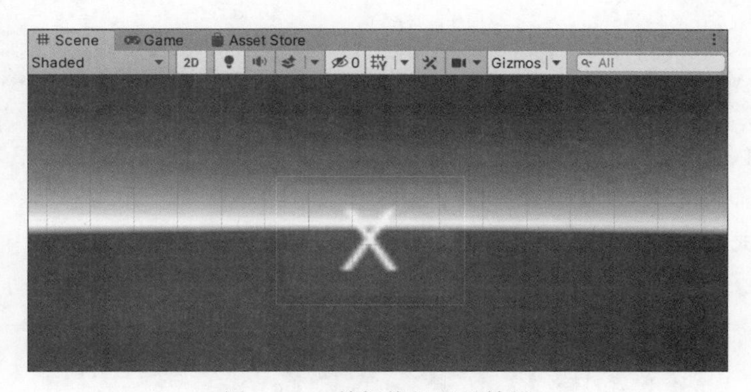

图 5.134 关闭按钮显示效果

图 5.135 设置关闭 Panel 单击事件

第 40 步：Panel 制作完成后，如图 5.136 所示。选择制作完成的 Panel，在其 Inspector 视图顶部取消勾选，隐藏显示。

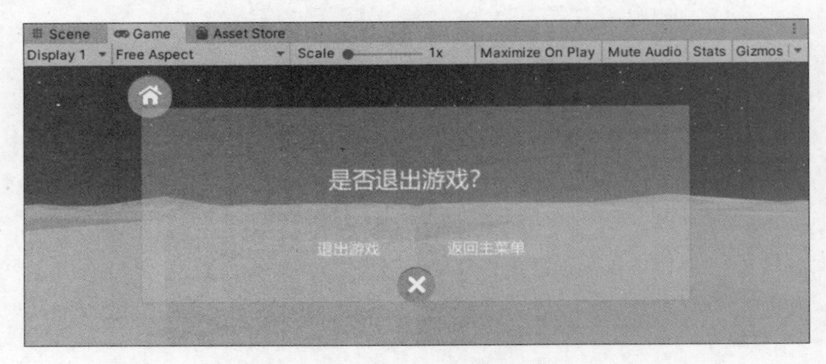

图 5.136　Panel 完成效果图

第 41 步：在 Hierarchy 视图中选中第一人称控制器，在第一人称的 Inspector 视图中找到 Mouse Look 展开，取消勾选 Lock Cursor 复选框(取消鼠标锁定)，如图 5.137 所示。

第 42 步：添加背景音乐，在 Hierarchy 视图中选中第一人称控制器并展开，选择 FirstPersonCharacter。然后选择菜单栏中的 Component→Audio→Audio Source 命令，为 FirstPersonCharacter 添加 Audio Source 音效播放组件。最后，在 Audio Source 组件的 AudioClip 中添加背景音乐，如图 5.138 所示。

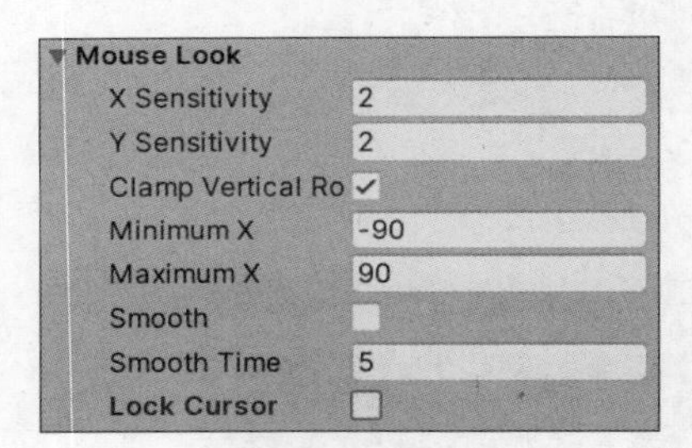

图 5.137　取消鼠标锁定

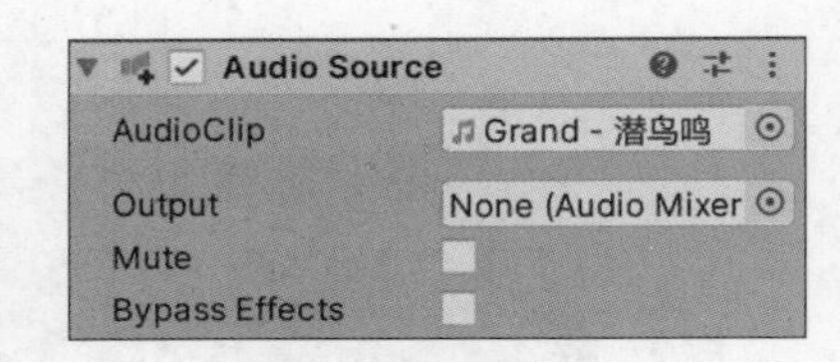

图 5.138　添加背景音乐

4. 项目测试

单击 Play 按钮运行游戏，进行测试，通过 W、A、S、D 键和鼠标控制移动，在场景中进行漫游，如图 5.139 和图 5.140 所示。

图 5.139　场景漫游效果 1

图 5.140　场景漫游效果 2

5.10　小结

Unity 引擎为使用者提供了多种方式搭建游戏场景。本章主要讲解 Unity 引擎中 3D 游戏场景搭建方法，其中包括 Terrain 地形系统的创建方式、参数设定、绘制步骤及常用的 3D 游戏场景元素加载方法。最后通过 3D 游戏场景综合项目将 Unity 引擎场景地形元素融为一体，详细阐述一个完整的 3D 游戏场景的制作过程，达到学以致用的目的。

5.11　习题

1. 在 Unity 引擎中设计实现一个具有山脉、沟壑以及树林的地形。

2. 在 Unity 资源商店中下载模型资源，搭建 3D 游戏场景。

3. 制作一张高度图，将其导入 Unity 引擎中，利用该高度图制作出凹凸不平的地形。

4. 简述 Unity 引擎中 Terrain 组件工具栏中 Raise/Lower Terrain 和 Smooth Height 的区别。

5. 简述 Unity 引擎中添加天空盒的方法。

第6章 物理系统

Chapter 6

早期的物理处理都是用极为简单的计算方式，做出相应的运算就算完成了物理表现。可是，当游戏进入 3D 时代后，物理处理技术演变开始加速，3D 呈现方式拓宽了游戏的种类与可能性，物理表现需求在短时间内大幅提升。制作出逼真的物理互动，而又不需要花费大量时间去撰写物理公式，是游戏引擎重点解决的问题。Unity 引擎使用 PhysX 处理器专门负责物理方面的运算。本章主要介绍常用物理组件、常用物理材质、射线检测及物理管理器的使用，通过在游戏中加入物理组件提升游戏中的物理表现效果。

6.1 物理系统概述

在游戏中，物理系统的作用是模拟有外力作用到对象上时对象间的相互反应。比如，在赛车游戏中，驾驶员驾驶赛车和墙体发生碰撞，进而出现反弹的效果。物理系统就是用来模拟真实的碰撞后效果。通过物理系统实现这些物体间相互影响的效果是比较简单的。

Unity 引擎内置的物理系统为游戏开发者提供了处理物理模拟的组件，主要包含刚体、碰撞、物理材质以及关节运动等。仅需设置几个参数就可以创建具有逼真行为的对象。Unity 引擎中有两个单独的物理系统，一个用于 3D 物理，一个用于 2D 物理，它们属于不同的组件。

6.2 常用物理组件

6.2.1 刚体组件

在 Unity 引擎中，刚体(Rigidbody)是非常重要的组件。它可以赋予游戏对象物理属性，使其在物理系统的控制下接受推力与扭力，从而实现现实世界中的运动效果。在游戏制作过程中，只有为游戏对象添加了刚体组件才能使其受到重力影响。刚体组件具有 Is Kinematic 属性，该属性将其从物理系统的控件中删除，并允许其从脚本中进行运动学上的移动。

通过刚体组件可以给物体添加一些常见的物理属性，比如质量、摩擦力、碰撞参数等。这些属性可以模拟该物体在 3D 世界内的一切虚拟行为，当物体添加了刚体组件后，它将感应物理引擎中的一切物理效果。Unity 引擎提供了多个实现接口，开发者可以更改参数来控制物体的各种物理状态。刚体的属性包括 Mass(质量)、Drag(阻力)、Angular Drag(角阻力)、Use Gravity(使用重力)、Is Kinematic(是否遵循运动学规律)、Collision Detection(碰撞检测)等。

1. 添加刚体

在 Unity 引擎中创建并选择一个游戏对象,选择菜单栏中的 Component→Physics→Rigidbody 命令,如图 6.1 所示,为游戏对象添加刚体组件。

2. 设置刚体组件属性

如图 6.2 所示,游戏对象一旦被赋予刚体属性,其 Inspector 视图会显示相应的属性参数,如表 6.1 所示。

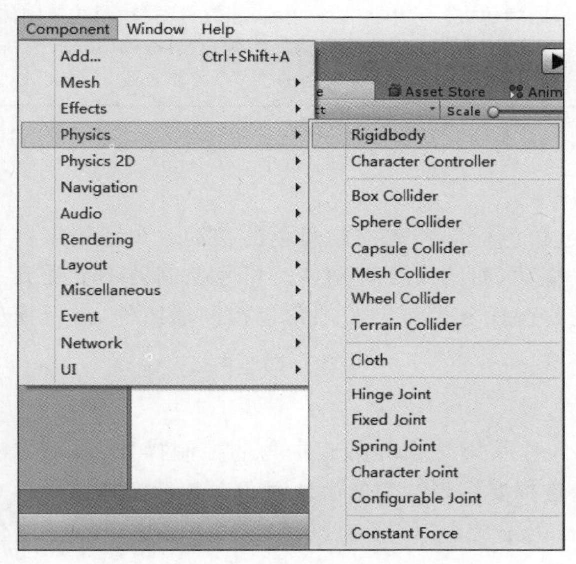

图 6.1 添加刚体组件

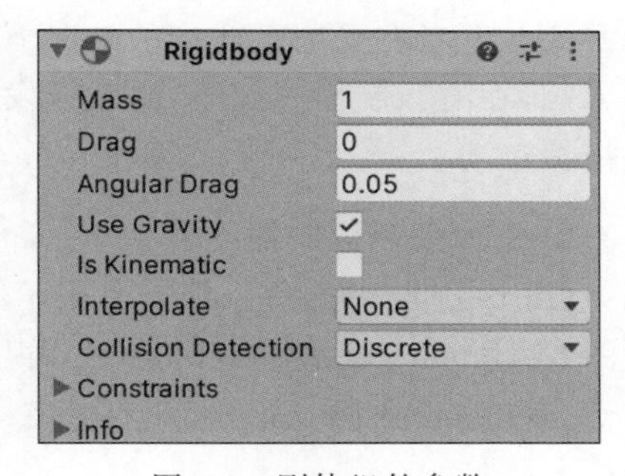

图 6.2 刚体组件参数

表 6.1 刚体组件属性参数

英文名称	中文名称	功能详解
Mass	质量	物体的质量(默认为千克)
Drag	阻力	受力移动时物体受到的空气阻力。0 表示没有空气阻力,极大时使物体立即停止运动
Angular Drag	角阻力	受扭力旋转时物体受到的空气阻力。0 表示没有空气阻力,极大时使物体立即停止旋转
Use Gravity	使用重力	该物体是否受重力影响。若激活,则物体受重力影响
Is Kinematic	是否遵循运动学规律	游戏对象是否遵循运动学规律。若激活,该物体不再受物理引擎驱动,而只能通过变换来操作
Interpolate	插值	物体运动插值模式。当发现刚体运动时抖动,可以尝试下面的选项:None(无)不应用差值;Interpolate(内插值)基于上一帧变换来平滑本帧变换;Extrapolate(外插值)基于下一帧变换来平滑本帧变换

续表

英文名称	中文名称	功能详解
Collision Detection	碰撞检测	碰撞检测模式。用于避免高速物体穿过其他物体却未触发碰撞。碰撞模式包括 Discrete（不连续）、Continuous（连续）、Continuous Dynamic（动态连续）三种。其中，Discrete（不连续）模式用来检测与场景中其他碰撞器或其他物体与它的碰撞检测。Continuous（连续）模式用来检测与动态碰撞器（刚体）的碰撞。Continuous Dynamic（动态连续）模式用来检测与连续模式和连续动态模式的物体间的碰撞，适用于高速物体
Constraints	约束	对刚体运动的约束。其中，Freeze Position（冻结位置）表示刚体在世界中沿所选 X、Y、Z 轴的移动将无效。Freeze Rotation（冻结旋转）表示刚体在世界中沿所选的 X、Y、Z 轴的旋转将无效

6.2.2　角色控制器组件

在 Unity 引擎中，游戏开发者可以通过角色控制器来控制角色的移动。角色控制器允许游戏开发者在受制于碰撞的情况下发生移动，而不用处理刚体。角色控制器不会受到力的影响，在游戏制作过程中，游戏开发者通常在任务模型上添加角色控制器组件，进行模型的模拟运动。

1. 添加角色控制器组件

Unity 引擎中的角色控制器用于第一人称及第三人称游戏主角的控制操作，添加方法如图 6.3 所示。首先，在 Hierarchy 视图中选择要实现控制的游戏对象。然后选择菜单栏中的 Component→Physics→Character Controller 命令，即可为该游戏对象添加角色控制器组件。

2. 角色控制器选项设置

添加角色控制器组件后，其 Inspector 视图会显示相应的属性参数，如图 6.4 所示，其属性参数如表 6.2 所示。

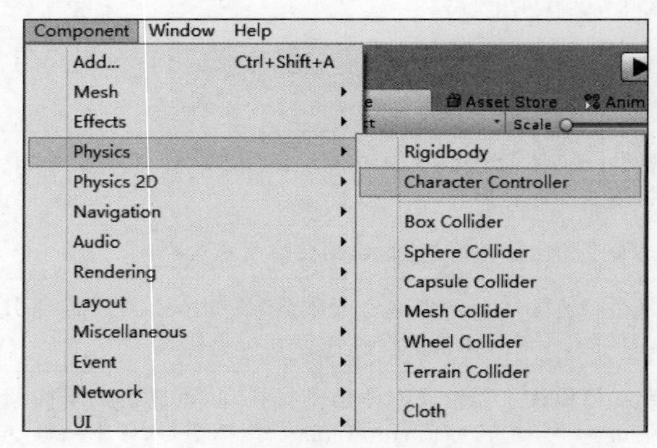

图 6.3　添加角色控制器组件

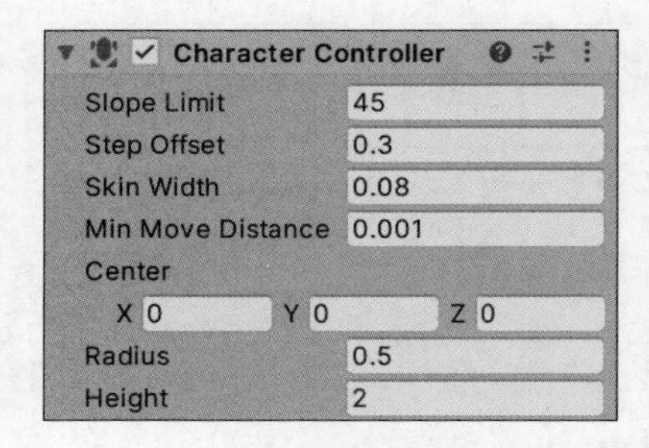

图 6.4　角色控制器组件的参数

表 6.2 角色控制器组件的属性参数

英文名称	中文名称	功能详解
Slope Limit	坡度限制	用于被控制的角色对象爬坡的高度
Step Offset	台阶高度	用于设置所控制角色对象可以迈上最高台阶的高度值
Skin Width	皮肤厚度	用于决定两个碰撞体碰撞后相互渗透的程度
Min Move Distance	最小移动距离	用于设置角色对象的最小移动值
Center	中心	用于设置胶囊碰撞体在世界坐标中的位置
Radius	半径	用于设置胶囊碰撞体的长度半径
Height	高度	用于设置胶囊碰撞体的高度

6.2.3 触发器组件

在 Unity 引擎中，能检测碰撞发生的方式有两种，一种是碰撞器，另一种是触发器。触发器(Trigger)用来触发事件。当绑定着碰撞器的游戏对象进入触发器区域时，会运行触发器对象上的 OnTriggerEnter()函数，同时需要在 Inspector 视图的碰撞器组件中选择 Is Trigger 复选框，如图 6.5 所示。

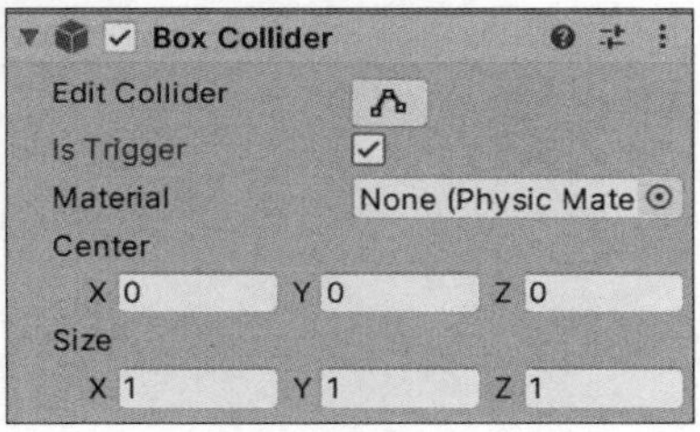

图 6.5 选择 Is Trigger 复选框

触发信息检测内容如下：

(1) 进入触发器：MonoBehaviour. OnTriggerEnter (Collider collider)。

(2) 退出触发器：MonoBehaviour. OnTriggerExit (Collider collider)。

(3) 逗留触发器：MonoBehaviour. OnTriggerStay(Collider collider)。

Unity 引擎中的碰撞器和触发器的区别在于碰撞器是触发器的载体，而触发器只是碰撞器身上的一个属性。如果想防止游戏对象之间互相穿过，可以使用碰撞器；如果既要检测到游戏对象的接触，又不想让碰撞检测影响游戏对象移动，或要检测一个游戏对象是否经过空间中的某个区域，就可以用到触发器。碰撞器的使用方法是根据碰撞物体形状添加不同类型的碰撞器，如 Box Collider(盒碰撞器)、Mesh Collider(网格碰撞器)。触发器的使用方法是在碰撞器组件中选择 Is Trigger 复选框。

6.2.4 碰撞器组件

在游戏制作过程中，游戏对象要根据游戏需要进行物理属性的交互。因此，Unity 引擎为游戏开发者提供了碰撞器组件。碰撞器是物理组件的一类，它与刚体一起促使碰撞的发生。它们是简单的形状，像立方体、球体或胶囊体。在 Unity 引擎中，每当一个 GameObject 被创建，就会自动分配一个合适的碰撞器。一个立方体会得到一个 Box Collider(盒碰撞器)，一个球体会得到一个 Sphere Collider(球碰撞器)，一个圆柱会得到一个 Capsule Collider (胶囊碰撞器)等。

在物理组件使用过程中，碰撞器需要与刚体一起添加到游戏对象上才能触发碰撞。值得注意的是，刚体一定要绑定在被碰撞的对象上才能产生碰撞效果，而碰撞对象则不一定要绑定刚体。添加碰撞器时，首先需要选中游戏对象，再选择菜单栏中的 Component→Physics 命令，就可以为游戏对象添加不同类型的碰撞器，如图 6.6 所示。

Unity 引擎为游戏开发者提供了多种类型的碰撞器资源。当游戏对象中添加了碰撞器组件后，其 Inspector 视图中会显示相应的属性参数设置选项，每种碰撞器的资源类型稍有不同。

1. Box Collider

Box Collider(盒碰撞器)是最基本的碰撞器。它是一个立方体外形的基本碰撞体，一般的游戏对象往往具有 Box Collider 属性，如墙壁、门、墙以及平台等。它可以用于布娃娃的角色躯干或汽车等交通工具的外壳，当然最适合用在盒子或箱子上。图 6.7 所示是 Box Collider 参数，游戏对象一旦添加了该属性，Inspector 视图中就会显示相应的属性参数，如表 6.3 所示。

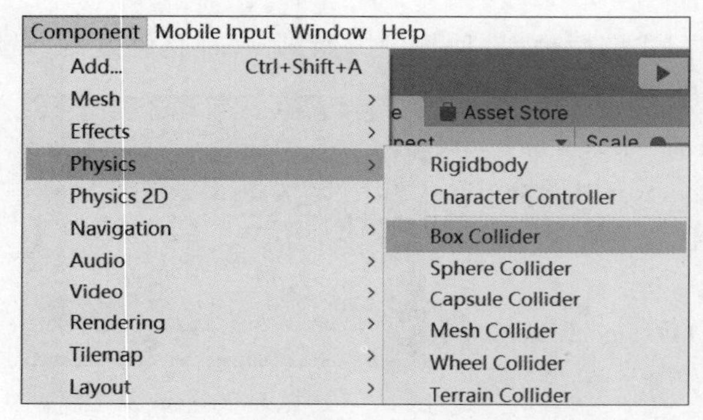

图 6.6 添加碰撞器组件

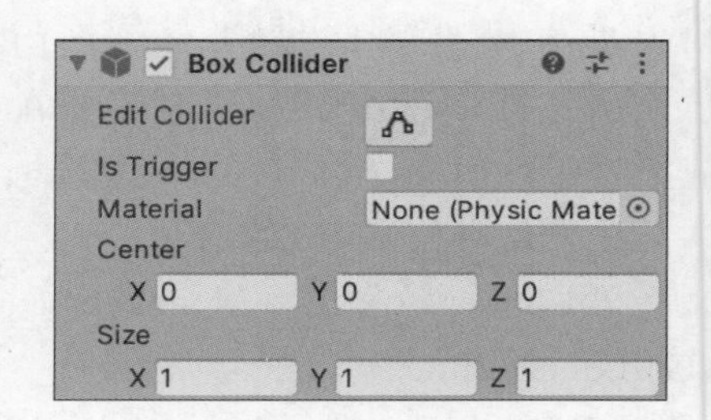

图 6.7 Box Collider 参数

表 6.3 Box Collider 属性参数

英文名称	中文名称	功 能 详 解
Is Trigger	触发器	勾选该项，则该碰撞体可用于触发事件，并将被物理引擎所忽略
Material	材质	为碰撞器设置不同类型的材质，应用物理材质，可确定该碰撞器与其他对象的交互方式
Center	中心	碰撞器在对象局部坐标中的位置
Size	大小	碰撞器在 X、Y、Z 方向上的大小

2. Sphere Collider

Sphere Collider(球碰撞器)是球体形状的碰撞器，其参数显示如图 6.8 所示。它是一个基于球体的基本碰撞体，三维大小可以均匀地调节，但不能单独调节某个坐标轴方向的大小，参数如表 6.4 所示。当游戏对象的物理形状是球体时，则使用 Sphere Collider，如落石、乒乓球等游戏对象。

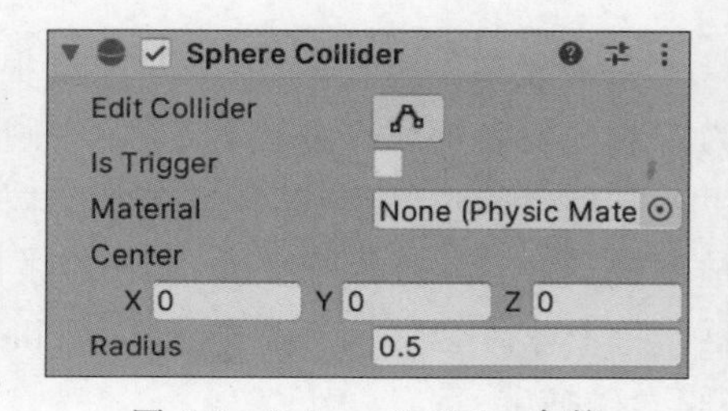

图 6.8 Sphere Collider 参数

表 6.4 Sphere Collider 属性参数

英文名称	中文名称	功能详解
Is Trigger	触发器	勾选该项,则该碰撞器可用于触发事件,并将被物理引擎所忽略
Material	材质	应用物理材质,可确定该碰撞器与其他对象的交互方式
Center	中心	碰撞器在对象局部坐标中的位置
Radius	半径	碰撞器的大小

3. Capsule Collider

Capsule Collider(胶囊碰撞器)由一个圆柱体和两个半球组合而成,它的半径和高度都可以单独调节,可用在角色控制器中,或与其他不规则形状的碰撞结合来使用,通常添加至Character 或 NPC 等对象的碰撞属性如图 6.9 所示,参数如表 6.5 所示。

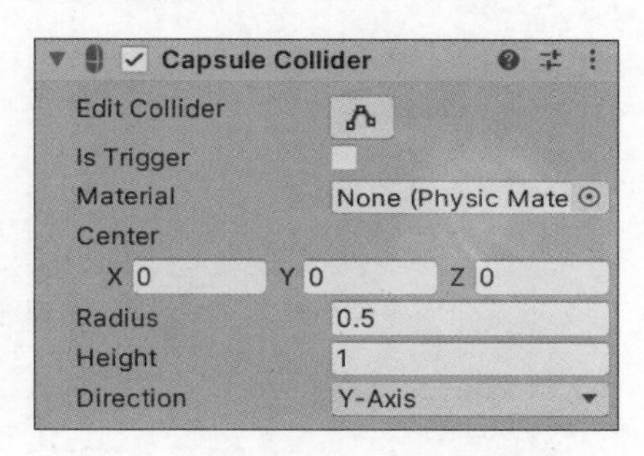

图 6.9 Capsule Collider 参数

表 6.5 Capsule Collider 属性参数

英文名称	中文名称	功能详解
Is Trigger	触发器	勾选该项,则该碰撞器可用于触发事件,并将被物理引擎所忽略
Material	材质	应用物理材质,可确定该碰撞器与其他对象的交互方式
Center	中心	碰撞器在对象局部坐标中的位置
Radius	半径	碰撞器的大小
Height	高度	用于控制碰撞器中圆柱的高度
Direction	方向	在对象的局部坐标中胶囊的纵向方向所对应的坐标轴,默认是 Y 轴

4. Mesh Collider

Mesh Collider(网格碰撞器)根据物体的网格形状产生碰撞器包围效果,比起 Box Collider、Sphere Collider 和 Capsule Collider,它更加精确,但会占用更多的系统资源。它专门用于复杂物体模型,如图 6.10 所示,参数如表 6.6 所示。

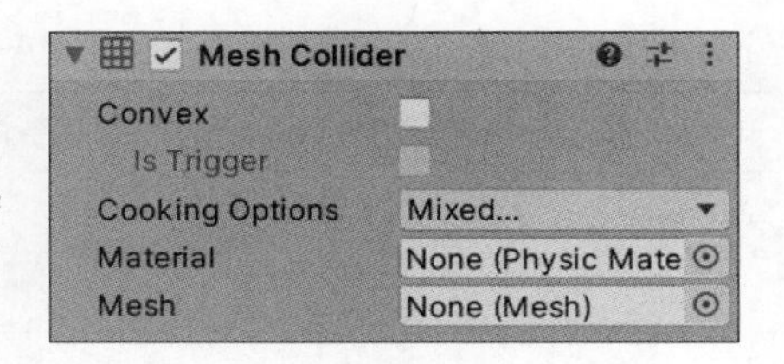

图 6.10 Mesh Collider 参数

表 6.6 **Mesh Collider 属性参数**

英文名称	中文名称	功能详解
Convex	凸起	勾选该项,则网格碰撞器将会与其他的网格碰撞器发生碰撞
Cooking Options	Cooking 选项	启用或禁用影响物理引擎处理网格的方式
Material	材质	应用物理材质,可确定该碰撞器与其他对象的交互方式
Mesh	网格	获取游戏对象的网格,并将其作为碰撞器

5. Wheel Collider

Wheel Collider(车轮碰撞器)是一种针对地面车辆的特殊碰撞器,自带碰撞检测、车轮物理组件和轮胎摩擦模型,专门用于处理车轮,如图 6.11 所示,参数如表 6.7 所示。

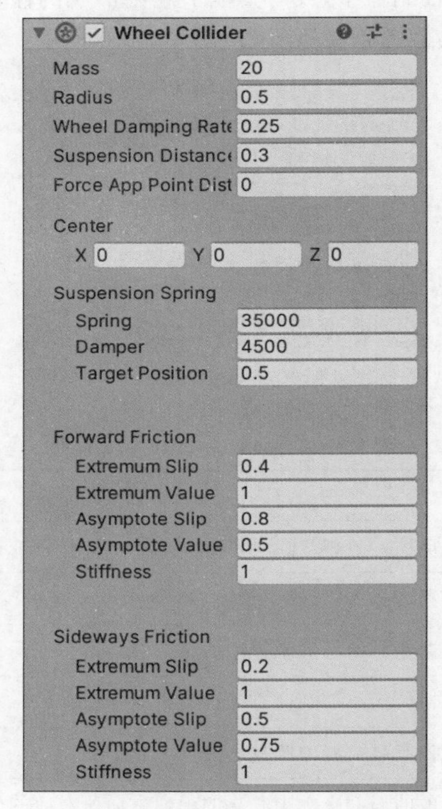

图 6.11 Wheel Collider 参数

表 6.7 **Wheel Collider 属性参数**

英文名称	中文名称	功能详解
Mass	质量	用于设置车轮的质量
Radius	半径	用于设置车轮的半径大小
Wheel Damping Rate	车轮减震率	用于设置车轮的减震率大小

续表

英文名称	中文名称	功能详解
Suspension Distance	悬挂距离	用于设置车轮悬挂的最大伸长距离，按照局部坐标来计算，悬挂总是通过其局部坐标的Y轴延伸向下
Force App Point Distance	强制 App 点距离	此参数定义车轮力将施加的点
Center	中心	该项用于设置车轮在局部坐标的中心位置
Suspension Spring	悬挂弹簧	该项用于设置车轮通过添加弹簧和阻尼外力使得悬挂达到目标位置
Forward Friction	向前摩擦力	当轮胎向前滚动时的摩擦力属性
Sideways Friction	侧向摩擦力	当轮胎侧向滚动时的摩擦力属性

6.2.5 布料组件

Unity引擎中的布料系统为游戏开发者提供了强大的交互功能。布料是一种特殊组件，提供了一个更快、更稳定的角色布料解决方法。它可以随意变换成各种形状，例如桌布、旗帜、窗帘等。布料系统包括交互布料与蒙皮布料两种形式。

具体使用布料系统时，首先选择菜单栏中的Component→Physics命令，然后通过设置Cloth属性为指定游戏对象添加布料组件，如图6.12所示。当布料组件被添加到游戏对象后，Inspector视图中的相关属性参数设置如表6.8所示。

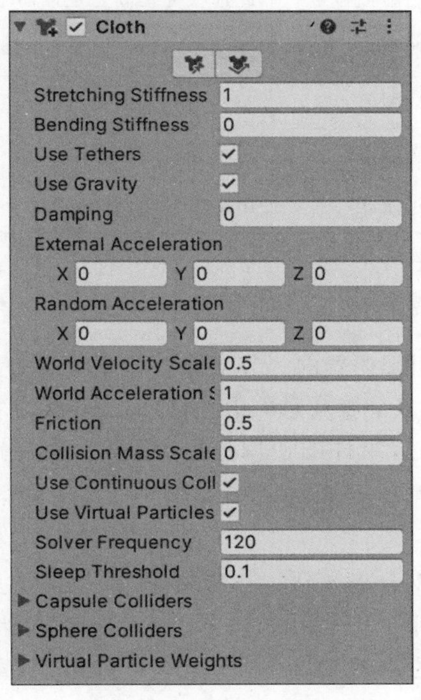

图6.12 布料组件属性

表 6.8 布料组件属性参数

英文名称	中文名称	功能详解
Stretching Stiffness	拉伸刚度	此选项用于设定布料的抗拉伸程度
Bending Stiffness	弯曲刚度	此选项用于设定布料的抗弯曲程度
Use Tethers	使用约束	此选项用于开始使用约束功能
Use Gravity	使用重力	此选项用于开启重力对布料的影响
Damping	阻尼	此选项用于设置布料运动时的阻尼
External Acceleration	外部加速度	此选项用于设置布料上的外部加速度,常数
Random Acceleration	随机加速度	此选项用于设置布料上的外部加速度,随机数
World Velocity Scale	世界速度比例	此项数值决定了角色在世界空间的运动对于布料顶点的影响程度
World Acceleration Scale	世界加速度比例	此项数值决定了角色在世界空间的加速度对于布料顶点的影响程度
Friction	摩擦力	此选项用于设置布料的摩擦力值
Collision Mass Scale	大规模碰撞	此选项用于设置增加的碰撞粒子质量的多少
Use Continuos Collision	使用持续碰撞	此选项用于减少直接穿透碰撞的概率
Use Virtual Particles	使用虚拟粒子	此选项为提高稳定性而增加虚拟粒子
Solver Frequency	求解频率	此选项用于设置每秒的求解频率
Sleep Threshold	睡眠阈值	布料的睡眠阈值
Capsule Colliders	胶囊碰撞器	用于布料实例间碰撞
Sphere Colliders	球碰撞器	用于布料实例间碰撞

6.2.6 关节组件

在 Unity 引擎中,物理引擎内置的关节组件能够使游戏对象模拟具有关节形式的连带运动。关节对象可以添加至多个游戏对象中,添加关节的游戏对象通过关节连接在一起,并具有连带的物理效果。在关节组件的使用过程中,要注意关节组件的使用必须依赖刚体组件。

1. 铰链关节组件

Unity 引擎中的两个刚体能够组成一个铰链关节,铰链关节能够对刚体进行约束。具体使用时,首先选择菜单栏中的 Component→Physics 命令,然后在 Inspector 视图中选择 Hinge Joint 选项,为指定的游戏对象添加铰链关节组件,如图 6.13 所示。相对应的 Inspector 视图中的属性参数设置如表 6.9 所示。

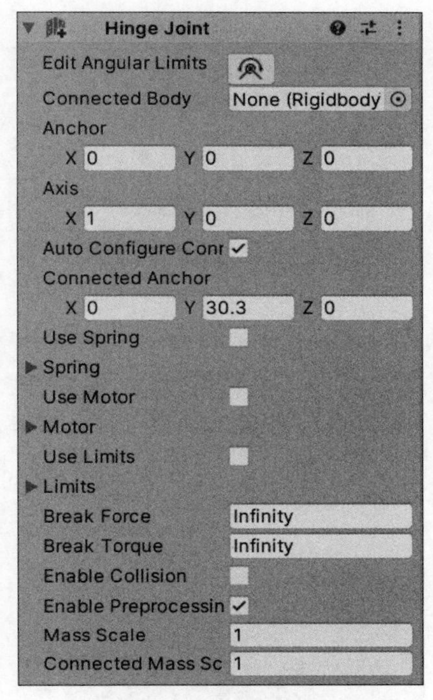

图 6.13 铰链关节组件

表 6.9 铰链关节组件属性参数

英 文 名 称	中 文 名 称	功 能 详 解
Connected Body	连接刚体	用于为指定关节设定要连接的刚体
Anchor	锚点	用于设置应用于局部坐标的刚体所围绕的摆动点
Axis	轴	用于定义应用于局部坐标的刚体摆动的方向
Auto Configure Connected Anchor	自动配置锚点	如果启用此选项，则将自动计算连接锚点位置，以匹配锚点属性的全局位置
Connected Anchor	连接锚点	手动配置连接的锚点位置
Use Spring	使用弹簧	用于使刚体与其连接的主体物形成特定高度
Spring	弹簧	用于勾选使用弹簧选项后的参数设定
Use Motor	使用马达	用于使对象发生旋转运动
Motor	马达	用于勾选使用马达选项后的参数设定
Use Limits	使用限制	用于限制铰链的角度
Limits	限制	用于勾选使用限制复选框后的参数设定
Break Force	断开力	用于设置作用于铰链关节断开时的力度
Break Torque	断开转矩	用于设置断开铰链关节时所需要的转矩

续表

英文名称	中文名称	功能详解
Enable Collision	启用碰撞	选中该复选框后,将启用与关节相连的连接体之间的碰撞
Enable Preprocessing	启用预处理	此复选框用于设置是否启用铰链关节预处理功能

2. 固定关节组件

在 Unity 引擎中,用于约束指定游戏对象对另一个游戏对象运动的组件叫作固定关节组件,原理类似于父子级的关系。具体使用时,首先选择菜单栏中的 Component→Physics 命令,然后在 Inspector 视图中选择 Fixed Joint 选项,为指定游戏对象添加固定关节组件,如图 6.14 所示。当固定关节组件被添加到游戏对象后,在其 Inspector 视图中设置相关属性参数,如表 6.10 所示。

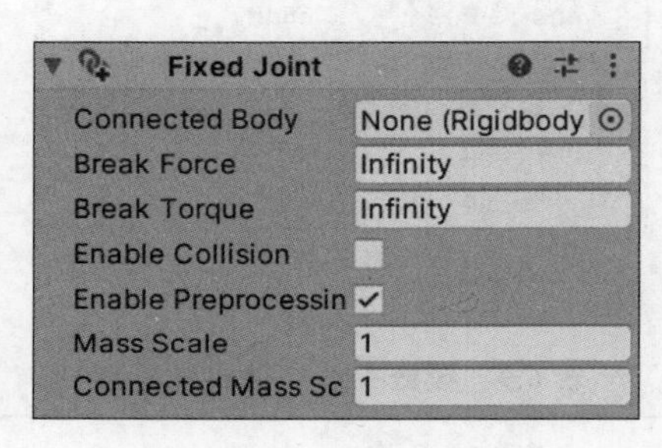

图 6.14　固定关节组件

表 6.10　固定关节组件属性参数

英文名称	中文名称	功能详解
Connected Body	连接刚体	此选项用于为指定关节设定要连接的刚体
Break Force	断开力	此选项用于设置作用于固定关节断开时的力度
Break Torque	断开力矩	此选项用于设置断开固定关节时需要的转矩
Enable Collision	启用碰撞	选中该复选框后,将启用与关节相连的连接体之间的碰撞
Enable Preprocessing	启用预处理	此复选框用于设置是否启用固定关节预处理功能

3. 弹簧关节组件

在 Unity 引擎中,将两个刚体连接在一起,并使其如同弹簧一般运动的关节组件叫作弹簧关节。具体使用时,首先选择菜单栏中的 Component→Physics→Spring Joint 命令,为指定游戏对象添加弹簧关节组件,如图 6.15 所示。当弹簧关节组件被添加到游戏对象后,在 Inspector 视图中设置相关属性参数,如表 6.11 所示。

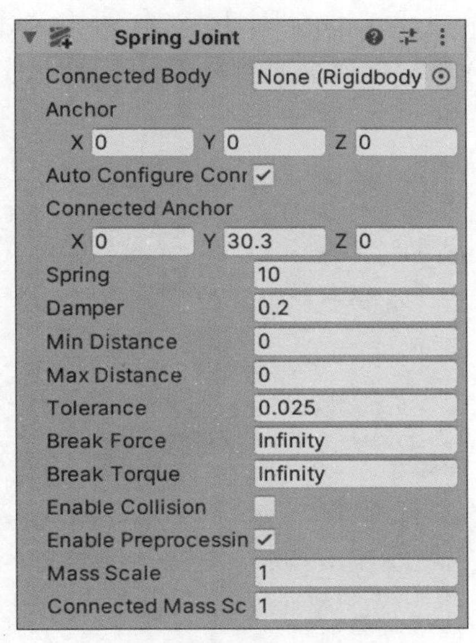

图 6.15 弹簧关节组件

表 6.11 弹簧关节组件属性参数

英文名称	中文名称	功能详解
Connected Body	连接刚体	此选项用于为指定关节设定要连接的刚体
Anchor	锚点	此选项用于设置用于局部坐标的刚体所围绕的摆动点
Auto Configure Connected Anchor	自动配置锚点	是否应自动计算连接的锚点的位置
Connected Anchor	连接锚点	局部坐标中连接对象的关节点
Spring	弹簧	此选项用于设置弹簧的强度
Damper	阻尼	此选项用于设置弹簧的阻尼值
Min Distance	最小距离	此选项用于设置弹簧启用的最小距离数值
Max Distance	最大距离	此选项用于设置弹簧启用的最大距离数值
Tolerance	公差	允许弹簧具有不同的静止长度
Break Force	断开力	此选项用于设置作用于弹簧关节断开时的力度
Break Torque	断开转矩	此选项用于设置断开弹簧关节时需要的转矩
Enable Collision	启用碰撞	选中该复选框后，将启用与关节相连的连接体之间的碰撞
Enable Preprocessing	启用预处理	此复选框用于设置是否启用弹簧关节预处理功能

4. 角色关节组件

在 Unity 引擎中，用于表现布偶效果的关节组件叫作角色关节。具体使用时，首先选择菜单栏中的 Component→Physics→Character Joint 命令,为指定游戏对象添加角色关节组件,如图 6.16 所示。当角色关节组件被添加到游戏对象后,Inspector 视图中的相关属性参数设置如表 6.12 所示。

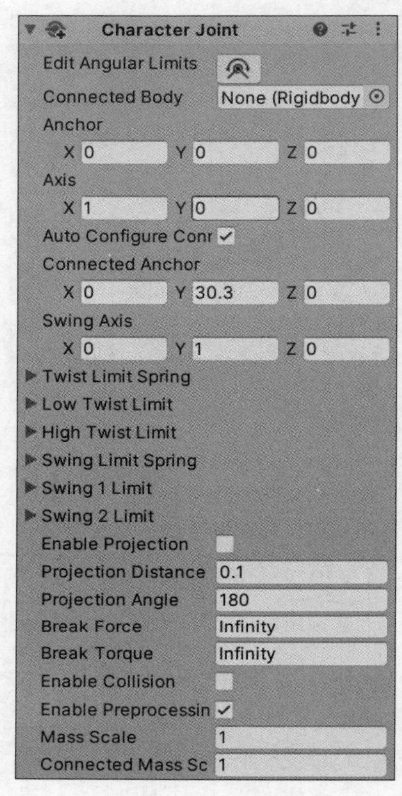

图 6.16 角色关节组件

表 6.12 角色关节组件属性参数

英文名称	中文名称	功能详解
Connected Body	连接刚体	此选项用于为指定关节设定要连接的刚体
Anchor	锚点	此选项用于设置局部坐标的刚体所围绕的摆动点
Axis	扭动轴	此选项用于角色关节的扭动轴
Auto Configure Connected Ancho	自动配置锚点	如果启用此选项,则将自动计算连接锚点位置,以匹配锚点的全局位置
Connected Anchor	连接锚点	手动配置连接的锚点位置
Swing Axis	摆动轴	此选项用于角色关节的摆动轴
Low Twist Limit	扭曲下限	此选项用于设置角色关节扭曲的下限
High Twist Limit	扭曲上限	此选项用于设置角色关节扭曲的上限
Swing 1 Limit	摆动限制 1	此选项用于设置摆动限制

续表

英文名称	中文名称	功能详解
Swing 2 Limit	摆动限制 2	此选项用于设置摆动限制
Break Force	断开力	此选项用于设置作用于角色关节断开时的力度
Break Torque	断开转矩	此选项用于设置断开角色关节时所需的转矩
Enable Collision	启用碰撞	选中该复选框后，将启用与关节相连的连接体之间的碰撞
Enable Preprocessing	启用预处理	此复选框用于设置是否启用角色关节预处理功能

5. 可配置关节组件

Unity 引擎为游戏开发者提供了一种用户自定义的关节形式，使用方法较其他关节组件较为烦琐和复杂，可调节的参数也很多。具体使用时，首先选择菜单栏中的 Component→Physics→Configurable Joint 命令，为指定游戏对象添加可配置关节组件，如图 6.17 所示。当可配置关节组件被添加到游戏对象后，在其 Inspector 视图中设置相关属性参数，如表 6.13 所示。

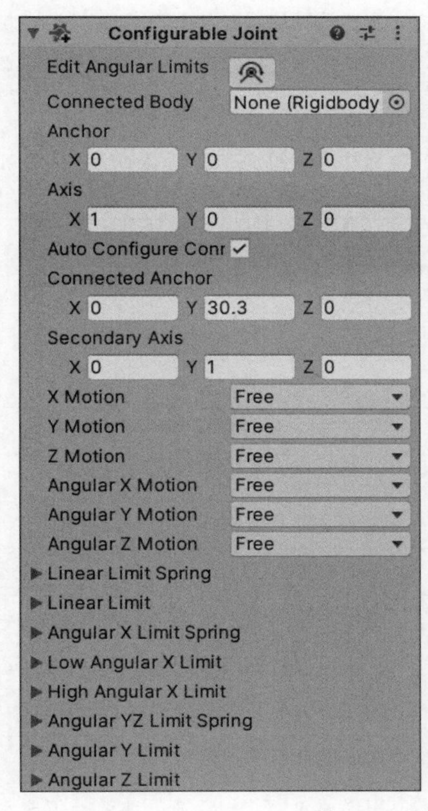

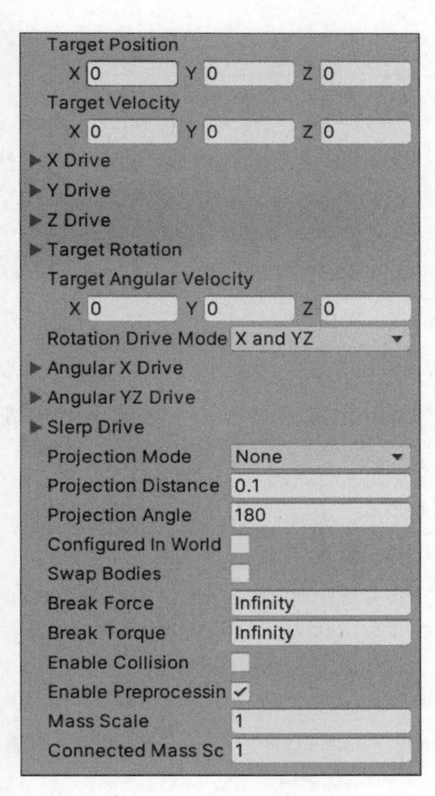

图 6.17 可配置关节组件

表 6.13 可配置关节组件属性参数

英文名称	中文名称	功能详解
Edit Angular Limits	编辑关节角度	添加到场景视图编辑关节角度
Connected Body	连接刚体	用于为指定关节设定要连接的刚体
Anchor	锚点	用于设置关节的中心点
Axis	主轴	用于设置关节的局部旋转轴
Auto Configure Connected Anchor	自动配置锚点	如果启用此选项,则将自动计算连接锚点位置,以匹配锚点的全局位置
Connected Anchor	连接锚点	手动配置连接的锚点位置
Secondary Axis	副轴	用于设置角色关节的摆动轴
X Motion	X 轴移动	用于设置游戏对象基于 X 轴的移动方式
Y Motion	Y 轴移动	用于设置游戏对象基于 Y 轴的移动方式
Z Motion	Z 轴移动	用于设置游戏对象基于 Z 轴的移动方式
Angular X Motion	X 轴旋转	用于设置游戏对象基于 X 轴的旋转方式
Angular Y Motion	Y 轴旋转	用于设置游戏对象基于 Y 轴的旋转方式
Angular Z Motion	Z 轴旋转	用于设置游戏对象基于 Z 轴的旋转方式
Linear Limit Spring	线性限制弹簧	当物体超过极限位置时,施加弹簧力将其拉回
Linear Limit	线性限制	设置关节线性移动的限制
Angular X Limit Spring	角 X 极限弹簧	当物体超过关节的极限角度时,施加弹簧扭矩,以使物体反向旋转
Low Angular X Limit	X 轴旋转下限	关节绕 X 轴旋转的角度下限
High Angular X Limit	X 轴旋转上限	关节绕 X 轴旋转的角度上限
Angular YZ Limit Spring	Y、Z 轴旋转限制	关节绕 Y、Z 轴旋转的角度限制
Angular Y Limit	Y 轴旋转限制	关节绕 Y 轴旋转限制
Angular Z Limit	Z 轴旋转限制	关节绕 Z 轴旋转限制
Target Position	目标位置	用于设置关节应达到的目标位置
Target Velocity	目标速度	用于设置关节应达到的目标速度
X Drive	X 轴驱动	用于设置对象沿局部坐标系 X 轴的运动形式
Y Drive	Y 轴驱动	用于设置对象沿局部坐标系 Y 轴的运动形式
Z Drive	Z 轴驱动	用于设置对象沿局部坐标系 Z 轴的运动形式
Target Rotation	目标旋转	用于设置关节预旋转到的角度值
Target Angular Velocity	目标旋转角速度	用于设置关节预旋转到的角速度值
Rotation Drive Mode X&YZ	旋转驱动模式	用于通过 X、Y、Z 轴驱动或插值驱动对象以将其旋转到目标方向

续表

英文名称	中文名称	功能详解
Angular X Drive	X 轴角驱动	用于设置关节围绕 X 轴进行旋转的方式
Angular YZ Drive	Y、Z 轴角驱动	用于设置关节绕 Y、Z 轴进行旋转的方式
Slerp Drive	插值驱动	用于设定关节围绕局部所有的坐标轴进行旋转的方式
Projection Mode	投影模式	用于设置对象远离其限制位置时，使其受限制而返回
Projection Distance	投影距离	用于在对象与其刚体链接的角度差超过投影距离的情况时，使其回到适当的位置
Projection Angle	投影角度	用于在对象与其刚体链接的角度差超过投影角度的情况时，使其回到适当的位置
Configured In World Space	在世界坐标系中配置	用于将目标相关数值都置于世界坐标中进行计算
Swap Bodies	交换刚体功能	用于交换两个刚体
Break Force	断开力	用于操控关节断开时所需要的作用力
Break Torque	断开转矩	用于操控关节断开时所需要的转矩
Enable Collision	激活可碰撞	用于激活可碰撞属性
Mass Scale	质量比例	应用于刚体的反向质量和惯性张量的比例，范围为 0.00001 至无穷大
Connected Mass Scale	互联比例	应用于连接的刚体的反向质量和惯性张量的比例，范围为 0.00001 至无穷大

6.3 常用物理材质

物理材质是指物体表面材质，用于调整碰撞之后的物理效果。Unity 引擎提供了一些物理材质资源，可以将其添加到当前项目中。标准资源包提供了 5 种材质，即弹性(Bouncy)材质、冰(Ice)材质、金属(Metal)材质、橡胶(Rubber)材质和木头(Wood)材质。

创建物理材质的方法是在菜单栏中选择 Assets→Create→Physic Material 命令，Inspector 视图中的物理材质界面如图 6.18 所示，属性参数详见表 6.14。

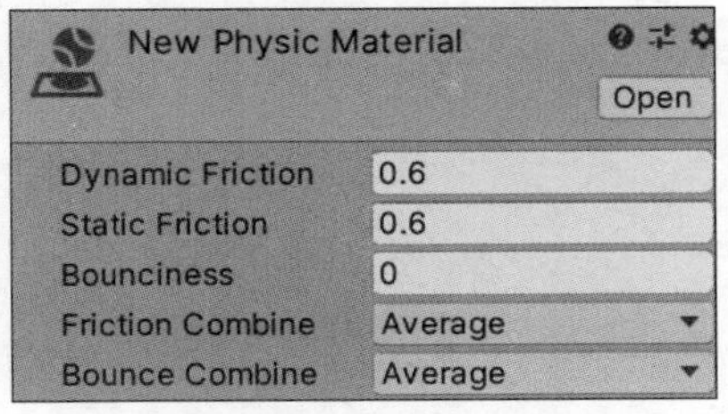

图 6.18 物理材质属性

表 6.14　物理材质属性参数

英文名称	中文名称	功能详解
Dynamic Friction	动态摩擦力	物体移动时的摩擦力，通常为 0～1 的值。值为 0 的效果像冰；而设为 1 时，物体运动将很快停止
Static Friction	静态摩擦力	物体在表面静止的摩擦力，通常为 0～1 的值。当值为 0 时，效果像冰；当值为 1 时，物体移动十分困难
Bounciness	弹力	值为 0 时不发生反弹，值为 1 时反弹不损耗任何能量
Friction Combine	摩擦力组合	定义两个碰撞物体的摩擦力如何相互作用
Bounce Combine	反弹组合	定义两个相互碰撞的物体的相互反弹模式

6.4 射线检测

射线是 3D 世界中一个点向一个方向发射的一条无终点的线，在发射轨迹中与其他物体发生碰撞时，它将停止发射。射线应用范围比较广，被广泛用于路径搜寻、AI 逻辑和命令判断中，例如自动巡逻的敌人在视野前方发现玩家时会向玩家攻击，这时就需要使用射线了。

1. Physics.Raycast(射线碰撞检测)

射线碰撞检测通过 Physics 类的 Raycast 方法实现，具体函数形式如下。

```
public static boolean Raycast (Vector3 orign, Vector direction, out RaycastHit
hitInfo, float maxDistance=Mathf.Infinity);
```

在射线碰撞检测中，有碰撞返回 true，没有碰撞返回 false。RaycastHit 为从投射光线返回的碰撞信息。out 关键字在调用 Raycast 方法时传递实参，不能省略。

举例说明如下：

```
Physics.Raycast(this.transform.position,Vector.left,out hit,Mathf.Infinity);
```

从对象当前位置水平向左发送一条无限远的射线，碰撞信息保存在参数 hit 中。

2. Debug.DrawRay(绘制射线)

为了方便观察，Unity 引擎提供了 Debug 类的 DrawRay 方法，实现碰撞射线的绘制，具体函数形式如下。

```
Public static void DrawRay (Vector3 start, Vector3 dir, Color color= Color.white,
float duration= 00f, bool=true depthTest);
```

举例说明如下：

```
Debug.DrawRay(transform.position,Vector3.forward.Color.red);
```

采用以上语句绘制射线，运行时在 Scene 视图中可见，在 Game 视图中不可见。

6.5 物理管理器

Unity引擎集成开发环境作为一个优秀的游戏开发平台，提供了出色的管理模式，即物理管理器(Physics Manager)。物理管理器是Unity引擎中管理游戏对象物理效果的，比如物体的重力、反弹力、速度和角速度等。在Unity中选择菜单栏中的Edit→Project Settings→Physics命令，可以打开物理管理器，如图6.19所示，根据需要可以调整物理管理器中的参数，从而改变游戏中的物理效果，属性参数如表6.15所示。

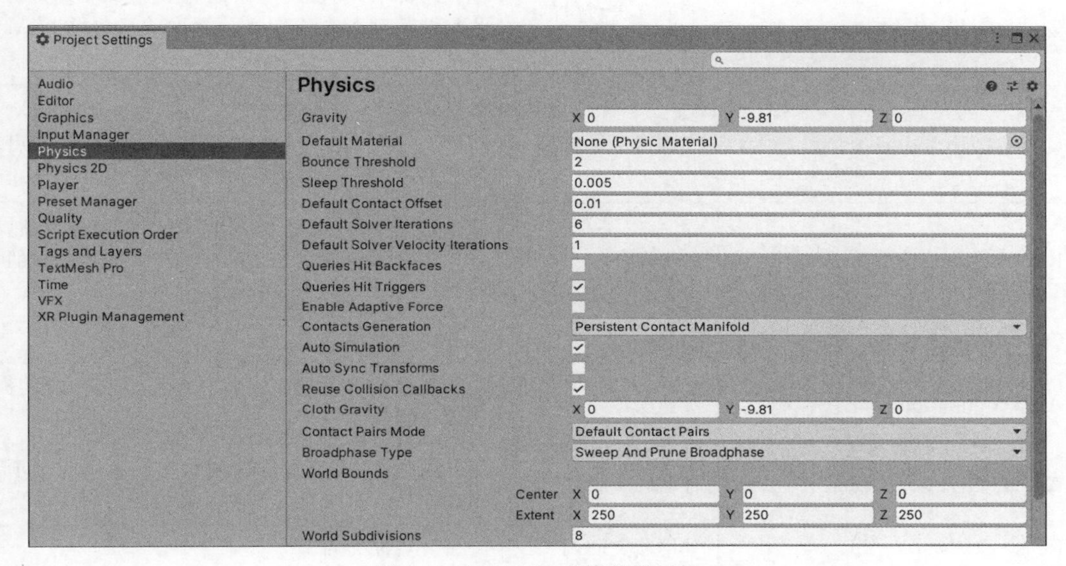

图6.19 Unity物理管理器属性

表6.15 物理管理器属性参数

英文名称	中文名称	功能详解
Gravity	重力	应用于所有刚体，一般仅在Y轴起作用
Default Material	默认物理材质	如果一个碰撞体没有设置物理材质，将会设置默认材质
Bounce Threshold	反弹阈值	如果两个碰撞体的相对速度低于该值，则不会反弹
Sleep Threshold	休眠阈值	设置休眠阈值，低于该阈值的非运动刚体将会入睡。刚体在休眠时，不会在每一帧进行更新，从而减少了资源消耗
Default Contact Offset	默认触点偏移	设置碰撞检测的距离。值必须为正，如果设置得太接近0，可能导致抖动。默认情况下设置为0.01。仅当碰撞体的距离小于其接触偏移值之和时，它们才会生成碰撞接触

续表

英 文 名 称	中 文 名 称	功 能 详 解
Default Solver Iterations	默认求解器迭代	定义 Unity 在每个物理框架上运行多少个求解器迭代。通常,它用于减少由于接头或接触引起的抖动
Default Solver Velocity Iterations	默认求解器速度迭代	设置求解器在每个物理框架中执行的速度
Queries Hit Backfaces	查询选中对象的背面	默认情况下,此设置为禁用状态。如果希望物理检测带有 MeshColliders 背面的三角形,请启用此选项
Queries Hit Triggers	查询选中触发器	默认情况下,启用此设置。如果希望物理检测中的选定对象在与触发器碰撞时有返回值请启用此选项
Enable Adaptive Force	启用自适应力	默认情况下,此设置为禁用状态。启用此选项,以启用自适应力。自适应力会产生更真实的行为
Contacts Generation	接触生成	选择接触生成方法
Auto Simulation	自动模拟	启用此选项可自动运行物理模拟,或对其进行明确控制
Auto Sync Transforms	自动同步转换	默认情况下,此设置为禁用状态。启用此选项可在组件变换时自动更改与之相关的物理系统
Reuse Collision Callbacks	重用冲突回调	是否开启冲突回调
Cloth Gravity	布料重力	布料重力设置
Contact Pairs Mode	接触对模式	选择要使用的接触对生成类型
World Bounds	世界界限	定义包围世界的 2D 网格
World Subdivisions	世界细分	在 2D 网格算法中,沿 X 和 Z 轴的单元数

6.6 物理系统实践项目

6.6.1 可拖拽的刚体

1. 项目构思

刚体使物体像现实方式一样运动。任何物体想要受重力影响,都必须包含一个刚体组件。利用刚体类游戏组件,遵循万有引力定律,物体在重力作用下会自由落下。刚体组件还会影响到物体发生碰撞时产生的效果,使物体的运动遵循惯性定律,在运动冲量作用下产生速度。本项目旨在通过刚体体验测试重力效果以及碰撞后的交互效果。

2. 项目设计

本项目计划创建一个简单的 3D 场景,场景内放有 Plane 和 Cube,Plane 充当地面,

Cube 用于刚体重力测试，然后按快捷键 Ctrl+D 再复制出两个 Cube，体验刚体间相互碰撞的效果，如图 6.20 所示。

图 6.20　刚体碰撞测试效果图

3. 项目实施

第 1 步：创建项目。双击 Unity Hub 图标，启动 Unity 引擎，建立一个空项目。

第 2 步：创建游戏对象。选择菜单栏中的 GameObject→3D Object→Plane 命令，此时 Scene 视图中出现了一个平面，在 Inspector 视图中设置平面位置为(0,0,−5)，如图 6.21 所示。

第 3 步：创建游戏对象。选择菜单栏中的 GameObject→Create Other→Cube 命令，在 Inspector 视图中设置 Cube 位置盒子位置为(0,5,0)，如图 6.22 所示。

图 6.21　创建平面

图 6.22　创建立方体

第 4 步：美化场景。采用纹理贴图的方法，为地面和立方体都贴上纹理。首先，将资源图片放置在项目的根目录 Assets 下，Unity 引擎会自动加载资源，然后分别选中立方体和平面，将对应资源图片分别拖到立方体和平面上即可，效果如图 6.23 所示。

第 5 步：为立方体添加刚体属性。在 Hierarchy 视图中选中 Cube 立方体，然后选择菜单栏中的 Component→Physics→Rigidbody 命令，当 Inspector 中视图中出现了 Rigidbody 时，即为立方体添加了刚体属性，如图 6.24 所示。

第 6 步：单击 Play 按钮进行测试。发现置于半空中的立方体由于受到重力作用，做自由落体运动掉落到平面上，效果如图 6.25 和图 6.26 所示。

图 6.23　添加材质后的效果

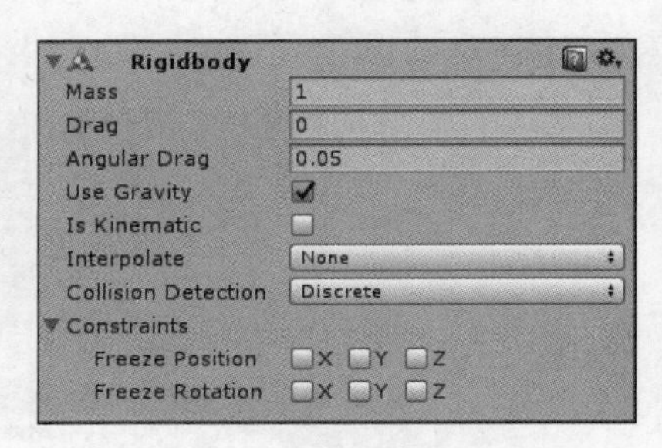

图 6.24　添加刚体属性

图 6.25　自由落体运动前效果

图 6.26　自由落体运动后效果

第 7 步：复制游戏对象。在 Hierarchy 视图中选中 Cube1 后按 Ctrl＋D 键复制立方体 Cube2，并将其摆放于场景中，在 Inspector 视图中设置新复制立方体的位置为(0.4,0.5,0)，按此方法再复制一个立方体 Cube3，将其斜放置于 Cube2 上，设置 Cube3 的位置为(0,1.5,0)。

第 8 步：单击 Play 按钮进行测试。发现最上方的立方体进行自由落体运动，撞击到地面盒子后发生倒塌，效果如图 6.27 和图 6.28 所示。

图 6.27　测试前效果

图 6.28　测试后效果

第 9 步：创建 C＃脚本文件，输入下列代码。

```
using UnityEngine;
using System.Collections;
public class NewBehaviourScript : MonoBehaviour {
    float speed=10.0f;
```

```
    void OnMouseDrag () {
    transform.position+=Vector3.right * Time.deltaTime * Input.GetAxis ("Mouse X")
  * speed;
    transform.position+=Vector3.up * Time.deltaTime * Input.GetAxis ("Mouse Y")
  * speed;}
  }
```

第 10 步：将脚本分别连接到三个立方体上。

4. 项目测试

单击 Play 按钮进行测试，此时可以通过鼠标拖动控制立方体的移动，立方体可以在 X 平面和 Y 平面内与鼠标进行交互，效果如图 6.29 和图 6.30 所示。

图 6.29　拖动刚体效果图 1

图 6.30　拖动刚体效果图 2

6.6.2　碰撞消失的立方体

1. 项目构思

碰撞器需要和刚体一起来使碰撞发生，如果两个刚体撞在一起，物理引擎不会计算碰撞，除非它们包含一个刚体组件。没有碰撞器的刚体会使物理模拟中相互穿透，本项目旨在通过小球碰撞后产生消失的动作确认碰撞的发生。

2. 项目设计

本项目计划创建一个简单的 3D 场景，场景内放有 Plane 和 Sphere，Plane 充当地面，Sphere 用于做碰撞测试，人物走向 Sphere，距离足够近时发生碰撞效果，小球消失，如图 6.31 和图 6.32 所示。

3. 项目实施

第 1 步：双击 Unity Hub 图标，启动 Unity 引擎，建立一个空项目，搭建简单场景。选择菜单栏中的 GameObject→3D Object→Plane 命令，创建一个平面，定位于(0,0,0)的位置。选择菜单栏中的 GameObject→3D Object→Cube 命令，创建一个盒子，定位于(0,0.5,0)的位置，将盒子置于平面上方，如图 6.33 所示。

第 2 步：选择菜单栏中的 Assets→Import Package→Customer Package 命令，打开外部资源包，选中资源后单击“打开”按钮，如图 6.34 所示。

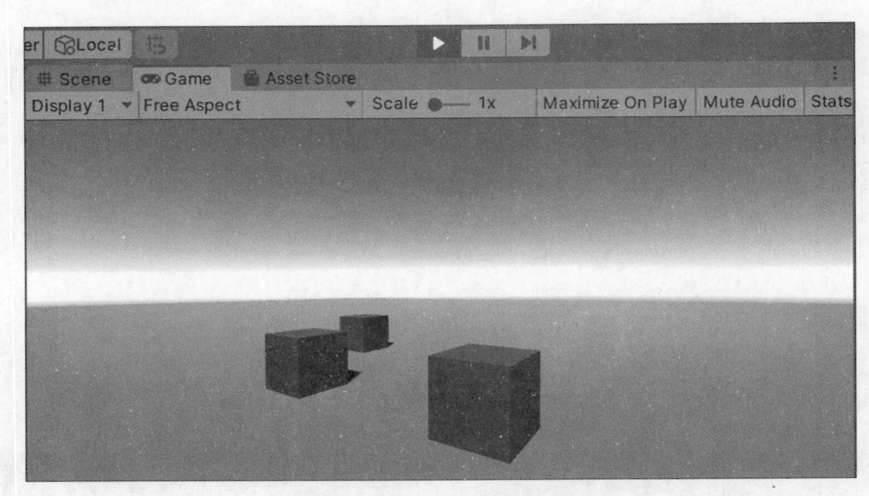

图 6.31　碰撞消失前的效果

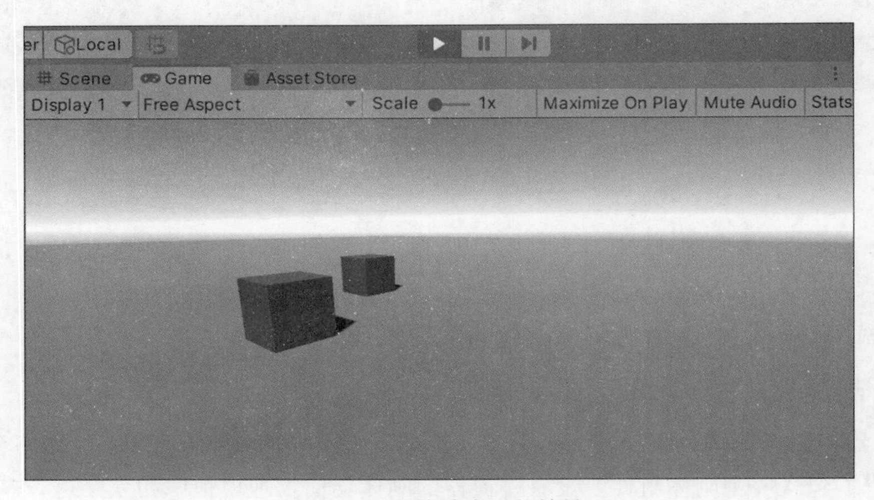

图 6.32　碰撞消失后的效果

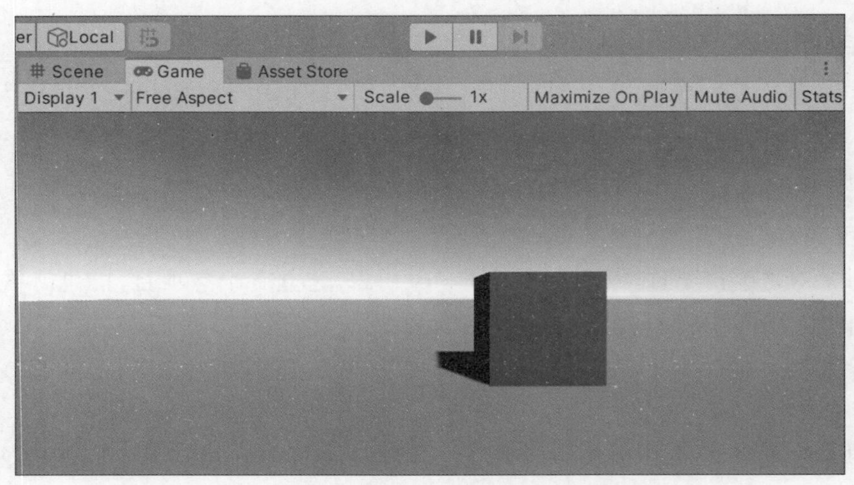

图 6.33　创建 3D 场景

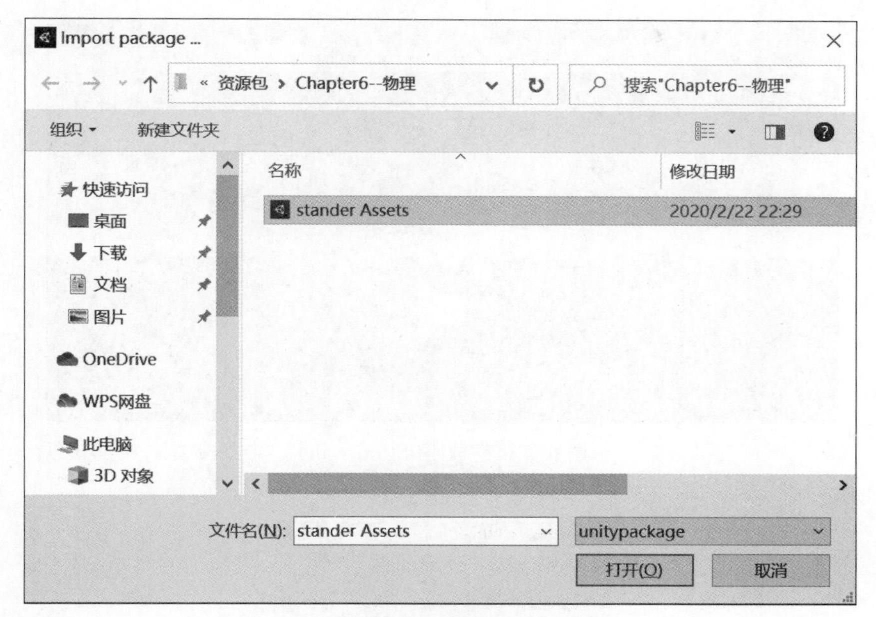

图 6.34　打开外部资源包

第 3 步：在弹出的对话框中单击 Import 按钮导入资源，如图 6.35 所示。

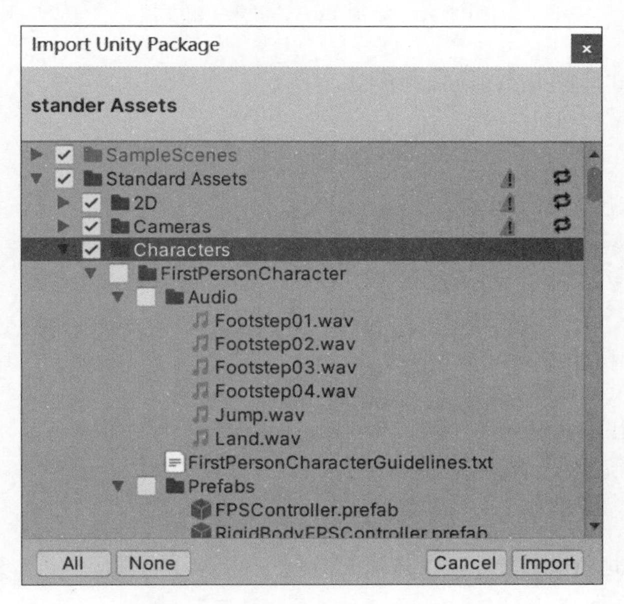

图 6.35　导入 stander Assets 资源

第 4 步：在 Project 视图中搜索 FPSController（第一人称角色控制器），将其拖到 Scene 视图中，并摆放到平面上合适的位置，如图 6.36 所示。

第 5 步：第一人称资源本身自带摄像机，此时可以关掉场景中的摄像机 MainCamera。

第 6 步：在 Hierarchy 视图中选中 Cube，在其 Inspector 视图中添加 Box Collider（盒碰撞器），并选择 Is Trigger 复选框，如图 6.37 所示。

图 6.36　摆放 FPSController

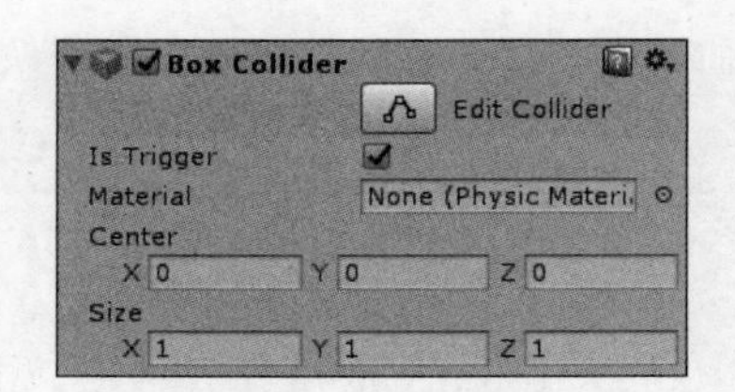

图 6.37　添加 Box Collider 触发器

第 7 步：编写脚本 Colliders.cs，代码如下所示。

```
using UnityEngine;
using System.Collections;
public class Colliders : MonoBehaviour {
    void OnTriggerEnter(Collider other)
    {  if (other.tag=="Pickup") {
            Destroy(other.gameObject);   }
    }
}
```

第 8 步：将 Colliders 脚本链接到 FPSController 上。

第 9 步：为 Cube 添加 Pickup 标签。

4. 项目测试

单击 Play 按钮运行测试，可以发现人物靠近立方体小盒后，小盒立刻消失，运行效果如图 6.38 和图 6.39 所示。

6.6.3　弹跳的小球

1. 项目构思

物理材质主要用于调整摩擦力与碰撞单位之间的反弹效果。顾名思义，物理材质就是指定了物理特效的一种特殊材质，其中包括物体的弹性和摩擦因数等，本项目旨在通过小球弹跳测试物理材质的效果。

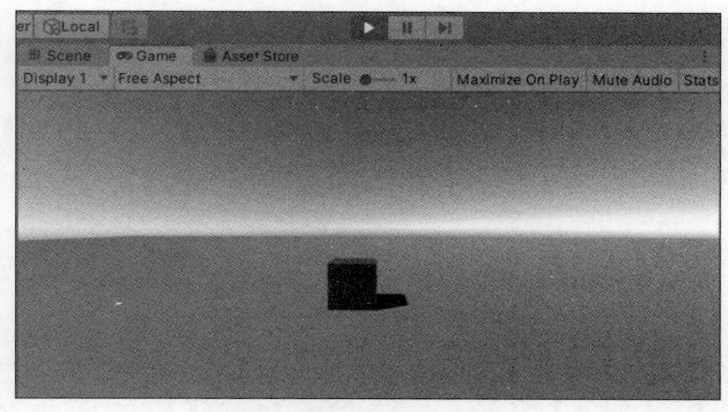

图 6.38　碰撞消失前的效果

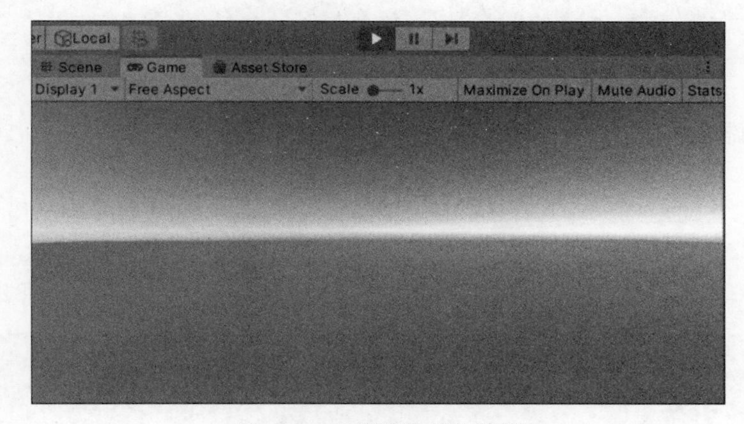

图 6.39　碰撞消失后的效果

2. 项目设计

本项目计划创建一个简单的 3D 场景，场景内放有 Plane 和 Sphere，Plane 充当地面，Sphere 用于做物理材质的弹跳测试，当小球被赋予 bouncy 材质后，即可在平面上反复跳动，如图 6.40 和图 6.41 所示。

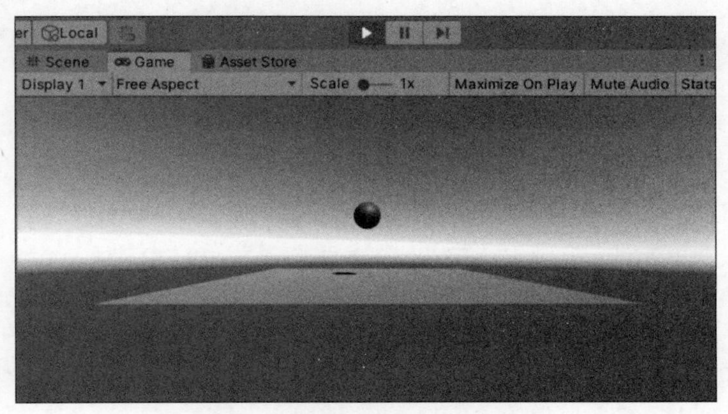

图 6.40　弹跳小球项目设计图 1

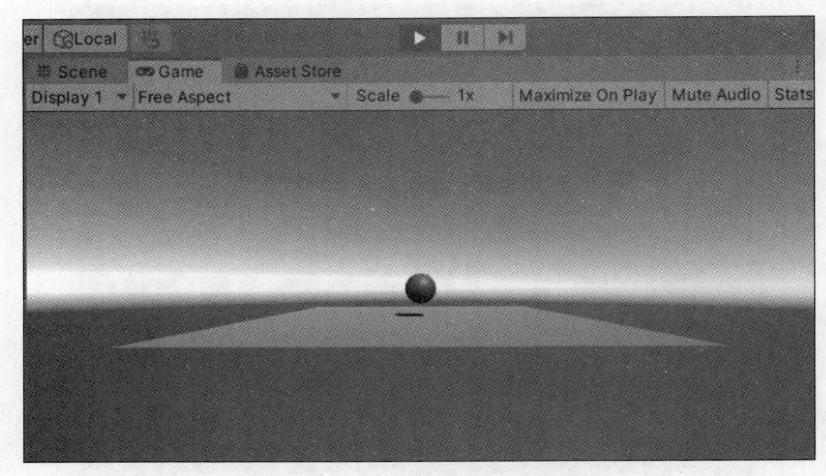

图 6.41　弹跳小球项目设计图 2

3. 项目实施

第 1 步：双击 Unity Hub 图标，启动 Unity 引擎，建立一个空项目。

第 2 步：构建简单场景。选择菜单栏中的 GameObject→3D Object→Plane 命令，创建一个平面，使其位于(0,0,0)的位置。选择菜单栏中的 GameObject→3D Object→Sphere 命令，创建一个小球，使其位于(0,5,0)的位置。如图 6.42 所示，小球置于平面上方。

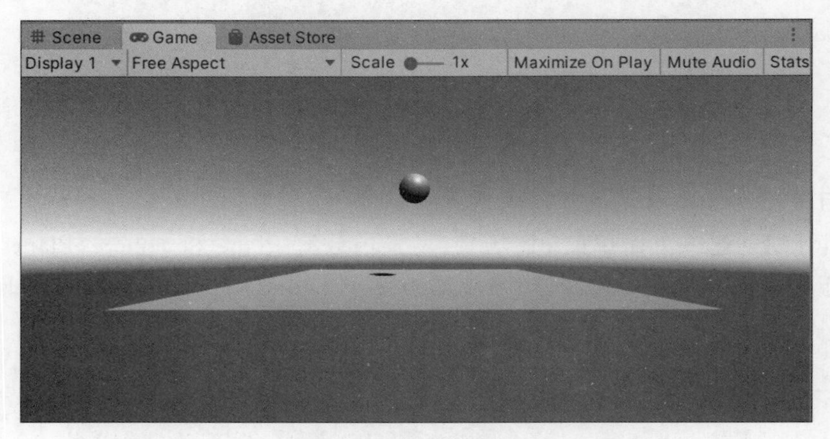

图 6.42　游戏物体摆放图

第 3 步：选择菜单栏中的 Assets→Create→Material 命令，为平面和小球添加贴图，如图 6.43 所示。

第 4 步：在 Hierarchy 视图中选中小球，然后选择菜单栏中的 Component→Physics→Rigidbody 命令，为小球添加刚体。

第 5 步：在 Hierarchy 视图中选中小球，然后选择菜单栏中的 Assets→Create→Physic Material 命令，创建物理材质。

第 6 步：设置 Bounciness 值为 0.9，Friction Combine 为 Maximum，Bounce Combine 为 Maximum，如图 6.44 所示。

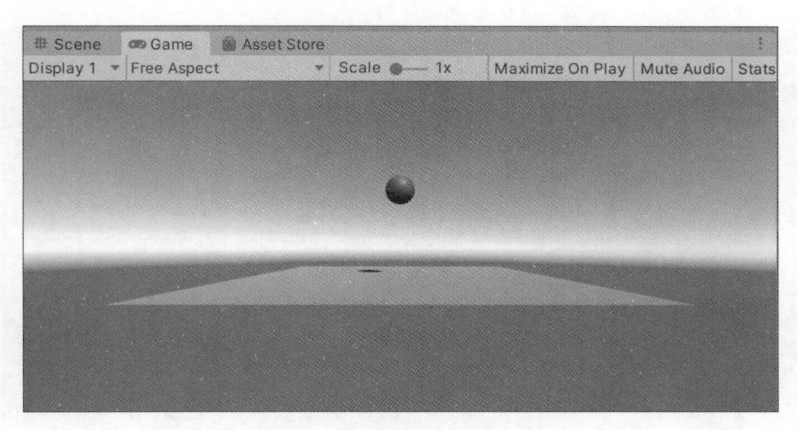

图 6.43　贴图后的效果

第 7 步：在 Hierarchy 视图中选中小球，在其 Inspector 视图中将创建完成的物理材质拖至 Material 处，如图 6.45 所示。

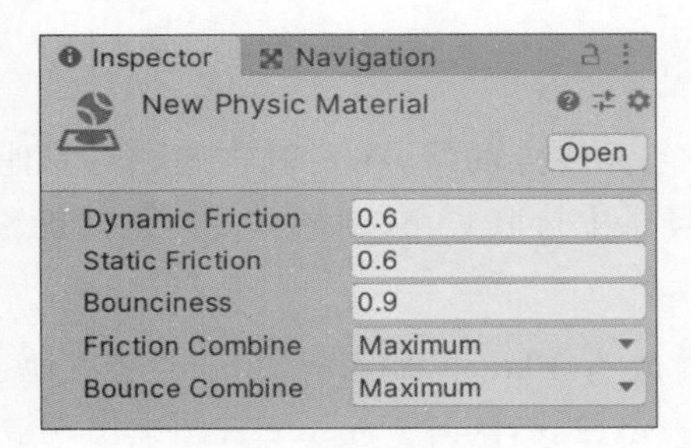

图 6.44　添加物理材质

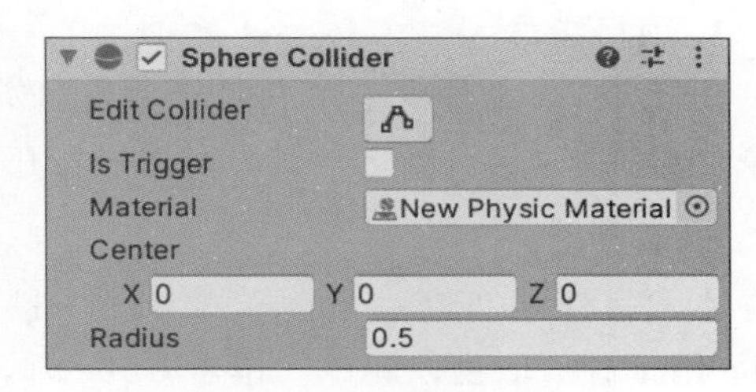

图 6.45　物理材质赋值

4. 项目测试

单击 Play 按钮进行测试，小球在地面上可以产生弹跳的效果，如图 6.46 和图 6.47 所示。

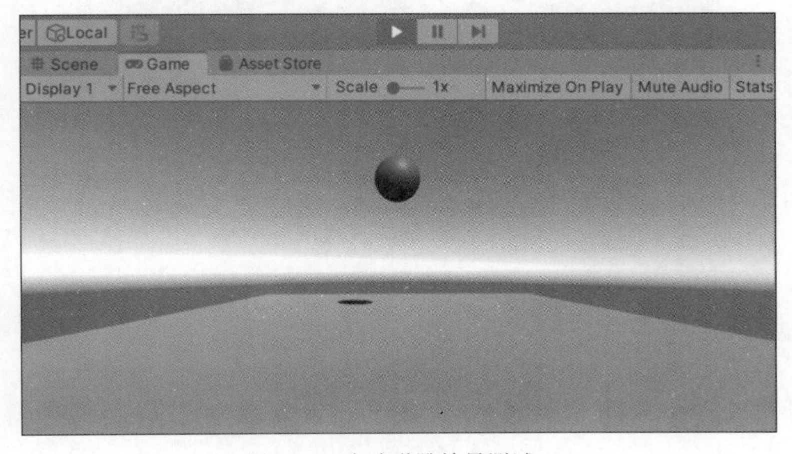

图 6.46　小球弹跳效果测试 1

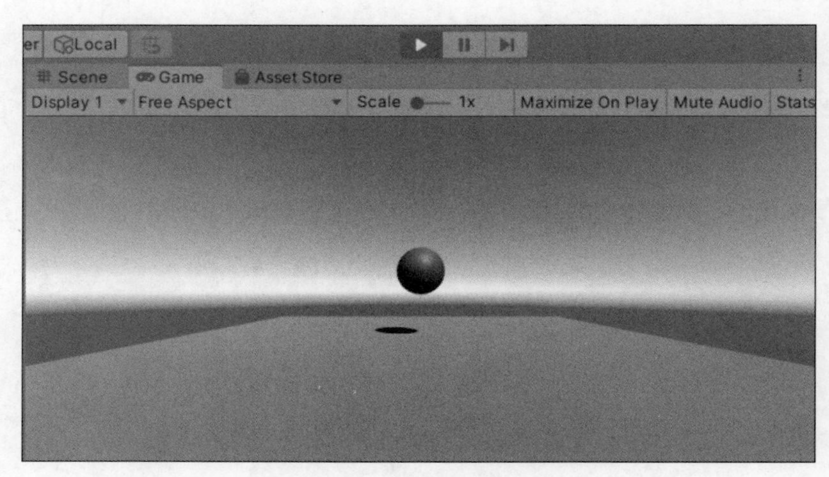

图 6.47　小球弹跳效果测试 2

6.6.4　拾取物体

1. 项目构思

射线是 3D 世界中一个点向一个方向发射的一条无终点的线，在发射轨迹中与其他物体发生碰撞时，它将停止发射。本项目旨在通过在场景中拾取 Cube 对象实现射线功能。

2. 项目设计

本项目计划创建一个简单的 3D 场景，场景内放有 Plane 和 Cube，Plane 充当地面，Cube 用于做拾取物体测试。单击 Cube 时，会发出一条射线，同时 Console 视图中出现 pick up！字样，如图 6.48 所示。

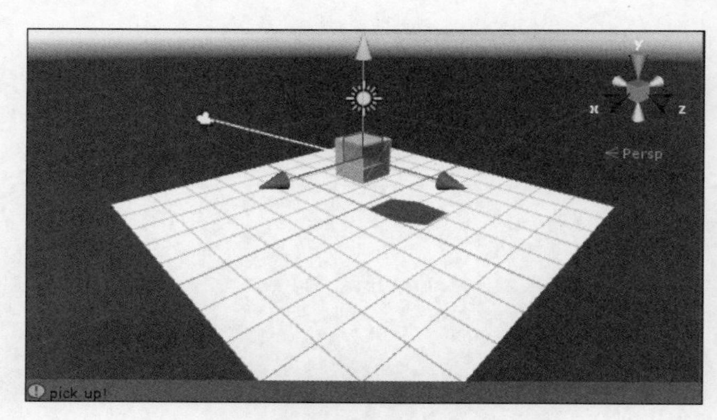

图 6.48　射线测试效果图

3. 项目实施

第 1 步：双击 Unity Hub 图标，启动 Unity 引擎，建立一个空项目。

第 2 步：搭建简单场景。选择菜单栏中的 GameObject→3D Object→Plane 命令，创建一个平面，使其位于(0,0,0)的位置。选择菜单栏中的 GameObject→3D Object→Cube 命令，创建一个立方体，使其位于(0,1,0)的位置。如图 6.49 所示，立方体置于平面上方。

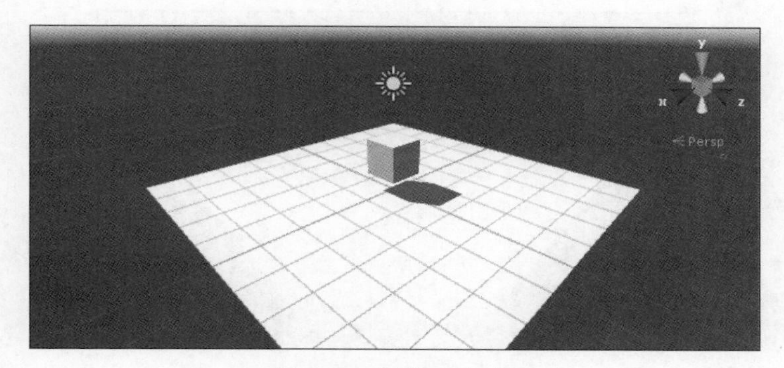

图 6.49 创建 3D 场景

第 3 步：创建 C# 脚本，将其命名为 RayTest，代码如下所示。

```
using UnityEngine;
using System.Collections;
public class RayTest : MonoBehaviour {
    void Update () {
        if(Input.GetMouseButton(0))
            { //从摄像机发出到单击坐标的射线
            Ray ray=Camera.main.ScreenPointToRay(Input.mousePosition);
            RaycastHit hitInfo;
        if(Physics.Raycast(ray,out hitInfo))
            { //划出射线,只有在 Scene 视图中才能看到
                Debug.DrawLine(ray.origin,hitInfo.point);
                GameObject gameObj=hitInfo.collider.gameObject;
                Debug.Log("click object name is "+gameObj.name);
                //当射线碰撞目标为 boot 类型的物品 ,执行拾取操作
                if(gameObj.tag=="Pickup"){
                    Debug.Log("pick up!"); }
            }
        }
    }
}
```

上述代码中首先创建一个 Ray 对象，即从摄像机发出到单击坐标的射线。Debug.DrawLine()函数将射线可视化显示。接下来进行判断，如果使用鼠标单击的物体 tag 的名字是 Pickup，则在控制视图中输出 pickup 字样。

第 4 步：将脚本链接到主摄像机 MainCamera 上。

第 5 步：为 Cube 添加 Pickup 标签。

4. 项目测试

单击 Play 按钮，运行测试。可以发现单击 Cube 时，Console 视图中出现 pick up! 字样，效果如图 6.50 所示。

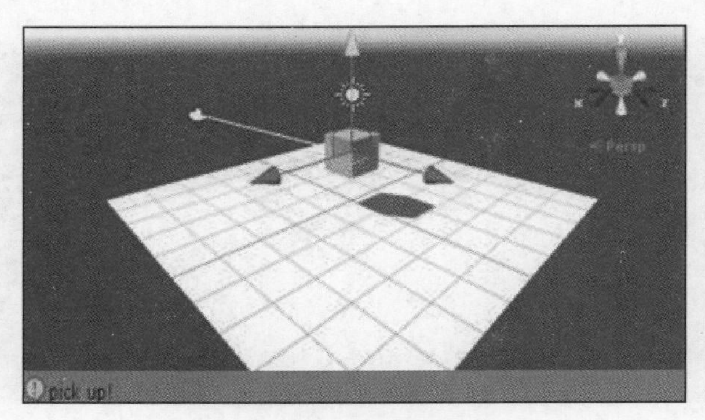

图 6.50　射线测试效果图

6.7　物理系统综合项目

1. 项目构思

本项目在第 5 章“3D 游戏场景综合项目”的基础上继续完善，在已经设计的 3D 场景中加入寻宝及计数、计时、碰撞检测等物理系统功能。

2. 项目设计

本项目设计一个寻找动物的游戏机制，当收集完场景中的所有动物时，完成游戏，返回主菜单，期间有计时和计数功能，效果如图 6.51 所示。

图 6.51　项目设计图

3. 项目实施

第 1 步：打开第 5 章已经完成的“3D 游戏场景综合项目”中的 Start 场景，在 Project 视图中找到之前导入的资源 Animals，如图 6.52 所示。把几种动物模型直接拖到 Scene 视图中即可，调整好角度和比例，如图 6.53 所示。

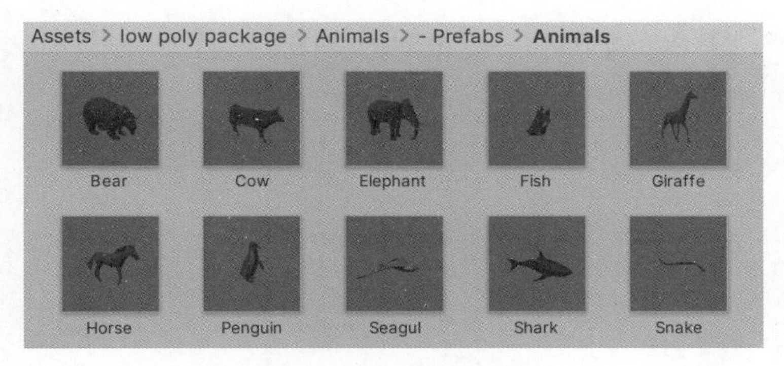

图 6.52 项目中的动物资源

图 6.53 将动物资源添加至场景中

第 2 步：在 Hierarchy 视图中新建空物体，命名为 find，把新添加的动物模型都拖到里面，进行统一化管理，如图 6.54 所示。

第 3 步：在 Project 视图的 Scripts 文件夹下新建一个 C# 脚本，将其命名为 TimerPoint，如图 6.55 所示。

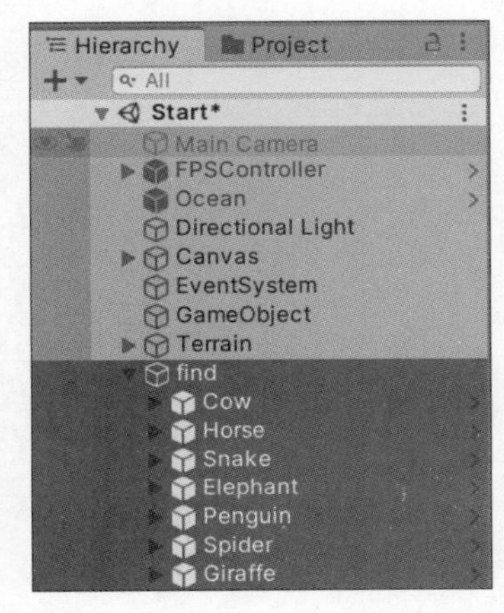

图 6.54 Hierarchy 视图中的资源管理

图 6.55 创建 TimerPoint 脚本

第 4 步：编写脚本，代码如下。这里通过物体的标签 Pickup 来计数。

```
using System.Collections;
using System.Collections.Generic;
using UnityEngine;
using UnityEngine.UI;
using UnityEngine.SceneManagement;
public class TimerPoint : MonoBehaviour
{
    public Text timerText;
    public Text pointText;
    public static int temp_Num=0;
    public int parachuteNum;
    int timer;
    int time_T;
    bool isWin=false;
    bool isLose=false;
    void Start()
    {
        Time.timeScale=1;
        GameObject[] objs=GameObject.FindGameObjectsWithTag("Pickup");
        //收集带有此标签的物体
        parachuteNum=objs.Length;
        time_T=(int)Time.time;
    }
    void Update()
    {
        timer=60 - (int)Time.time+time_T;
        timerText.text="剩余时间: "+timer.ToString()+"秒";
        //使用我们创建好的文本框来显示分数和时间
        pointText.text="已收集:"+temp_Num.ToString()+"只";
        if (temp_Num==parachuteNum && timer ! =0)
        {
            isWin=true;
        }
        if (timer==0 && temp_Num ! =parachuteNum)
        {
            isLose=true;
        }
    }
    void OnTriggerEnter(Collider other)
    {
        if (other.tag=="Pickup")
        {
            temp_Num++;
            Destroy(other.gameObject);
```

```
        }
    }
    void OnGUI()
    {
        if (isWin==true || isLose==true)
        {
            Time.timeScale=0;
            if (GUI.Button(new Rect(300, 300, 200, 50), "完成收集,单击返回主菜单"))
            //完成收集后的提示信息
            {
                isWin=false;
                isLose=false;
                temp_Num=0;
                SceneManager.LoadScene("Begin");        //单击按钮后跳转的场景
            }
        }
    }
}
```

第 5 步：给物体添加标签。在 Hierarchy 视图中选中 find 空物体，在其 Inspector 视图上单击 Tag 下拉菜单中的最后一项 Add Tag，如图 6.56 所示。然后单击＋号，输入脚本中寻找的标签 Pickup，单击 Save 按钮保存，即完成标签添加，如图 6.57 所示。然后在 Hierarchy 视图中选中 find 下的所有动物模型，统一在 Inspector 视图中把标签改为 Pickup。

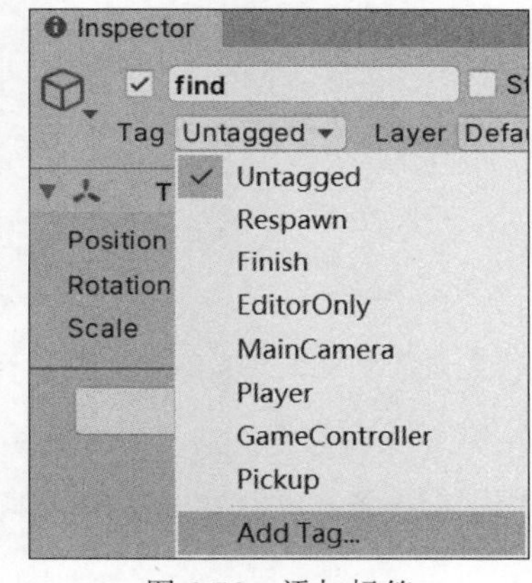

图 6.56　添加标签

第 6 步：给物体添加碰撞检测功能。在 Hierarchy 视图中按住 Shift 键，选中所有动物模型，选择菜单栏中的 Component→Physics 命令，统一为所有动物添加刚体组件，如图 6.58 所示。

第 7 步：再一次选中 Hierarchy 视图中 find 文件夹中的所有游戏对象，在其 Inspector 视图中勾选已经添加的 Rigidbody 组件中的 Is Kinematic，如图 6.59 所示。

图 6.57　保存标签 Pickup

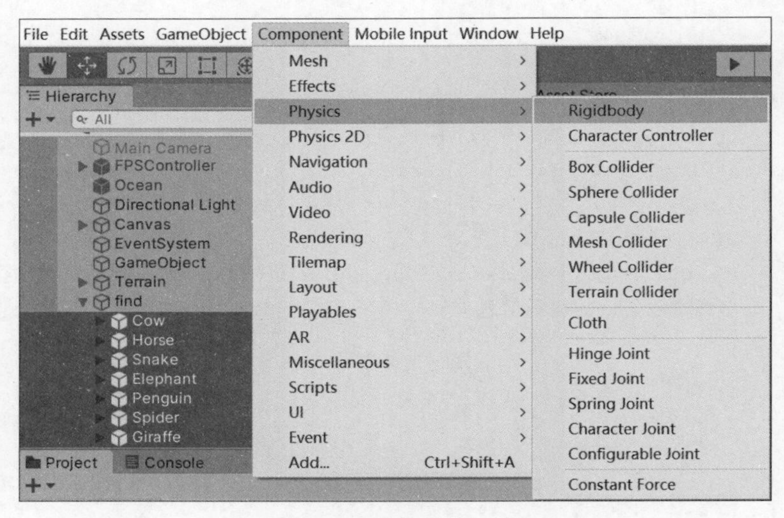

图 6.58　添加刚体组件

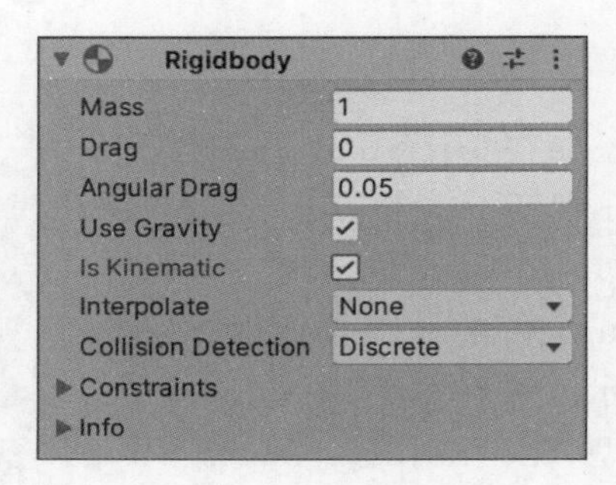

图 6.59　勾选 Is Kinematic 选项

第 8 步：重复上述操作，选中 Hierarchy 视图中 find 文件夹中的所有游戏对象，选择菜单栏中的 Component→Physics 命令，添加 Box Collider 组件，如图 6.60 所示。

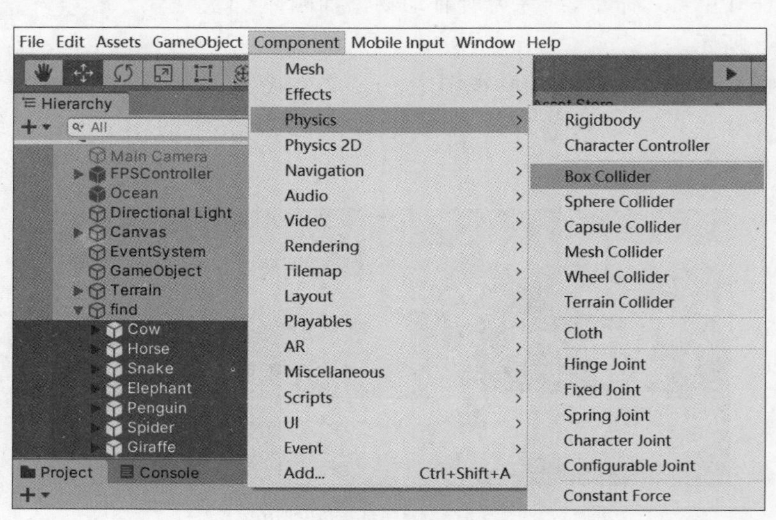

图 6.60　添加 Box Collider 组件

第 9 步：选中 Hierarchy 视图中 find 文件夹中的所有游戏对象，在其 Inspector 视图勾选刚刚添加的 Box Collider 组件中的 Is Trigger 复选框，用于检测触发，如图 6.61 所示。

第 10 步：添加完触发检测器后，需要给每个物体调整好适合其大小的触发区域，在 Hierarchy 视图中选中物体后，在其 Inspector 视图中找到 Box Collider 组件，单击 Edit Collider 按钮，调整触发区域的大小，如图 6.62 所示，保证触发区域与动物模型大小匹配。

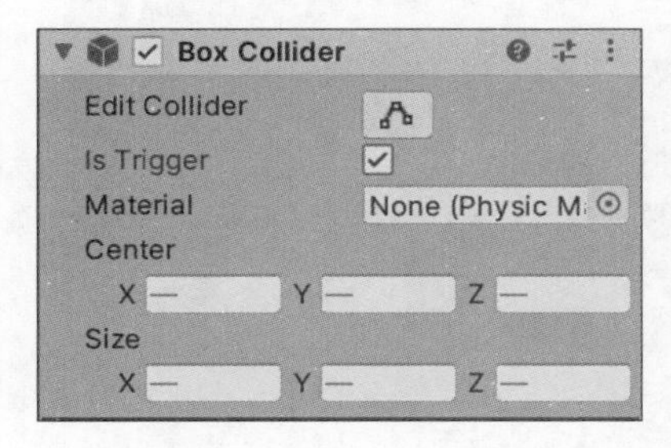

图 6.61 勾选 Is Trigger 复选框

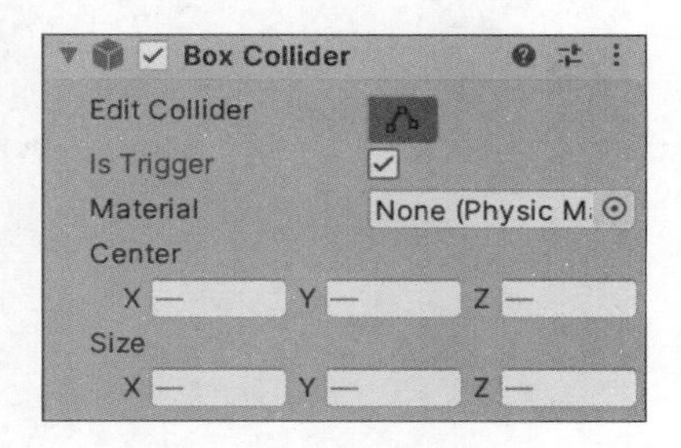

图 6.62 调整触发区域大小

第 11 步：选择菜单栏中的 GameObject→UI→Text 命令，添加用于计时和计分的 Text 文本框。调整到左上角的合适位置，调整字体大小和颜色，使其与场景整体风格统一，如图 6.63 所示。

图 6.63 添加 Text 文本框

第 12 步：完成后，将创建好的 Timer Point 脚本链接到第一人称控制器上。此时脚本框中有两个框显示 None，把显示时间的 Text 控件拖到 Timer Text 中，显示分数的 Text 控件拖到 Point Text 中，完成脚本链接赋值，如图 6.64 所示。

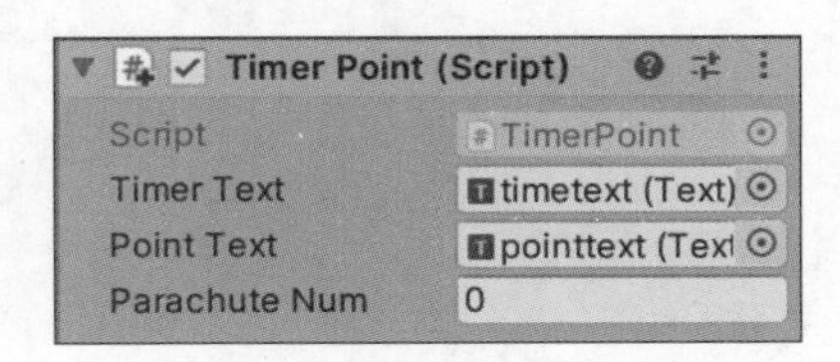

图 6.64 脚本链接赋值

4. 项目测试

单击 Play 按钮进行测试,左上角会出现时间倒计时和收集动物数量,如图 6.65 所示。

图 6.65　时间分数测试

收集动物时,光标碰到后就会消失,是因为自动触发了脚本摧毁物体。完成所有收集时,屏幕中会弹出提示按钮,单击返回主菜单,如图 6.66 和图 6.67 所示。

图 6.66　动物收集界面测试

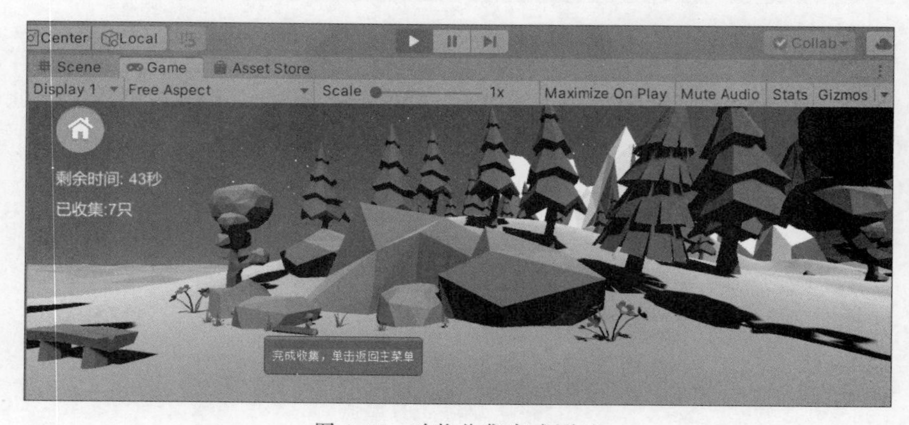

图 6.67　动物收集完成测试

6.8 小结

Unity 内置了目前使用最为广泛的物理引擎,可以逼真地模拟刚体碰撞、车辆驾驶、布料、重力等物理效果。本章主要讲解 Unity 引擎中物理系统组件的使用方法,阐述了目前 Unity 引擎在游戏开发中经常使用的物理元素的操作,如刚体的添加、物理管理器的使用、碰撞器的添加等。最终通过物理引擎综合项目将 Unity 引擎物理系统知识结合起来,达到学以致用的目的。

6.9 习题

1. 简述 Unity 引擎中碰撞检测的概念。
2. 简述 Unity 引擎中实现碰撞检测的几种方法。
3. 简述 Unity 引擎中的常用物理组件。
4. 简述 Unity 引擎中射线检测的实现方法。
5. 在 Unity 引擎中搭建 3D 场景环境,实现小球从高空落下可弹起的功能。

第 7 章

Chapter 7

动画系统

Unity 引擎中的 Mecanim 动画系统是在 Unity 4.0 以后推出的全新动画系统，具有非常强大的功能，使用起来也非常方便，可以轻松实现骨骼重定向、动画编辑等诸多功能，通过与美工人员的配合，可以帮助程序设计人员快速地设计出角色动画。本章主要介绍 Unity 引擎中的 Mecanim 动画系统，并对人形动画及动画状态机设置方法进行讲解。通过本章的学习，读者可以掌握 Mecanim 动画系统的使用方法，制作出顺序角色动画、键盘交互动画及鼠标交互动画，为游戏中的角色动画开发打下基础。

7.1　Mecanim 概述

Unity 引擎的早期版本采用 Legacy 动画系统，现已被全新的 Mecanim 动画系统替代。Mecanim 动画系统向后兼容 Legacy 系统，并且提供了 Animation 编辑器，游戏开发者经常使用它来制作一些模型的移动、旋转、缩放、材质球上的透明显示、UV 动画等效果。但 Unity 引擎的目前版本还不能完成 IK 动画，所以像骨骼连带动画这类复杂效果还得在 3ds Max 或 Maya 等三维软件中完成。

7.1.1　Mecanim 系统的特性

Mecanim 系统的特性如下。

(1) 简单易上手，可以轻松创建和设置各种角色动画。

(2) 支持 Unity 中创建的 Animation Clips。

(3) 支持人形角色动画的 Retargeting，简单来说就是将某个角色模型的动画赋予另外一个角色。

(4) 可以方便地预览 Animation Clips 以及动画片段之间的切换和互动。因为这一特性动画师可以独立于程序员工作，并直观地预览动画效果。

(5) 通过可视化的编程工具创建和管理动画之间的复杂互动。

(6) 使用不同的逻辑使得身体的不同部位产生动画。

(7) 支持动画的分层和遮罩。

7.1.2　Mecanim 的核心概念

1. Animation Clips

Mecanim 动画系统中的一个核心概念是 Animation Clips(动画片段)，它包含了丰富的动画信息,如更改特定对象的位置、旋转及其他属性。Unity 引擎支持使用第三方软件创建的动画片段,如 3ds Max、Maya,或使用动作捕捉设备记录动画片段。

有经验的开发者也可以直接使用 Unity 引擎内置的 Animation 编辑器来从零创建和编辑所需的动画片段。具体来说,Unity 引擎内置的 Animation 窗口可以设置游戏对象的旋转和缩放。此外,还可以动态调整材质的色彩、灯光的强度和音量的大小等。

2. Animator

Animator(动画)组件是关联角色及其行为的纽带,每一个含有 Avatar 的角色动画模型都需要有一个 Animator 组件。Animator 组件引用了一个 Animator Controller 动画控制器,用于为角色设置行为,如图 7.1 所示,组件功能如表 7.1 所示。

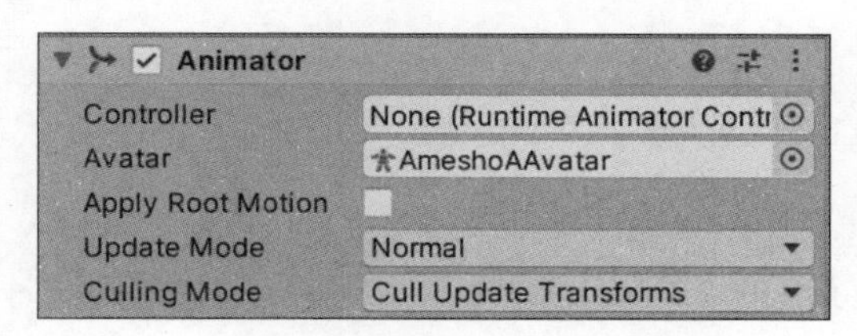

图 7.1 Animator 组件

表 7.1 Animator 组件功能

英文名称	中文名称	功能详解
Controller	控制器	关联到角色的 Animator 控制器
Avatar	骨架结构的映射	Mecanim 动画系统的简化人形骨骼结构到该角色的骨骼结构的映射
Apply Root Motion	应用 Root Motion 选项	是使用动画本身还是使用脚本来控制角色的位置
Update Mode	动画的更新模式	决定动画的更新模式
Culling Mode	动画的裁剪模式	决定动画的裁剪模式

3. Animator Controllers

Unity 引擎中的 Animator Controller(动画控制器)允许开发者设置角色动画。与 Animation Clips 不同,Animation Controller 必须在 Unity 引擎内部创建。在 Project 视图中右击,在弹出的快捷菜单中选择 Create→Animator Controller,可以创建一个动画控制器,如图 7.2 所示。同时在 Assets 文件夹内会生成一个后缀名为 Controller 的文件。设置好动画控制器后,就可以在 Inspector 视图中将该动画控制器拖到含有 Avatar 的角色模型 Animator 组件上。通过动画控制器窗口(Window→Animation→Animator)可以查看和设置角色行为。

Animator Controller 使用 State Machine 来管理游戏对象的不同动画状态及其之间的过渡。可以将 State Machine 看作某种类型的流程图,或是使用 Unity 引擎内置的可视化编程语言所编写的小程序,也可以在 Animator 视图中创建、浏览和修改 Animator Controller 结构,如图 7.2 所示。

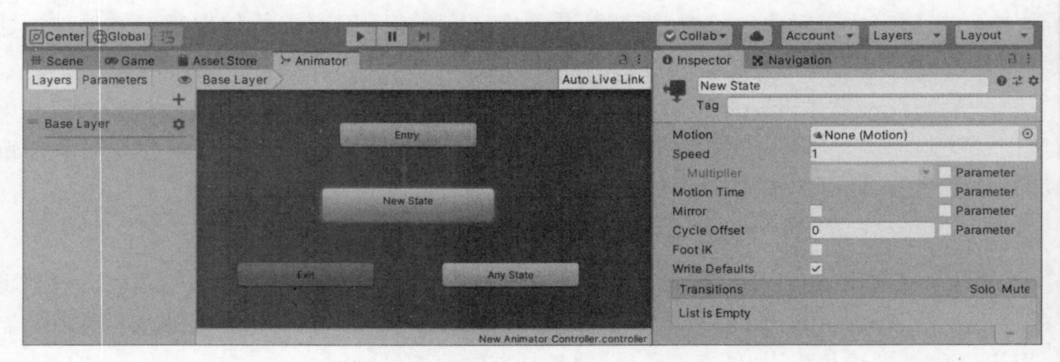

图 7.2　Animator Controller 结构

7.1.3　Mecanim 的工作流程

首先，将 Animation Clips 导入到项目中。它们可能是在 Unity 引擎内创建的，也能是通过第三方软件创建并导出的。

然后，创建 Animator Controller，并将 Animation Clips 放置其中。角色的不同状态间使用直线相连，而每个状态里面还可能有嵌套的动画状态机。Animator Controller 将在 Project 视图中以游戏资源的形式显示。

接下来，设置 Rigged 角色模型，使其映射到 Unity 常用的 Avatar。所映射的 Avatar 将作为角色模型的一部分保存在 Avatar 游戏资源中，并显示在 Project 视图中。

最后，在实际使用角色模型的动画之前，需要给游戏对象添加 Animator 组件，并指定所对应的 Animator Controller 和 Avatar。需要注意的是，仅当使用人形角色动画时才需要 Avatar 的引用，对于其他类型的动画，只需要一个 Animator Controller 即可。

7.2　人形动画

人形动画是游戏中最普遍使用的一种动画，Unity 引擎的动画系统特别适合制作人形动画。通过人形骨骼系统，用户可以采用骨骼重定向技术，将动画效果从一个人形骨骼映射到另外一个人形骨骼。创建人形动画的基本步骤是建立一个骨骼结构到用户实际骨骼结构的映射，这种映射关系为 Avatar。

7.2.1　创建 Avatar

导入一个角色动画模型之后，可以在导入模型资源的 Rig 选项卡中指定它的 Animation Type(动画模式)，包括 None、Legacy、Generic 和 Humanoid 四种模式，如图 7.3 所示。Unity 项目中的角色一旦确认动画模式后，引擎就会在资源中生成 Avatar。

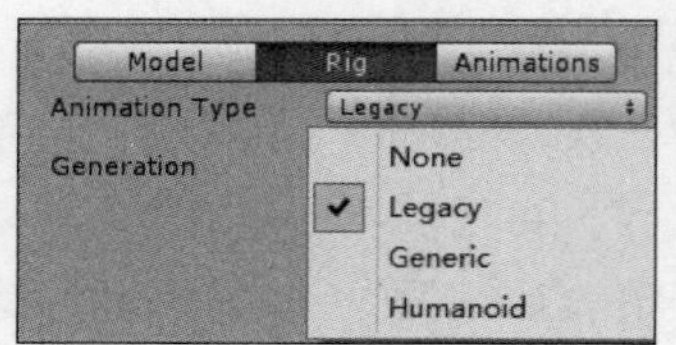

图 7.3　骨骼模型种类

1. Legacy 动画模式

Legacy 动画模式是旧版动画模式，它适合使用在 Unity 4.0 版本之前推出的老版动画系统中。Legacy 动画模式的设置方法如下：在 Assets 文件夹中选中模型文件，在其 Inspector 视图中的 Import Setting 属性中选择 Rig 标签页，单击 Animation Type 选项右侧的列表框，选择 Legacy 之后单击 Apply 按钮即可。

2. Generic 动画模式

Generic 动画模式仍可由 Mecanim 系统导入，但无法使用人形动画的专有功能，游戏中的非人形动画在 Unity 中一般使用 Generic 动画模式。Generic 动画模式的设置方法如下：在 Assets 文件夹中选中模型文件，在其 Inspector 视图中的 Import Setting 属性中选择 Rig 标签页，单击 Animation Type 选项右侧的列表框，选择 Generic 之后单击 Apply 按钮即可。

3. Humanoid 动画模式

Humanoid 动画模式适用于人形骨骼。Humanoid 动画模式的设置方法是：单击 Animation Type 右侧的下拉菜单，选择 Humanoid 选项，单击 Apply 按钮即可。与此同时，Mecanim 动画系统会自动将用户提供的骨骼结构与系统内部自带的简易骨骼进行匹配，如果匹配成功，Avatar Definition 下的 Configure 复选框会被选中，同时在 Assets 文件夹中，一个 Avatar 子资源会被添加到模型资源中。

7.2.2 配置 Avatar

Unity 引擎中的 Avatar 是 Mecanim 动画系统中极为重要的模块。正确地配置 Avatar 对模型动画非常重要，Avatar 的配置方法如下：首先，在 Project 视图中单击模型文件下的子对象 Avatar，然后单击 Inspector 视图中的 Configure Avatar 按钮。此时系统会关闭原场景窗口，进入 Avatar 的配置窗口（配置窗口是系统开启的一个临时 Scene 视口，配置结束后该临时窗口会自动关闭）。配置窗口中会出现导入人物模型的骨骼，此面板中共分为 Body、Head、Left Hand 和 Right Hand 四项，分别对应四个按钮，如图 7.4 所示。单击不同的按钮会出现不同部位的骨骼配置窗口，并且各个部位的配置互不影响。一般情况下，创建了 Avatar 后，Unity 都会对其正确地初始化，但如果模型文件本身有问题，Unity 无法识别每个部位相应的骨骼，错误部位就会呈现红色，需要手动调整错误部位的骨骼，若错误的部位变成绿色，Avatar 也就配置完成了。

图 7.4 Avatar 的配置

7.2.3 动画重定向

动画重定向，即 Animation Retargeting，是一种动画复用的技术。在实际的开发中，游戏的模型与动画可能是由不同的开发者来制作，为了让分工开发更加方便，Unity 提供了一套用于人形角色动画的重定向机制。游戏美工开发人员可以独立地制作好所有角色模型，

游戏动画开发人员也可以独立地进行动画制作,两者互不干涉。

Mecanim 动画系统提供了一套简化的人形角色骨骼架构。Avatar 文件就是模型骨骼与系统自带骨骼间的桥梁,重定向的模型骨骼通过 Avatar 与自带骨骼搭建映射,这样就会产生一套通用的骨骼动画,其他角色模型只需借助这套通用的骨骼动画就可以做出与原模型相同的动作,即实现角色动画重定向。这项技术的运用,可以极大地减少开发者的工作量以及项目文件和安装包的大小。

具体操作时,首先将需要加入动画的所有模型拖到场景中,然后在模型根节点上创建一个动画控制器,在该控制器中加入一组动画片段。接下来,在所有角色挂载的控制器的 Animation Type 选项里选择在该模型资源下生成的人形骨骼映射 Humanoid,单击 Apply 按钮,如图 7.5 所示。

最后,在 Controller 选项里选择 New Animator Controller,如图 7.6 所示。

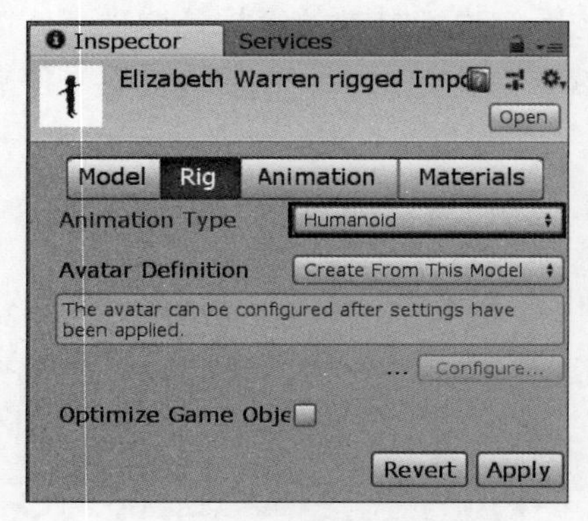

图 7.5　人形骨骼动画设置

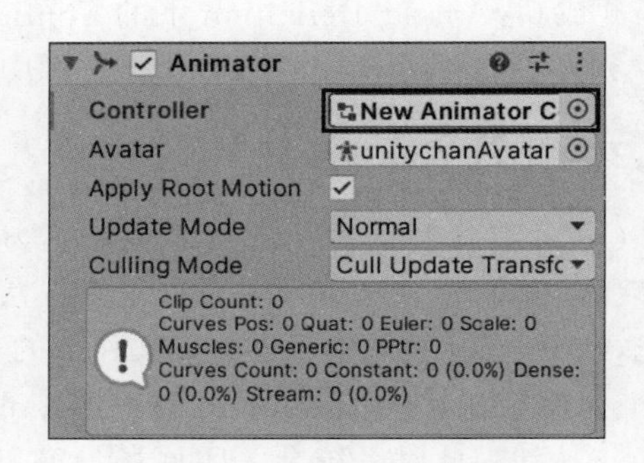

图 7.6　角色动画控制器

运行测试,可以看到导入的模型在执行相同的动作,如图 7.7 所示。

图 7.7　人形动画重定向测试效果

7.3 动画状态机

对于一个角色来说，几个不同的动画对应它在游戏中可以执行的不同动作。而这个动画如何触发、触发后退出到哪个状态、是否需要提高动画的播放速度等问题，是由动画状态机处理的。

动画状态机可以通过相对较少的代码完成设计和更新。每个状态都有一个当前状态机在那个状态下将要播放的动作集合。因此动画师和设计师不使用代码就可以定义可能的角色动画和动作序列。

7.3.1 连接设置

Mecanim 动画系统提供了一种可以预览某个独立角色所有相关动画剪辑集合的方式，允许通过不同的事件触发不同的动作。每个动画控制器中的动画状态机都会有不同的颜色，黄色节点表示默认的状态，绿色节点表示进入的状态，其他为灰色，如图 7.8 所示。除此以外，每个动画状态机上都有 Any State、Entry、Exit 动画状态单元。

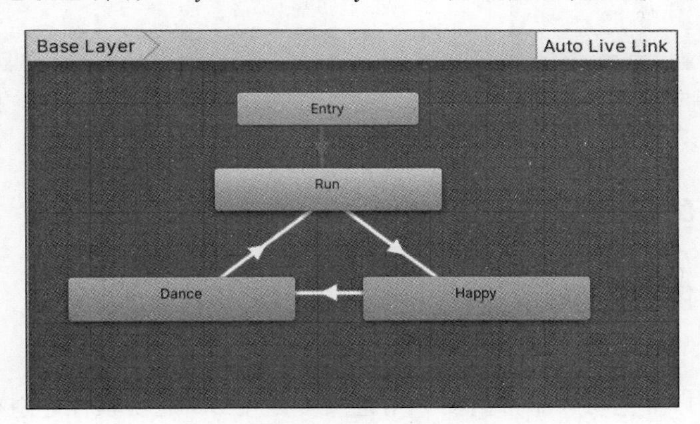

图 7.8 动画状态机

动画状态机之间的箭头表示两个动画之间的连接，将鼠标箭头放在动画状态单元上，右击 Make Transition，在弹出的快捷菜单中选择动画过渡条件，再次单击另一个动画状态单元，完成动画过渡条件的连接，如图 7.9 所示。

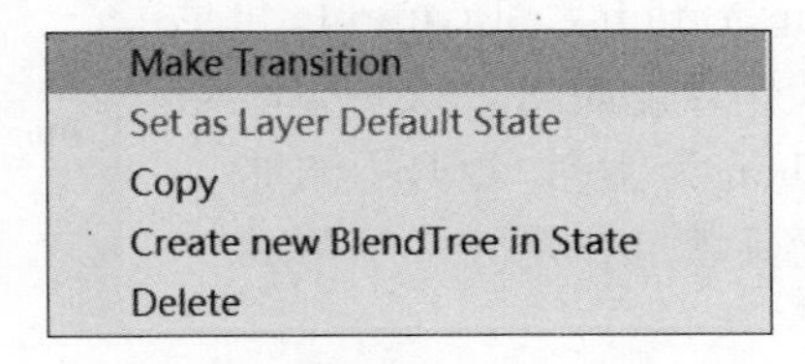

图 7.9 设置动画连接

7.3.2 过渡设置

过渡条件用于实现各个动画片段之间的逻辑，开发人员通过控制过渡条件实现对动画的控制。创建多个参数可以实现以上功能，Mecanim 动画系统支持的过渡参数类型有 Float、Int、Bool 和 Trigger 四种。

下面介绍创建过渡条件参数的方法。在动画状态机左侧的 Parmeters 窗口单击右上方的“+”，可选择添加合适的参数类型(Float、Int、Bool 和 Trigger 任选其一)。然后输入想要添加的参数过渡条件(如 idle、run、attack、death 等)，如图 7.10 所示。最后在 Inspector 视图中的 Conditions 列表中单击+创建参数，并选择所需的参数，如图 7.11 所示。

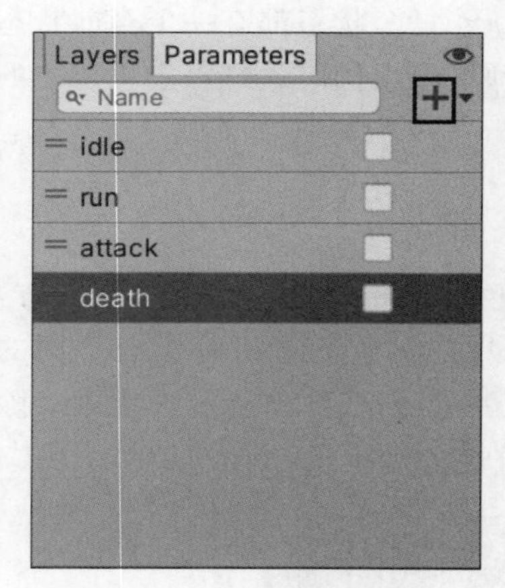

图 7.10　添加过渡条件参数

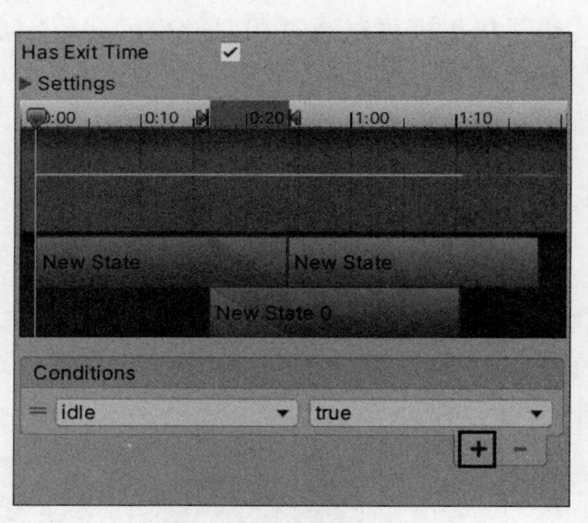

图 7.11　Conditions 列表

7.4　动画系统实践项目

7.4.1　顺序角色动画项目

1. 项目构思

在游戏开发中，角色动画非常重要。角色大多是用 3D 建模软件建造的立体模型，也是构成游戏的基础元素。Unity 引擎几乎支持所有主流格式的 3D 模型，比如 FBX 格式和 OBJ 格式等。开发者可以将 3D 建模软件导出的角色文件添加到项目资源文件夹中。

2 .项目设计

该项目设计实现 standing、running 和 trumble 角色动画的顺序播放效果，角色动作设计如图 7.12 所示。角色以 2014 年推出的 Unity-chan 为主角，她身上自带了许多角色动画，适合做角色动画项目开发。

Entry
standing
trumble
running

图 7.12　角色动作设计

3. 项目实施

第 1 步：双击 Unity Hub 图标，启动 Unity 引擎，建立一个空项目。导入本章素材包中的模型资源，如图 7.13 所示。

第 2 步：选择菜单栏中的 GameObject→3D→Plane 命令，创建一个平面，并将 Unity-chan 角色模型拖入 Scene 场景中，调整摄像机位置，如图 7.14 所示。

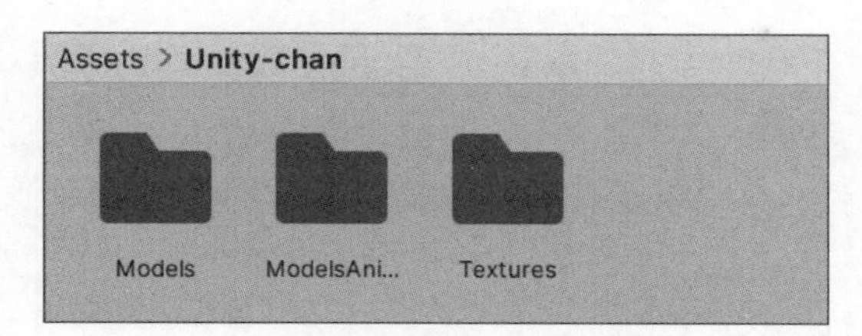

图 7.13 导入素材

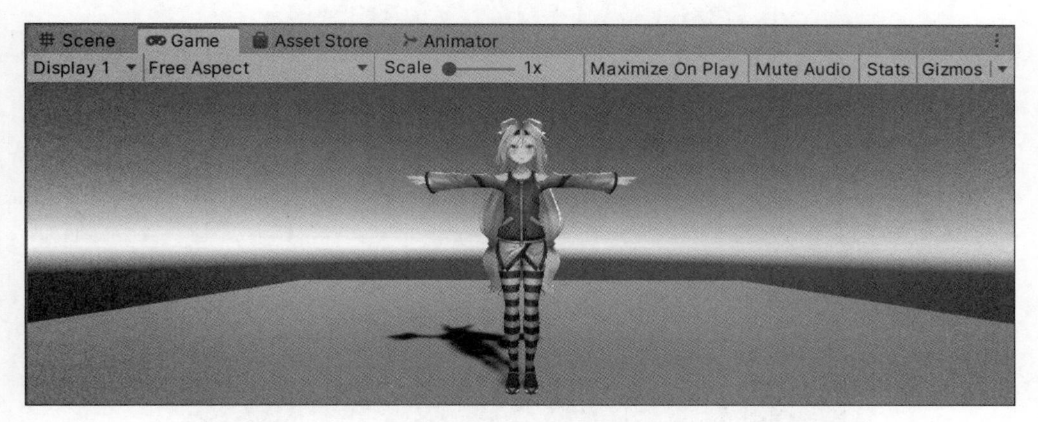

图 7.14 角色效果图

第 3 步：在 Project 视图中单击“+”旁边的▼标志，如图 7.15 所示，在弹出的快捷菜单中选择 Animator Controller，创建动画状态机，如图 7.16 所示，将动画状态机命名为 Unity-chan。

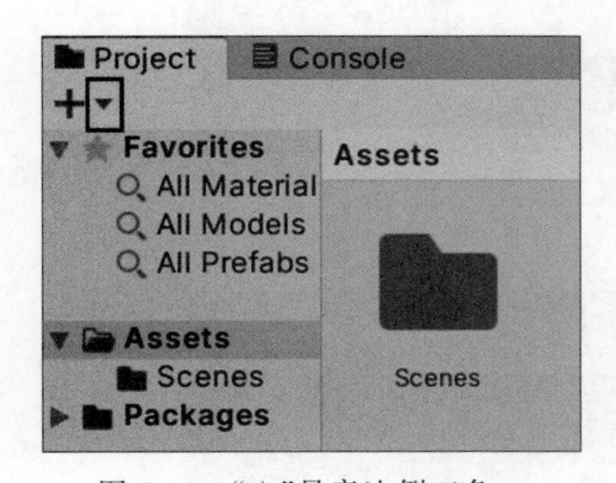

图 7.15 “+”号旁边倒三角▼

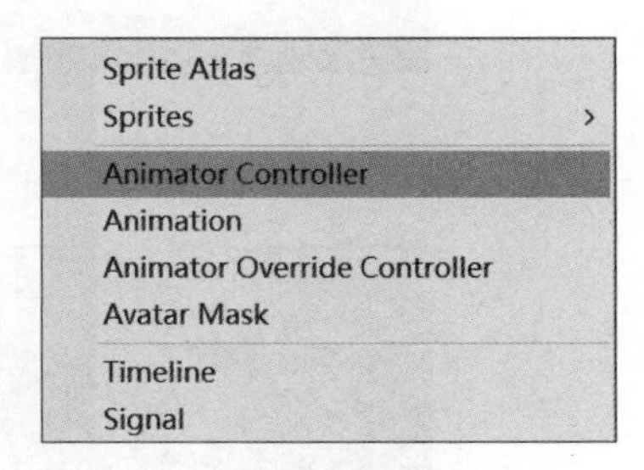

图 7.16 创建动画状态机

第 4 步：打开创建好的动画状态机，在空白处右击，在弹出的快捷菜单中选择 Create State→Empty 命令，创建一个空白状态，将其命名为 standing，并在其 Inspector 视图中设置 Standing 动画，如图 7.17 所示。

第 5 步：用同样的方法依次设置 trumble、running 等动画，如图 7.18 所示。

第 6 步：分别选中每一个动画，右击，在弹出的快捷菜单中选择 Make Transition 命令，为动画状态机设置连线，如图 7.19 所示。

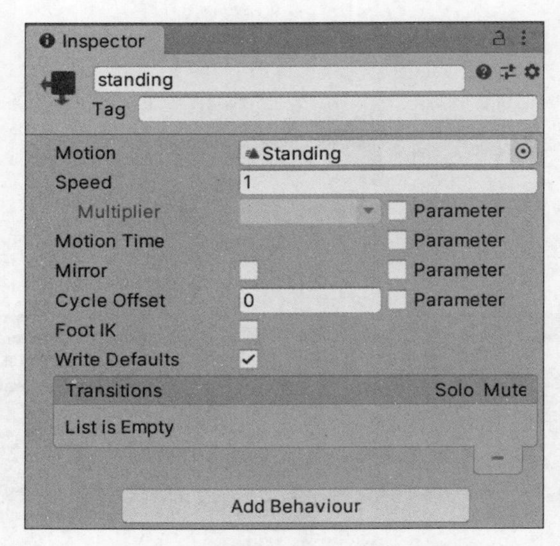

图 7.17 在动画状态机中为动画赋值

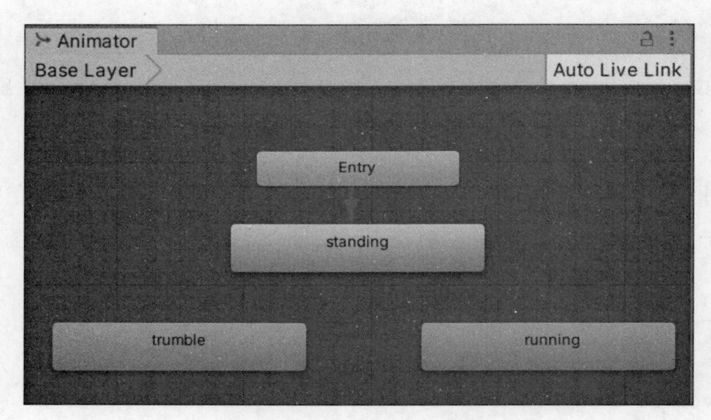

图 7.18 设置动画状态机

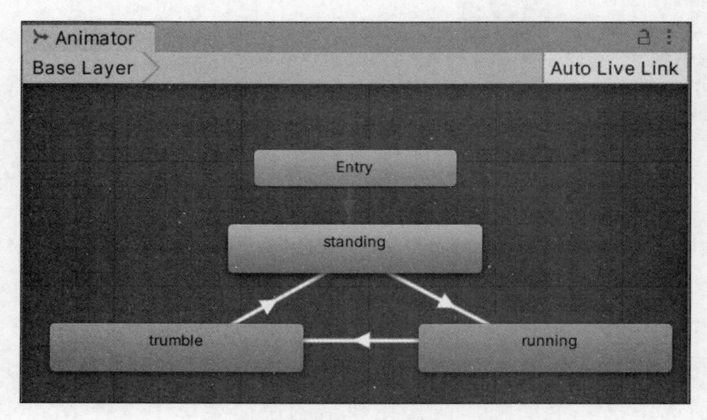

图 7.19 设置动画状态机连线

第 7 步：在 Hierarchy 视图中选中 Unity-chan 模型，在其 Inspector 视图中进行动画状态赋值，如图 7.20 所示。

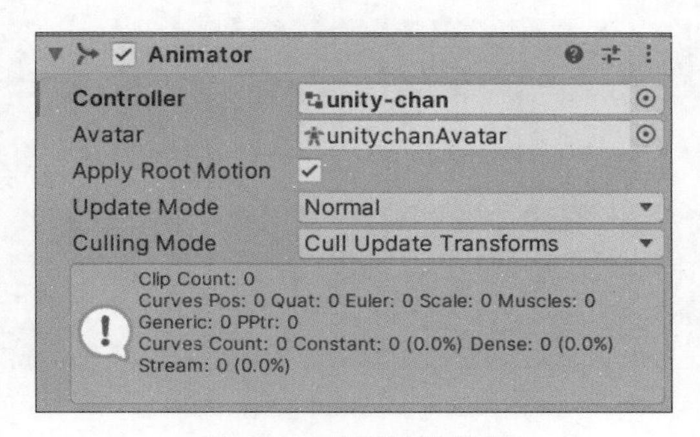

图 7.20　动画状态赋值

4. 项目测试

单击 Play 按钮运行测试，可以看到 Unity-chan 角色模型按照动画序列执行动画状态机中设定的动画，如图 7.21～图 7.23 所示。

图 7.21　standing 动画效果

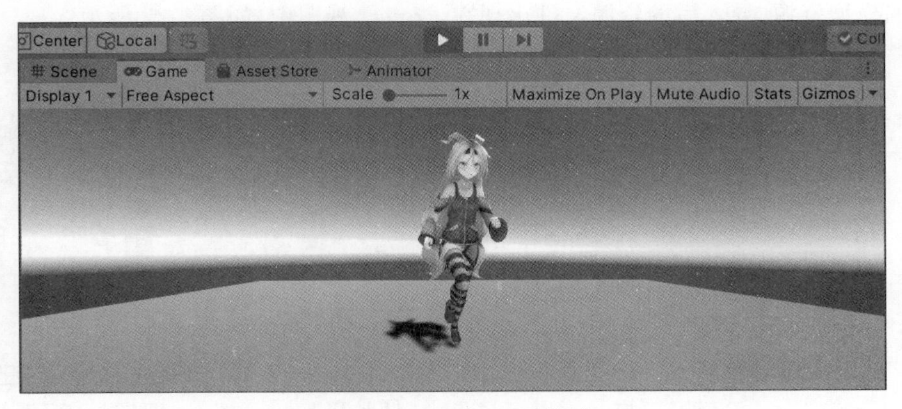

图 7.22　running 动画效果

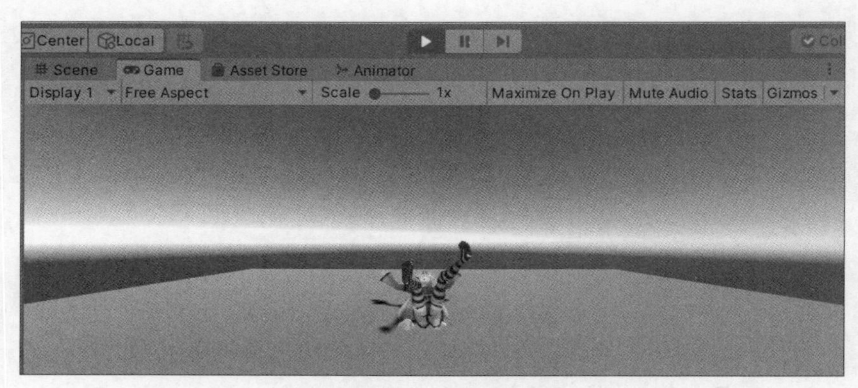

图 7.23 trumble 动画效果

7.4.2 键盘交互动画项目

1. 项目构思

键盘交互，顾名思义就是按下键盘上某个按键产生的触发事件。设计项目时，通过键盘上水平和竖直方向的 4 个按键分别控制角色的不同动作，从而实现键盘交互效果。其中定义按左键为 happy 动作，按右键为 dance 动作，按下键为 trumble 动作，按上键为 running 动作，默认状态下执行 standing 动作。

2. 项目设计

项目设计如图 7.24 所示，设计一个由水平和竖直方向按键控制角色的动画效果。实现时定义两个 int 类型变量 Vertical 和 Horizontal，代表竖直和水平方向键盘的交互变量。当 Vertical>0 时，执行 running 动作；当 Vertical<0 时，执行 trumble 动作；当 Horizontal>0 时，执行 dance 动作；当 Horizontal<0 时，执行 happy 动作。

3. 项目实施

(1) 垂直交互按键。

第 1 步：双击 Unity Hub 图标，启动 Unity 引擎，建立一个空项目，导入 Unity-chan 素材包中的模型资源，导入后的资源文件出现在 Project 视图中，如图 7.25 所示。

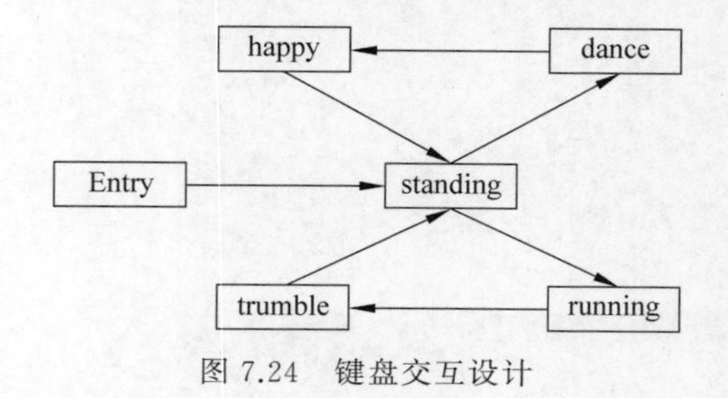

图 7.24 键盘交互设计

Assets > Unity-chan

Models ModelsAni... Textures

图 7.25 导入素材

第 2 步：搭建简单场景。选择菜单栏中的 GameObject→3D→Plane 命令，创建一个平面，并将 Unity-chan 角色模型拖入 Scene 场景中，调整摄像机位置，如图 7.26 所示。

第 3 步：在 Project 视图中右击，在弹出的快捷菜单中选择 Create→ Animator Controller 命令。

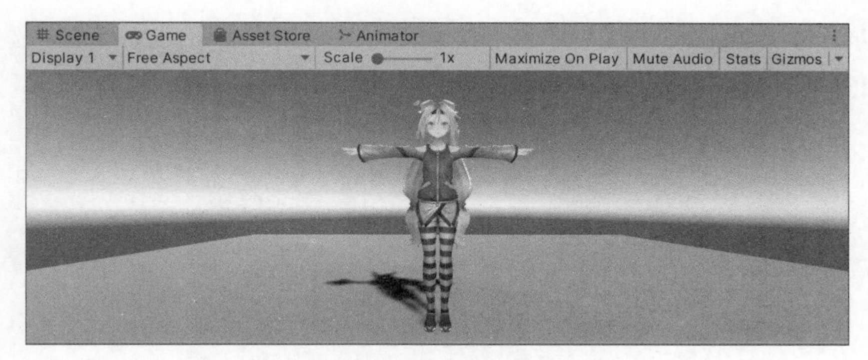

图 7.26 导入角色

第 4 步：打开创建好的 Animator Controller，在动画状态机空白处右击，在弹出的快捷菜单中选择 Create State→Empty 命令，创建一个空白状态，将其重命名为 standing，并在其 Inspector 视图中设置 standing 动画，如图 7.27 所示。

第 5 步：用同样的方法依次设置 running、trumble 等动画，如图 7.28 和图 7.29 所示。

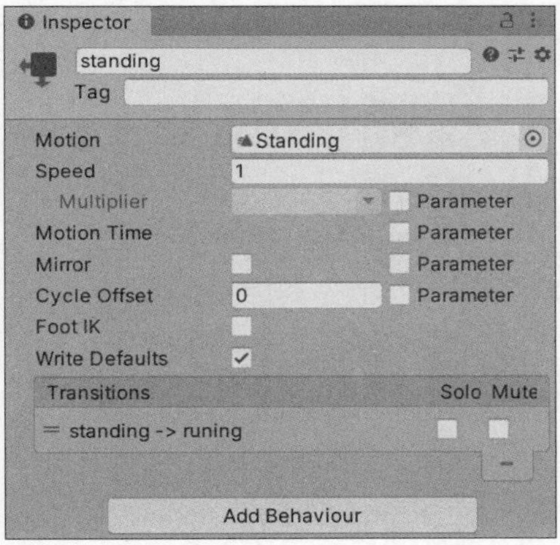

图 7.27 设置 Standing 动画

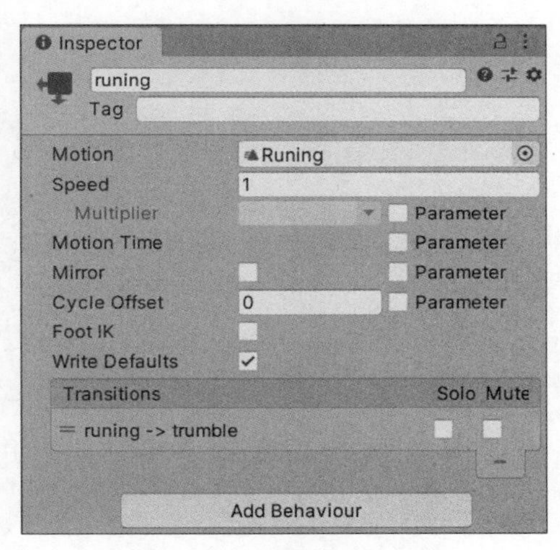

图 7.28 设置 running 动画

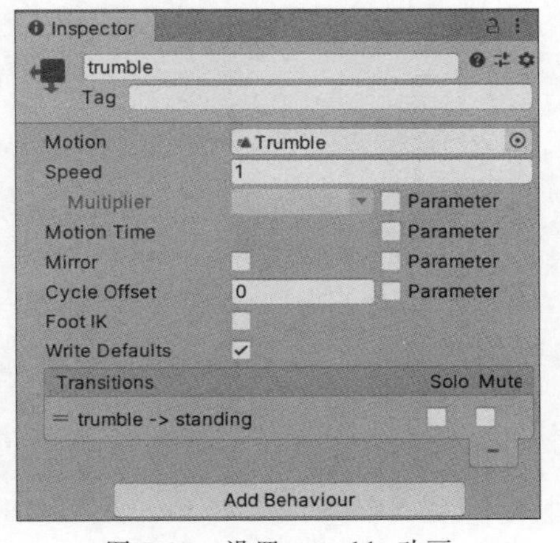

图 7.29 设置 trumble 动画

第 6 步：依次选中状态机中的每一个动画，右击，在弹出的快捷菜单中选择 Make Transition 命令，设置动作连线，如图 7.30 所示。

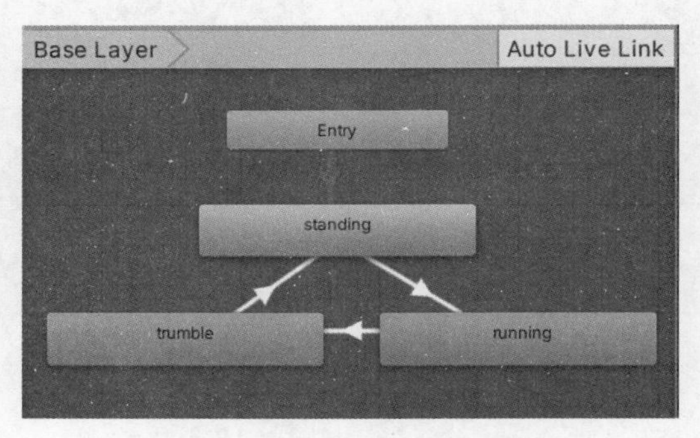

图 7.30　设置状态机动作连线

第 7 步：为每一个动画连线取消 Has Exit Time，实现不等动画播放完毕时即可切换，到下一动画的效果如图 7.31 所示。

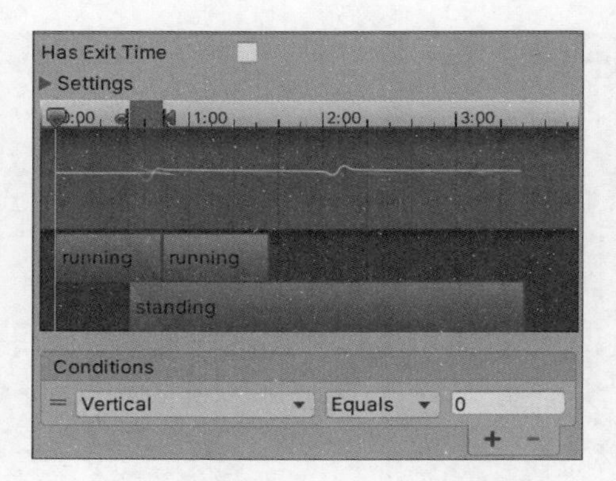

图 7.31　取消 Has Exit Time 连线

第 8 步：在 Parameters 中定义 int 类型的属性 Vertical，如图 7.32 所示。

第 9 步：设置连线状态，选中 running→standing 状态，在其 Inspector 视图中将 Vertical 设为 Equals，如图 7.33 所示。

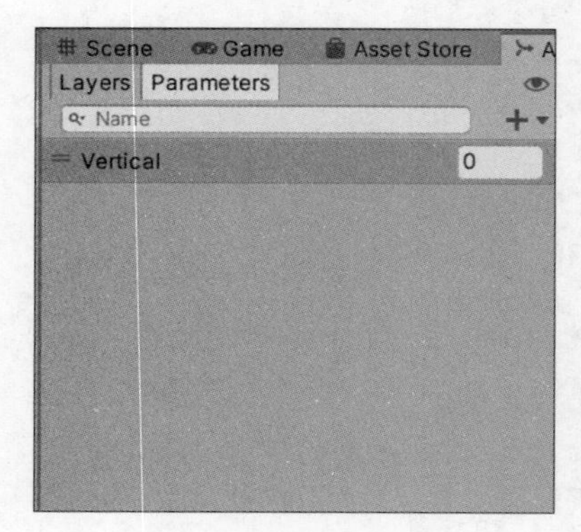

图 7.32　定义 Vertical 变量

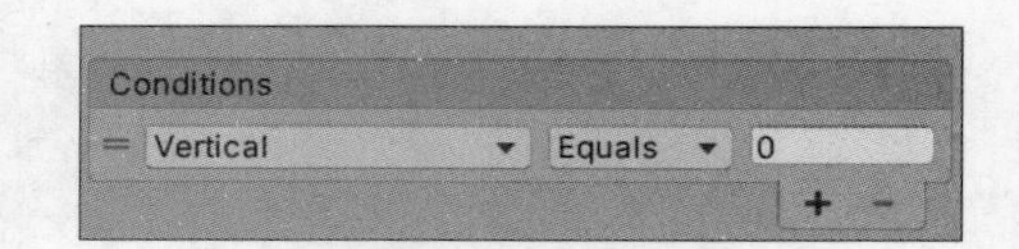

图 7.33　设置动画连线状态

第 10 步：类似地，重复第 3 步，为每一根连线设置状态，如图 7.34 所示。

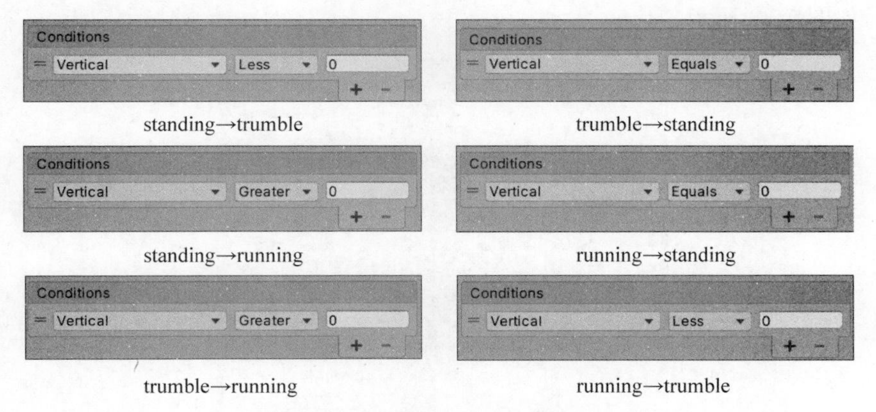

图 7.34 设置所有动画连线状态

第 11 步：创建 C# 脚本，将其命名为 unitychan，代码如下。

```
using System.Collections;
using System.Collections.Generic;
using UnityEngine;
public class unitychan : MonoBehaviour {
    private Animator anim;
    //Use this for initialization
    void Start () {
        anim=GetComponent<Animator>();}
    //Update is called once per frame
    void Update () {
        float v=Input.GetAxisRaw("Vertical");
        anim.SetInteger("Vertical", (int)v);
    }
}
```

第 12 步：在 Hierarchy 视图中选中 Unity-chan 角色，并将脚本链接到其 Inspector 视图中，如图 7.35 所示。

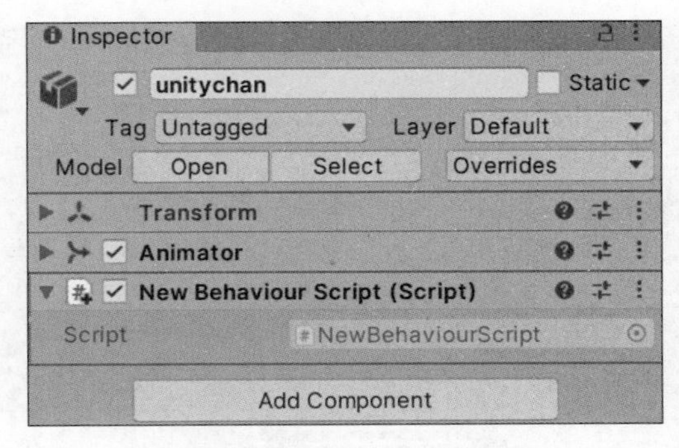

图 7.35 脚本链接

第 13 步：在 Hierarchy 视图中选中 Unity-chan 模型，在其 Inspector 视图中进行动画状态赋值，如图 7.36 所示。

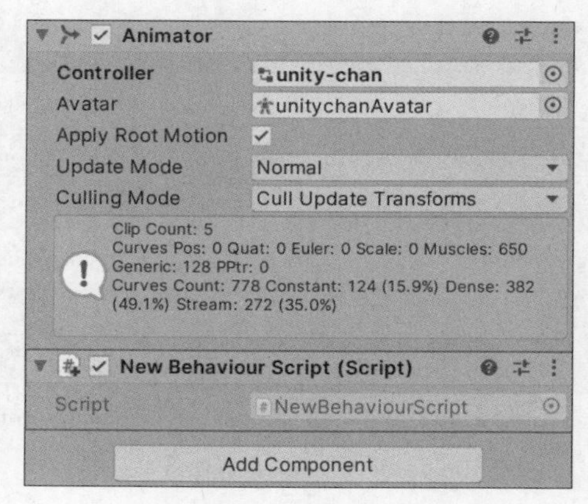

图 7.36　动画状态赋值

(2) 水平交互按键。

第 1 步：制作水平方向动画 dance 和 happy，如图 7.37 所示。

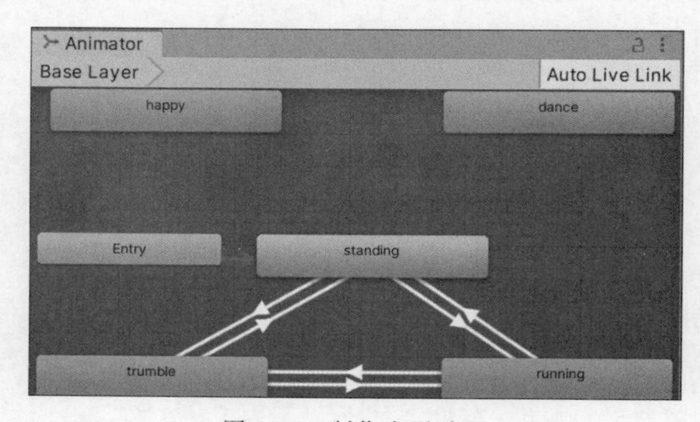

图 7.37　制作水平动画

第 2 步：依次选中每一个动画，右击，在弹出的快捷菜单中选择 Make Transition 命令，为状态机设置动画连线，如图 7.38 所示。

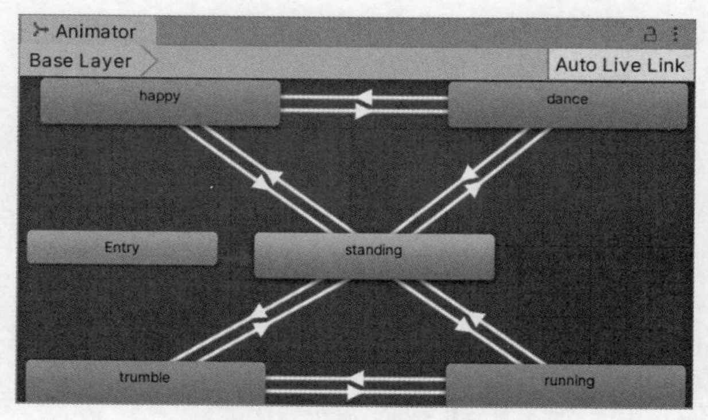

图 7.38　设置动画连线

第 3 步：为每一个动画连线取消 Has Exit Time，实现不等动画随播放完毕时切换。

第 4 步：在 Parameters 中定义 int 类型的 Horizontal 变量，如图 7.39 所示。

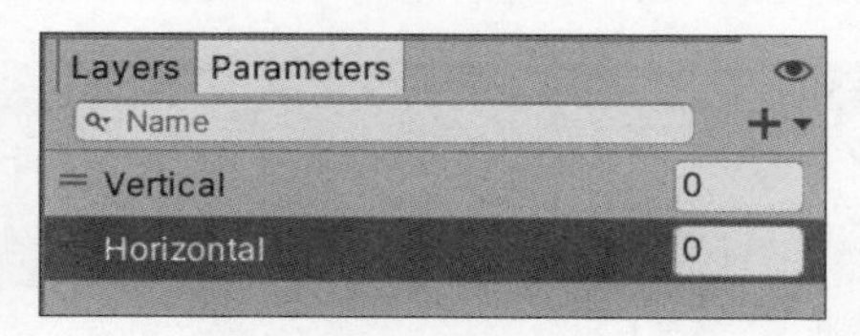

图 7.39　定义 Horizontal 变量

第 5 步：设置连线状态，选中 standing→dance 状态，在其 Inpector 视图中将 Horizontal 设为 Greater，如图 7.40 所示。

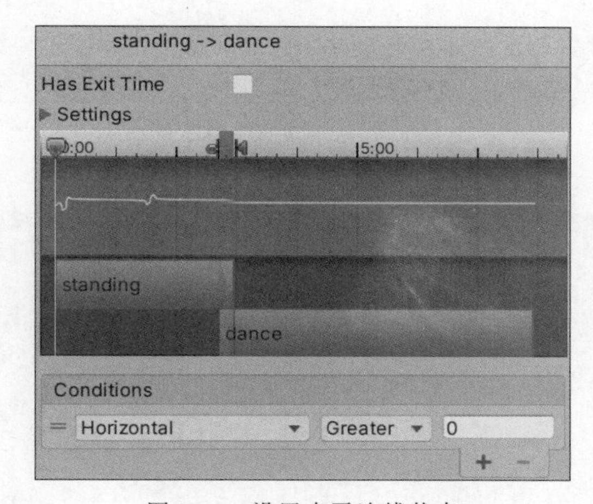

图 7.40　设置水平连线状态

第 6 步：类似地，重复第 5 步，为每一根水平连线设置状态。

第 7 步：完善 unitychan 脚本，代码如下。

```
using System.Collections;
using System.Collections.Generic;
using UnityEngine;
public class unitychan : MonoBehaviour {
    private Animator anim;
    void Start()
    { anim=GetComponent<Animator>(); }
    void Update()
    {
        float v=Input.GetAxisRaw("Vertical");
        anim.SetInteger("Vertical", (int)v);
        float h=Input.GetAxisRaw("Horizontal");
        anim.SetInteger("Horizontal", (int)h);
    }
}
```

4. 项目测试

单击 Play 按钮进行测试,测试效果如图 7.41～图 7.45 所示。

图 7.41　standing——默认状态

图 7.42　happy——按左键

图 7.43　dance——按右键

图 7.44　running——按上键

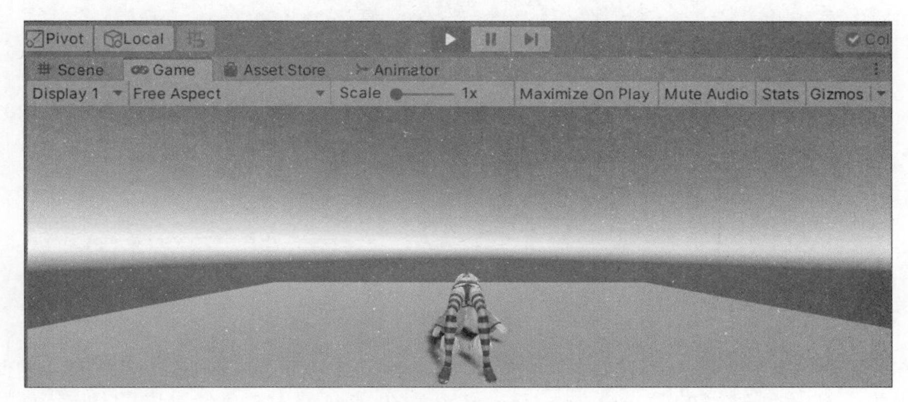

图 7.45　trumble——按下键

7.4.3　鼠标交互动画项目

1. 项目构思

我们希望虚拟游戏世界中的角色如同在真实世界中的一样活灵活现。为了能让游戏角色活起来，需要用到动画系统。本项目构思将在 Unity-chan 角色身体上加入鼠标单击交互功能，实现角色动画互动效果。

2. 项目设计

在虚拟游戏世界中，一个非常重要的体验点就是角色的各种交互动作，如下蹲、奔跑、走路等。本项目计划实现 Unity-chan 鼠标单击交互效果。正常状态下，Unity-chan 播放默认动画，当用鼠标单击 Unity-chan 模型的不同部位（辫子、身体、脸）时，Unity-chan 模型可以播放不同部位（trumble、dance、happy）的对应动画，如图 7.46 所示。

3. 项目实施

第 1 步：双击 Unity Hub 图标，启动 Unity 引擎，建立一个空项目，导入 Unity-chan 素材包资源，导入后的资源文件出现在 Project 视图中，如图 7.47 所示。

第 2 步：选择菜单栏中的 GameObject→3D→Plane 命令，创建一个平面，并将 Unity-chan 角色模型拖入 Scene 场景中，调整摄像机位置，如图 7.48 所示。

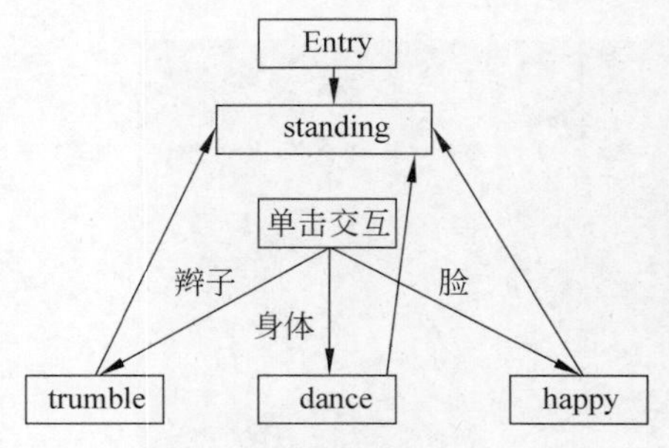

图 7.46　交互动画设计

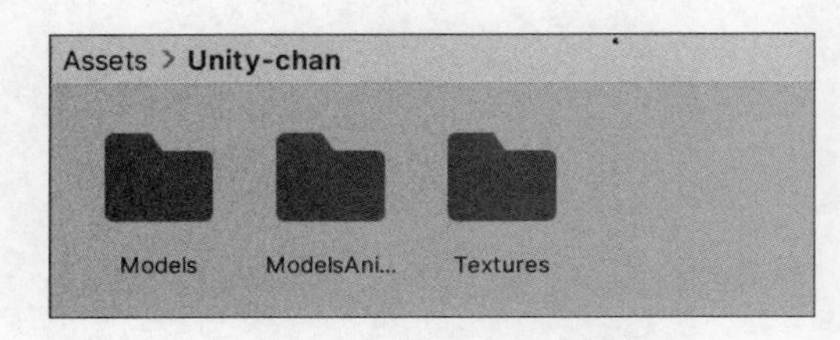

图 7.47　导入素材

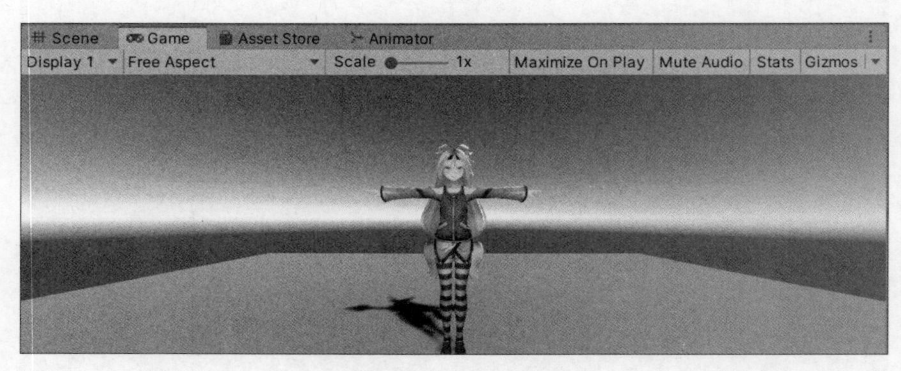

图 7.48　导入角色

第 3 步：在 Project 视图中右击，在弹出的快捷菜单中选择 Create→Animator Controller。

第 4 步：打开创建好的 Animator Controller，在空白处右击，在弹出的快捷菜单中选择 Create State→Empty 命令，创建一个空白状态，将其重命名为 standing，并在其 Inspector 视图中设置 standing 动画，如图 7.49 所示。

第 5 步：用同样的方法依次设置 happy、trumble、dance 等动画，如图 7.50～图 7.52 所示。

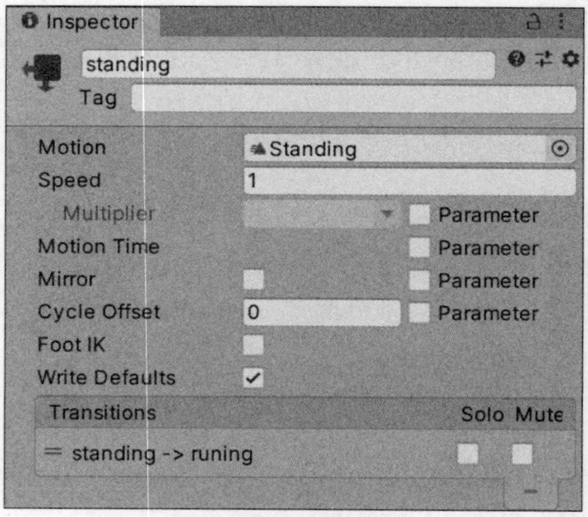

图 7.49　设置 Standing 动画

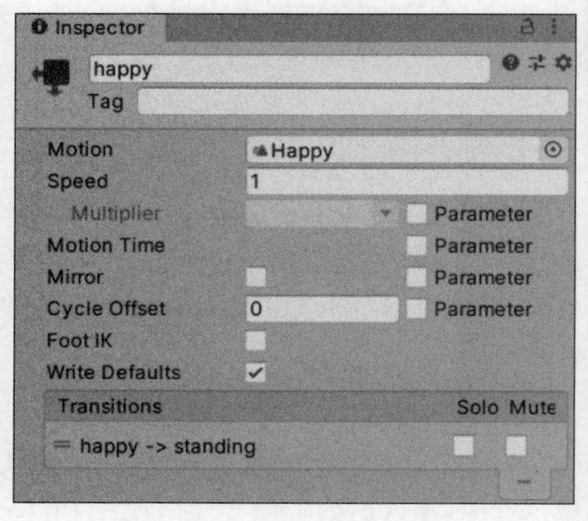

图 7.50　设置 happy 动画

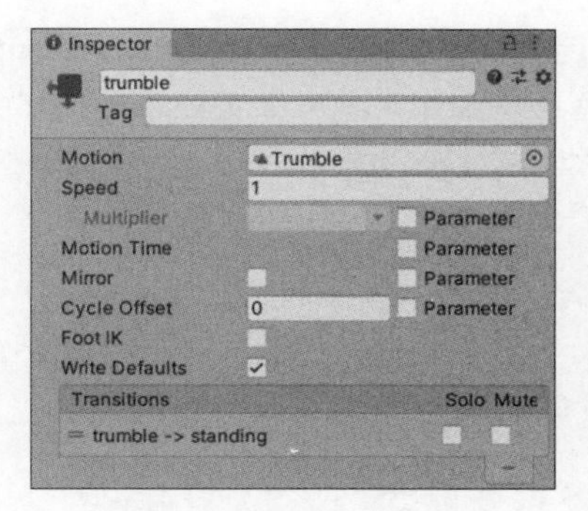

图 7.51 设置 trumble 动画

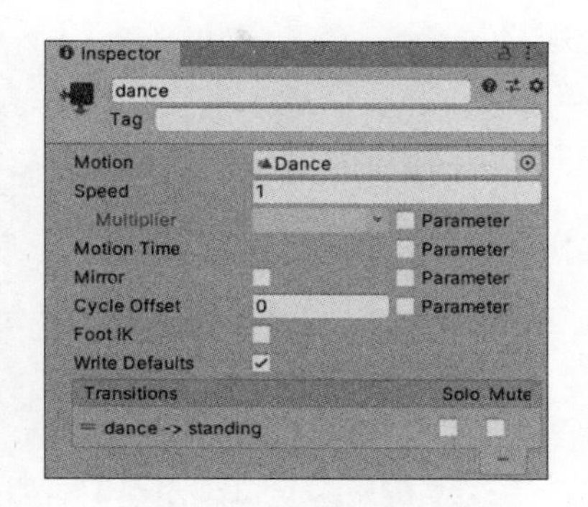

图 7.52 设置 dance 动画

第 6 步：分别选中每一个动画，右击，在弹出的快捷菜单中选择 Make Transition 命令，为状态机设置动作连线，如图 7.53 所示。

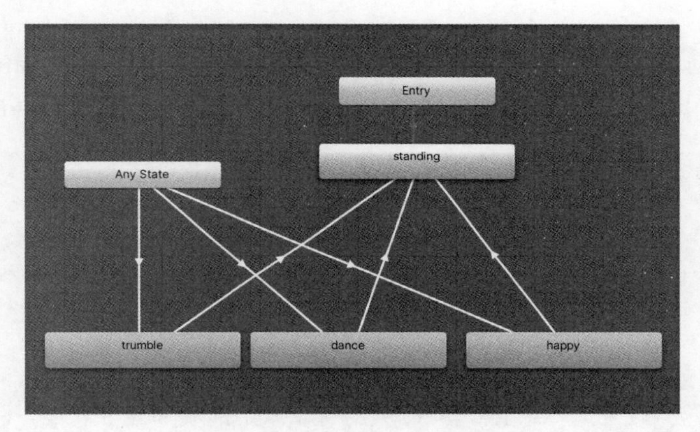

图 7.53 动画状态机连线

第 7 步：创建 Trigger 类型转换条件，并设置 3 个 Trigger 类型变量，即 IsTrumble、IsDance、IsHappy，如图 7.54 所示。

第 8 步：在动画状态机中分别选中 AnyState→dance 连线，在其 Inspector 视图中设置 Conditions 为 IsDance。AnyState→happy 连线，在其 Inspector 视图中设置 Conditions 为 IsHappy。AnyState→trumble 连线在其 Inspector 视图中设置 Conditions 为 IsTrumble，如图 7.55 所示。

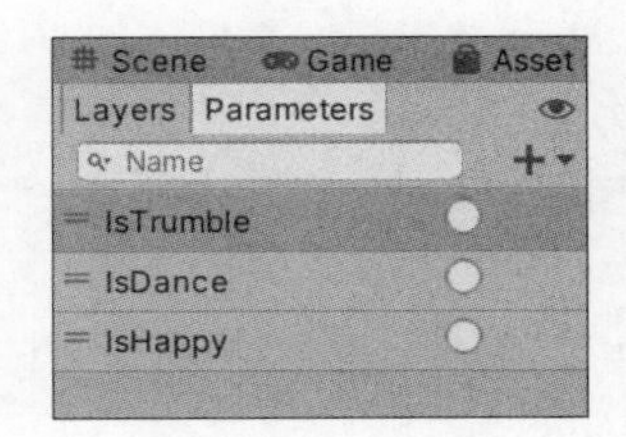

图 7.54 设置变量

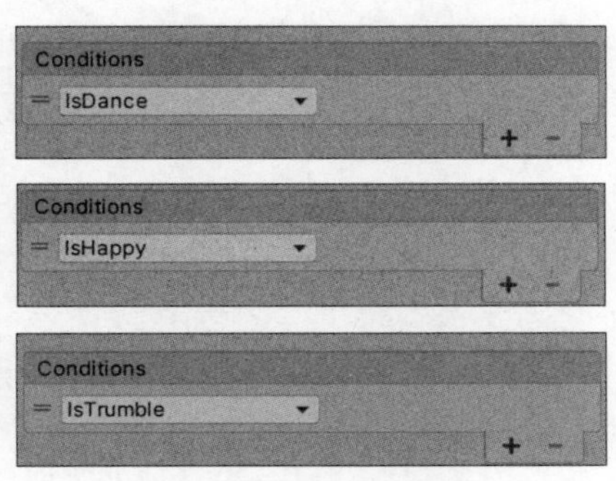

图 7.55 设置连线转换条件

第 9 步：在 Hierarchy 视图中选中 Unity-chan 角色模型，选择菜单栏中的 Component→physics→Box Collider 命令，为 Unity-chan 角色的身体添加 Box Collider，如图 7.56 所示。

图 7.56 为角色的身体添加 Box Collider

第 10 步：在 Hierarchy 视图中选中 Character1_Reference，选择菜单栏中的 Component→physics→Box Collider 命令，为 Unity-chan 角色的脸部添加 Box Collider，如图 7.57 所示。

图 7.57 为角色的脸部添加 Box Collider

第 11 步：在 Hierarchy 视图中选中 tail，选择菜单栏中的 Component→physics→Box Collider 命，令为 Unity-chan 角色的辫子添加 Box Collider，如图 7.58 所示。

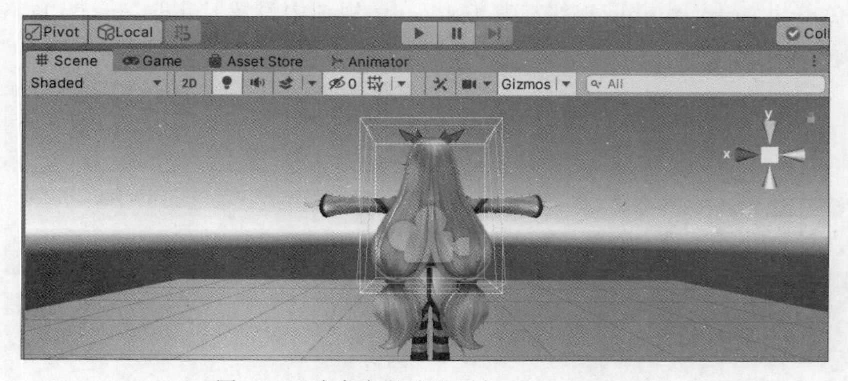

图 7.58 为角色的头发添加 Box Collider

第 12 步：创建 C#脚本，将其命名为 UnityGril_TriggerDance，代码如下。

```
using System.Collections;
using System.Collections.Generic;
using UnityEngine;

public class UnityGril_TriggerDance : MonoBehaviour
{
    public Animator _AniUnityGril;                    //角色动画控制器
    private string _AniNameByWalk="IsDance";
    void OnMouseDown()

    { _AniUnityGril.SetTrigger(_AniNameByWalk);
    }
}
```

第 13 步：创建 C#脚本，将其命名为 UnityGril_TriggerHappy，代码如下。

```
using System.Collections;
using System.Collections.Generic;
using UnityEngine;

public class UnityGril_TriggerHappy : MonoBehaviour
{
    public Animator _AniUnityGril;                         //角色动画控制器

    private string _AniNameByHappy="IsHappy";
    void OnMouseDown()

    { _AniUnityGril.SetTrigger(_AniNameByHappy);}
}
```

第 14 步：创建 C#脚本，将其命名为 UnityGril_TriggerTrumble，代码如下。

```
using System.Collections;
using System.Collections.Generic;
using UnityEngine;
public class UnityGril_TriggerTrumble : MonoBehaviour
{
    public Animator _AniUnityGril;                    //角色动画控制器
    private string _AniNameByTrumble="IsTrumble";
    void OnMouseDown()

    { _AniUnityGril.SetTrigger(_AniNameByTrumble);}

}
```

第 15 步：进行脚本链接，将 UnityGril_TriggerDance 脚本链接给 Unity-chan、将

UnityGril_TriggerHappy 脚本连接给 Character1_Reference、将 UnityGril_TriggerTrumble 脚本链接给 tail，保证每一个部位的 Box Collider 和脚本放在同一游戏对象下，并且对 AniUnityGril 变量进行赋值，如图 7.59～图 7.61 所示。

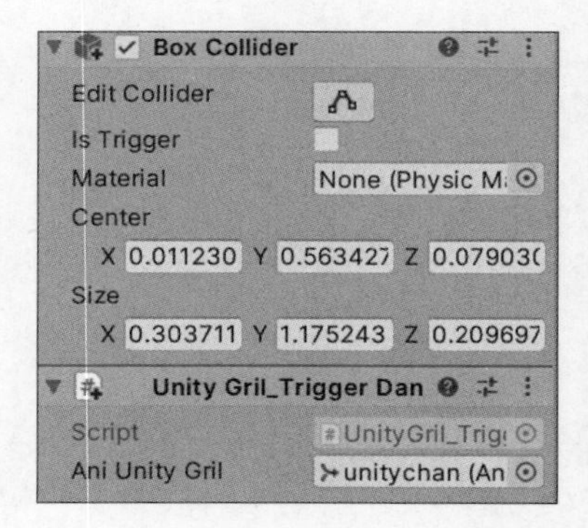

图 7.59　UnityGril_TriggerDance 脚本链接

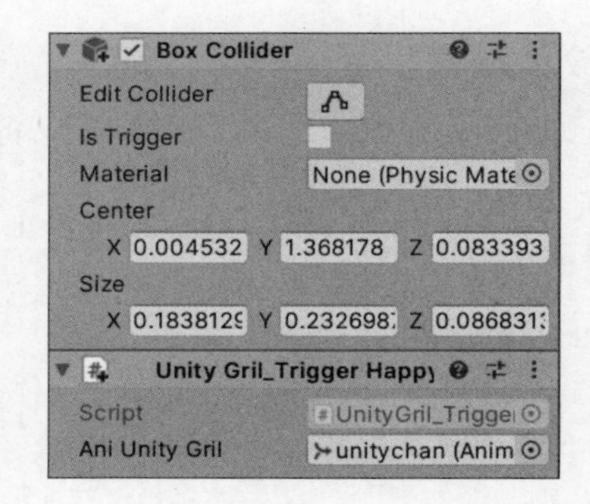

图 7.60　UnityGril_TriggerHappy 脚本链接

第 16 步：在 Hierarchy 视图中选中 Unity-chan 模型，在其 Inspector 视图中进行动画状态赋值，如图 7.62 所示。

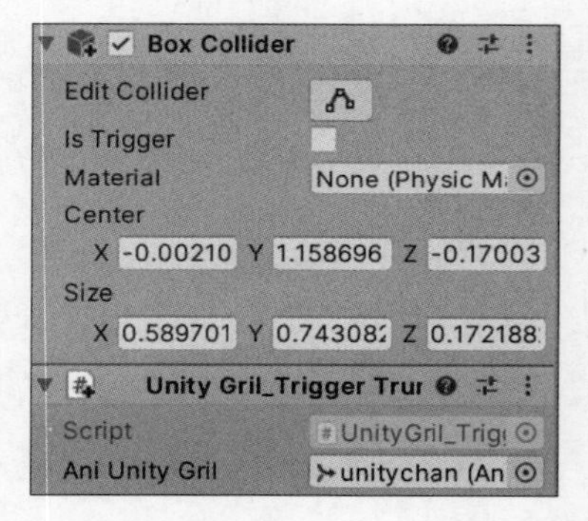

图 7.61　UnityGril_TriggerTrumble 脚本链接

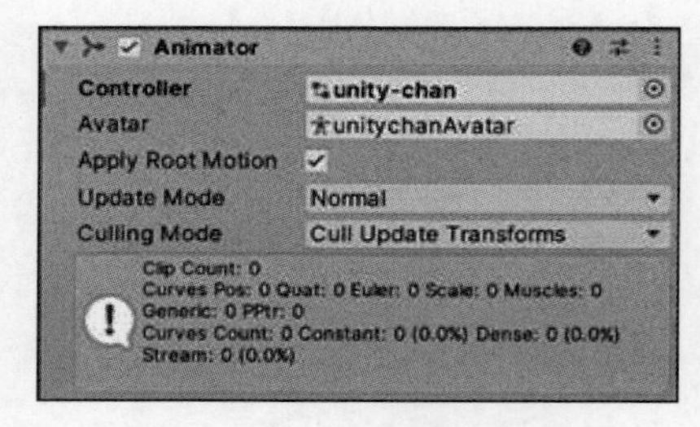

图 7.62　动画状态赋值

4. 项目测试

单击 Play 按钮进行测试，测试效果如图 7.63～图 7.66 所示。

图 7.63　standing 默认状态

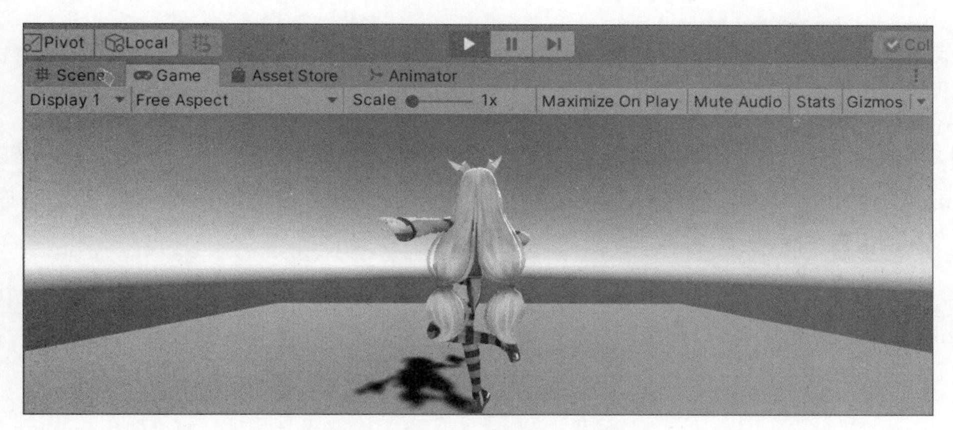

图 7.64 单击身体执行 dance 动画

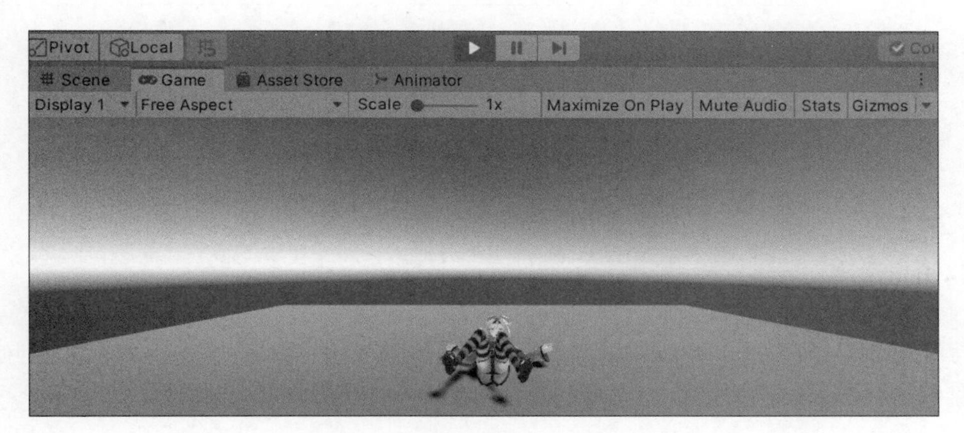

图 7.65 单击辫子执行 trumble 动画

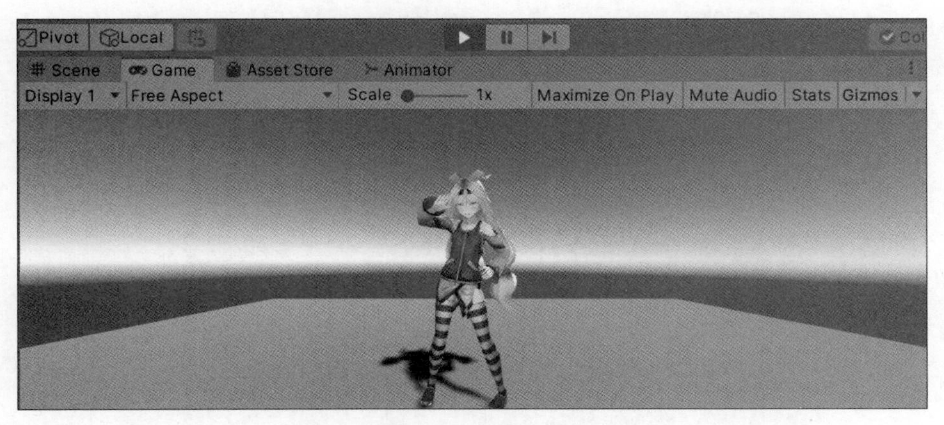

图 7.66 单击脸执行 happy 动画

7.5 动画系统综合项目

1. 项目构思

本项目在第 6 章“物理系统综合项目”的基础上继续完善，整合 Unity 引擎中的 Mecanim 动画系统知识，在 The Forest 游戏中加入摄像机巡航动画以及角色交互动画。

2. 项目设计

具体实现时，摄像机巡航动画采用 Animation 技术实现，角色交互动画采用 Animator Controller 动画状态机实现，如图 7.67 所示。

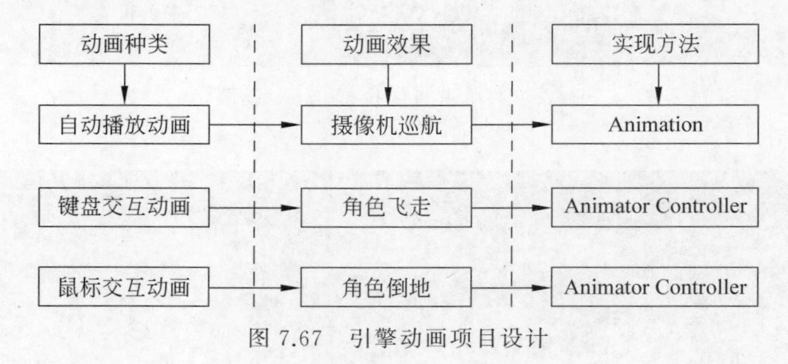

图 7.67 引擎动画项目设计

3. 项目实施

(1) 项目准备。

打开第 6 章已经完成的“物理系统综合项目”中的 Start 场景，导入本项目素材包。将一个自带动画的人物模型资源包 Monster 拖入 Project 视图，如图 7.68 所示。

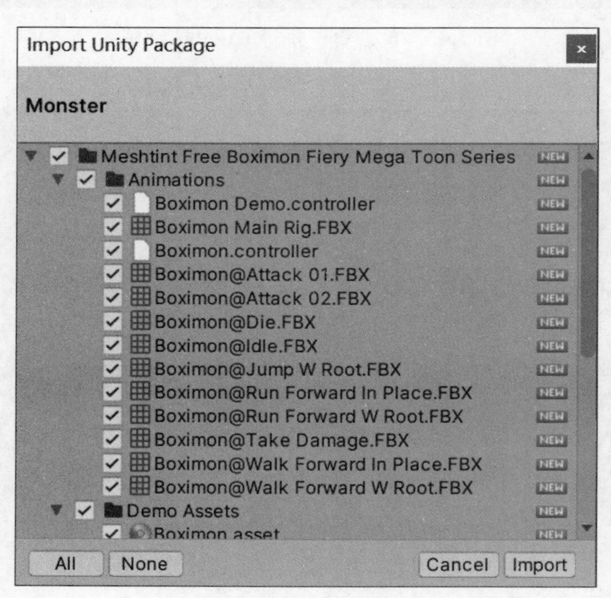

图 7.68 导入资源包

(2) 实现自动播放动画。

第 1 步：借助摄像机来制作一个在森林里漫游的动画，放到主界面里。首先打开 Start 场景，在其 Hierarchy 视图中按住 Ctrl 键，选中除 MainCamera、FPSController、Directional light、Canvas 和 EnventSystem 外的所有游戏对象，然后按快捷键 Ctrl＋C 进行复制，如图 7.69 所示。

第 2 步：打开主界面 Begin 场景，把刚才复制的物体全部粘贴到 Begin 场景中的 Hierarchy 视图中，删除场景中原有的 Canvas 中的背景图片 Bg，如图 7.70 所示。

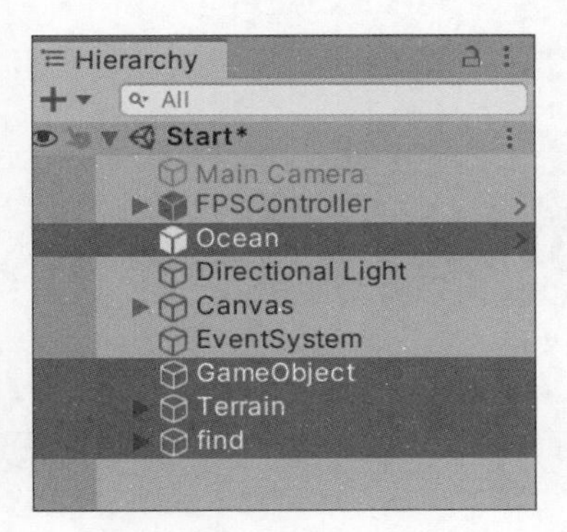

图 7.69 复制游戏对象

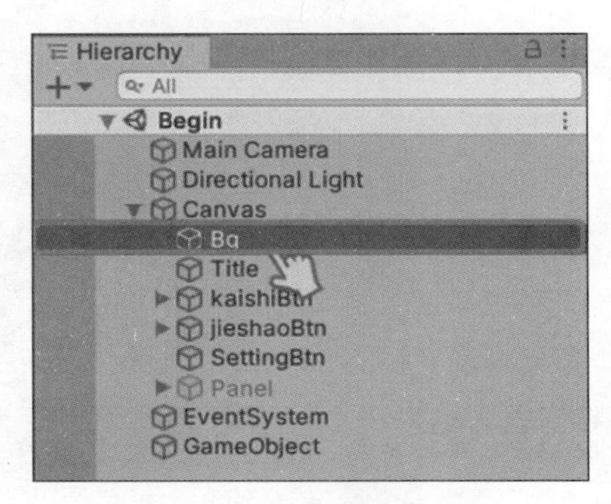

图 7.70 删除背景图片

第 3 步：调整摄像机位置，将其放到小岛上。单击 Game 视图查看效果，再进一步微调到合适位置，如图 7.71 所示。

图 7.71 调整摄像机位置

第 4 步：打开 Animation 窗口，准备进行摄像机巡航动画的录制。具体操作时，选中摄像机 Main Camera，选择菜单栏中的 Window→Animation→Animation 命令，如图 7.72 所示。

第 5 步：单击 Animation 视图中的 Create 按钮，创建一个新的动画，如图 7.73 所示。

第 6 步：单击 Create 按钮后，弹出对话框，给动画命名为 main1，也可自定义动画的名字，如图 7.74 所示。

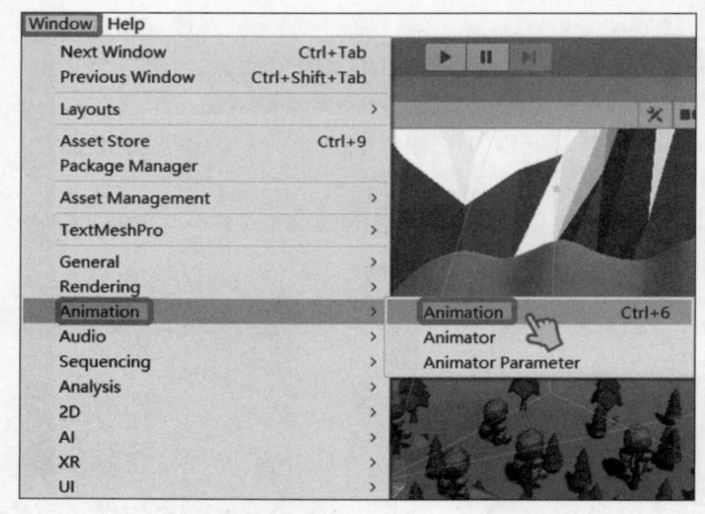

图 7.72　选择 Animation 菜单

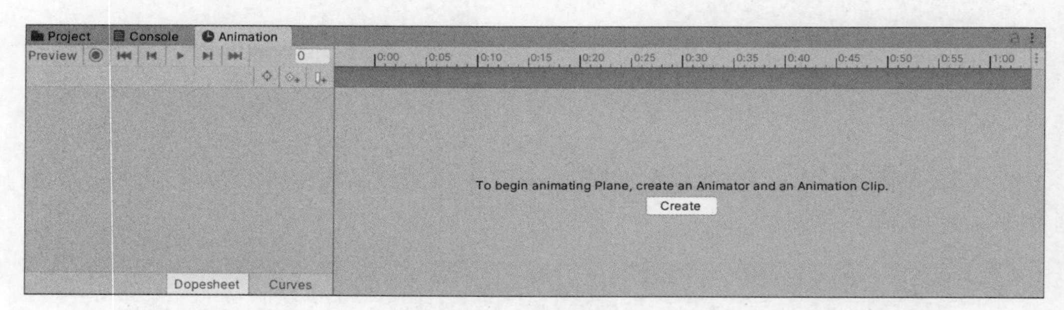

图 7.73　创建 Animation

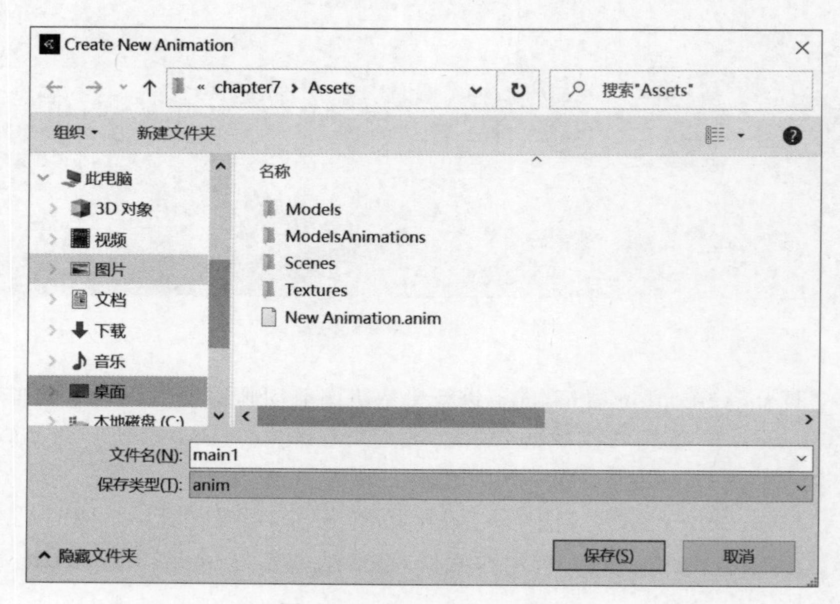

图 7.74　为 Animation 命名

第 7 步：单击 Animation 视图中的 Add Property 按钮，添加 Transform-Position 和 Transform-Rotation 选项。在时间线上通过鼠标滚轮缩放时间，找到 60s 的节点，单击时间线。然后准备开始录制，单击左上方的小红点录制按钮，之后摄像机的任何改变都会被记录下来，如图 7.75 所示。

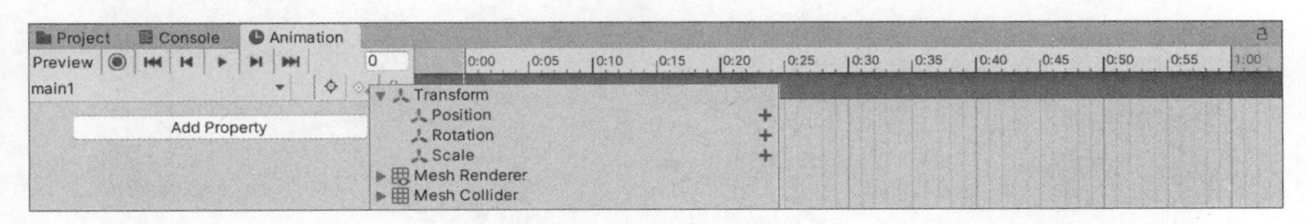

图 7.75　添加动画帧

第 8 步：录制的过程可随意发挥，即调整摄像机的位置方向，最后所有移动和改变轨迹都会记录下来。这里可多次尝试，找到合适的镜头，如图 7.76 所示。

图 7.76　录制动画

第 9 步：录制完成后，单击播放按钮进行回放，测试一下效果，如图 7.77 所示。

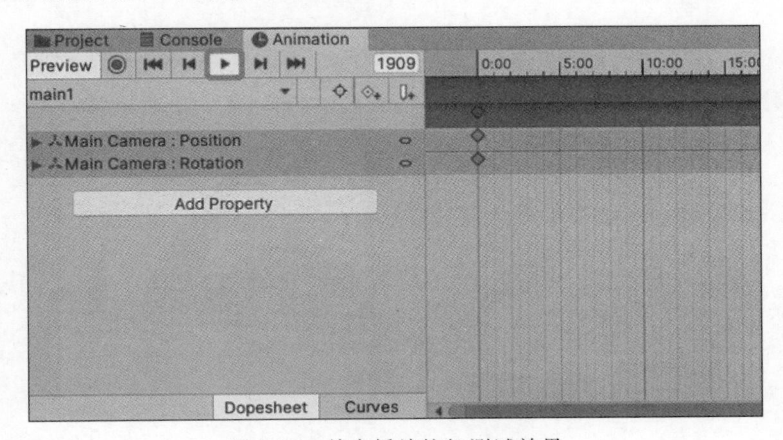

图 7.77　单击播放按钮测试效果

第 10 步：完成后可进行测试，此时会发现主界面不动，背景则是摄像机的漫游镜头，如图 7.78 所示。

图 7.78 运行测试效果

(3) 实现键盘交互动画。

第 1 步：添加一个键盘动画交互。给标题上添加一个停留的鸽子，单击键盘，鸽子会飞起来。具体操作时，在 Project 视图中搜索 Assets→low poly package→Animals→Prefabs→Animals，找到 Seagul，将其拖到场景中，如图 7.79 所示。

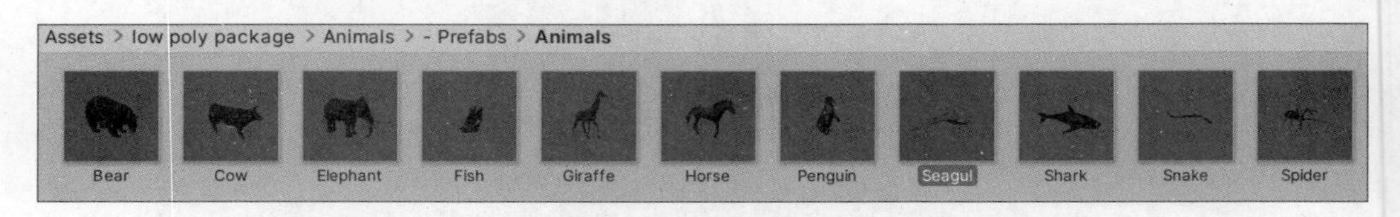

图 7.79 找到 Seagul 素材

第 2 步：重置鸽子在场景中的位置。具体操作时，可以在 Hierarchy 视图中将鸽子作为摄像机的子物体，然后在鸽子的 Inspector 视图的 Transform 组件下选择 Reset Position，重置位置(使用此方法可快速将物体置于父物体的身边)，如图 7.80 所示。

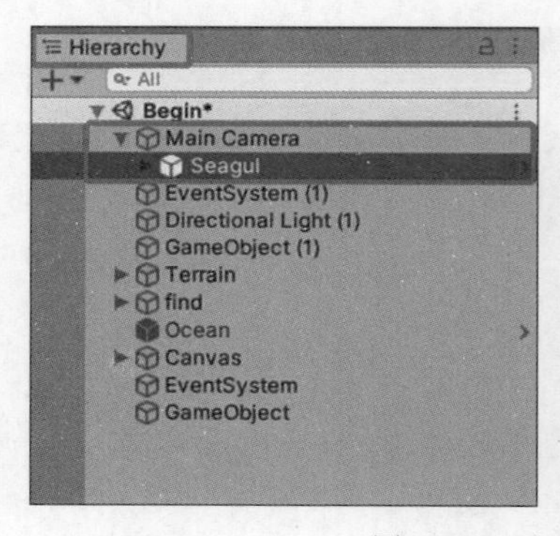

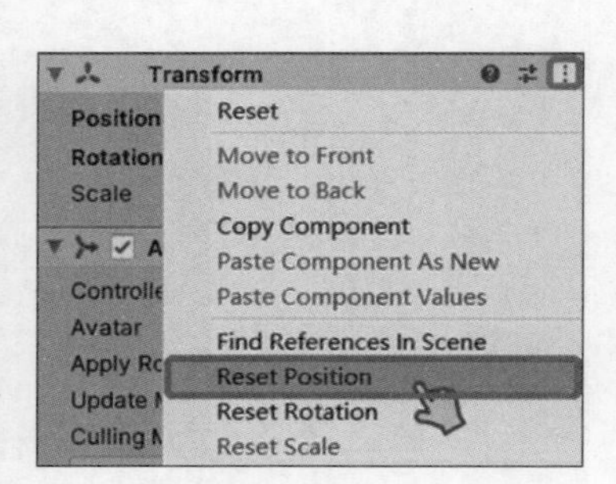

图 7.80 重置鸽子的位置

第 3 步：调整鸽子的位置。把鸽子放到标题的最后一个字母上。可以直接在 Scene 视图中调整位置，然后在 Game 视图中查看是否合适(这里推荐使用 2By3 的视图模式，方便 Scene 和 Game 的对比)，也可以在顶部菜单栏的 Window 窗口里调整，如图 7.81 所示。

第 4 步：调整完毕后，选中鸽子，再选择菜单栏中的 Window→Animation→Animator 命令。打开动画状态机后，右击空白处，在弹出的快捷菜单中选择 Create State→Empty 命令，创建一个空白动画状态，如图 7.82 所示。

图 7.81 调整鸽子的位置

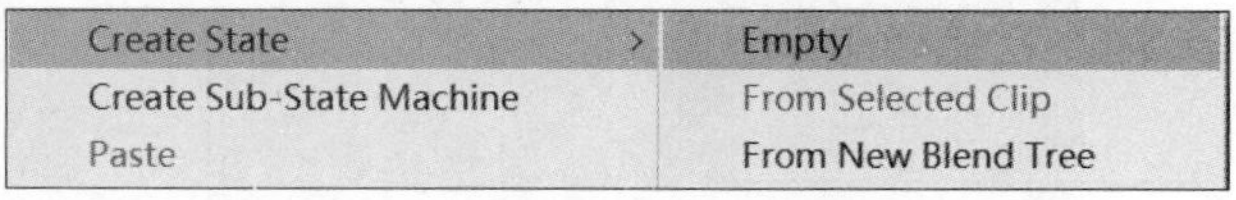

Create State > | Empty
Create Sub-State Machine | From Selected Clip
Paste | From New Blend Tree

图 7.82 创建空白动画状态

第 5 步：项目要实现的效果是鸽子一直静止，按下键盘后飞起来。具体实现时，将创建完成的空白动画状态命名为 wait，并将 Sitting 动画赋值到 Motion 一栏中，如图 7.83 所示。类似地，再创建一个空白动画状态，将其命名为 fly，并将 fly 动画赋值到 Motion 一栏中，如图 7.84 所示。

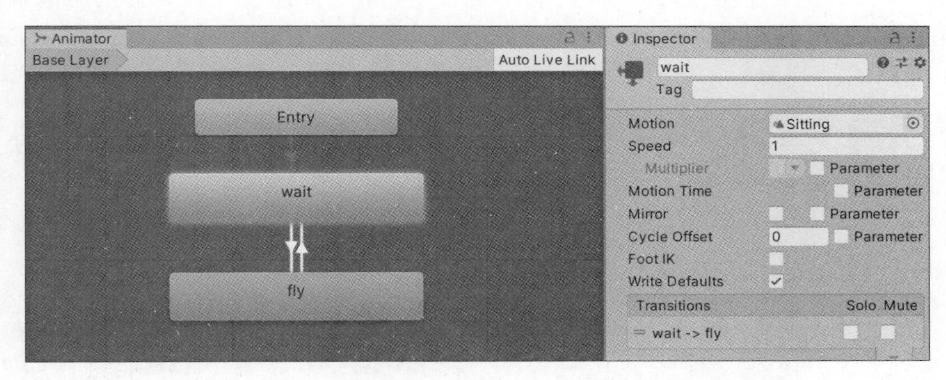

图 7.83 设置 wait 动画

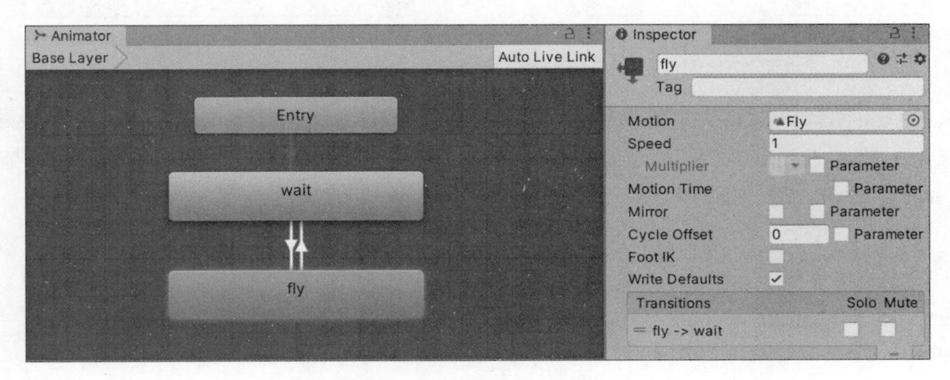

图 7.84 设置 fly 动画

第 6 步：选中动作条 wait 和 fly 之间的连线，按 Delete 键删除，然后在 Parameters 窗口单击＋号，新建一个 Int 类型的变量，命名为 Vertical，如图 7.85 所示。

第 7 步：单击动画视图中刚刚创建 wait→fly 的连接线，在 Inspector 视图中找到 Conditions，单击＋号添加触发事件，选择刚才新建的变量 Vertical，选择 Greater，值为 0。当按下键盘上的方向键时，Vertical 的值就会大于 0，从而触发动画发生，如图 7.86 所示。

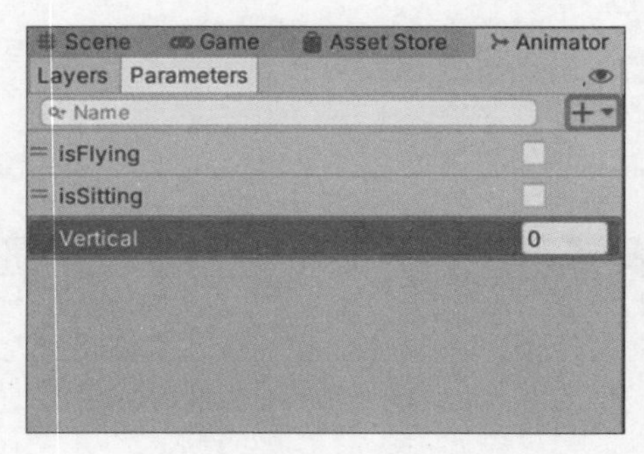

图 7.85　设置 Vertical 变量

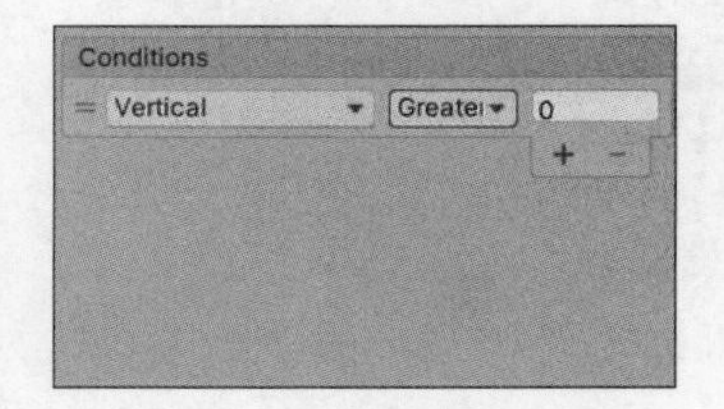

图 7.86　设置触发状态

第 8 步：在 Inspectors 视图中取消勾选 Has Exit Time，即不等待上个动画播放完即可切换到下一个动画，如图 7.87 所示。

第 9 步：重复上述操作，选中灰色动作条 fly，右击添加连接线到橘黄色动作条 wait。同样，在 Inspector 视图中取消勾选 Has Exit Time，然后添加触发事件 Vertical 和 Equals，值为 0，如图 7.88 所示。

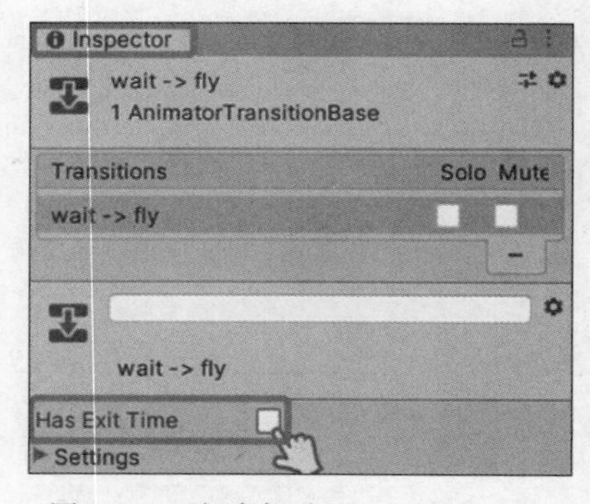

图 7.87　取消勾选 Has Exit Time

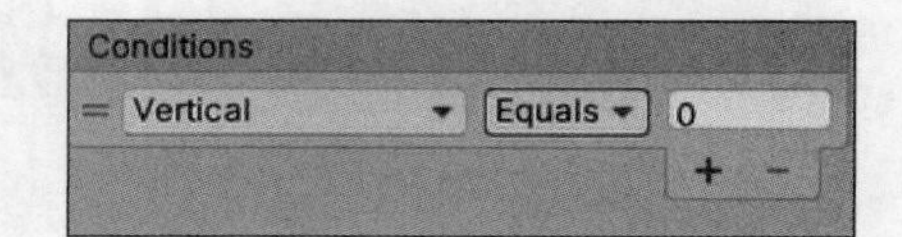

图 7.88　添加触发事件

第 10 步：创建键盘交互的脚本。在 Project 视图的 Assets→Scripts 文件夹中新建一个 C# Script 脚本，代码如下。然后在 Hierarchy 视图选中鸽子 Seagul，把脚本拖到其 Inspector 视图中，进行脚本链接，如图 7.89 所示。

```
using System.Collections;
using System.Collections.Generic;
using UnityEngine;
public class key1 : MonoBehaviour
{
    private Animator anim;
    void Start()
```

```
    {
        anim=GetComponent<Animator>();
    }
    void Update()
    {
        float v=Input.GetAxisRaw("Vertical");
        anim.SetInteger("Vertical", (int)v);
    }
}
```

第 11 步：此时转到 Scene 视图，如果发现鸽子看不清，是因为光线问题，此时可以添加一个点光源给鸽子。在 Hierarchy 视图中右击在弹出的快捷菜单中选择 Light→Point Light 命令，新建一个点光源，如图 7.90 所示。

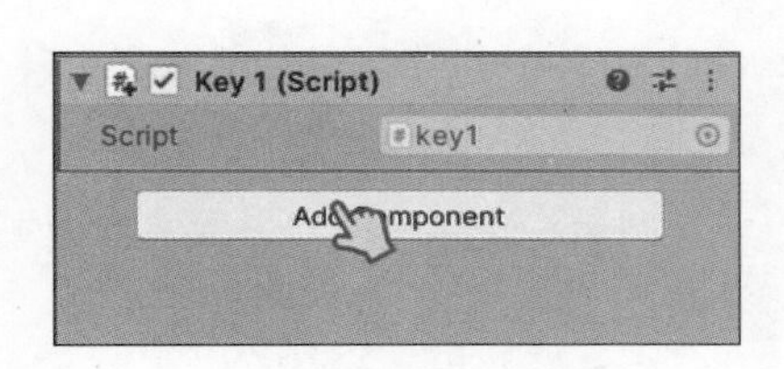

图 7.89　脚本连接

图 7.90　添加点光源

第 12 步：运行测试，主界面中的鸽子停留在界面上，按下键盘时，鸽子开始展翅飞翔，如图 7.91 和图 7.92 所示。

图 7.91　鸽子飞翔前的状态

(4) 鼠标交互动画。

第 1 步：打开 Start 场景第 6 章的“物理系统综合项目”中已经做好了一些触发检测的动物，现在来继续做一些交互怪兽，阻挡玩家收集动物。在 Project 视图中找到 Assets→Meshtint→Prefabs，把 Boximon 怪兽拖到场景中，如图 7.93 所示。

第 2 步：在 Project 视图中空白处右击，在弹出的快捷菜单中选择 Create→Animator Controller 命令，如图 7.94 所示。

图 7.92 鸽子展翅飞翔

图 7.93 搜索怪兽资源

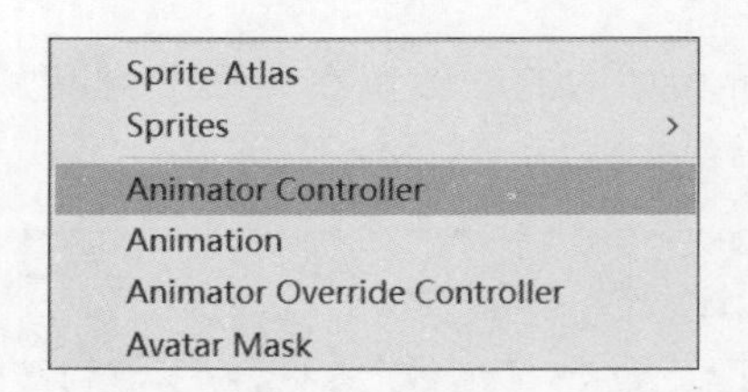

图 7.94 创建 Animator Controller

第 3 步：实现单击怪兽就倒下的效果。选中怪兽 Boximon，在 Animator 视图中新建一个动作状态，将其命名为 kill。在 Animator 视图中选中 kill，在其 Inspector 视图中用 Die 动画进行赋值，如图 7.95 所示。

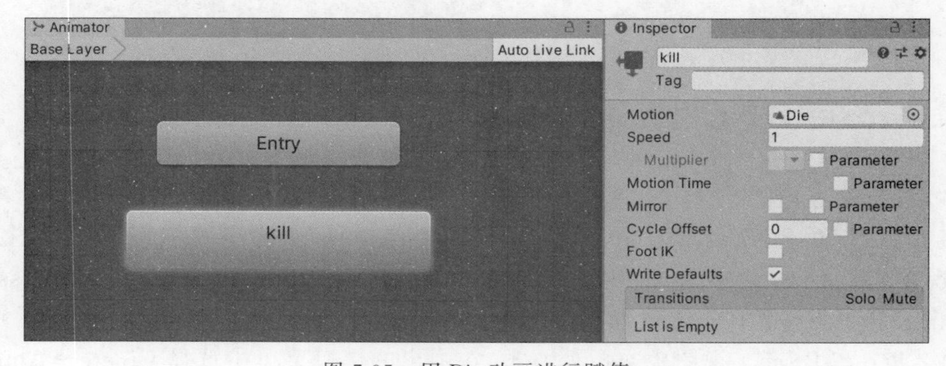

图 7.95 用 Die 动画进行赋值

第 4 步：添加一个 Trigger 变量，作为鼠标控制。在 Parameters 里单击＋号创建，将其命名为 isKill，如图 7.96 所示。

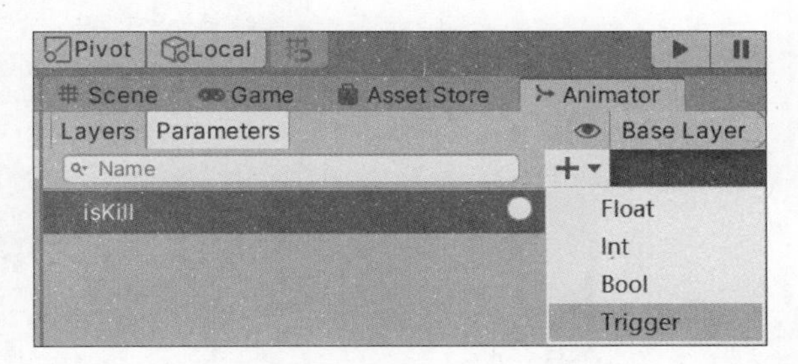

图 7.96 添加 Trigger 变量

第 5 步：设置动画状态机，如图 7.97 所示。单击 Any State 到 kill 动作的连线，在右侧的 Inspector 视图中将 Condition 状态设为 isKill。

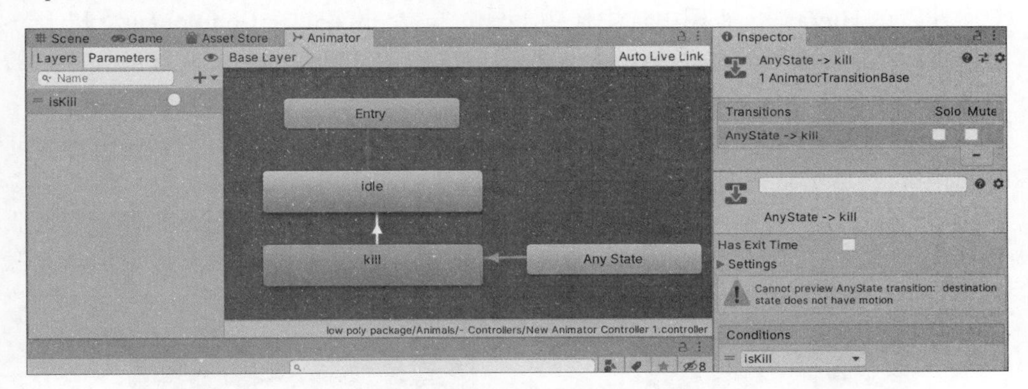

图 7.97 动画连线设置

第 6 步：为鼠标交互创建脚本 kill1，代码如下。（这里注意变量名要改成和刚才创建的 isKill 一样）。然后把写好的 kill1 脚本链接到怪兽身上，最后对脚本进行属性赋值即可，如图 7.98 所示。

```
using System.Collections;
using System.Collections.Generic;
using UnityEngine;
public class kill1 : MonoBehaviour
{
    public Animator Mouse_1;
    private string Mouse_bianliang="isKill";
    private void OnMouseDown()
    {
        Mouse_1.SetTrigger(Mouse_bianliang);
    }
}
```

第 7 步：在 Hierarchy 视图中选中怪兽，将制作好的动画状态机赋予怪兽的 Controller，如图 7.99 所示。

图 7.98　脚本赋值

图 7.99　为动画状态机赋值

第 8 步：在 Hierarchy 视图中选中怪物 Boximon，单击菜单栏 Component→Physics→Box Collider，添加触发器。在其 Inspector 视图的 Edit Collider 中单击调整触发区域的大小。要保证怪兽处于触发区域内，效果如图 7.100 所示。

第 9 步：完成后进行测试，当单击怪兽 Boximon 的触发区域后，Any State 会高亮并传到 kill 动作条，然后场景中的小怪兽 Boximon 就倒地了。

第 10 步：此时，怪兽 Boximon 动画交互完成，接下来可以复制多个怪兽，把所有要收集的动物面前都放置一个怪兽。如果因为角度问题导致部分怪兽很黑，也可以添加点光源补光。完成后进行测试，如图 7.101 所示。

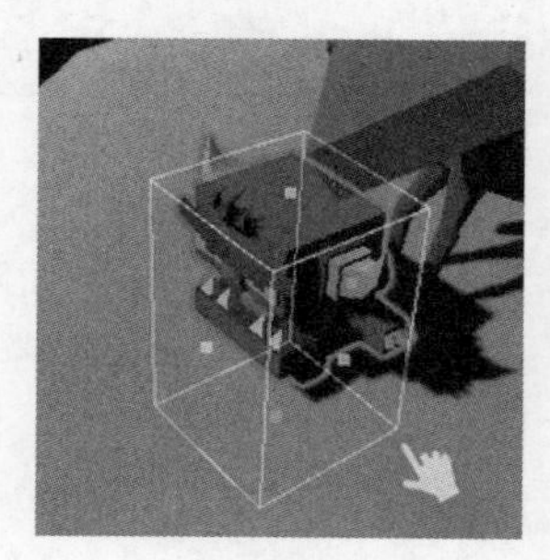

图 7.100　添加触发器

图 7.101　为怪兽添加光源

第 11 步：用同样的方法，利用骨骼重定向技术给怪兽做个帮手。在 Project 视图中搜索 Assets→low poly package→Animals，找到 Penguin，将其拖到场景中，调整到怪兽附近的位置，如图 7.102 所示。

图 7.102　搜索 Penguin(企鹅)

第 12 步：在 Project 视图中找到 Assets→low poly package→Animals→Meshe→Animals→Penguin，选中 Penguin_0，在其 Inspector 视图中找到 Rig，在 Animation Type 中选择 Humanoid，单击 Apply 按钮，如图 7.103 所示。

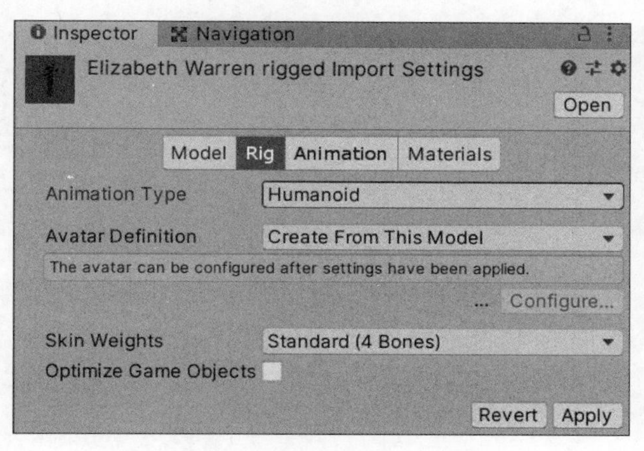

图 7.103 设置动画

第 13 步：接着单击下方的 Configure，如图 7.104 所示提示是否保存场景，选择 Save 按钮保存。（注意：此时如果 Configure 无法单击，要先换一个物体选中，再点回来即可。）打开 Configure 后，在 Inspector 视图中选中 Muscles&Settings，调节企鹅的骨骼和动作，拖动下方滑块，测试企鹅的各个部位是否能动，测试完毕后单击 Reset All 按钮，然后单击 Done 按钮保存即可，如图 7.105 所示。

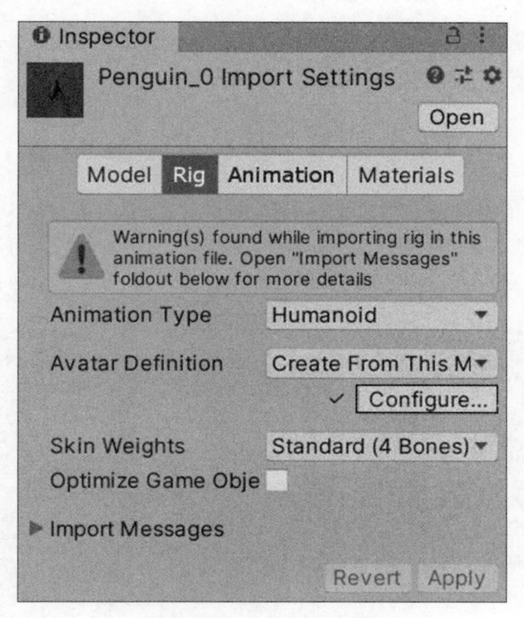

图 7.104 Configure 按钮

第 14 步：接着，在企鹅的 Inspector 视图中对 Controller 进行赋值，选择和怪兽一模一样的动画状态机，即 New Animator Controller，如图 7.106 所示。

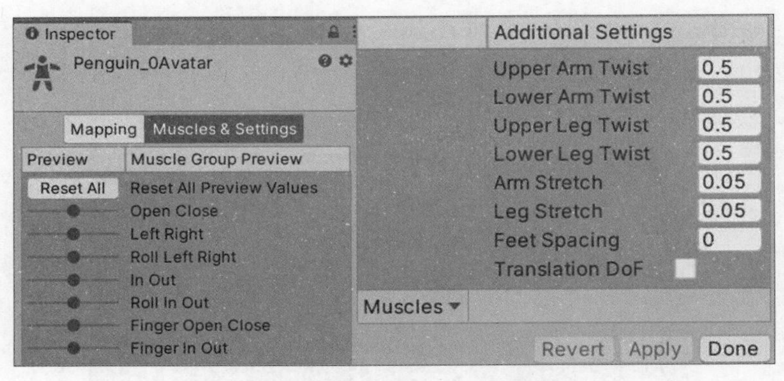

图 7.105　测试关节动作

第 15 步：和怪兽一样，也给企鹅添加 Box Collider，并且链接鼠标交互脚本 kill，如图 7.107 所示。

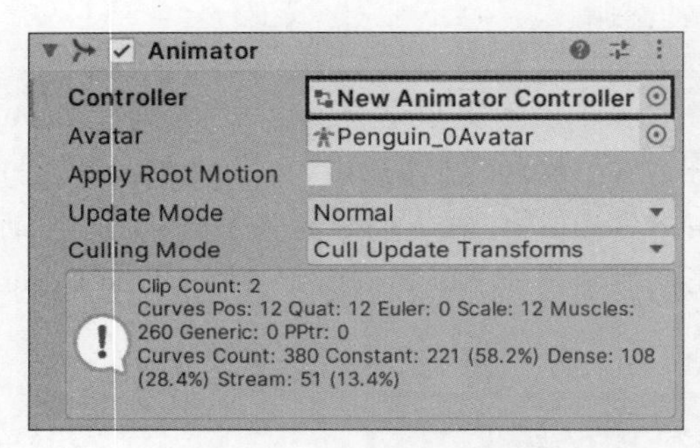

图 7.106　为状态机赋值

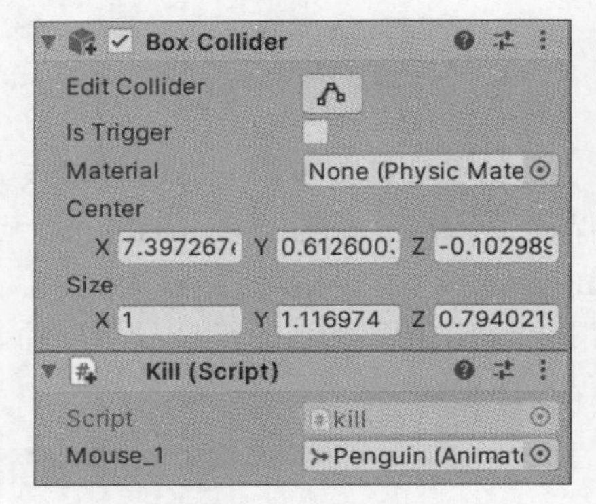

图 7.107　为脚本赋值

4. 项目测试

此时返回 Begin 主界面场景进行测试，通过键盘上的方向键可控制鸽子的动画。进入游戏后，单击怪兽可直接击倒它，然后收集被怪兽保护的动物，还可以看到被骨骼重定向的怪兽小企鹅，单击也可以直接击倒，如图 7.108～图 7.110 所示。

图 7.108　测试效果 1

图 7.109　测试效果 2

图 7.110　测试效果 3

7.6　小结

Unity 引擎有一个丰富而复杂的 Mecanim 动画系统，为游戏中的角色动画开发提供了便利。本章主要介绍了 Mecanim 动画系统，包括 Mecanim 动画系统的特性、核心概念、工作流程以及动画创建和配置方法。在实践部分，讲解制作顺序角色动画、键盘交互动画及鼠标交互动画。最后，将引擎动画知识整合实现了动画系统综合项目。

7.7　习题

1. 简述 Unity 引擎中 Mecanim 动画系统的特性。

2. 简述 Unity 引擎中 Mecanim 动画系统创建动画的流程。

3. 简述 Unity 引擎中 Animaton Type 包括几种模式。

4. 简述 Unity 引擎中人形动画骨骼重定向方法。

5. 下载 Unity 资源商店中的 Unity-chan 模型资源，基于 Mecanim 动画状态机构建角色动画顺序播放效果。

第 8 章

Chapter 8

粒子系统

Unity 引擎中的粒子系统可以创建游戏场景中的火焰、气流、烟雾和大气等效果。它的原理是将若干粒子组合在一起，通过改变粒子的属性来模拟火焰、爆炸、水滴、雾等自然现象。Unity 引擎提供了一套完整的粒子系统，包括粒子发射器、粒子动画器和粒子渲染器。本章主要介绍粒子系统的属性以及在游戏特效中的应用方法，通过粒子系统综合项目整合粒子系统属性，开发游戏场景特效。

8.1 粒子系统概述

粒子系统(Particle System)是 Reeves 在 1983 年提出的迄今为止被认为是模拟不规则物体最成功的一种图形生成算法。粒子系统由大量不规则粒子构成，可以逼真地模拟真实世界中的烟雾、流水、火焰等自然现象，因此成为模拟自然特效的常见方法。粒子基本上是在三维空间中渲染的二维图像，它的基本思想是将许多简单形状的粒子作为基本元素聚集起来，形成一个不规则的模糊物体，从而构成一个封闭的系统——粒子系统。

一个粒子系统由三个独立部分组成：粒子发射器、粒子动画器和粒子渲染器。选择菜单栏中的 GameObject→Effects→Particle System 命令，添加粒子系统，如图 8.1 所示。

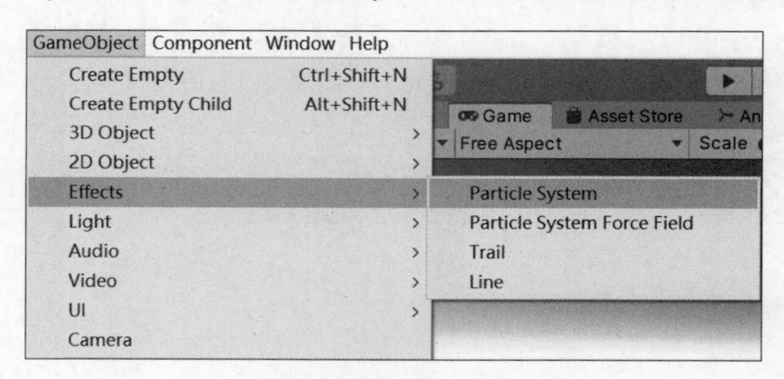

图 8.1　添加粒子系统

8.2 粒子系统属性

Shuriken 粒子系统是继 Unity 3.5 版本之后推出的新版粒子系统。它采用了模块化管理，个性化的粒子模块配合粒子曲线编辑器，使用户更容易创作出各种缤纷复杂的粒子效果。粒子系统的 Inspector 视图有很多参数,可以根据游戏开发过程中粒子系统的设计要求调整,如图 8.2 所示。

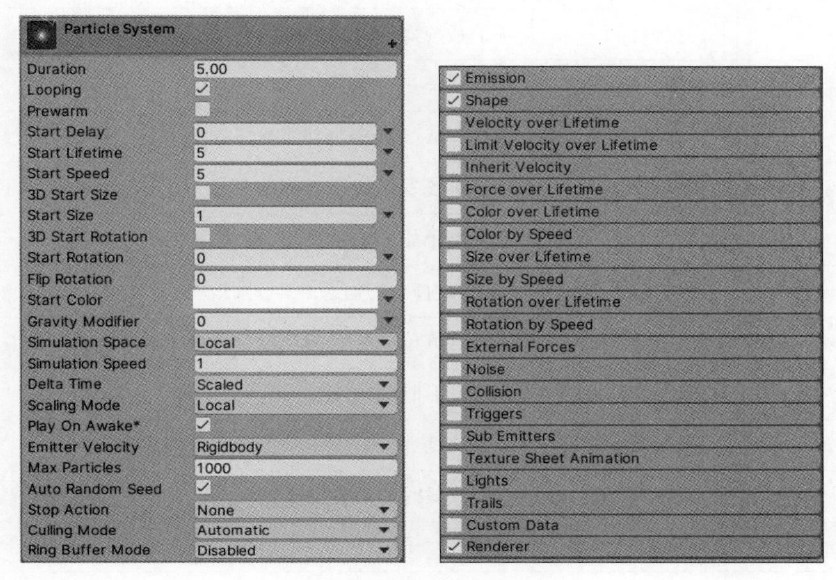

图 8.2 粒子系统属性

8.2.1 通用属性

此模块为固有模块,不可删除或者禁用。该模块定义了粒子初始化时的持续时间、循环方式、发射速度、大小等一系列基本参数,如图 8.3 所示,具体参数含义如表 8.1 所示。

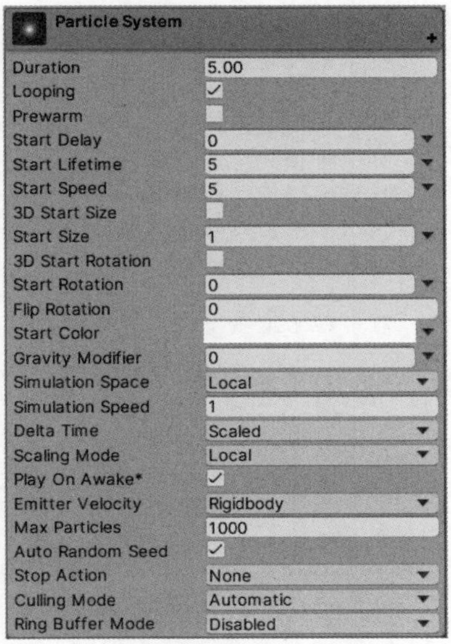

图 8.3 通用属性

表 8.1 通用属性参数

英文名称	中文名称	功能详解
Duration	持续时间	粒子系统发射粒子的持续时间
Looping	循环	粒子系统是否循环
Prewarm	预热系统	当 looping 系统开启时,粒子系统在游戏开始时已经发射粒子
Start Delay	初始延迟	粒子系统发射粒子之前的延迟,在 Prewarm 启用下不能使用
Start Lifetime	初始生命	设置粒子的初始生命值,以秒为单位
Start Speed	初始速度	粒子发射时的速度
3D Start Size	3D 初始大小	勾选后可单独控制每个轴的粒子大小
Start Size	初始大小	粒子发射时的大小
3D Start Rotation	3D 初始旋转值	勾选此复选框后可单独控制每个轴的旋转
Start Rotation	初始旋转值	粒子发射时的旋转值
Flip Rotation	反跳旋转	使某些粒子沿相反方向旋转
Start Color	初始颜色	粒子发射时的颜色
Gravity Modifier	重力修改器	粒子发射时受到的重力影响
Simulation Space	模拟空间	表示粒子系统所在的是局部空间还是世界空间
Simulation Speed	模拟速度	整体改变粒子的运动快慢。注意不只是粒子的速度,而是粒子总体属性在空间位置中的变化,整体放慢或加快
Delta Time	变量时间	默认应该是 Scaled,这个 Scaled 是调节使用时间变化而非帧的变化
Scaling Mode	缩放模式	选择如何使用变换中的缩放,有 Hierarchy、Local 和 Shape 三种模式可选
Play On Awake*	唤醒时播放	如果勾选此复选框,则粒子系统被创建时自动开始播放粒子特效
Emitter Velocity	发射器速率	粒子继承发射器的速度
Max Particles	最大粒子数	粒子发射的最大数量
Auto Random Seed	随机种子	如果勾选此复选框,会生成不重复的粒子效果
Stop Action	停止活动	当所有粒子都死亡,并且其寿命已超过其持续时间时,系统停止
Culling Mode	剔除模式	选择当粒子不在屏幕上时是否暂停粒子系统模拟
Ring Buffer Mode	环形缓冲区模式	使粒子保持活动状态,直到达到"最大粒子数"为止,此时新粒子将回收最旧的粒子,而不是在其寿命到期时移除粒子

8.2.2 其他属性

1. Emission

该模块为发射模块,用于控制粒子发射时的速率,可以在某个时间生成大量粒子。该模块在模拟爆炸时非常有效,如图 8.4 所示,属性参数如表 8.2 所示。

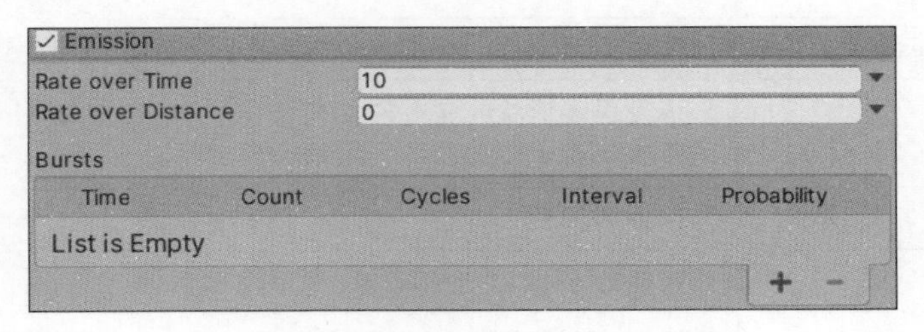

图 8.4 发射模块

表 8.2 发射模块属性参数

英文名称	功能详解
Rate over Time	速率,每秒粒子发射的数量
Rate over Distance	速率,每移动单位距离粒子发射的数量
Bursts	爆发,在粒子系统生存期间增加爆发,用+或-调节爆发数量

2. Shape

该模块为形状模块,用于定义发射器的形状,包括球形、半球体、圆锥、盒子等模型。它可以提供沿形状表面法线或随机方向的初始力,并控制粒子的发射位置及方向,如图 8.5 所示,属性参数如表 8.3 所示。

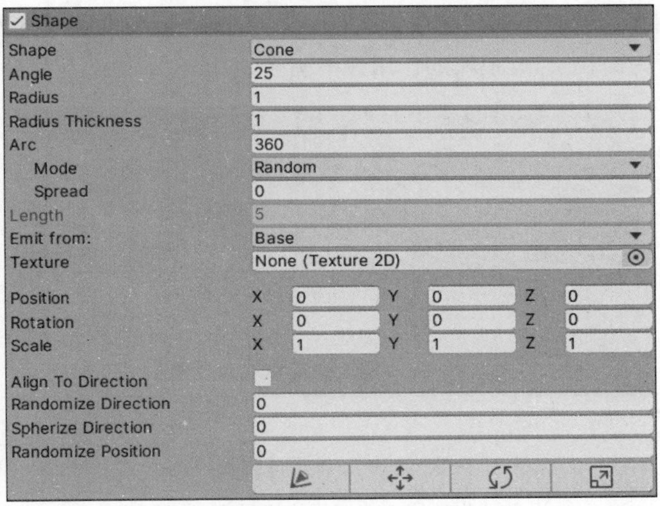

图 8.5 形状模块

表 8.3　形状模块属性参数

英文名称	功能详解
Shape	形状,可以是 Cone、Sphere、Box 等形状
Angle	角度,圆锥的角度。如果是 0,粒子将沿一个方向发射
Radius	发射形状的半径大小
Radius Thickness	球体由壳至核心的厚度。0 是在壳上发射,1 是整个球体发射
Arc	形成发射器形状的完整圆的角部分。Mode 定义 Unity 如何围绕形状的弧生成粒子。Spread 表示圆弧周围的离散间隔
Length	圆锥体的长度
Emit from	从锥体的 Base 或者 Volume 开始发射
Texture	设置图片在发射器上,可影响粒子的颜色和透明度
Position	将一个偏移应用于生成粒子的发射器形状
Rotation	旋转生成粒子的发射器形状
Scale	更改生成粒子的发射器的大小
Align To Direction	根据粒子的初始行进方向定位粒子
Random Direction	粒子发射将沿随机方向
Spherize Direction	将粒子方向朝球面方向混合,设置为 0 时,此设置无效;设置为 1 时,粒子方向从中心向外
Randomize Position	此值为 0 时,不起作用。其他值会对粒子的生成位置应用一些随机性

3. Velocity over Lifetime

该模块为生命周期速度模块,用于控制着生命周期内每一个粒子的速度,对有着物理行为的粒子效果更明显。但对于那些简单视觉行为效果的粒子,如烟雾飘散效果以及与物理世界几乎没有互动行为的粒子,此模块的作用并不明显,如图 8.6 所示,属性参数如表 8.4 所示。

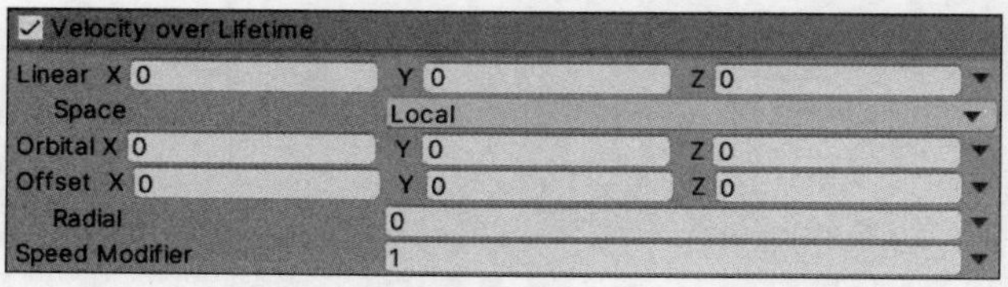

图 8.6　生命周期速度模块

表 8.4　生命周期速度模块属性参数

英文名称	功能详解
Linear X(Y、Z)	粒子在 X(Y 和 Z)轴上的线性速度
Space	粒子生命周期速度值使用局部/世界空间
Orbital X(Y、Z)	围绕 X(Y 和 Z)轴的粒子的轨道速度

续表

英文名称	功能详解
Offset X(Y、Z)	绕粒子运动的轨道中心的位置
Radial	远离/朝向中心位置的粒子的径向速度
Speed Modifier	扩大粒子沿其当前行进方向的速度

4. Limit Velocity over Lifetime

该模块为生命周期速度限制模块，用于控制粒子在生命周期内的速度以及速度衰减，可以模拟类似拖动的效果。若粒子的速度超过设定的限定值，则速度会被锁定到该限定值，如图 8.7 所示，属性参数如表 8.5 所示。

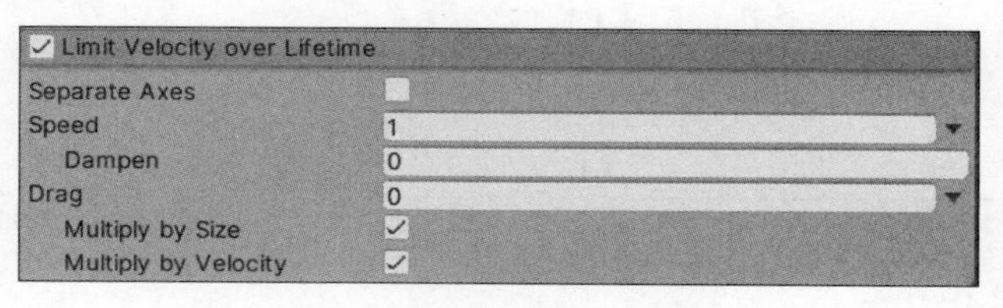

图 8.7　生命周期速度限制模块

表 8.5　生命周期速度限制模块属性参数

英文名称	功能详解
Separate Axis	分离轴，用于每个坐标轴控制
Speed	速度的限制(用常量或曲线来指定)
Dampen	阻尼，取值范围为 0～1，当粒子速度超过速度限制时，粒子速度降低比例
Drag	将线性阻力应用于粒子速度
Multiply by Size	启用后，较大的粒子会受到阻力系数的更多影响
Multiply by Velocity	启用后，阻力系数对更快的粒子的影响更大

5. Inherit Velocity

该模块为继承速度，用于控制粒子的速度如何随时间推移对其父对象的运动做出反应，如图 8.8 所示，属性参数如表 8.6 所示。

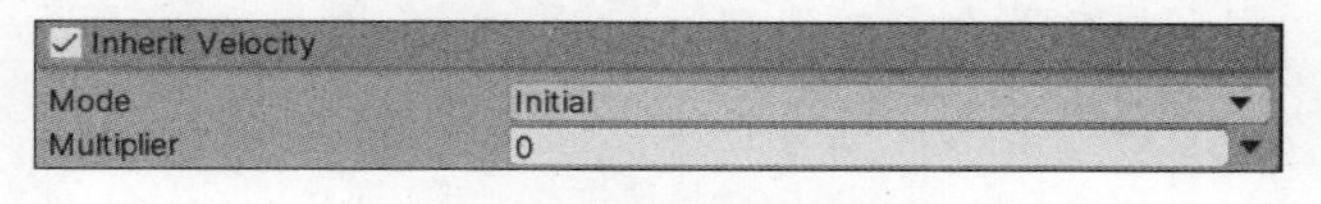

图 8.8　继承速度模块

表 8.6　继承速度模块属性参数

英文名称	功能详解
Mode	指定如何将发射器速度应用于粒子
Multiplier	粒子应继承的发射器速度的比例

6. Force over Lifetime

该模块为受力模块,用于控制粒子在生命周期内的受力情况,如图 8.9 所示,属性参数如表 8.7 所示。

图 8.9　受力模块

表 8.7　受力模块属性参数

英文名称	功能详解
X(Y、Z)	作用于粒子上面的力
Space	在局部/世界空间中施加力
Randomize	随机每帧作用在粒子上面的力

7. Color over Lifetime

该模块为生命周期颜色控制模块,用于控制粒子在生命周期内的颜色变化,如图 8.10 所示,属性参数如表 8.8 所示。

图 8.10　生命周期颜色控制模块

表 8.8　生命周期颜色控制模块属性参数

英文名称	功能详解
Color	颜色,控制每个粒子在其存活期间的颜色

8. Color by Speed

该模块为颜色速度控制模块,用于控制粒子的颜色根据自身的速度变化而变化,如图 8.11 所示,属性参数如表 8.9 所示。

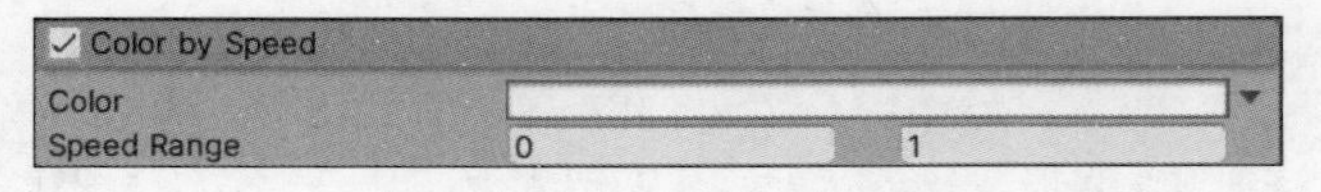

图 8.11　颜色速度控制模块

表 8.9　颜色速度控制模块属性参数

英文名称	功能详解
Color	颜色,控制每个粒子在其存活期间受速度影响颜色的变化
Speed Range	速度范围,min 和 max 值用来定义速度范围

9. Size over Lifetime

该模块为生命周期粒子大小模块，用于控制粒子在其生命周期内的大小变化，如图 8.12 所示，属性参数如表 8.10 所示。

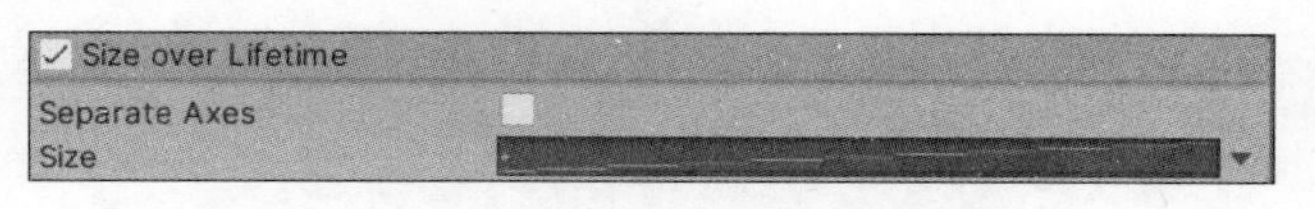

图 8.12 生命周期粒子大小模块

表 8.10 生命周期粒子大小模块属性参数

英文名称	功能详解
Separate Axes	在每个轴上独立控制粒子大小
Size	控制每个粒子在其存活期间内的大小

10. Size by Speed

该模块为粒子大小的速度控制模块，用于控制粒子的大小根据自身的速度变化而变化，如图 8.13 所示，属性参数如表 8.11 所示。

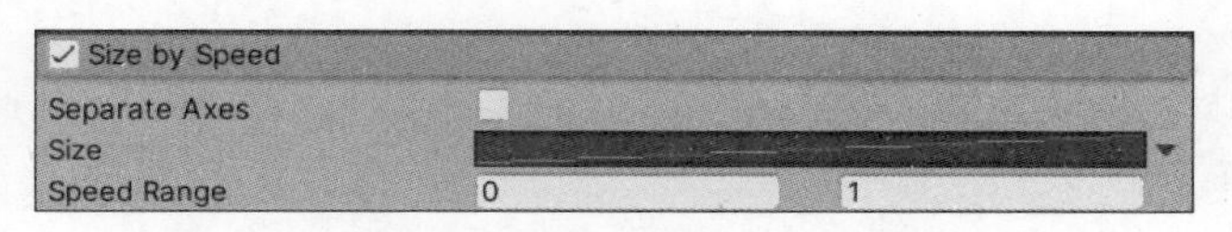

图 8.13 粒子大小的速度控制模块

表 8.11 粒子大小的速度控制模块属性参数

英文名称	功能详解
Separate Axes	在每个轴上独立控制粒子大小
Size	通过曲线定义粒子在速度范围内的大小
Speed Range	曲线映射到速度范围的上限和下限(超出范围的速度将映射到曲线的端点)

11. Rotation over Lifetime

该模块为生命周期旋转模块，以度为单位制定值，控制粒子在生命周期内的旋转速度，如图 8.14 所示，属性参数如表 8.12 所示。

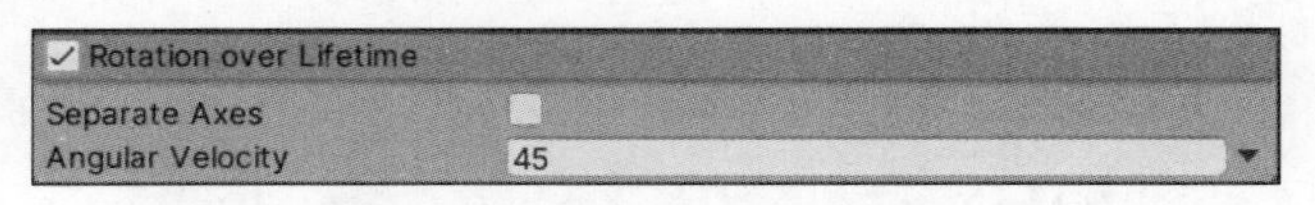

图 8.14 生命周期旋转模块

表 8.12 生命周期旋转模块属性参数

英文名称	功能详解
Separate Axes	在每个轴上独立控制粒子旋转
Angular Velocity	用来控制每个粒子在其存活期间内的旋转速度

12. Rotation by Speed

该模块为旋转速度控制模块,用于控制粒子的旋转速度根据自身的速度变化而变化,如图 8.15 所示,属性参数如表 8.13 所示。

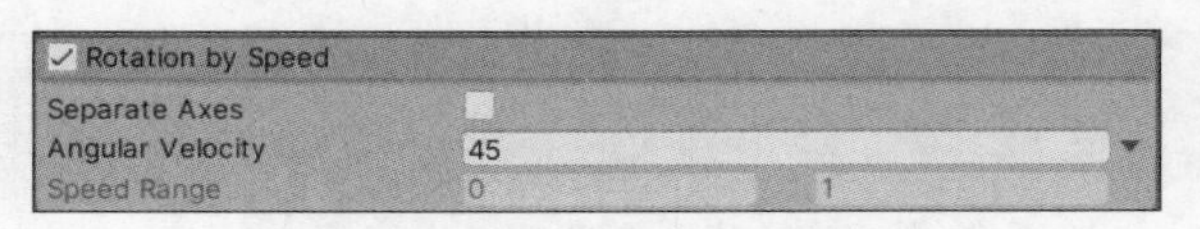

图 8.15 旋转速度控制模块

表 8.13 旋转速度控制模块属性参数

英文名称	功能详解
Separate Axes	在每个轴上独立控制粒子旋转
Angular Velocity	旋转速度(以度/秒为单位)
Speed Range	采用 min 和 max 值定义旋转速度范围

13. External Forces

该模块为外部作用力模块,用于控制风域的倍增系数,如图 8.16 所示,属性参数如表 8.14 所示。

图 8.16 外部作用力模块

表 8.14 外部作用力模块属性参数

英文名称	功能详解
Multiplier	倍增系数
Influence Filter	选择基于图层蒙版或通过显式列表定义粒子的力场
Influence Mask	使用图层蒙版来确定哪些力场会影响此粒子系统。当影响过滤器设置为图层蒙版时,将显示此内容

14. Noise

该模块为噪声模块,用于增加粒子噪声扰动,如图 8.17 所示,属性参数如表 8.15 所示。

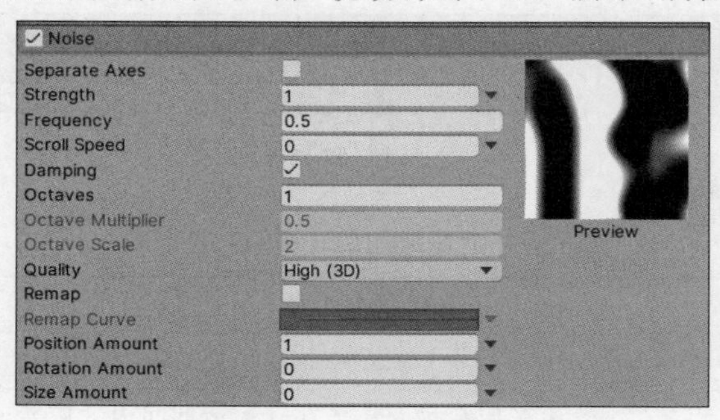

图 8.17 噪声模块

表 8.15 噪声模块属性参数

英文名称	功能详解
Separate Axes	在每个轴上独立控制强度
Strength	定义噪声在粒子的整个生命周期中对粒子的影响程度的曲线
Frequency	控制粒子改变其行进方向的频率，较低的值会产生柔和、平滑的噪声，而较高的值会产生快速变化的噪声
Scroll Speed	随着时间的推移，噪声场产生不可预测和更不稳定的粒子运动
Damping	启用后，强度与频率成正比
Octaves	指定组合多少层重叠的噪声，以产生最终的噪声值
Octave Multiplier	对于每个附加的噪声层，按此比例降低强度
Octave Scale	对于每个附加的噪声层，通过此乘数来调整频率
Quality	品质，低品质可以提高系统性能
Remap	将最终噪声值重新映射到其他范围
Remap Curve	描述最终噪声值如何转换的曲线
Position Amount	用于控制噪声对粒子位置的影响程度
Rotation Amount	用于控制噪声对粒子旋转的影响程度
Size Amount	用于控制噪声对粒子大小影响的程度

15. Collision

该模块为碰撞模块，用于为粒子建立碰撞效果，目前只支持平面碰撞。该碰撞对于简单的碰撞检测效率非常高，如图 8.18 所示，属性参数如表 8.16 所示。

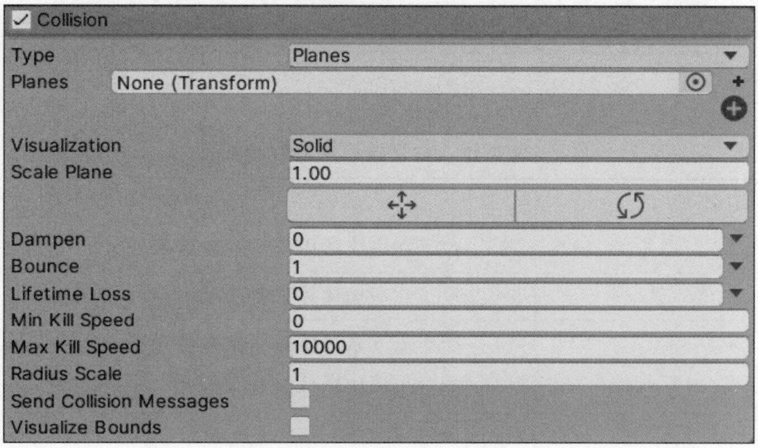

Collision
Type Planes
Planes None (Transform)
Visualization Solid
Scale Plane 1.00
Dampen 0
Bounce 1
Lifetime Loss 0
Min Kill Speed 0
Max Kill Speed 10000
Radius Scale 1
Send Collision Messages
Visualize Bounds

图 8.18 碰撞模块

表 8.16 碰撞模块属性参数

英文名称	功能详解
Type	模式选择
Planes	定义碰撞平面的可扩展变形列表
Visualization	可视化平面,可以是网格(在场景渲染为辅助线框)或是实体(在场景渲染为平面)
Scale Plane	缩放平面
Dampen	粒子碰撞后损失的速度比例
Bounce	取值范围为 0~1,用于设定粒子碰撞后的反弹力度
Lifetime Loss	生命减弱,取值范围为 0~1,为初始生命每次碰撞减弱的比例
Min Kill Speed	碰撞后,小于该速度的粒子将从系统中移除
Max Kill Speed	碰撞后,大于该速度的粒子将从系统中移除
Radius Scale	粒子碰撞球体的半径
Send Collision Messages	如果启用,可以从脚本中检测粒子碰撞
Visualize Bounds	在场景视图中将每个粒子的碰撞边界渲染为线框形状

16. Triggers

该模块为触发器模块,用于当粒子系统与场景中的一个或多个碰撞体进行交互时的触发回调功能,如图 8.19 所示,属性参数如表 8.17 所示。

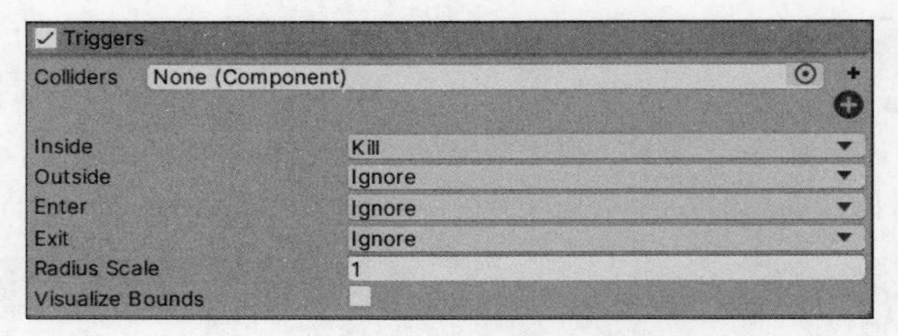

图 8.19 触发器模块

表 8.17 触发器模块属性参数

英文名称	功能详解
Inside	粒子在碰撞体内部时触发事件
Outside	粒子在碰撞体外部时触发事件
Enter	粒子进入碰撞体时触发事件
Exit	粒子退出碰撞体时触发事件
Radius Scale	设置粒子的 Collider 边界
Visualize Bounds	在编辑器窗口中显示粒子的碰撞边界

17. Sub Emitters

该模块可设置子发射器，这些子发射器是在粒子生命周期的某些阶段创建的附加粒子发射器，如图 8.20 所示，属性参数如表 8.18 所示。

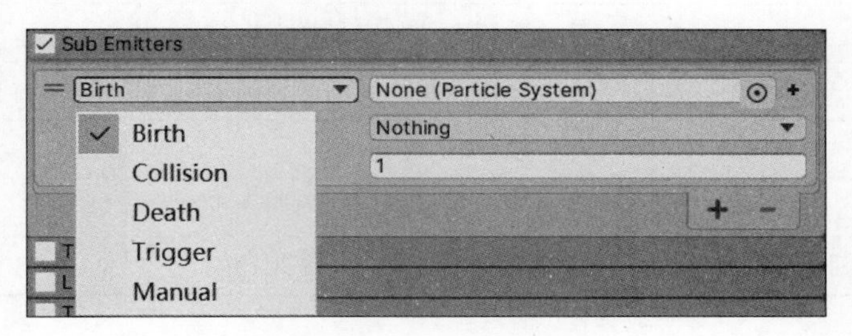

图 8.20 子发射器模块

表 8.18 子发射器模块属性参数

英文名称	功能详解
Birth	在每个粒子出生的时候生成其他粒子系统
Collision	在每个粒子碰撞的时候生成其他粒子系统
Death	在每个粒子死亡的时候生成其他粒子系统
Trigger	当粒子与触发器碰撞相互作用时生成其他粒子系统
Manual	仅在通过脚本请求时生成其他粒子系统

18. Texture Sheet Animation

该模块为纹理层动画模块，用于粒子在其生命周期内的 UV 坐标产生变化，生成粒子的 UV 动画。可以将纹理划分成网格，在每一格存放动画的一帧。同时也可以将纹理划分为几行，每一行是一个独立的动画。需要注意的是，动画所使用的纹理在 Renderer 模块下的 Material 属性中指定，如图 8.21 所示，属性参数如表 8.19 所示。

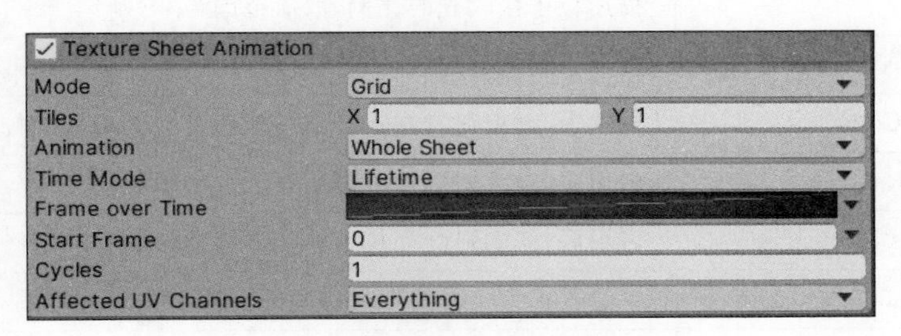

图 8.21 纹理层动画模块

表 8.19 纹理层动画模块属性参数

英文名称	功能详解
Mode	选择网格模式
Tiles	纹理在水平和垂直方向上划分的数值

续表

英文名称	功能详解
Animation	设置动画模式
Time Mode	粒子系统在动画中采样的方式
Frame over Time	通过一条曲线指定动画帧随着时间的推移如何增加
Start Frame	开始帧,默认为 0
Cycles	动画序列在粒子生命周期内重复的次数
Affected UV Channels	指定哪些 UV 受粒子系统影响

19. Lights

该模块为灯光模块,用于将实时光添加到部分粒子中,如图 8.22 所示,属性参数如表 8.20 所示。

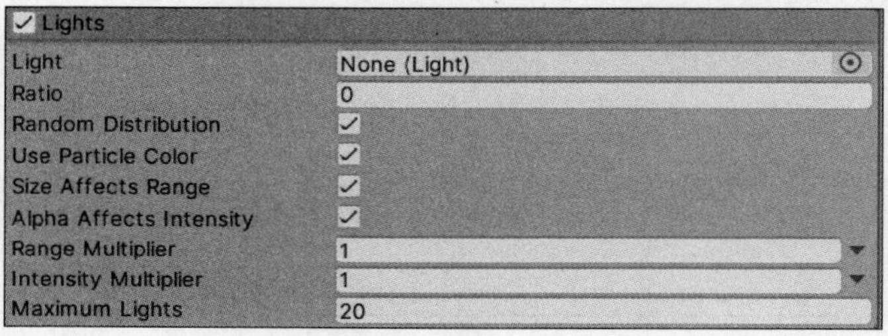

图 8.22　灯光模块

表 8.20　灯光模块属性参数

英文名称	功能详解
Light	灯光预制体
Ratio	描述粒子接收光的比例,取值范围为 0～1
Random Distribution	选择是随机分配还是指定分配灯光
Use Particle Color	设置为 True 时,Light 的最终颜色将受其附着的粒子的颜色影响
Size Affects Range	启用后,指定的灯光范围受粒子大小影响
Alpha Affects Intensity	启用后,光的强度受粒子 Alpha 值的影响
Range Multiplier	自定义扩大生命周期内灯光的范围
Intensity Multiplier	自定义扩大生命周期内灯光的强度
Maximum Lights	最大灯光数量,避免意外创建大量灯光

20. Trails

该模块为轨迹模块,用于将轨迹添加到一定比例的粒子中,轨迹可用于子弹、烟雾和魔术等效果,如图 8.23 所示,属性参数如表 8.21 所示。

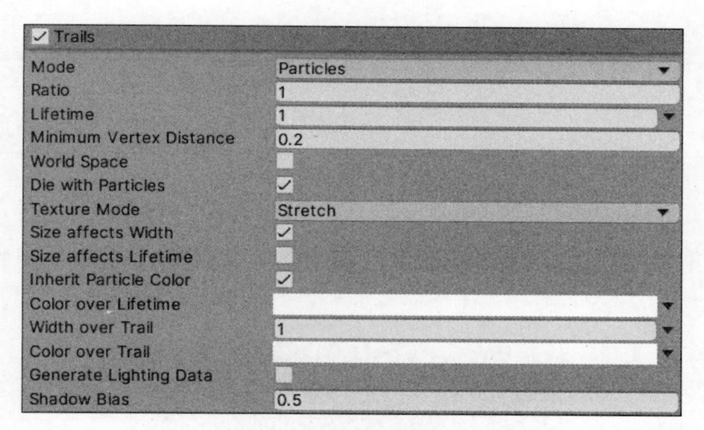

图 8.23 轨迹模块

表 8.21 轨迹模块属性参数

英文名称	功能详解
Mode	选择如何为粒子系统生成轨迹
Ratio	描述分配了轨迹的粒子的比例，取值范围为 0～1
Lifetime	轨迹中每个顶点的寿命
Minimum Vertex Distance	定义在轨迹接收新顶点之前粒子必须运动的距离
World Space	世界空间，启用后轨迹点不会相对于粒子系统移动
Die With Particles	随着粒子而死亡
Texture Mode	选择应用于路径的纹理是沿其整个长度拉伸，还是每隔 N 个单位重复一次
Size affects Width	如果启用，则轨迹宽度受粒子大小影响
Size affects Lifetime	如果启用，则轨迹生命周期受粒子大小影响
Inherit Particle Color	如果启用，则轨迹颜色受粒子颜色影响
Color over Lifetime	用于控制附着在其上的粒子在整个生命周期中的颜色
Width over Trail	用于控制轨迹宽度
Color over Trail	用于控制轨迹颜色
Generate Lighting Data	启用此选项可以在构建轨迹几何体时包含法线和切线
Shadow Bias	用于控制阴影偏差

21. Custom Data

该模块为自定义数据模块，用于在编辑器中定义要附加到粒子的自定义数据格式，如图 8.24 所示，属性参数如表 8.22 所示。

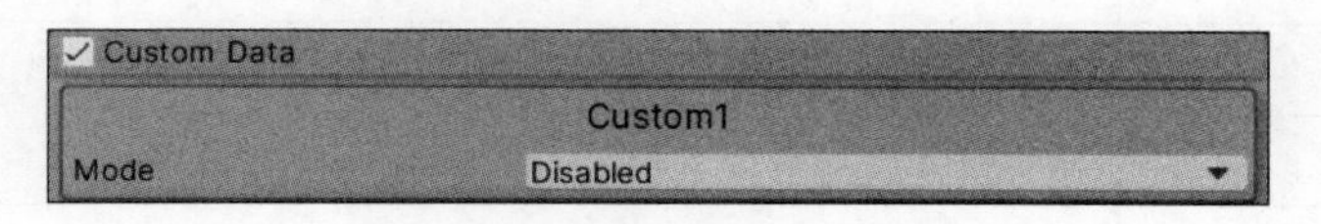

图 8.24 自定义数据模块

表 8.22 自定义数据模块属性参数

英文名称	功能详解
Mode	可以是 Vector 形式,也可以是 Color 形式

22. Renderer

该模块为渲染器模块,用于显示粒子系统渲染的相关属性,如图 8.25 所示,属性参数如表 8.23 所示。

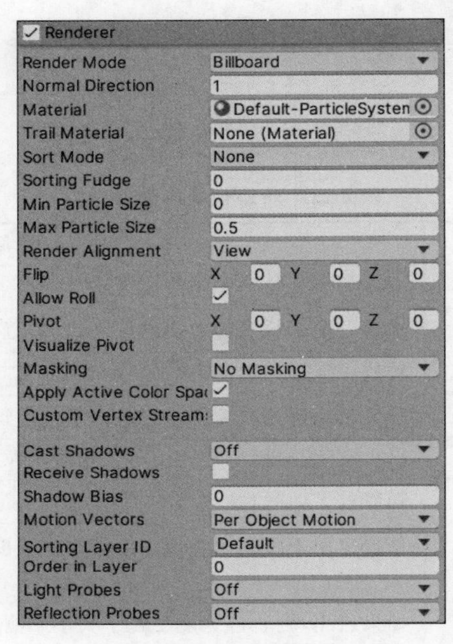

图 8.25 渲染器模块

表 8.23 渲染器模块属性参数

英文名称	功能详解
Render Mode	渲染模式
Normal Direction	法线方向,值为 1.0 表示法线指向摄像机,值为 0.0 表示法线指向屏幕中心
Material	渲染粒子材质
Trail Material	渲染粒子轨迹的材质
Sort Mode	粒子渲染排序,可以设定为 By Distance、Youngest First 或 Oldest First
Sorting Fudge	排序校正,使用这个将影响绘画顺序
Min Particle Size	设置最小粒子大小
Max Particle Size	设置最大粒子大小
Render Alignment	选择粒子公告板的朝向
Flip	在指定轴上镜像部分粒子

续表

英文名称	功能详解
Allow Roll	控制面向摄像的粒子是否可以绕摄像的 Z 轴旋转
Pivot	修改旋转粒子的中心枢轴点
Visualize Pivot	在场景视图中预览粒子枢轴点
Masking	设置渲染的粒子在与蒙版交互时的行为方式
Apply Active Color Space	应用活动色彩空间
Custom Vertex Streams	配置在顶点着色器中可用的粒子属性
Cast Shadows	如果启用此属性，阴影投射光源照在粒子系统上时产生阴影
Receive Shadows	决定阴影是否可以投射到粒子上
Shadow Bias	阴影偏移
Motion Vectors	运动向量
Sorting Layer ID	渲染器排序层 ID
Order in Layer ID	渲染器排序层的次序
Light Probes	基于探针的光照插值模式
Reflection Probes	如果启用此属性，并且场景中存在反射探针，则会为此游戏对象拾取反射纹理并将此纹理设置为内置的着色器变量

8.3 粒子系统实践项目

8.3.1 燃烧的火焰项目

1. 项目构思

在日常生活中，电视中经常呈现火焰燃烧散发出巨大火苗配合滚滚浓烟的效果，而科幻电影中也常常加入一些火焰特效或爆炸效果，以提高观看者的视听感受。本项目计划基于 Unity 引擎粒子系统开发火焰燃烧效果。

2. 项目设计

燃烧的火焰类似蜡烛燃烧时的形状，但是更粗壮，喷射效果更加剧烈。因此，设计燃烧火焰的形状时，把它想象成一个巨大的蜡烛，颜色则采用黄和红掺杂的形式。将火焰分为外焰和内焰，分别制作，以达到逼真的效果，设计效果如图 8.26 所示。

图 8.26 火焰粒子燃烧效果

3. 项目实施

(1) 外焰配置。

第 1 步：双击 Unity Hub 图标，启动 Unity 引擎，建立一个空项目，加载火焰资源 Sources。将 Sources 资源包直接拖到 Unity 的 Project 视图上。

第 2 步：选择菜单栏中的 Game Object→Create Empty 命令，创建空对象，将其命名为 fire。火焰由外焰、内焰和烟三部分组成。选择菜单栏中的 Game Object→Effects→Particle System 命令，创建三个粒子系统，分别命名为 outside、inside 和 smoke，作为 fire 的子项目，火焰层次关系如图 8.27 所示。

第 3 步：在 Hierarchy 视图中选中粒子系统 outside，设置外焰的通用模块属性参数，如图 8.28 所示。

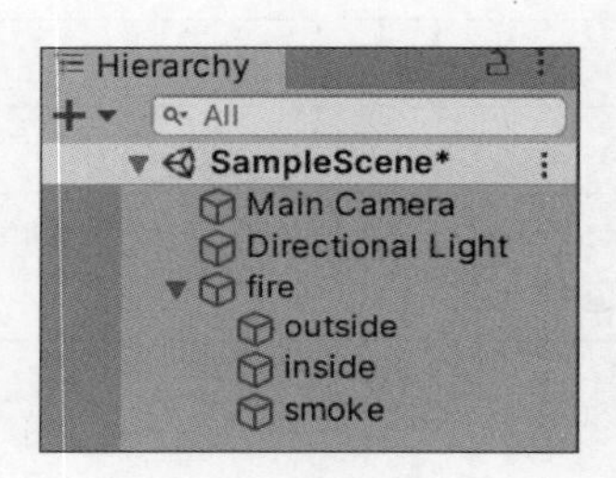

图 8.27　火焰层次关系图

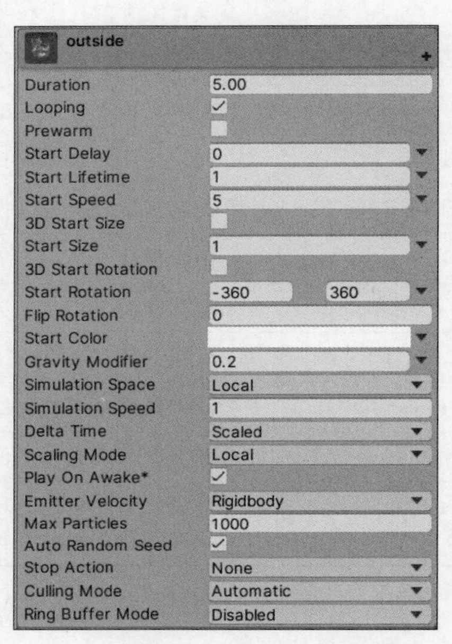

图 8.28　外焰的通用模块属性参数

第 4 步：设置外焰的发射模块属性参数，如图 8.29 所示。

第 5 步：设置外焰的形状模块属性参数，如图 8.30 所示。

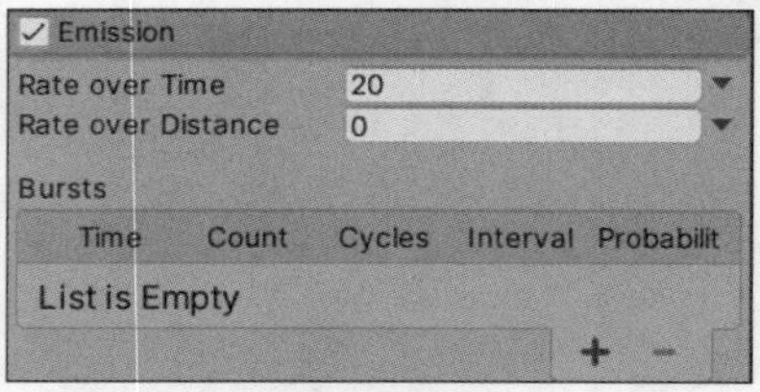

Emission
Rate over Time 20
Rate over Distance 0
Bursts
Time Count Cycles Interval Probabilit
List is Empty

图 8.29　外焰的发射模块属性参数

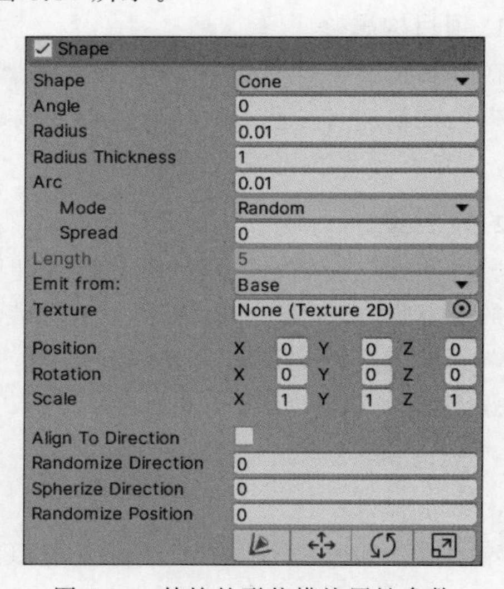

图 8.30　外焰的形状模块属性参数

第 6 步：设置外焰的生命周期速度模块属性参数，让火焰摇摆不定，如图 8.31 所示。

第 7 步：设置外焰的生命周期大小模块属性参数，如图 8.32 所示。

Velocity over Lifetime

	X	Y	Z
Linear	-0.5	-0.5	0
	0.5	0.5	0
Space		Local	
Orbital	0	0	0
Offset	0	0	0
Radial		0	
Speed Modifier		1	

图 8.31 外焰的生命周期速度模块属性参数

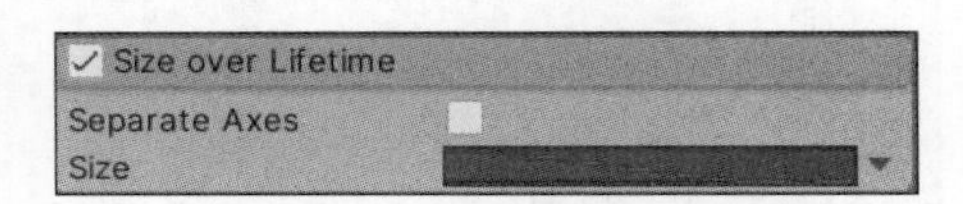

图 8.32 外焰的生命周期粒子大小模块属性参数

第 8 步：设置外焰的渲染模块属性参数，选择材质为 Flame D，如图 8.33 所示。

Renderer

Render Mode	Billboard
Normal Direction	1
Material	FlameD
Trail Material	None (Material)
Sort Mode	None
Sorting Fudge	0
Min Particle Size	0
Max Particle Size	0.5
Render Alignment	View
Flip	X 0 Y 0 Z 0
Allow Roll	✓
Pivot	X 0 Y 0 Z 0
Visualize Pivot	
Masking	No Masking
Apply Active Color Spa	✓
Custom Vertex Stream:	
Cast Shadows	Off
Receive Shadows	
Shadow Bias	0
Motion Vectors	Per Object Motion
Sorting Layer ID	Default
Order in Layer	0
Light Probes	Off
Reflection Probes	Off

图 8.33 外焰的渲染模块属性参数

第 9 步：运行测试，外焰效果如图 8.34 所示。

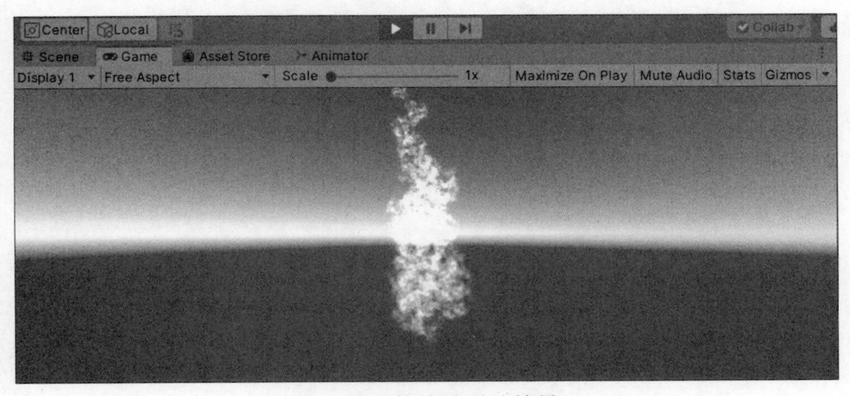

图 8.34 外焰的测试效果

(2) 内焰配置。

第 1 步：设置内焰的通用模块属性参数，如图 8.35 所示。

第 2 步：设置内焰的发射模块属性参数，如图 8.36 所示。

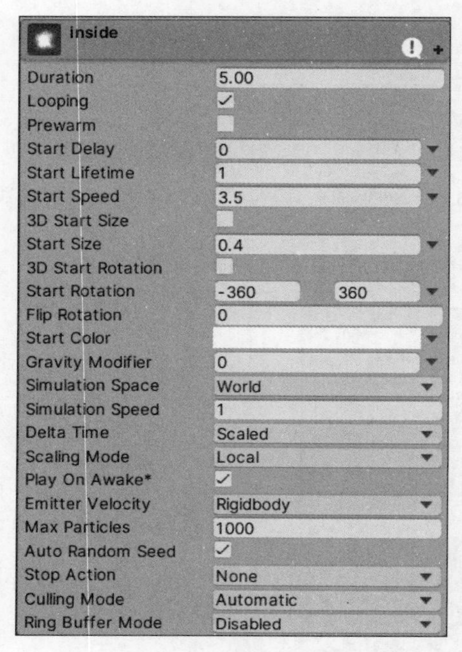

图 8.35 内焰的通用模块属性参数

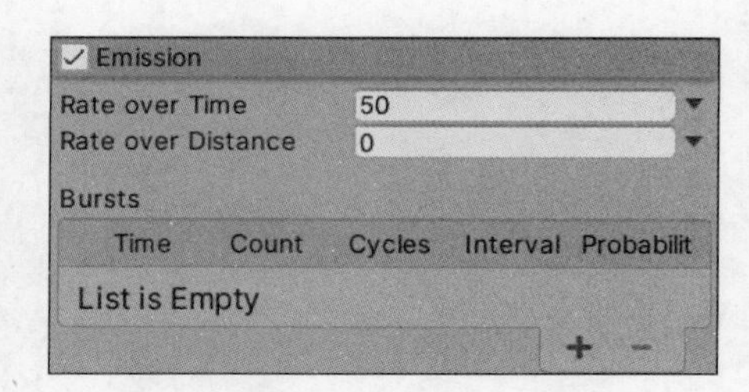

图 8.36 内焰的发射模块属性参数

第 3 步：设置内焰的形状模块属性参数，如图 8.37 所示。

Shape
Shape Cone
Angle 0
Radius 0.01
Radius Thickness 1
Arc 0.01
Mode Random
Spread 0
Length 5
Emit from: Base
Texture None (Texture 2D)
Position X 0 Y 0 Z 0
Rotation X 0 Y 0 Z 0
Scale X 1 Y 1 Z 1
Align To Direction
Randomize Direction 0
Spherize Direction 0
Randomize Position 0

图 8.37 内焰的形状模块属性参数

第 4 步：设置内焰的生命周期速度模块属性参数，如图 8.38 所示。

第 5 步：设置内焰的生命周期粒子大小模块属性参数，如图 8.39 所示。

Velocity over Lifetime	X	Y	Z
Linear	-0.5	-0.5	0
	0.5	0.5	0
Space	Local		
Orbital	0	0	0
Offset	0	0	0
Radial	0		
Speed Modifier	1		

图 8.38　内焰的生命周期速度模块属性参数

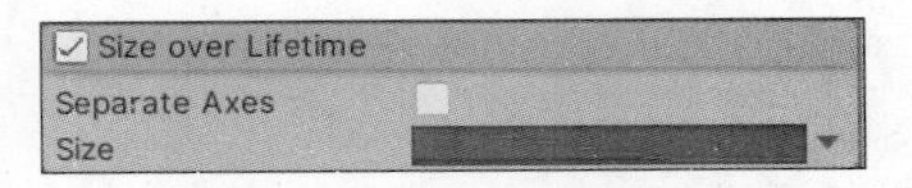

图 8.39　内焰的生命周期粒子大小模块属性参数

第 6 步：设置内焰的渲染模块属性参数，选择材质为 fire4，如图 8.40 所示。

Renderer	
Render Mode	Billboard
Normal Direction	1
Material	fire4
Trail Material	None (Material)
Sort Mode	None
Sorting Fudge	0
Min Particle Size	0
Max Particle Size	0.5
Render Alignment	View
Flip	X 0 Y 0 Z 0
Allow Roll	✓
Pivot	X 0 Y 0 Z 0
Visualize Pivot	
Masking	No Masking
Apply Active Color Spac	✓
Custom Vertex Stream:	
Cast Shadows	Off
Receive Shadows	
Shadow Bias	0
Motion Vectors	Per Object Motion
Sorting Layer ID	Default
Order in Layer	0
Light Probes	Off
Reflection Probes	Off

图 8.40　内焰的渲染模块属性参数

第 7 步：运行测试，内焰的效果如图 8.41 所示。

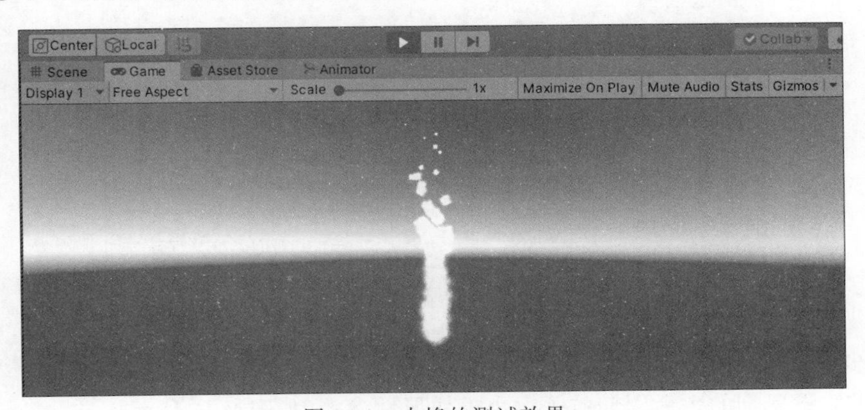

图 8.41　内焰的测试效果

（3）烟的配置。

第 1 步：设置烟的通用模块属性参数，如图 8.42 所示。

第 2 步：设置烟的发射模块属性参数，如图 8.43 所示。

smoke	
Duration	5.00
Looping	✓
Prewarm	
Start Delay	0
Start Lifetime	2
Start Speed	5
3D Start Size	
Start Size	1
3D Start Rotation	
Start Rotation	-360　360
Flip Rotation	0
Start Color	
Gravity Modifier	0.2
Simulation Space	World
Simulation Speed	1
Delta Time	Scaled
Scaling Mode	Local
Play On Awake*	✓
Emitter Velocity	Rigidbody
Max Particles	1000
Auto Random Seed	✓
Stop Action	None
Culling Mode	Automatic
Ring Buffer Mode	Disabled

图 8.42　烟的通用模块属性参数

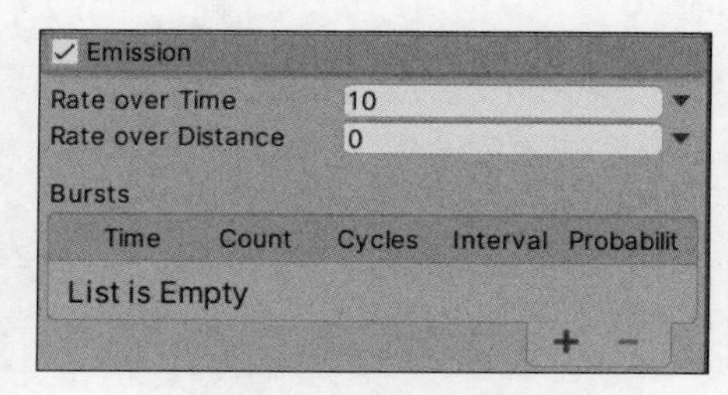

图 8.43　烟的发射模块属性参数

第 3 步：设置烟的形状模块属性参数，如图 8.44 所示。

Shape	
Shape	Cone
Angle	0
Radius	0.5
Radius Thickness	1
Arc	0.5
Mode	Random
Spread	0
Length	5
Emit from:	Base
Texture	None (Texture 2D)
Position	X 0　Y 0　Z 0
Rotation	X 0　Y 0　Z 0
Scale	X 1　Y 1　Z 1
Align To Direction	
Randomize Direction	0
Spherize Direction	0
Randomize Position	0

图 8.44　烟的形状模块属性参数

第 4 步：设置烟的生命周期速度模块属性参数，如图 8.45 所示。

第 5 步：设置烟的生命周期粒子大小模块属性参数，如图 8.46 所示。

Velocity over Lifetime

	X	Y	Z
Linear	-0.5	-0.5	0
	0.5	0.5	0
Space	Local		
Orbital	0	0	0
Offset	0	0	0
Radial	0		
Speed Modifier	1		

图 8.45 烟的生命周期速度模块属性参数

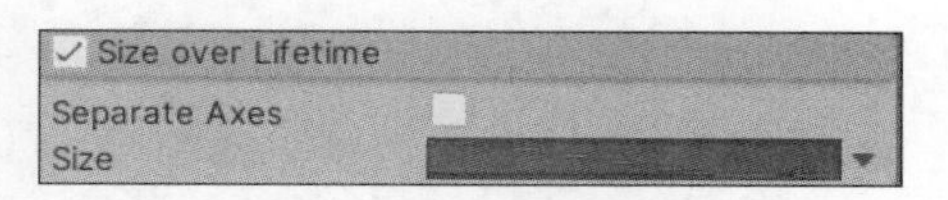

图 8.46 烟的生命周期粒子大小模块属性参数

第 6 步：设置烟的生命周期旋转模块属性参数，如图 8.47 所示。

第 7 步：设置烟的渲染模块属性参数，选择材质为 Smoke4，如图 8.48 所示。

Rotation over Lifetime

Separate Axes		
Angular Velocity	0	180

图 8.47 烟的生命周期旋转模块属性参数

图 8.48 烟的渲染模块属性参数

第 8 步：运行测试，烟的效果如图 8.49 所示。

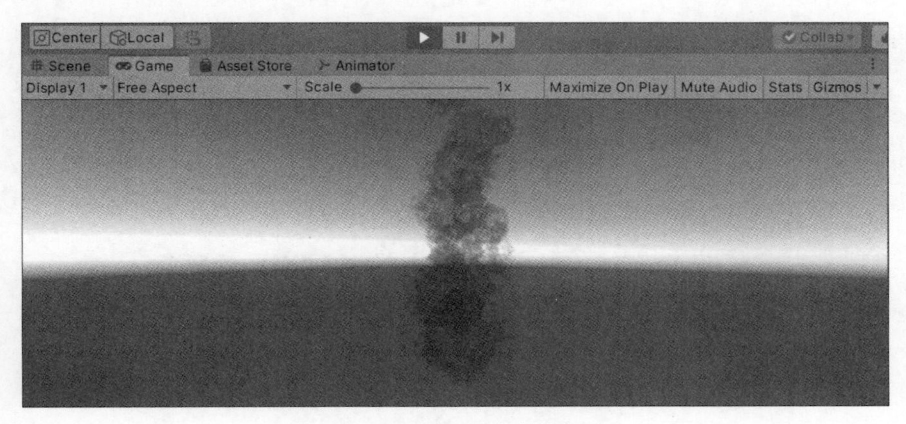

图 8.49 烟的测试效果

4. 项目测试

单击 Play 按钮进行测试，结合外焰和内焰以及烟的效果，如图 8.50 所示。

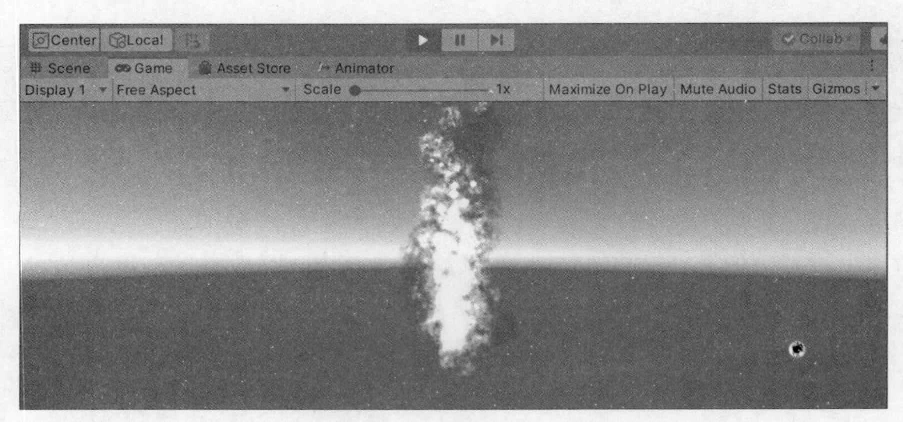

图 8.50 火焰测试效果图

8.3.2 发光的法杖项目

1. 项目构思

法杖，主要是巫师、魔法师等人施法时用来传递、散发魔法的器物。在游戏中，经常有发光的法杖，本项目基于 Unity 引擎粒子系统开发发光的法杖效果。

2. 项目设计

本项目选取最有代表性的圆形粒子作为发光法杖粒子的基本形状。在使用过程中，粒子光度要瞬时变化，以展现法杖的威力。这样制作出来的法杖更加真实，富有神秘感，法杖模型的设计效果如图 8.51 所示。

图 8.51 法杖设计效果

3. 项目实施

第 1 步：双击 Unity Hub 图标，启动 Unity 引擎，建立一个空项目。将法杖资源包拖到 Unity 引擎中的 Project 视图上，如图 8.52 所示。

第 2 步：在 Project 视图中找到法杖模型 wand，将其拖入 Hierarchy 视图中，放置在合适的位置，如图 8.53 所示。

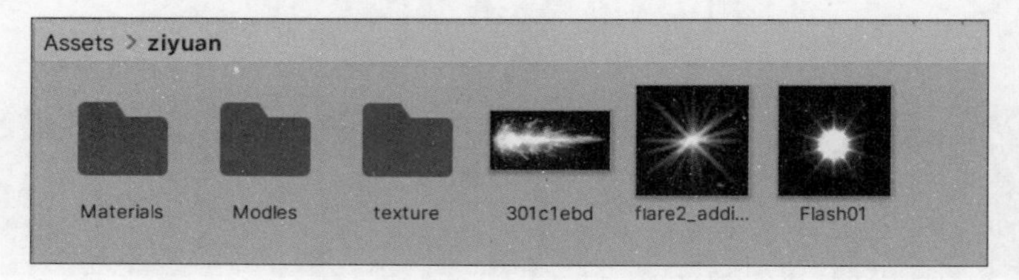

图 8.52 法杖资源文件

第 3 步：选择菜单栏中的 Game Object→Effects→Particle System 命令，创建一个粒子系统。

第 4 步：设置粒子系统通用模块属性参数，如图 8.54 所示。

图 8.53　法杖模型

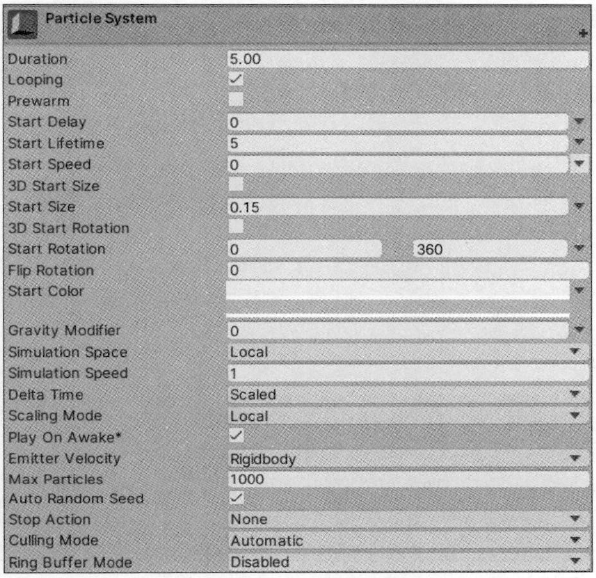

Particle System	
Duration	5.00
Looping	✓
Prewarm	
Start Delay	0
Start Lifetime	5
Start Speed	0
3D Start Size	
Start Size	0.15
3D Start Rotation	
Start Rotation	0　360
Flip Rotation	0
Start Color	
Gravity Modifier	0
Simulation Space	Local
Simulation Speed	1
Delta Time	Scaled
Scaling Mode	Local
Play On Awake*	✓
Emitter Velocity	Rigidbody
Max Particles	1000
Auto Random Seed	✓
Stop Action	None
Culling Mode	Automatic
Ring Buffer Mode	Disabled

图 8.54　粒子系统通用模块属性参数

第 5 步：设置粒子系统发射模块属性参数，降低发射速率，如图 8.55 所示。

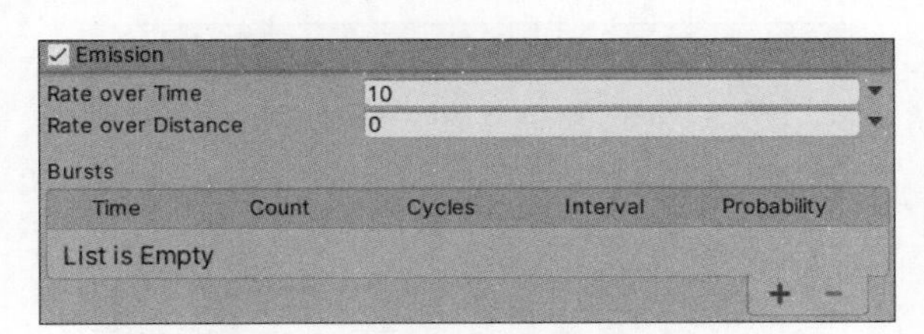

图 8.55　粒子系统发射模块属性参数

第 6 步：设置粒子系统形状模块属性参数，如图 8.56 所示。

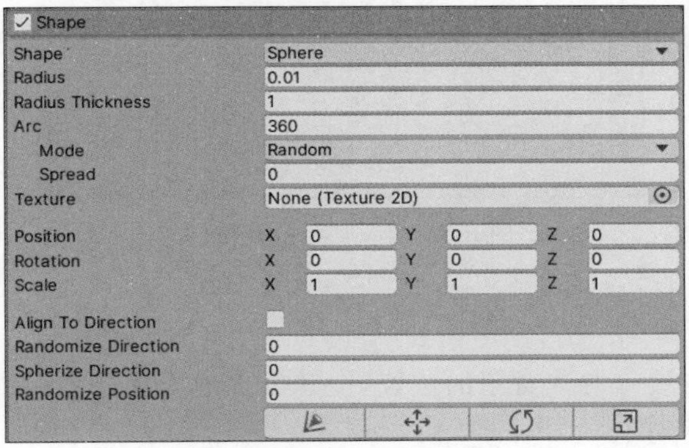

Shape	
Shape	Sphere
Radius	0.01
Radius Thickness	1
Arc	360
Mode	Random
Spread	0
Texture	None (Texture 2D)
Position	X 0　Y 0　Z 0
Rotation	X 0　Y 0　Z 0
Scale	X 1　Y 1　Z 1
Align To Direction	
Randomize Direction	0
Spherize Direction	0
Randomize Position	0

图 8.56　粒子系统形状模块属性参数

第 7 步：设置粒子系统生命周期颜色控制和粒子大小模块属性参数，如图 8.57 所示。

第 8 步：设置粒子系统渲染模块属性参数，如图 8.58 所示。调整粒子的材质，使其不受场景内灯光的影响，如图 8.59 所示。

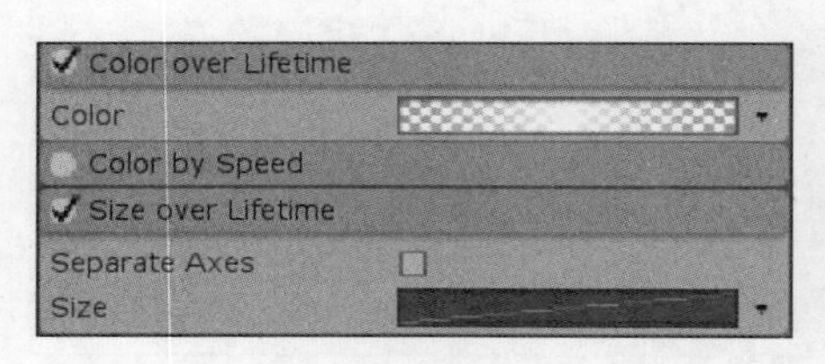

图 8.57　粒子系统生命周期颜色控制和粒子大小属性参数

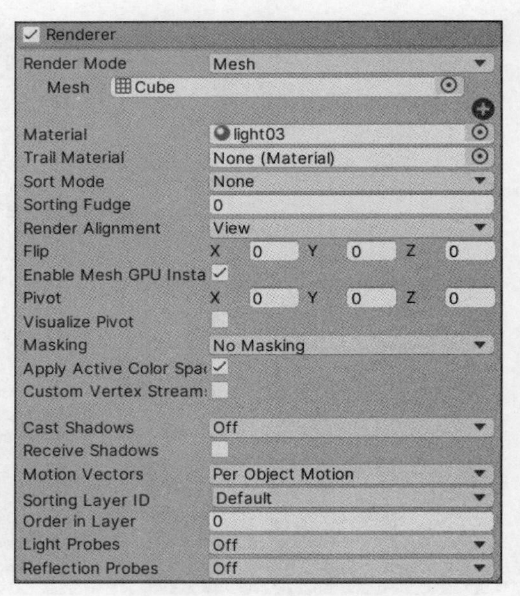

图 8.58　粒子系统渲染模块属性参数

图 8.59　粒子系统材质参数

4. 项目测试

调整法杖、粒子特效等游戏对象的位置，使其合理地出现在界面中，单击 Play 按钮运行测试，效果如图 8.60 所示。

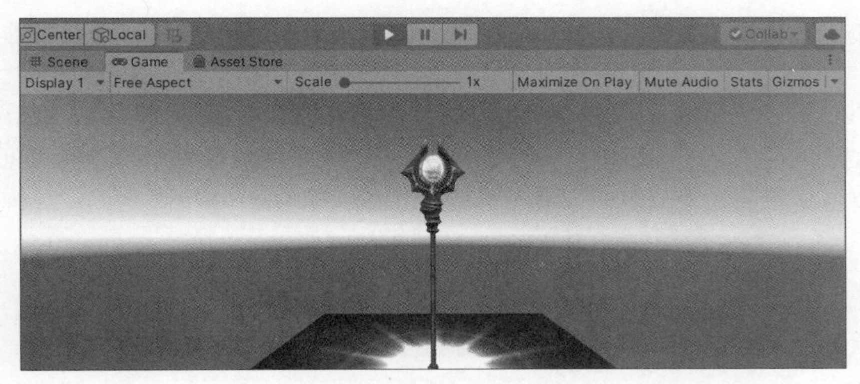

图 8.60 发光法杖测试效果

8.3.3 上升的气泡项目

1. 项目构思

泡泡是一种光的干涉现象，光线穿过肥皂泡薄膜时，薄膜的顶部和底部都会产生反射，肥皂薄膜最多可以包含 150 个不同的层次凌乱的颜色组。本项目计划基于 Unity 引擎粒子系统开发上升的泡泡效果。

2. 项目设计

本项目选取最有代表性的圆形粒子作为上升泡泡粒子的基本形状，在上升过程中，泡泡的大小、位置、速度要瞬时变化，以体现轻盈的效果，使泡泡更加真实，富有层次感，设计效果如图 8.61 所示。

3.项目实施

第 1 步：双击 Unity Hub 图标，启动 Unity 引擎，建立一个空项目，将泡泡资源文件包 soapbubble.package 直接拖到 Unity 的 Project 视图上，单击 Import 按钮导入，如图 8.62 所示。

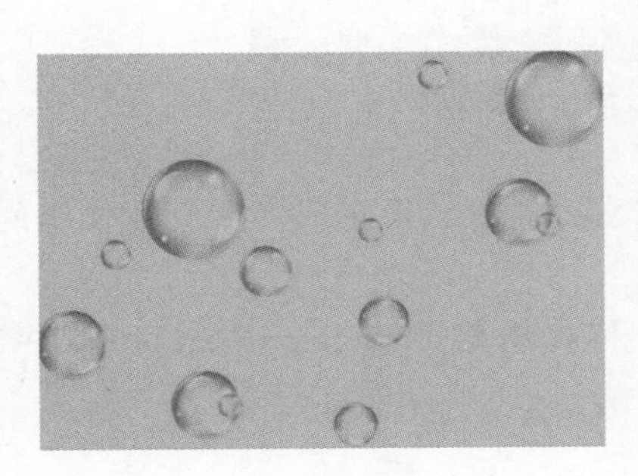

图 8.61 上升泡泡设计效果

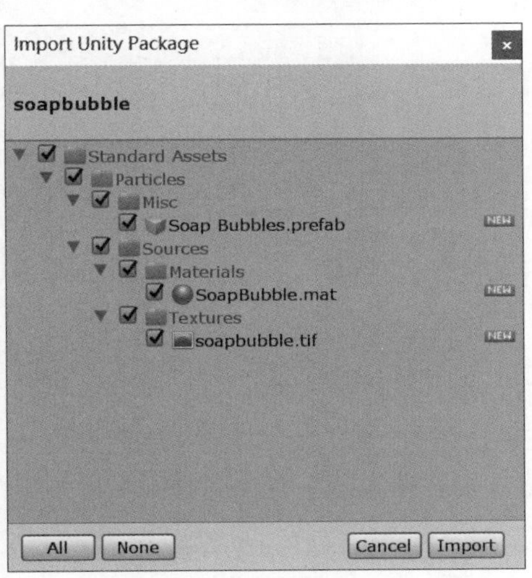

图 8.62 资源导入

第 2 步：选择菜单栏中的 Game Object→Effects→Particle System 命令，创建一个粒子系统。

第 3 步：设置粒子的通用模块属性参数，将 Start lifetime 设为 30，增加粒子的存活时间；将 Start Speed 设为 3，降低粒子的运动速度；将 Start Size 设为 6，增加粒子的大小；将 Max Particle 设为 100，减少粒子的最大数量，属性参数如图 8.63 所示。

Particle System	
Duration	5.00
Looping	✓
Prewarm	
Start Delay	0
Start Lifetime	30
Start Speed	3
3D Start Size	
Start Size	6
3D Start Rotation	
Start Rotation	0
Flip Rotation	0
Start Color	
Gravity Modifier	0
Simulation Space	Local
Simulation Speed	1
Delta Time	Scaled
Scaling Mode	Local
Play On Awake*	✓
Emitter Velocity	Rigidbody
Max Particles	100
Auto Random Seed	✓
Stop Action	None
Culling Mode	Automatic
Ring Buffer Mode	Disabled

图 8.63　粒子系统的通用模块属性参数

第 4 步：设置粒子系统的发射模块属性参数，将 Rate over Time 设为 1，降低发射速率，如图 8.64 所示。

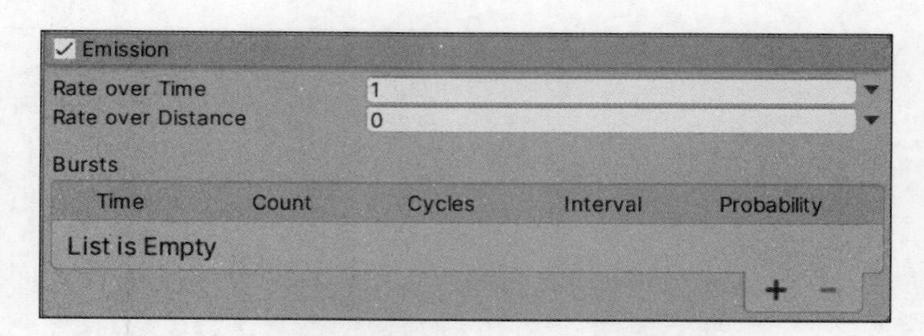

图 8.64　粒子系统的发射模块属性参数

第 5 步：设置粒子系统的形状模块属性参数，将发射器形状设置成一个立方体空间，并调整 Scale 值，让其扩大 100 倍，如图 8.65 所示。

第 6 步：设置粒子系统的渲染模块属性参数，将材质修改成 SoapBubble，如图 8.66 所示。

4. 项目测试

单击 Play 按钮运行测试，效果如图 8.67 和图 8.68 所示。

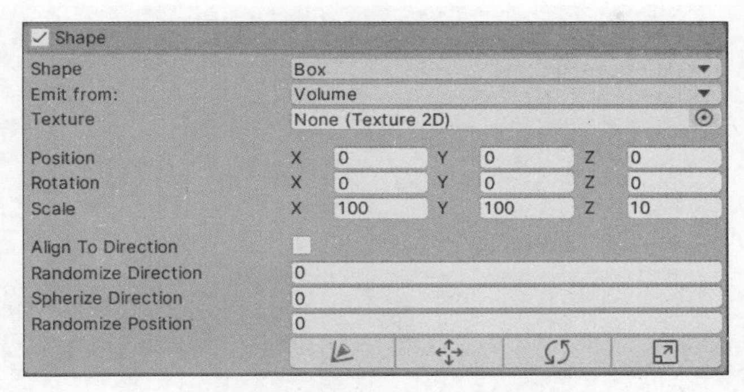

图 8.65 粒子系统的形状模块属性参数

Renderer	
Render Mode	Billboard
Normal Direction	1
Material	SoapBubble
Trail Material	None (Material)
Sort Mode	None
Sorting Fudge	0
Min Particle Size	0
Max Particle Size	0.5
Render Alignment	View
Flip	X 0 Y 0 Z 0
Allow Roll	✓
Pivot	X 0 Y 0 Z 0
Visualize Pivot	
Masking	No Masking
Apply Active Color Space	✓
Custom Vertex Streams	
Cast Shadows	Off
Receive Shadows	
Shadow Bias	0
Motion Vectors	Per Object Motion
Sorting Layer ID	Default
Order in Layer	0
Light Probes	Off
Reflection Probes	Off

图 8.66 粒子系统的渲染模块属性参数

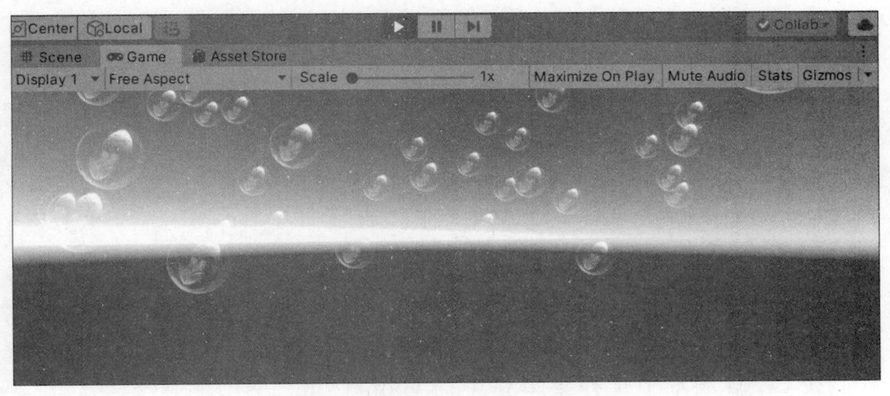

图 8.67 上升泡泡测试运行效果 1

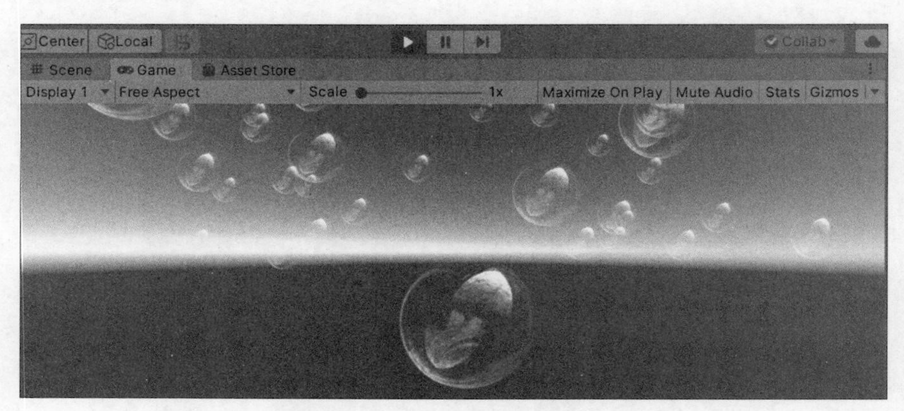

图 8.68　上升泡泡测试运行效果 2

8.4　粒子系统综合项目

1. 项目构思

本项目计划在第 7 章“动画系统综合项目”的基础上继续完善，在场景中加入雪花特效，实现雪花漫天飞舞的效果。在角色移动过程中，一旦碰撞到指定游戏对象，可以实现拾取发光特效。为了增加界面效果，在首页也加入粒子特效。

2. 项目设计

(1) 雪花可以看作由无数个雪片构成的，本项目用粒子系统模拟下雪效果，根据其运动模型(自由落体运动)模拟每个粒子的下落效果，无数个粒子沿不同方向运动，就形成了漫天飞舞的雪花。

(2) 拾取游戏对象实现发光效果，需要基于碰撞检测功能实现。在场景中对游戏对象设定碰撞区域，当角色到达指定区域后触发碰撞，散发出火光特效。

3. 项目实施

(1) 准备工作。

打开第 7 章已经完成的“动画系统综合项目”中的 Begin 场景，并导入本项目资源包 ParticleSystem.unitypackage，这里有需要用到的材质贴图，如图 8.69 所示。

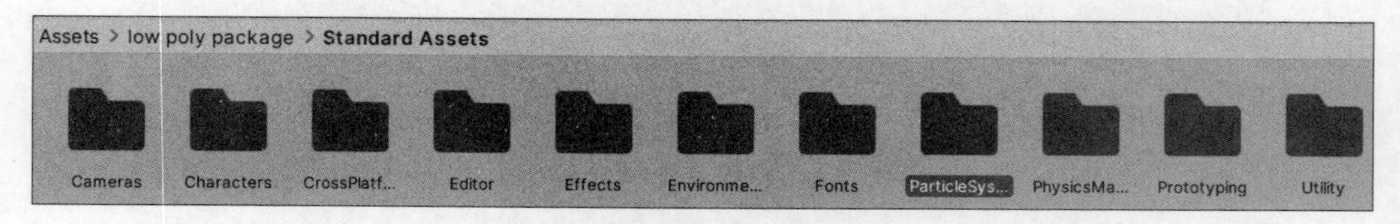

图 8.69　粒子资源包

(2) 按钮特效。

第 1 步：在 Begin 场景中选择菜单栏中的 GameObject→Effects→Particle System 命令，新建一个粒子系统，命名为 lizi01。将其调整到场景的合适位置，以便观察效果，如图 8.70 所示。

图 8.70 创建粒子系统

第 2 步：在 Hierarchy 视图中选中 lizi01，Inspector 视图中会出现 lizi01 的属性面板，这里可以调整粒子的各种参数。将 Duration 设为 0.4，将 Start Speed 设为 0，同时勾选 Prewarm 复选框，即在启动时直接完成循环，属性参数如图 8.71 所示。

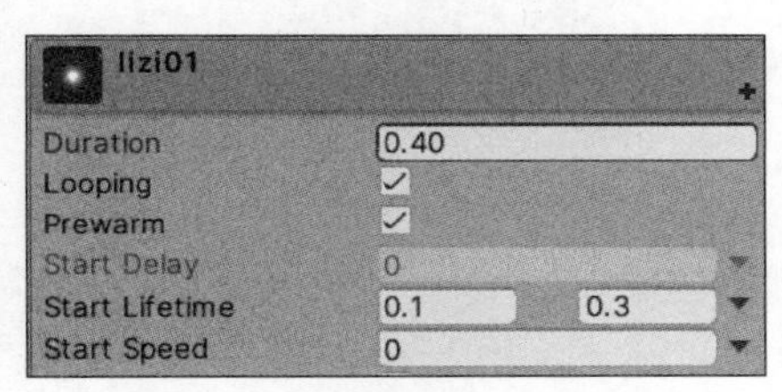

图 8.71 粒子系统属性参数

第 3 步：设置粒子的初始生命周期。单击 Start Lifetime 右边的▼图标，选择 Random Between Two Constants 模式，如图 8.72 所示。这样粒子系统的初始生命值属性可以在两常量间随机变化，将数值设为 0.2～0.4。使用同样的方式设置 Start Size 为 0.2～1，如图 8.73 所示。

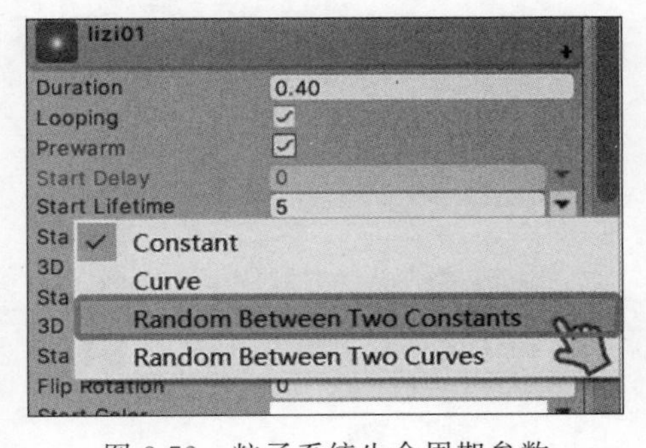

图 8.72 粒子系统生命周期参数

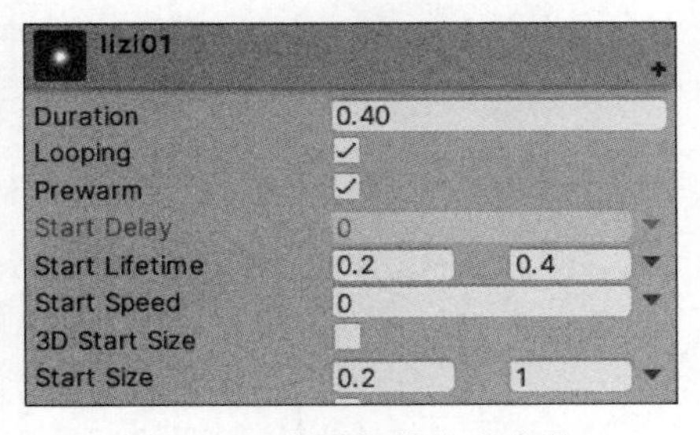

图 8.73 粒子初始大小参数

第 4 步：设置初始颜色，可根据游戏的界面将 Start Color 设为(22,233,45,255)，如图 8.74 所示。lizi01 的通用模块属性参数如图 8.75 所示。

第 5 步：粒子系统的发射模块属性参数设置为默认数值 10，同时取消勾选 Shape 模块。因为这里要制作按钮周围的流光效果，所以不需要发射范围，如图 8.76 所示。

第 6 步：控制粒子的颜色和透明度。Color over Lifetime 如图 8.77 所示。单击▼图标，把透明度 Alpha 设为 0，同时拖动 4 个滑块至合适的位置，如图 8.78 所示。

第 7 步：设置粒子的渲染模块，在 Material 中添加 ParticleGlow 材质，如图 8.79 所示。

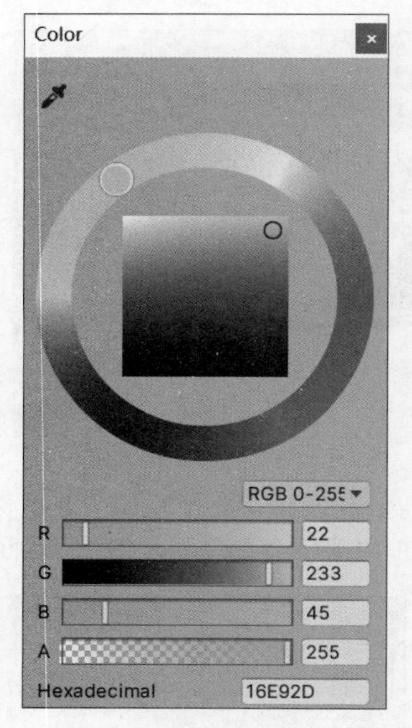

图 8.74　粒子系统初始颜色属性参数

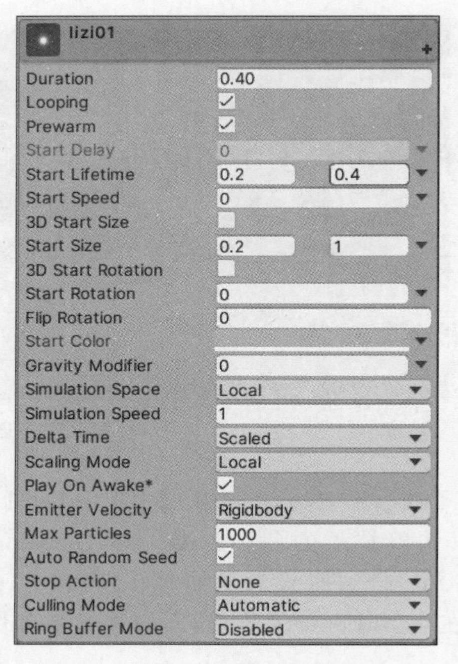

图 8.75　粒子系统通用模块属性参数

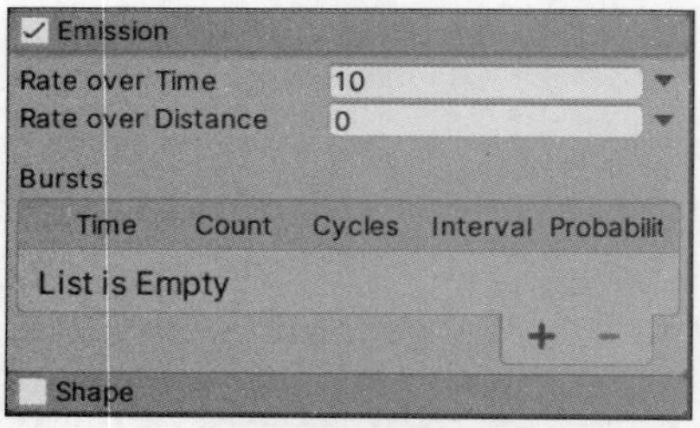

图 8.76　粒子系统发射模块属性参数

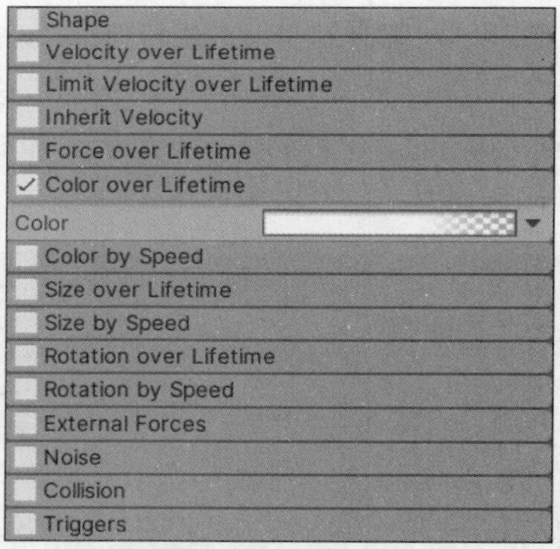

图 8.77　粒子系统生命周期颜色控制模块属性参数

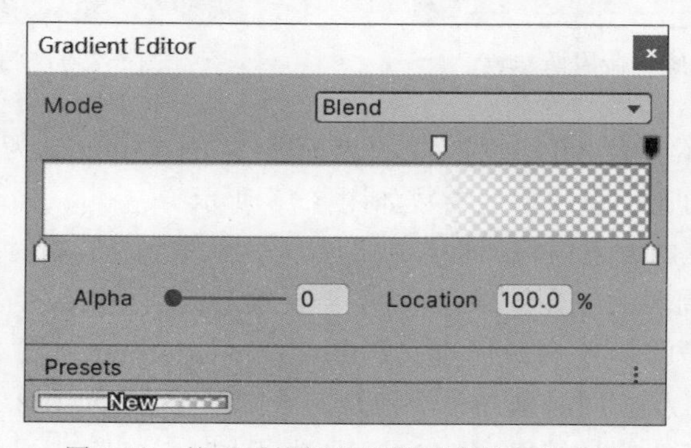

图 8.78　粒子系统颜色透明度变化属性参数

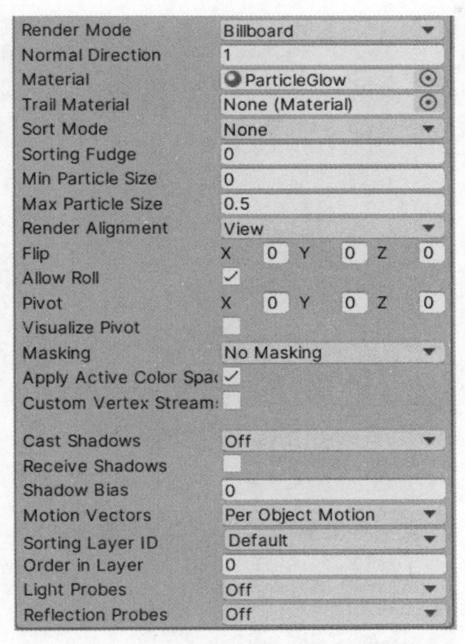

图 8.79 粒子系统渲染模块属性参数

第 8 步：复制该粒子系统 lizi01，将其命名为 lizi02，并将其拖入 lizi01 下面当子物体，如图 8.80 所示。然后设置 lizi02 的粒子系统的坐标 Simulation Space 为 World，Emission 模块的 Rate over Time 为 20，即每秒发射 20 个粒子，如图 8.81 所示。

图 8.80 复制粒子系统

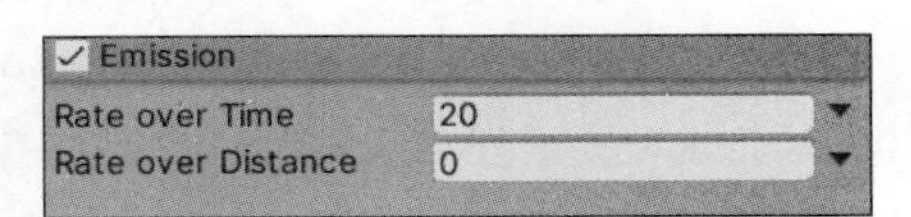

图 8.81 设置 lizi02 粒子系统发射模块属性参数

第 9 步：勾选生命周期粒子大小模块，调整粒子在生命周期内的大小，在下方调整曲线为 1.0～0.5，如图 8.82 所示。

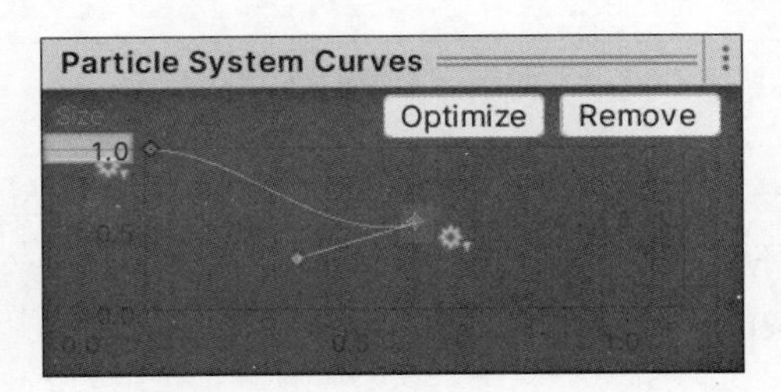

图 8.82 调整 lizi02 生命周期粒子大小模块属性参数

第 10 步：下面进行定位，把粒子定位到按钮边缘的位置，如图 8.83 所示。

第 11 步：创建一个环绕按钮的粒子动画。在 Hierarchy 视图中选中 zili01，在 Animation 视图中选择 Create New Clip，命名为 001，如图 8.84 所示。

第 12 步：单击小红点按钮，把经过按钮长度的时间设为 3s，即在时间线拖到 0:30，然

图 8.83　定位粒子

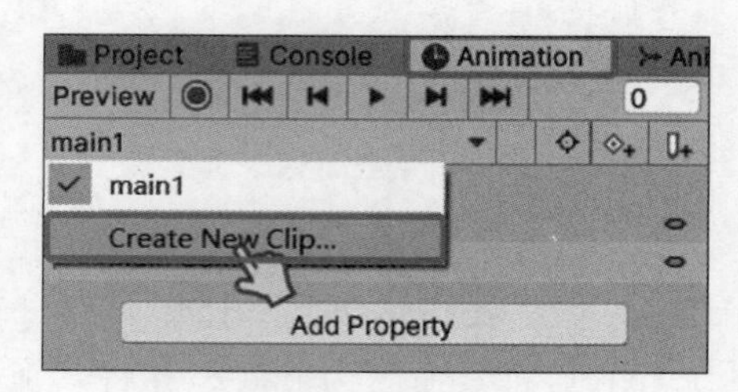

图 8.84　创建动画

后移动粒子到另一端顶点处。以此类推,鼠标经过按钮的时间定为 1.5s。完成一整个按钮轮廓循环用时 9s。完成后给 lizi01 添加 Animation 组件,将录制好的动画拖进去。这里可设置适合的时间。注意先放关键帧,后进行粒子移动,同时对照 Game 窗口效果,防止偏移,如图 8.85 所示。

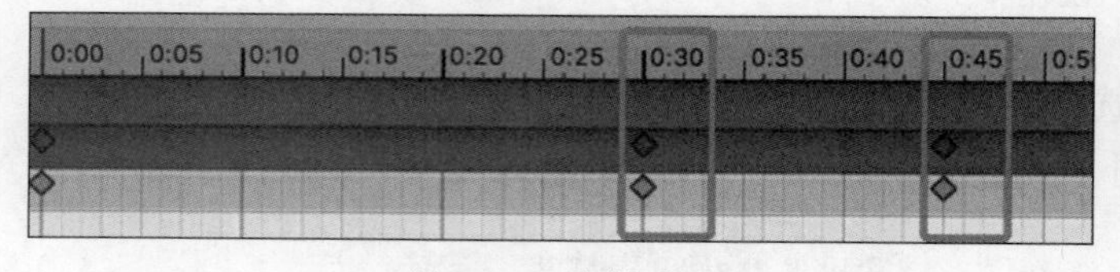

图 8.85　录制动画

第 13 步:继续上述操作,将 lizi02 定位到第二个按钮顶点的位置,采用同样的方法录制动画。如果希望动画循环播放,可在 Project 视图中选中动画,然后在其 Inspector 视图的 Wrap Mode 中选择 Loop,如图 8.86 所示。

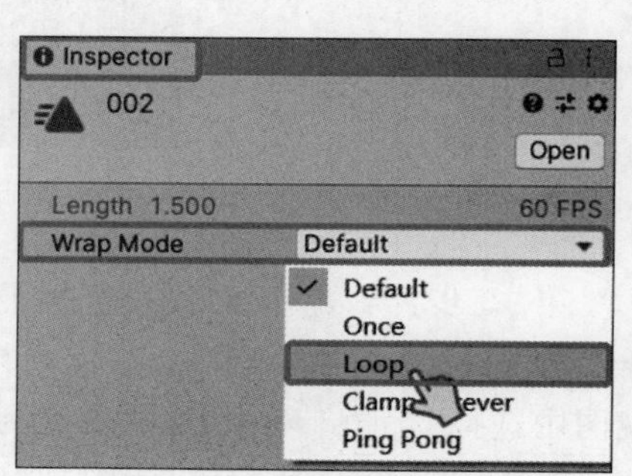

图 8.86　设置动画循环播放

第 14 步:完成后,将按钮的图案变成透明的,以便更好地体现粒子的效果。这里可选择自己喜欢的图案,如图 8.87 所示。

第 15 步:运行测试,粒子围绕标题文字播放绕行动画,如图 8.88 所示。

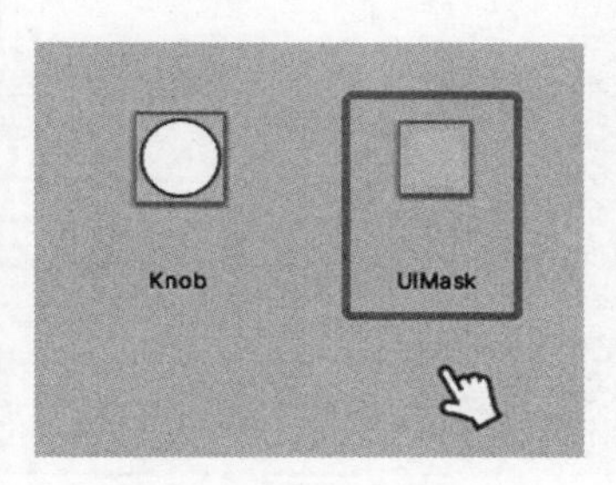

图 8.87　设置透明按钮效果

图 8.88　粒子围绕文字绕行效果

（3）下雪特效。

第 1 步：切换到 Start 场景，选择菜单栏中的 GameObject→Effects→Particle System 命令，新建一个粒子系统将其命名为 Snow。调整粒子系统属性，将 Start Lifetime 设为 10；将 Start speed 设为 0；调整 Start Size 为 0.1～0.4，将 Simulation Space 设为 World，通用模块属性参数如图 8.89 所示。

第 2 步：调整发射模块。调整 Rate over Time 为 100，或者更大，生成更多的雪花，如图 8.90 所示。

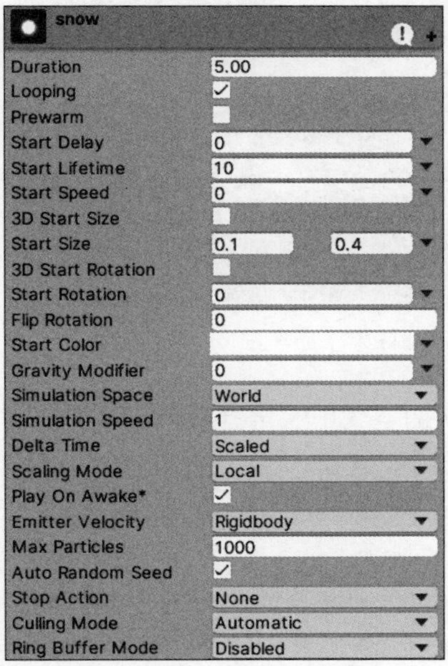

snow	
Duration	5.00
Looping	✓
Prewarm	
Start Delay	0
Start Lifetime	10
Start Speed	0
3D Start Size	
Start Size	0.1　0.4
3D Start Rotation	
Start Rotation	0
Flip Rotation	0
Start Color	
Gravity Modifier	0
Simulation Space	World
Simulation Speed	1
Delta Time	Scaled
Scaling Mode	Local
Play On Awake*	✓
Emitter Velocity	Rigidbody
Max Particles	1000
Auto Random Seed	✓
Stop Action	None
Culling Mode	Automatic
Ring Buffer Mode	Disabled

图 8.89　雪粒子通用模块属性参数

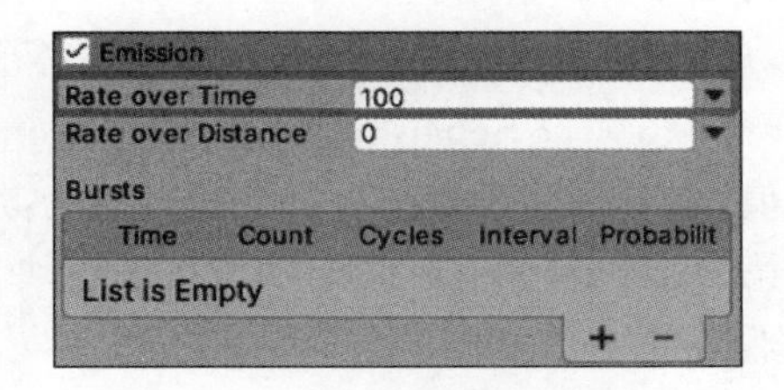

图 8.90　雪粒子发射模块属性参数

第 3 步：调整生命周期速度模块。首先将 Velocity over Lifetime 中的 Linear 改为 Random Between Two Constants，然后调整 X、Y、Z 的数值，将 Space 调整为 World，如图 8.91 所示。

第 4 步：调整形状模块，将 Shape 设为 Box，将 Scale 设为(150,150,11)，这里可以根据地形大小设置，如图 8.92 所示。

Velocity over Lifetime
Linear X -1 Y -1 Z -1
1 -2 1
Space World
Orbital X 0 Y 0 Z 0
Offset X 0 Y 0 Z 0
Radial 0
Speed Modifier 1
Limit Velocity over Lifetime

图 8.91　雪粒子生命周期速度模块属性参数

Shape
Shape Box
Emit from: Volume
Texture None (Texture 2D)
Position X 0 Y 0 Z 0
Rotation X 0 Y 0 Z 0
Scale X 150 Y 150 Z 11
Align To Direction
Randomize Direction 0
Spherize Direction 0
Randomize Position 0

图 8.92　雪粒子形状模块属性参数

第 5 步：为粒子添加材质。在渲染模块的 Material 中选择合适的材质。运行观察效果，同时调整其到合适的位置，如图 8.93 所示。

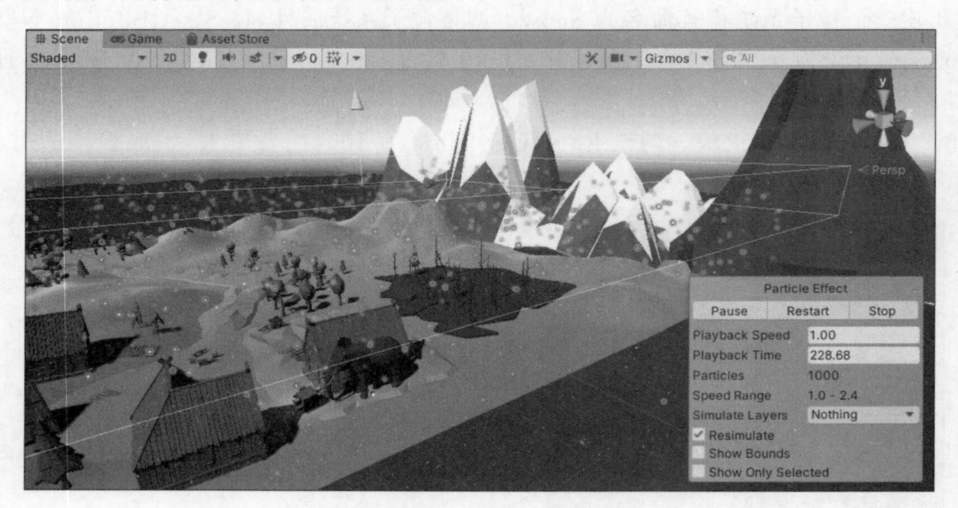

图 8.93　雪粒子材质添加效果

第 6 步：调整雪花飘落效果。对下雪来说，真实的空气中一定有微风，就算没有风也有气流，所以加入一些噪声扰动，会让下落的雪花更符合真实环境。这里需要添加粒子的 Noise 模块，勾选 Separate Axes，使用 Random Between Two Constants，然后调整 X、Y、Z 的数值，将 Scroll Speed 的滚动速度设为 5，如图 8.94 所示。

第 7 步：调整生命周期颜色控制模块，为粒子设计一种渐渐消退的感觉，调整透明度即可。然后添加 Collision 模块，制造雪花落到地面上的效果。将 Type 设为 World，将 Dampen 设为 1，将 Bounce 设为 0，使雪落到地面后不需要反弹。运行测试，看看效果(如果地形面积很大，雪花看起来很少，可设置 Emission 的 Rate over Time 为更大的数)，如图 8.95 所示。

第 8 步：单击 Play 按钮运行测试，可以发现雪花粒子从天空渐渐飘落，效果如图 8.96 所示。

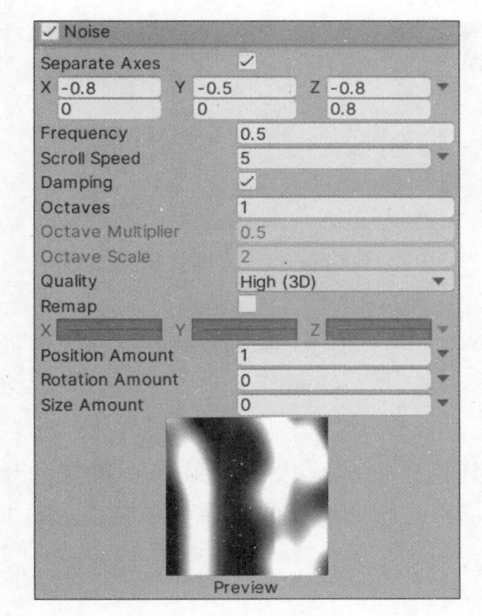

图 8.94　雪粒子噪声模块属性参数

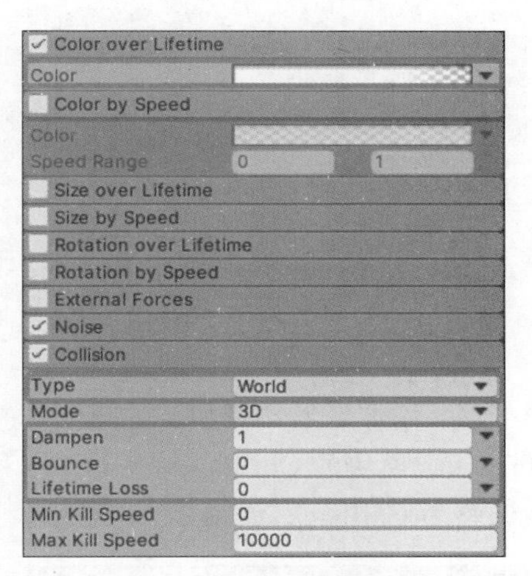

图 8.95　雪粒子生命周期颜色控制模块属性参数

图 8.96　雪粒子运行测试效果

(4) 火焰特效。

第 1 步：制作怪兽死亡后燃烧火焰的特效。新建一个粒子系统，将其调整到合适的位置。将粒子系统的通用属性 Duration 设为 0.3，将 Start Lifetime 设为 0.2～0.5，将 Start Speed 设为 0.1～0.2，将 Start Size 设为 1～1.5，将 Start color 设为红色，最后调整 Simulation Speed 为 0.6，如图 8.97 所示。

第 2 步：设置发射模块。将 Rate over Time 设为 100，如图 8.98 所示。

第 3 步：设置形状模块。将 Shape 调整为 Box，将 Scale 大小设为(2.15，1.85，2.13)。这里可根据模型的大小设置合理的数值，如图 8.99 所示。

Particle System		
Duration	0.30	
Looping	✓	
Prewarm		
Start Delay	0	
Start Lifetime	0.2	0.5
Start Speed	0.1	0.2
3D Start Size		
Start Size	1	1.5
3D Start Rotation		
Start Rotation	0	
Flip Rotation	0	
Start Color		
Gravity Modifier	0	
Simulation Space	Local	
Simulation Speed	0.6	
Delta Time	Scaled	
Scaling Mode	Local	

图 8.97　火焰粒子通用模块属性参数

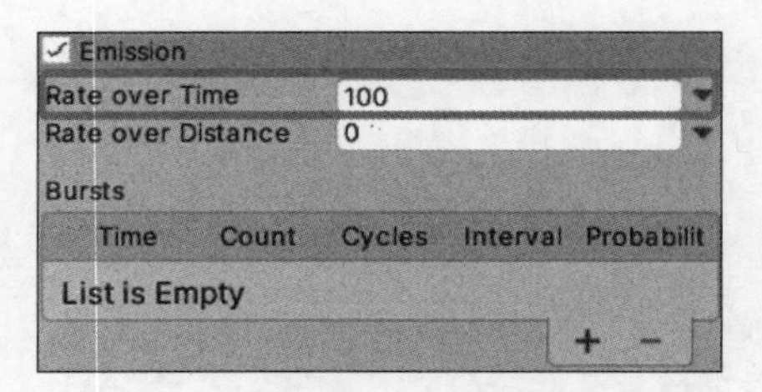

图 8.98 火焰粒子发射模块属性参数

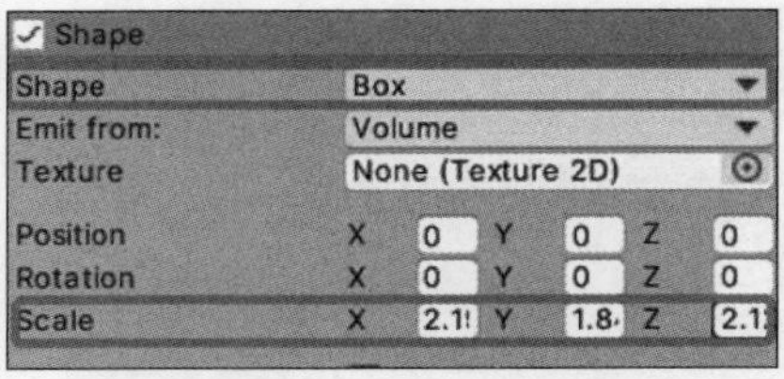

图 8.99 火焰粒子形状模块属性参数

第 4 步：设置碰撞模块。调整 Collision 的 Type 为 World，将 Dampen 设为 0.5，将 Bounce 设为 1，将 Min Kill Speed 设为 0.5。如图 8.100 所示，制作一个打倒怪兽着火的效果。

第 5 步：添加触发器模块。这里制作一个触发到怪兽而熄灭火焰的效果。把怪兽物体放入 Triggers 模块的 Colliders，将 Inside 和 Outside 的属性调整为 Ignore，将 Enter 和 Exit 的属性调整为 Callback，如图 8.101 所示。

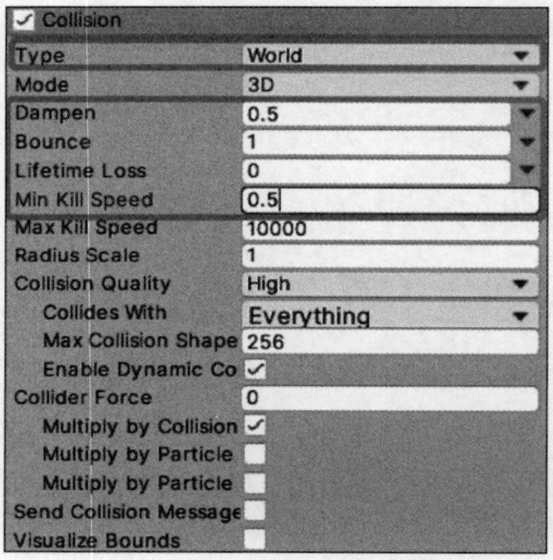

图 8.100 火焰粒子碰撞模块属性参数

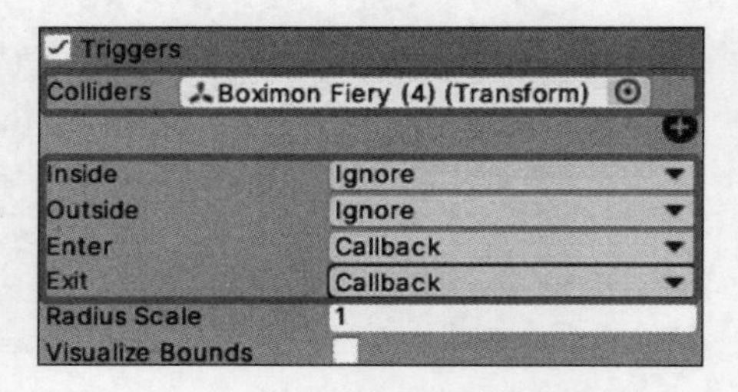

图 8.101 火焰粒子触发器模块属性参数

第 6 步：调整怪兽的碰撞区域，同时勾选 Is Trigger，如图 8.102 所示。

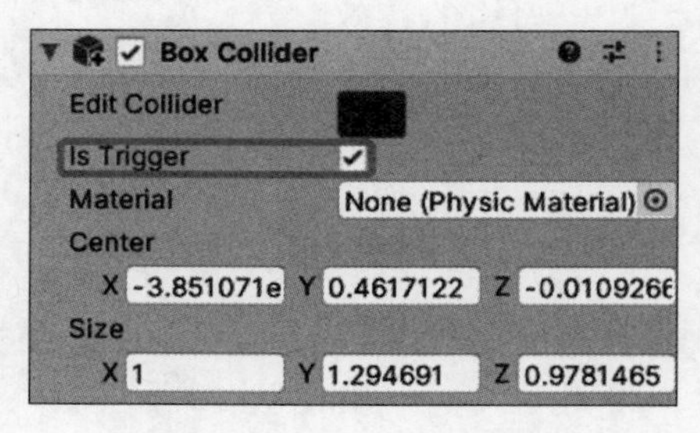

图 8.102 设置粒子触发碰撞

第 7 步：在渲染模块为粒子添加火焰材质，如图 8.103 所示。

第 8 步：在 Project 视图的 Assets→Scripts 文件夹中新建一个脚本 zili，用于控制粒子特效的碰撞和触发，代码如下所示。

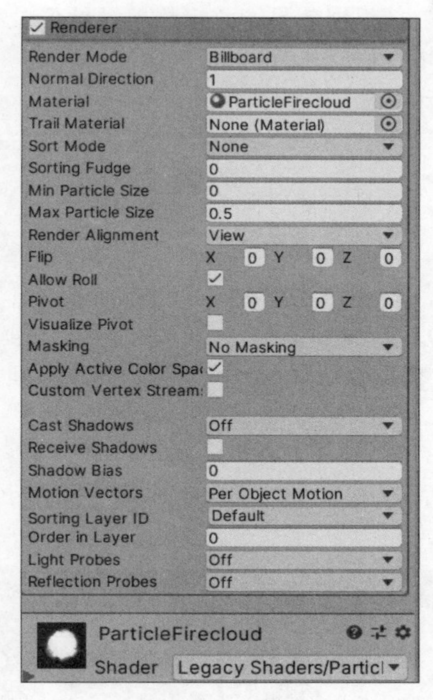

图 8.103 设置粒子渲染模块属性参数

```
using System.Collections;
using System.Collections.Generic;
using UnityEngine;

public class zili : MonoBehaviour
{
    public ParticleSystem ParticleSystem;
    public void OnParticleTrigger()
    {
        ParticleSystem.gameObject.GetComponent<ParticleSystem>().Play();
    }
    private void OnMouseDown()
    {
        ParticleSystem.gameObject.GetComponent<ParticleSystem>().Play();
    }
    private void OnTriggerEnter(Collider other)
    {
        ParticleSystem.gameObject.GetComponent<ParticleSystem>().Stop();
    }
}
```

第 9 步：将脚本链接给怪兽，同时把火焰特效拖入脚本中，进行脚本赋值，如图 8.104 所示。

第 10 步：完成后运行测试，根据效果调整火焰粒子的位置和大小。这里注意，在火焰粒子基本属性模块中取消勾选 Play On Awake，实现触发后才唤醒粒子系统，而不是粒子系统自动播放，如图 8.105 所示。

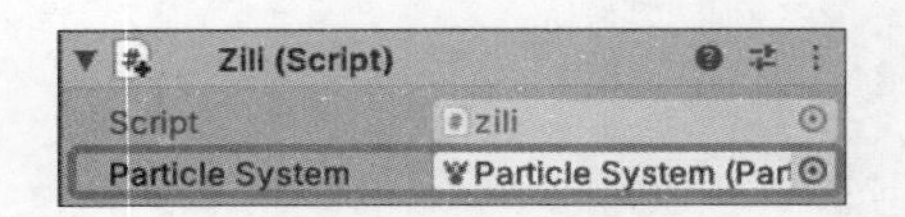

图 8.104　脚本赋值

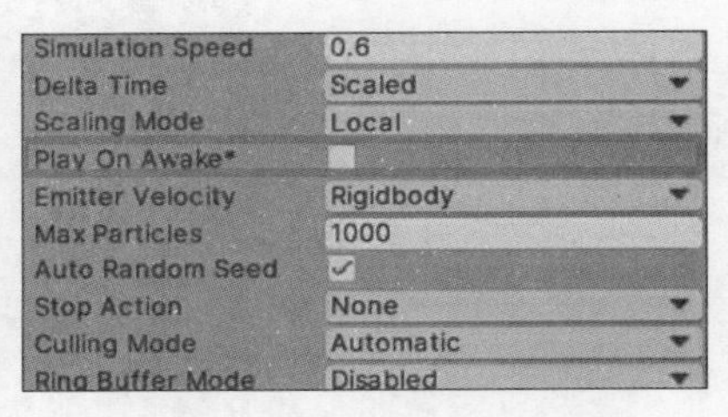

图 8.105　取消火焰粒子自动播放

第 11 步：采用同样的方法可以复制火焰特效，给场景中的其他怪兽也加载火焰粒子。

第 12 步：单击 Play 按钮运行测试，当单击场景中的怪兽时，可以触发火焰粒子，如图 8.106 所示。

图 8.106　火焰粒子燃烧效果

4. 项目测试

运行测试开始界面粒子特效、场景雪花粒子特效、打倒怪兽后燃烧火焰的效果，如图 8.107～图 8.109 所示。

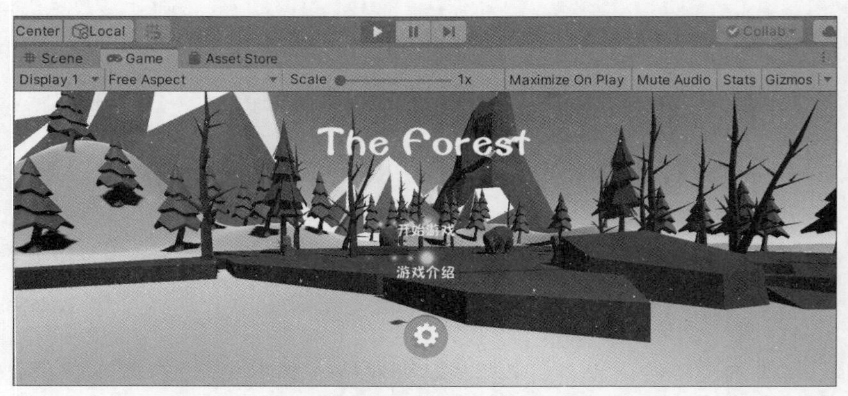

图 8.107　开始界面粒子特效测试效果

图 8.108 场景雪粒子特效测试效果

图 8.109 打倒怪兽火焰燃烧测试效果

8.5 小结

Unity 中的粒子系统可用于制作特效,如火焰、烟雾和爆炸等。本章重点讲解粒子系统的属性参数使用方法,基于不同的参数变换出一系列粒子特效。通过燃烧的火焰、发光的法杖、上升的气泡项目讲解了在游戏中加入粒子特效的方法,最后通过粒子系统综合项目整合粒子特效知识,实现绚丽的虚拟场景效果。

8.6 习题

1. 简述粒子系统的概念。
2. 简述粒子系统的应用领域。
3. 简述粒子系统由哪些模块组成,每一模块的功能用途。
4. 简述粒子系统的通用模块属性。
5. 根据本章所学粒子系统知识制作出一个三维虚拟漫游场景,并加入粒子特效。

第 9 章

Chapter 9

导航系统

导航系统(Navigation System)是实现动态物体自动寻路的一种技术。它将游戏场景中的复杂结构关系简化为带有一定信息的网格,并在这些网格的基础上通过一系列相应的计算来实现自动寻路。本章主要讲解在创建好的3D场景中设置导航方法,实现AI路径规划、AI障碍物绕行及AI导航追击功能。通过AI导航综合项目实现游戏中的AI效果。

9.1 导航系统概述

过去,游戏开发者都必须打造自己的寻路系统,特别是基于节点的寻路系统非常烦琐。Unity引擎不仅做导航功能,还使用导航网格NavMesh(Navigation Mesh的缩写)描述游戏世界的可行走表面,并允许查找游戏世界中从一个可行走位置到另一个位置的路径。这比基于节点的寻路系统中手动放置节点更有效率,而且更流畅。更重要的是,它还可以一键重新计算整个导航网格,彻底摆脱手动修改导航节点的做法。Unity引擎导航系统由以下部分组成:

(1) 导航网格(Navigation Mesh,NavMesh)是一种数据结构,用于描述游戏世界的可行走表面,并允许在游戏世界中寻找从一个可行走位置到另一个可行走位置的路径。

(2) 导航网格代理(Nav Mesh Agent)组件用于实现朝目标前进时避开的障碍物。

(3) 网格外链接(Off Mesh Link)组件允许合并无法使用的可行走表面来表示的导航捷径。

(4) 导航网格障碍物(Nav Mesh Obstacle)组件用于描述在虚拟世界中导航时应避开的移动障碍物。

9.2 导航设置步骤

9.2.1 设置导航对象

在Hierarchy视图中选中场景中可行走的表面和障碍物,在Inspector窗口中单击Static下拉菜单,勾选Navigation Static即可,如图9.1所示。

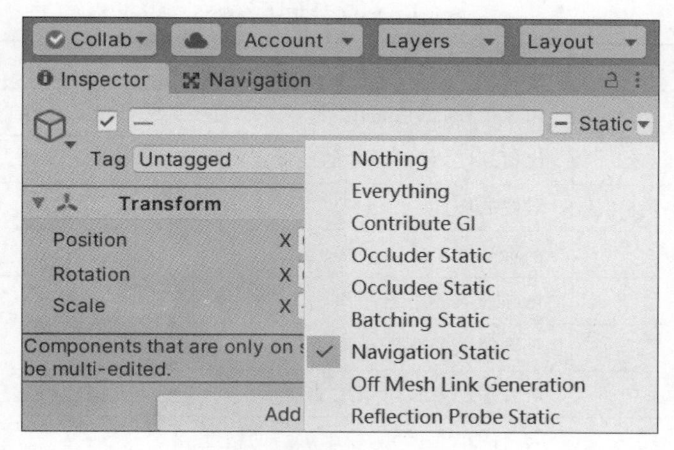

图 9.1 设置 Navigation Static

9.2.2 烘焙(Bake)

选择菜单栏中的 Window→AI→Navigation 命令,打开导航窗口,单击右下角的 Bake 按钮即可,如图 9.2 所示。在导航窗口的 Bake 选项卡下可以设置导航代理及烘焙的相关参数,如表 9.1 所示。

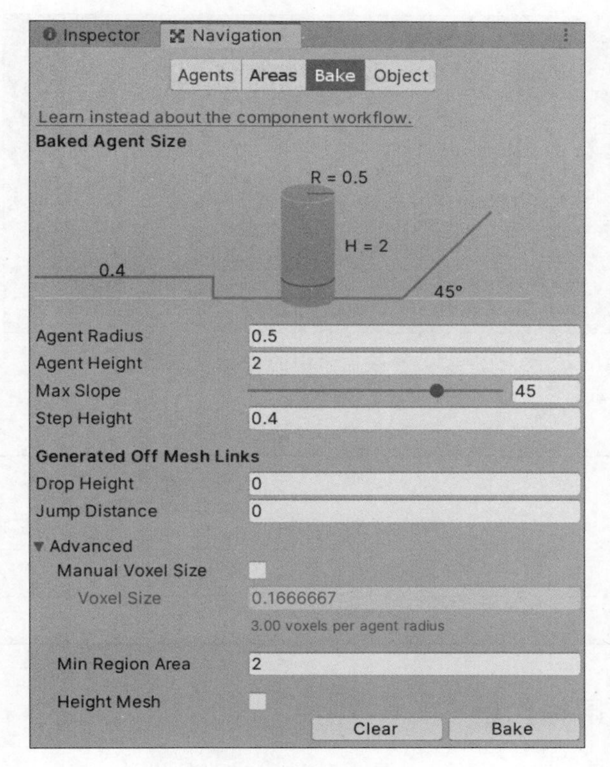

图 9.2 导航窗口

表 9.1 Bake 选项卡参数

英文名称	功能详解
Agent Radius	代理半径,数值越小,表示生成的导航网格越靠近静态物体的边缘
Agent Height	代理高度,可以通过的最低空间高度
Max Slope	斜坡的坡度
Step Height	台阶高度
Drop Height	允许最大的下落距离
Jump Distance	允许最大的跳跃距离
Manual Voxel Size	是否手动调整烘焙尺寸
Voxel Size	烘焙的单元尺寸,控制烘焙的精度
Min Region Area	设置最小区域
Height Mesh	当地形有落差时,是否生成精确而不是近似的烘焙效果

Navigation 窗口有 Agents、Areas、Bake 和 Object 这 4 个选项卡。其中,Object 选项卡如图 9.3 所示,其中可以设置游戏对象的参数,如表 9.2 所示。选取游戏对象后,可以在此选项卡中设置导航的相关参数。

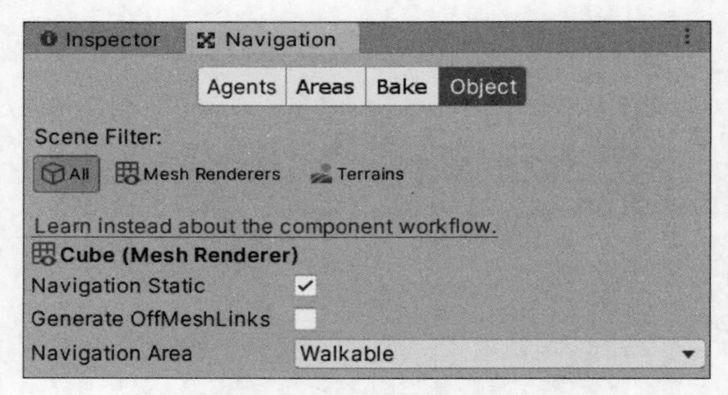

图 9.3 导航窗口中的 Object 选项卡

表 9.2 Object 选项卡参数

英文名称	功能详解
Navigation Static	勾选该复选框后表示该对象参与导航网格的烘焙
Generate OffMeshLinks	勾选该复选框后可跳跃导航网格
Navigation Area	导航区域

9.2.3 设置导航网格代理

导航网格代理(Nav Mesh Agent)是一种用于寻路的组件。Nav Mesh Agent 组件可实现游戏角色在朝目标方向移动时彼此避开的障碍物。在生成导航网格之后,给游戏对象添加一个 Nav Mesh Agent 组件,如图 9.4 所示,寻路和空间推理使用 Nav Mesh Agent 的脚本处理。Nav Mesh Agent 视图中各导航代理的属性参数如表 9.3 所示。

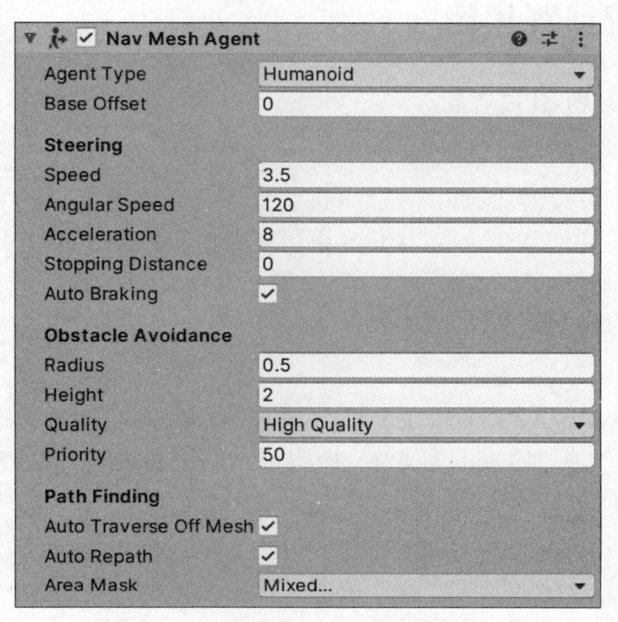

图 9.4 Nav Mesh Agent 组件属性

表 9.3 Nav Mesh Agent 属性参数

英文名称		功能详解
Agent Type		导航代理的类型
Base Offset		圆柱体相对于本地坐标的偏移
Steering	Speed	最大移动速度
	Angular Speed	最大角速度
	Acceleration	最大加速度
	Stopping Distance	离目标距离还有多远时停止
	Auto Braking	激活时，到达目标位置前将减速
Obstacle Avoidance	Radius	导航代理的半径
	Height	导航代理需要通过障碍物上方的高度
	Quality	躲避障碍物的质量，如果设置为 0，则不躲避其他导航代理
	Priority	设置自身的导航优先级，范围是 0～99，值越小，优先级越大
Path Finding	Auto Traverse Off Mesh Link	是否采用默认方式度过链接路径
	Auto Repath	如果现有的路径变为无效，是否需要试图获取一个新的路径
	Area Mask	设置哪些区域类型，此导航代理可以行走

9.3 导航系统实践项目

9.3.1 AI路径规划项目

1. 项目构思

使用Unity引擎开发游戏,自动寻路可以有很多种实现方式。如A星寻路算法,它是一种比较传统的人工智能算法,在游戏开发中比较常见。另外,Unity引擎官方内置的寻路组件Nav Mesh Agent也可以实现自动寻路功能。本项目旨在通过一个简单的3D场景漫游实现Unity引擎自动寻路功能。

2. 项目设计

本项目计划在Unity引擎内创建一个简单的3D场景,场景内有各种障碍,通过Nav Mesh Agent组件实现自动寻找目标位置,即实现让一个胶囊体根据导航网格运动到目标Sphere的位置。如图9.5和图9.6所示。

图9.5 运行测试前

图9.6 胶囊开始向球体运动

3. 项目实施

第1步:双击Unity Hub图标,启动Unity引擎,建立一个空项目,搭建简单环境。选择菜单栏中的GameObject→3D→Plane命令,创建一个平面,将其扩大10倍,作为地面。另外创建Cube,调整X方向扩大10倍,Y方向扩大5倍,Z方向缩小到原来的0.3倍,作为墙体。经过不断的复制，制作出 3D 迷宫场景，如图 9.7 所示。

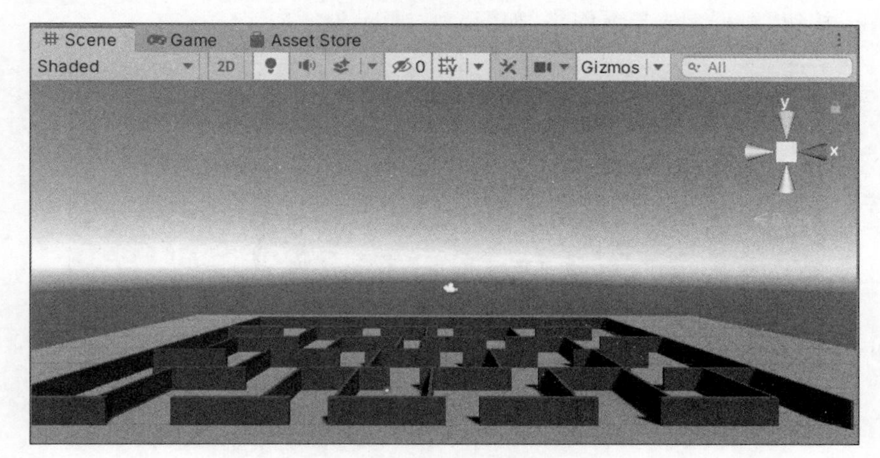

图 9.7 3D 迷宫场景搭建效果

第 2 步：选择菜单栏中的 GameObject→3D→Capsule 命令，创建一个胶囊体，作为动态移动的对象。选择菜单栏中的 GameObject→3D→Sphere 命令，创建一个球体作为导航的目标。

第 3 步：选中场景中除了 Sphere、Capsule、摄像机和灯光以外的所有物体，单击 Inspector 视图中右上角的 Static，在下拉菜单中选择 Navigation Static，设置成静态类型，如图 9.8 所示。

第 4 步：选中场景中除了 Sphere、Capsule、摄像机和灯光以外的所有物体，选择菜单栏中的 Windows→AI→Navigation 命令，导航窗口如图 9.9 所示。

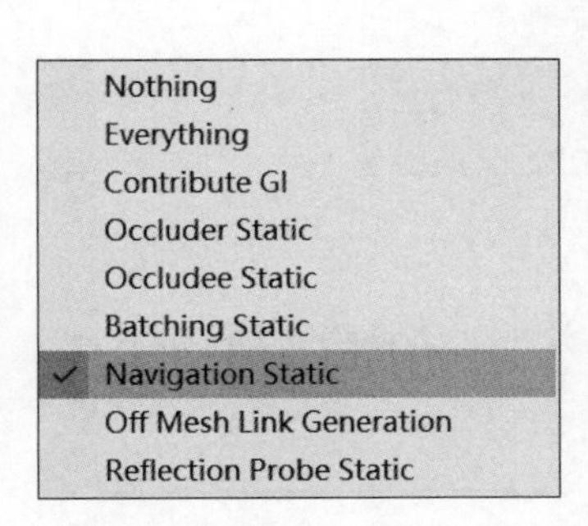

图 9.8 设置 Navigation Static

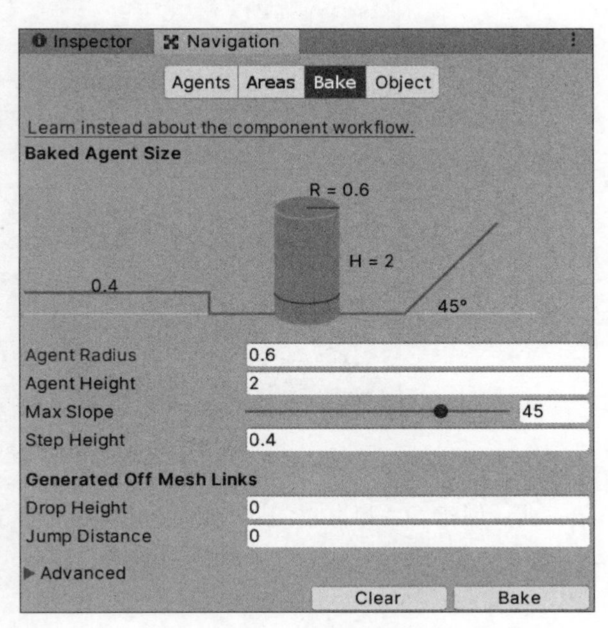

图 9.9 导航窗口

第 5 步：选中场景中除了 Sphere、Capsule、摄像机和灯光以外的所有物体，单击导航窗口中的 Bake 按钮，即可生成导航网格，如图 9.10 所示。

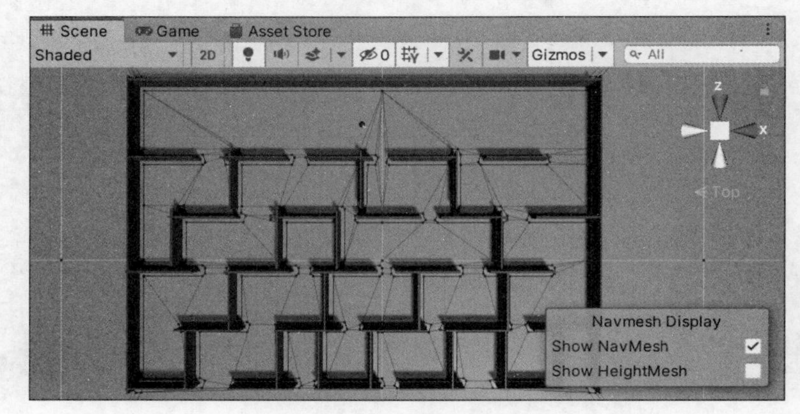

图 9.10　烘焙后场景

第 6 步：在 Hierarchy 视图选中 Capsule，然后选择菜单栏中的 Component→Navigation→Nav Mesh Agent 命令，为胶囊体添加一个 Nav Mesh Agent 寻路组件，如图 9.11 所示。

Nav Mesh Agent	
Agent Type	Humanoid
Base Offset	0
Steering	
Speed	3.5
Angular Speed	120
Acceleration	8
Stopping Distance	0
Auto Braking	✓
Obstacle Avoidance	
Radius	0.5
Height	2
Quality	High Quality
Priority	50
Path Finding	
Auto Traverse Off Mesh	✓
Auto Repath	✓
Area Mask	Mixed...

图 9.11　添加 Nav Mesh Agent 组件

第 7 步：创建 C# 脚本，将其命名为 NavMeshScripts，实现自动寻路，代码如下。

```
using System.Collections;
using System.Collections.Generic;
using UnityEngine;
using UnityEngine.AI;
```

```
public class NavMeshScripts : MonoBehaviour
{
    public Transform target;
    void Start()
    {
    if (target !=null)
        {
            this.gameObject.GetComponent<UnityEngine.AI.NavMeshAgent>().
            destination=target.position;
        }
    }
}
```

第 8 步：将 NavMeshScripts 脚本链接到胶囊体上，将 Sphere 赋值给胶囊体的 Target 变量，如图 9.12 所示。

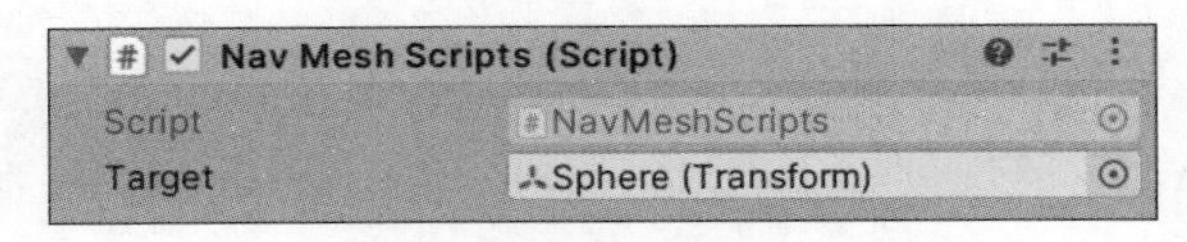

图 9.12　脚本赋值

4. 项目测试

单击 Player 按钮运行测试，胶囊体会按照指定的方向运动到 Sphere 的位置，如图 9.13 和图 9.14 所示。

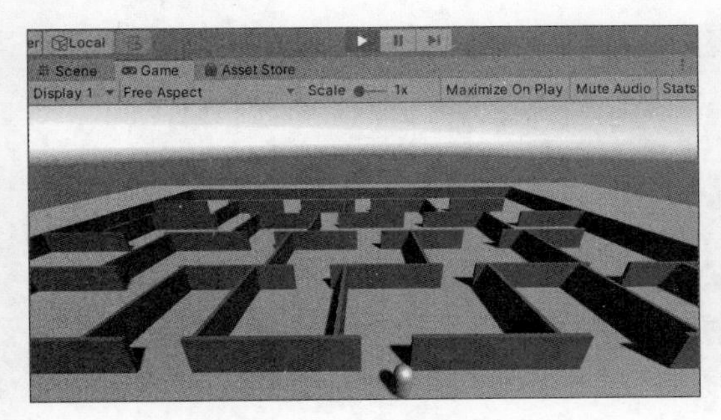

图 9.13　运行测试前

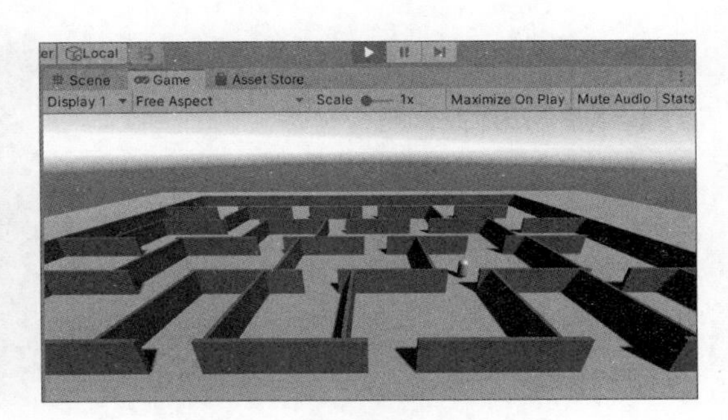

图 9.14　胶囊开始向球体运动

9.3.2 AI 障碍绕行项目

1. 项目构思

在自动寻路的过程中，往往会遇到障碍物。Unity 引擎提供的 Nav Mesh Obstacle 功能可以完美地躲避障碍物。本项目通过一个简单的障碍设置场景，实现自动寻路中绕行障碍物的功能。

2. 项目设计

一般来说，不可攀爬的场景对象都被视为障碍物，也可以直接将物体设为障碍物。Nav Mesh Obstacle 是不需要烘焙的，形状可以选择为立方体或是胶囊体。本项目计划在 Unity

引擎内创建一个障碍设置场景,场景内由一个 Cube 来充当障碍物,实现自动绕行障碍物效果,如图 9.15 和图 9.16 所示。

图 9.15 主角绕过障碍物

图 9.16 主角到达终点

3. 项目实施

第 1 步:打开“AI 路径规划项目”,选择 File→Save Scene as 命令,将场景另存为 Obstacle,如图 9.17 所示。

第 2 步:选择菜单栏中的 GameObject→3D→Cube 命令,新建一个 Cube 充当障碍物,将其放置在主角的前方,并赋予其黑色材质,如图 9.18 所示。

File Edit Assets GameObject Compo
New Scene Ctrl+N
Open Scene Ctrl+O
Save Ctrl+S
Save As... Ctrl+Shift+S
New Project...
Open Project...
Save Project
Build Settings... Ctrl+Shift+B
Build And Run Ctrl+B
Exit

图 9.17 另存为 Obstacle 场景

图 9.18 新建障碍物

第 3 步:在 Hierarchy 视图中选中黑色障碍物 Cube,选择菜单栏中的 Component→Navigation→Nav Mesh Obstacle 命令,为黑色障碍物添加 Nav Mesh Obstacle 组件,如图 9.19 所示。

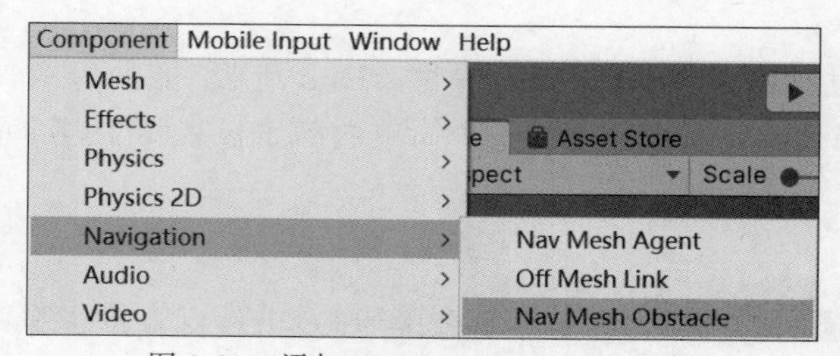

图 9.19 添加 Nav Mesh Obstacle 组件

4. 项目测试

单击 Play 按钮进行测试，主角会绕过黑色立方体并到达终点，效果如图 9.20 和图 9.21 所示。

图 9.20 主角绕过障碍物

图 9.21 主角到达终点

9.3.3 AI 导航追击项目

1. 项目构思

导航系统又称为寻路系统，本项目将通过 Unity 引擎内置的导航系统来深入介绍 Unity 引擎的人工智能。项目展示了在场景中找到最短的路径，实现 AI 导航追击功能。

2. 项目设计

本项目设计实现 AI 导航追击功能，在场景中设计一个小球作为敌人，随着场景主角的不断移动，场景中的小球可以瞬时改变移动方向，实现追击角色的效果。

3. 项目实施

(1) 搭建场景。

第 1 步：双击 Unity Hub 图标，启动 Unity 引擎，建立一个空项目，搭建简单场景。选择菜单栏中的 GameObject→3D Object→Plane 命令，创建一个平面，将其扩大 10 倍，作为虚拟场景地面，贴上灰色材质，如图 9.22 所示。

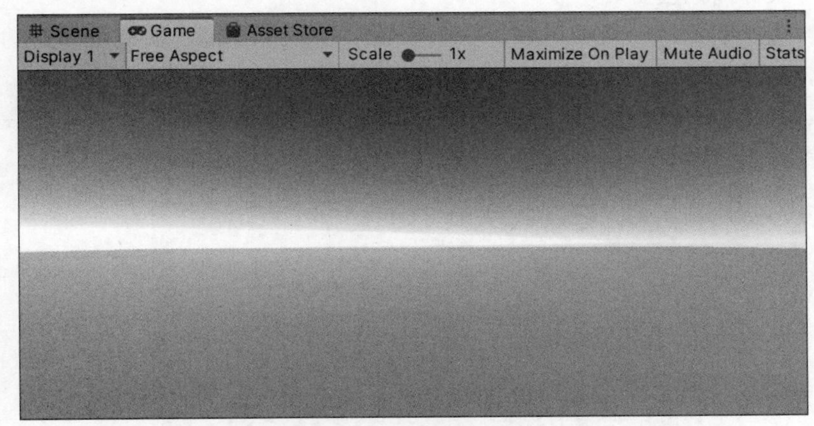

图 9.22 创建灰色平面

第 2 步：选择菜单栏中的 GameObject→3D Object→Sphere 命令，创建一个小球，作为跟踪者，将其命名为 Enemy，贴上黑色材质，如图 9.23 所示。

图 9.23　创建黑色跟踪球

第 3 步：选择菜单栏中的 GameObject→3D Object→Cube 命令，创建一个立方体，将其 X 方向扩大 5 倍，作为障碍物，贴上红色材质，如图 9.24 所示。

图 9.24　创建红色立方体障碍物

(2) 第一人称虚拟漫游。

第 1 步：选择菜单栏中的 GameObject→Create Empty 命令，创建一个空物体，将其命名为 Player，位置定在(0,0,0)点。

第 2 步：在 Hierarchy 视图中选中 Player，选择菜单栏中的 Component→Character Controller 命令，为其添加角色控制器，如图 9.25 所示。

Character Controller	
Slope Limit	45
Step Offset	0.3
Skin Width	0.08
Min Move Distance	0.001
Center	X 0　Y 0　Z 0
Radius	0.5
Height	2

图 9.25　添加角色控制器组件

第 3 步：在 Hierarchy 视图中选中 Player，选择菜单栏中的 Component→Physics→Rigidbody 命令，添加刚体组件（取消选中 Use Gravity 复选框，勾选 Is Kinematic 复选框），如图 9.26 所示。

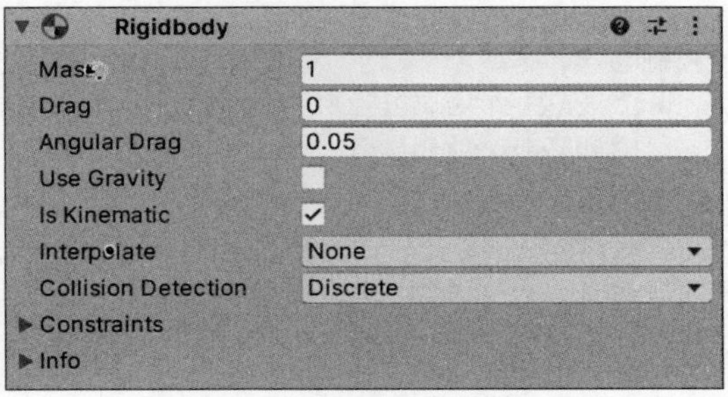

图 9.26 添加刚体组件

第 4 步：创建 C＃脚本，将其命名为 Player，代码如下所示。

```
using System.Collections;
using System.Collections.Generic;
using UnityEngine;

public class Player : MonoBehaviour
{
    public Transform m_transform;
    //角色控制器组件
    CharacterController m_ch;
    //角色移动速度
    float m_movSpeed=3.0f;
    //重力
    float m_gravity=2.0f;
    //摄像机 Transform
    Transform m_camTransform;
    //摄像机旋转角度
    Vector3 m_camRot;
    //摄像机高度
    float m_camHeight=1.4f;
    //修改 Start 函数,初始化摄像机的位置和旋转角度
    void Start()
    {
        m_transform=this.transform;
        //获取角色控制器组件
        m_ch=this.GetComponent<CharacterController>();
        //获取摄像机
        m_camTransform=Camera.main.transform;
        Vector3 pos=m_transform.position;
        pos.y+=m_camHeight;
        m_camTransform.position=pos;
        //设置摄像机的旋转方向与主角一致
        m_camTransform.rotation=m_transform.rotation;
```

```
        m_camRot=m_camTransform.eulerAngles;
    }
    void Update()
    { Control(); }
    void Control()
    {   //定义3个值控制移动
        float rh=Input.GetAxis("Mouse X");
        float rv=Input.GetAxis("Mouse Y");
        m_camRot.x -=rv;
        m_camRot.y+=rh;
        m_camTransform.eulerAngles=m_camRot;
        Vector3 camrot=m_camTransform.eulerAngles;
        camrot.x=0; camrot.z=0;
        m_transform.eulerAngles=camrot;

        float xm=0, ym=0, zm=0;
        //重力运动
        ym -=m_gravity * Time.deltaTime;
        //上、下、左、右移动
        if (Input.GetKey(KeyCode.W))
        {
            zm+=m_movSpeed * Time.deltaTime;
        }
        else if (Input.GetKey(KeyCode.S))
        {
            zm -=m_movSpeed * Time.deltaTime;
        }
        if (Input.GetKey(KeyCode.A))
        {
            xm -=m_movSpeed * Time.deltaTime;
        }
        else if (Input.GetKey(KeyCode.D))
        {
            xm+=m_movSpeed * Time.deltaTime;
        }
        //使用角色控制器提供的Move()函数进行移动
        m_ch.Move(m_transform.TransformDirection(new Vector3(xm, ym, zm)));
        Vector3 pos=m_transform.position;
        pos.y+=m_camHeight;
        m_camTransform.position=pos;
    }
}
```

第5步：将Player脚本链接给Player游戏对象，并为Player游戏对象设置Player标签，如图9.27所示。

第6步：运行测试，可以实现第一人称虚拟漫游效果，效果如图9.28所示。

(3) 智能寻路。

第1步：在Hierarchy视图中选中场景中的障碍物Cube和场景地形Plane，选择Navigation Static选项，如图9.29所示。

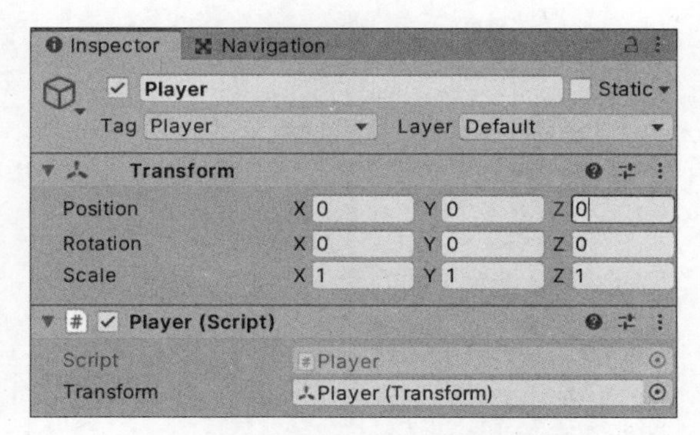

图 9.27 脚本链接及标签设置

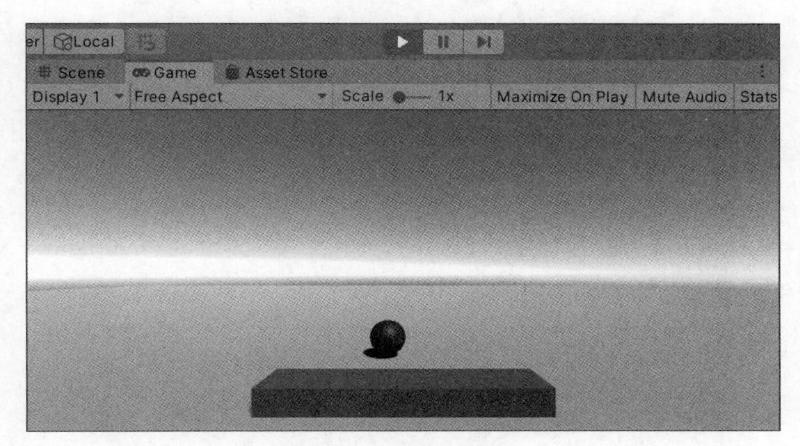

图 9.28 运行测试效果

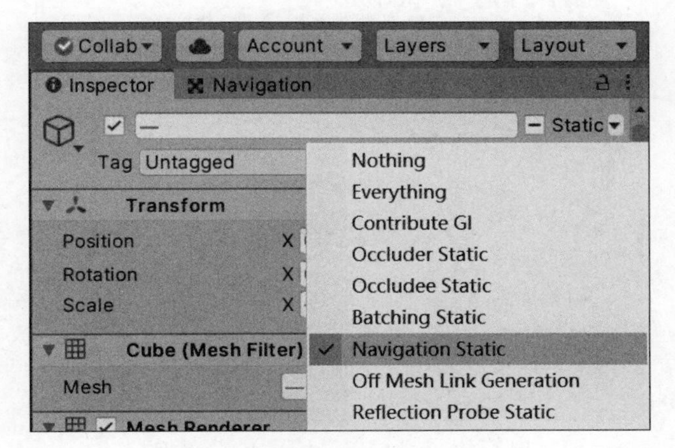

图 9.29 选择 Navigation Static 选项

第 2 步：在 Hierarchy 视图中选中场景中的障碍物 Cube 和场景地形 Plane，选择菜单栏中的 Window→AI→Navigation 命令，在弹出的 Navigation 视图中选择 Bake 选项卡，单击右下角的 Bake 按钮烘焙地形，如图 9.30 所示。

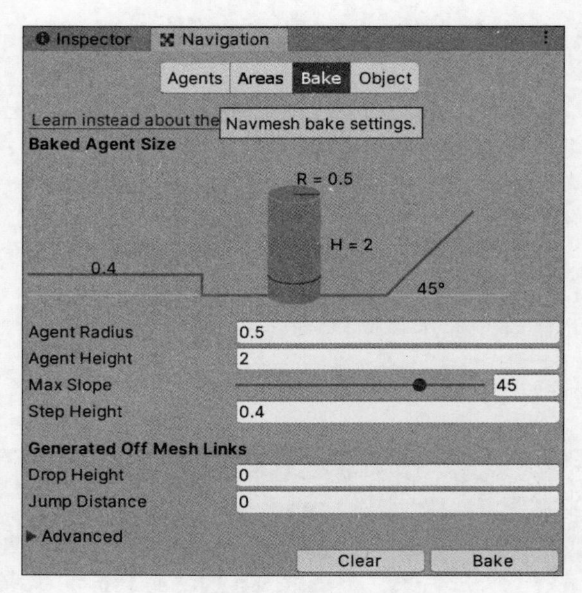

图 9.30　烘焙地形

第 3 步：在 Hierarchy 视图中选中 Enemy，选择菜单栏中的 Component→Navigation→Nav Mesh Agent 命令，为小球添加 Nav Mesh Agent 组件，如图 9.31 所示。

Nav Mesh Agent	
Agent Type	Humanoid
Base Offset	0.5
Steering	
Speed	3.5
Angular Speed	120
Acceleration	8
Stopping Distance	0
Auto Braking	✓
Obstacle Avoidance	
Radius	0.5
Height	1
Quality	High Quality
Priority	50
Path Finding	
Auto Traverse Off Mesh	✓
Auto Repath	✓
Area Mask	Mixed...

图 9.31　添加 Nav Mesh Agent 组件

第 4 步：创建 C# 脚本，将其链接给 Enemy，代码如下。

```
using System.Collections;
using System.Collections.Generic;
using UnityEngine;
```

```
using UnityEngine.AI;
public class NewBehaviourScript : MonoBehaviour
{
    Transform m_transform;
    Player m_player;//Player 脚本
    float m_rotSpeed=120;
    NavMeshAgent m_agent;
    float m_movSpeed=0.5f;
    //Start is called before the first frame update
    void Start()
    {
        m_transform=this.transform;
        m_player=GameObject.FindGameObjectWithTag("Player").GetCom
        ponent<Player>();
        m_agent=GetComponent<NavMeshAgent>();
        m_agent.speed=m_movSpeed;
        m_agent.SetDestination(m_player.m_transform.position);
    }
    //Update is called once per frame
    void Update()
    {
        m_agent.SetDestination(m_player.m_transform.position);
    }
}
```

4. 项目测试

单击 Play 按钮进行测试，Enemy 可以躲避障碍物，实现自动寻路功能，并根据角色的移动动态地调整位置目标，如图 9.32 和图 9.33 所示。

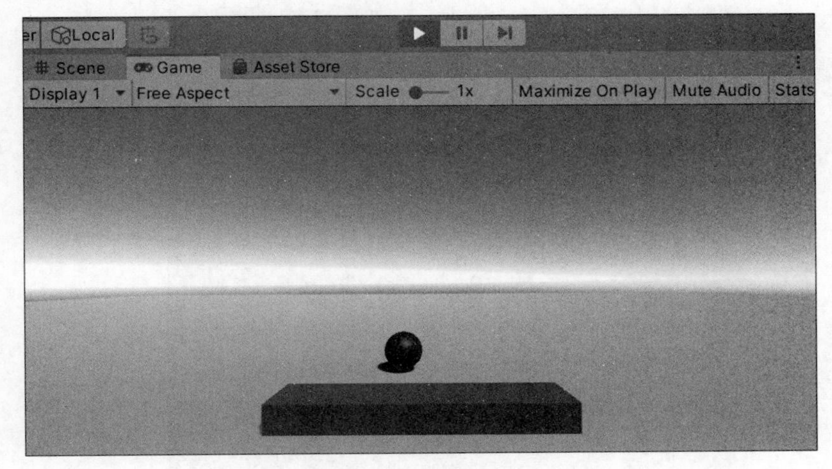

图 9.32　导航追击效果 1

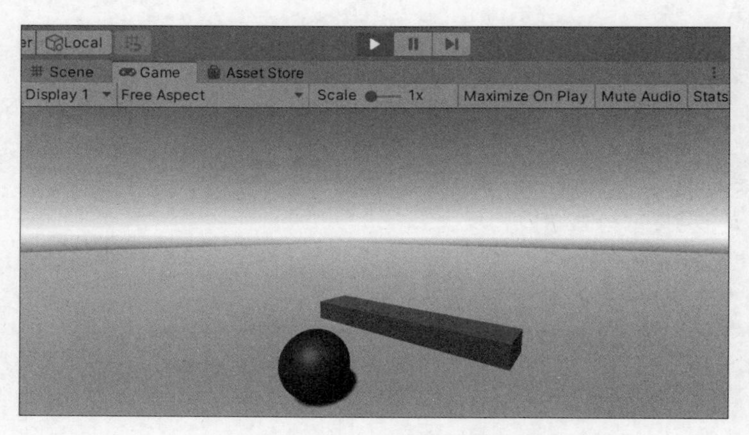

图 9.33　导航追击效果 2

9.4　AI 导航综合项目

1. 项目构思

本项目计划在第 8 章“粒子系统综合项目”的基础上继续完善，为其加入敌人 AI 寻路功能实现敌人自动跟随，加入射线检测，实现射击功能，并加入计分、计时功能，增强游戏性。

2. 项目设计

敌人 AI 寻路功能采用 Unity 引擎提供的 Nav Mesh Agent 组件实现。当敌人具有 AI 寻路功能后，可以随时追踪场景中的角色，同时角色被赋予射击怪物的功能，采用 Raycast 射线检测实现。

3. 项目实施

第 1 步：打开第 8 章已经完成的“粒子系统综合项目”中的 Start 场景，导入本章资源素材，即武器模型的资源包 Weapon.unitypackage，如图 9.34 所示。

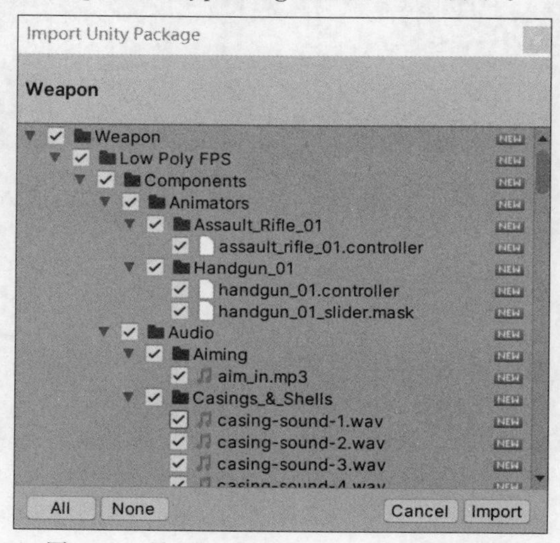

图 9.34　导入 Weapon.unitypackage 资源包

第2步：选中场景中的FPSController然后在Inspectors视图中取消勾选，如图9.35所示。

第3步：在Hierarchy视图创建一个空对象，命名为Player。将物体标签Tag设为Player，如图9.36所示。

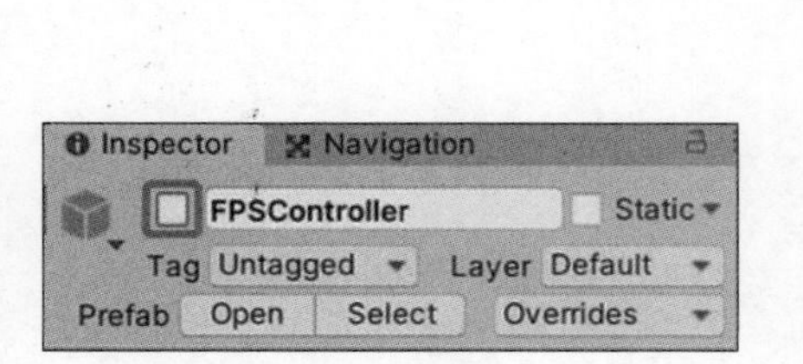

图9.35 取消勾选FPSController

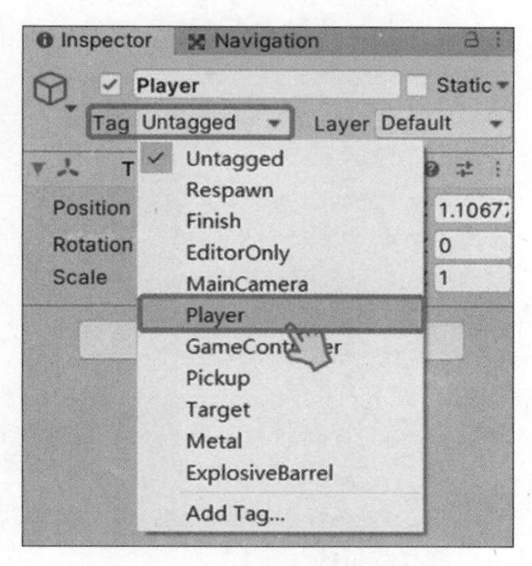

图9.36 为Player空对象设置标签

第4步：为Player添加角色控制器。在Hierarchy视图中选中Player，然后在菜单栏中选择Component→Physics→Character Controller命令，添加角色控制器组件，如图9.37所示。调整角色控制器的位置和大小，并将其放置到地形中。

第5步：为Player添加刚体组件。在Hierarchy视图中选中Player，在菜单栏中选择Component→Physics→Rigidbody命令，添加刚体组件，在其Inspectors视图中取消勾选Rigidbody的Use Gravity选项，同时勾选Is Kinematic，使其不受物理影响，受脚本控制，如图9.38所示。

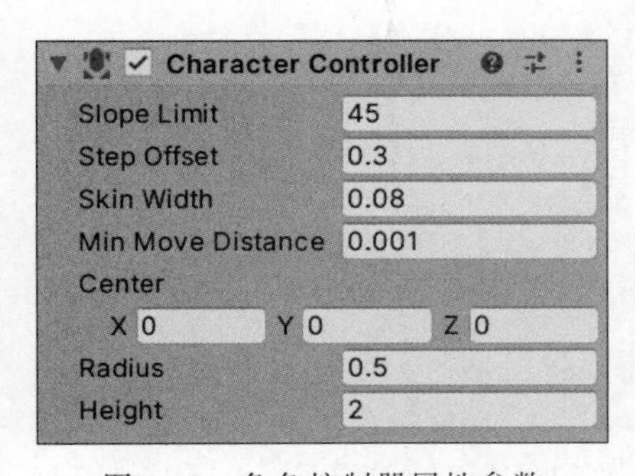

图9.37 角色控制器属性参数

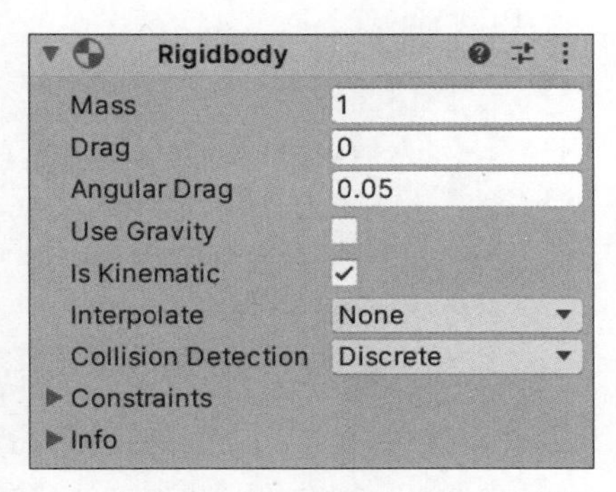

图9.38 角色控制器组件和刚体组件属性参数

第6步：添加脚本，包含实现角色移动和鼠标控制、音效控制、射线检测和计分的显示功能。在Project视图的Assets→Scripts文件夹中新建一个脚本，将其命名为Player，代码如下(此时如果出现出错提示，是因为项目还未创建怪兽的脚本控制，所以找不到相关函数)。

```
using System.Collections;
```

```
using System.Collections.Generic;
using UnityEngine;
using UnityEngine.UI;
public class Player : MonoBehaviour
{
    public Text KillText;
    public int KillEnemyCount;
    public Transform m_transform;
    CharacterController m_ch;
    float m_movSpeed=5.0f;
    float m_gravity=2.0f;
    public int m_life=5;
    Transform m_camTransform;
    Vector3 m_camRot;
    float m_camHeight=1.4f;
    Transform m_muzzlepoint;
    public AudioSource As;      //添加音频
    //杀敌数量统计函数
    public void KillEnemyChanged(int num)
    {
        KillEnemyCount+=100;
    }
    //射击时,射线能射到的碰撞层
    public LayerMask m_layer;
    //射中目标后的粒子效果
    public Transform m_fx;
    //射击间隔时间计时器
    float m_shootTimer=0;
    void Start()
    {
        m_transform=this.transform;
        m_ch=this.GetComponent<CharacterController>();
        m_camTransform=Camera.main.transform;
        Vector3 pos=m_transform.position;
        pos.y+=m_camHeight;
        m_camTransform.position=pos;
        m_camTransform.rotation=m_transform.rotation;
        m_camRot=m_camTransform.eulerAngles;
        m_muzzlepoint=m_camTransform.Find("weapon/muzzlepoint").transform;
    }
    void Update()
    {
        KillText.text="得分:"+KillEnemyCount.ToString()+"分";//屏幕显示分数
        if (m_life <=0)
            return;
        Control();
    }
```

```
void Control()
{
    float rh=Input.GetAxis("Mouse X");
    float rv=Input.GetAxis("Mouse Y");
    m_camRot.x -=rv;
    m_camRot.y+=rh;
    m_camTransform.eulerAngles=m_camRot;
    Vector3 camrot=m_camTransform.eulerAngles;
    camrot.x=0; camrot.z=0;
    m_transform.eulerAngles=camrot;

    float xm=0, ym=0, zm=0;
    ym -=m_gravity * Time.deltaTime;
    if (Input.GetKey(KeyCode.W))
    {
        zm+=m_movSpeed * Time.deltaTime;
    }
    else if (Input.GetKey(KeyCode.S))
    {
        zm -=m_movSpeed * Time.deltaTime;
    }
    if (Input.GetKey(KeyCode.A))
    {
        xm -=m_movSpeed * Time.deltaTime;
    }
    else if (Input.GetKey(KeyCode.D))
    {
        xm+=m_movSpeed * Time.deltaTime;
    }
    m_shootTimer -=Time.deltaTime;
    if (Input.GetMouseButton(0) && m_shootTimer <=0)
    {
        As.Play();//控制音频的播放
        m_shootTimer=0.1f;
        RaycastHit info;
         bool hit=Physics.Raycast(m_muzzlepoint.position, m_camTransform.
         TransformDirection(Vector3.forward), out info, 100, m_layer);
        if (hit)
        {
            if (info.transform.tag.CompareTo("enemy")==0)
            {
                Enemy enemy=info.transform.GetComponent<Enemy>();

                enemy.OnDamage(1);
            }
            Instantiate(m_fx, info.point, info.transform.rotation);
        }
```

```
            }
            m_ch.Move(m_transform.TransformDirection(new Vector3(xm, ym, zm)));
            Vector3 pos=m_transform.position;
            pos.y+=m_camHeight;
            m_camTransform.position=pos;
        }
    }
```

第 7 步：Enemy 的处理。场景中已经添加了很多静态的怪兽来守护场景中需要收集的动物，现在需要使用 AI 功能来实现怪兽自动追击功能。首先复制一个怪兽，将其调整到合适的位置，将其命名为 Enemy，同时在 Inspector 视图的 Tag→Add Tag 中新建一个 enemy 的标签，然后将怪兽的标签改为 enemy，如图 9.39 所示。

第 8 步：分层处理。在 Hierarchy 视图中选中 Enemy 游戏对象，在 Inspector 视图的 Layer 中单击 Add Layer，新建两个 Layer 层，一个命名为 Terrain，用作地形层，一个命名为 enemy，用作作怪兽层。将 Enemy 游戏对象的层改为 enemy，如图 9.40 所示。

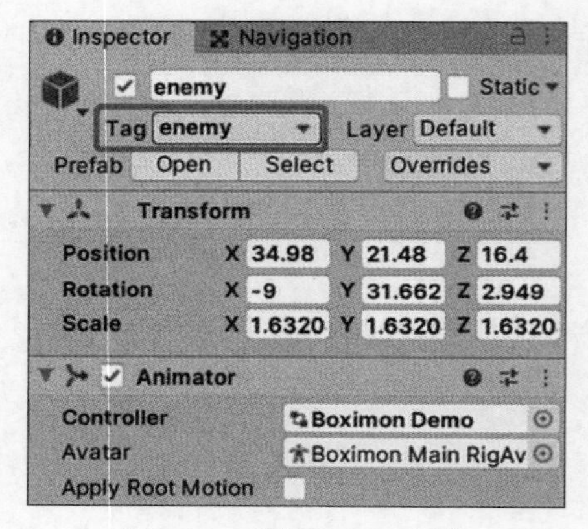

图 9.39　添加 enemy 标签

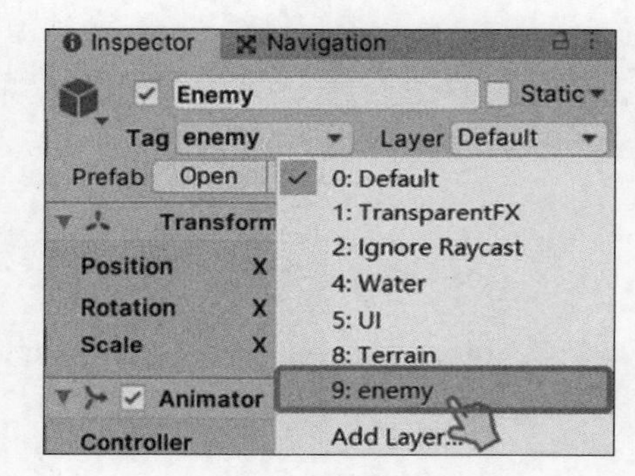

图 9.40　创建层次

第 9 步：这里如果弹出提示框，则选择 Yes，change children。即把 Enemy 游戏对象下面的子物体全部调整到 enemy 层，和 Enemy 游戏对象保持一致，如图 9.41 所示。

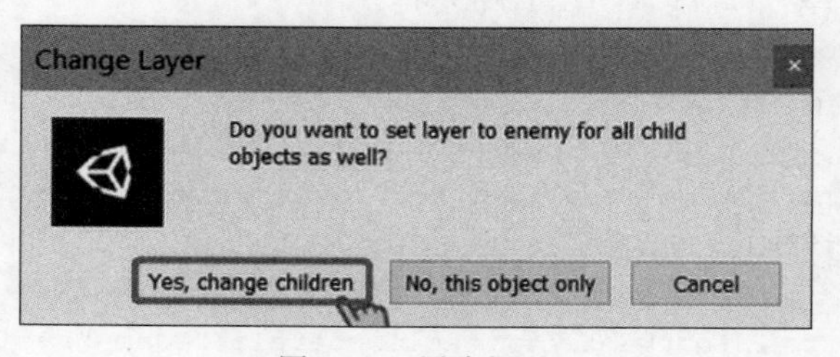

图 9.41　层次调整

第 10 步：给 Enemy 游戏对象创建脚本，将脚本命名为 Enemy，代码如下。

```
using System.Collections;
using System.Collections.Generic;
using UnityEngine;
public class Enemy : MonoBehaviour
```

```
{
    public ParticleSystem ParticleSystem;
    Transform m_transform;
    Player m_player; //Player 脚本
    UnityEngine.AI.NavMeshAgent m_agent;
    float m_movSpeed=2.5f;
    int m_life=1;
    void Start()
    {
        m_transform=this.transform;
        m_player = GameObject.FindGameObjectWithTag ("Player").GetComponent<
        Player>();
        m_agent=GetComponent<UnityEngine.AI.NavMeshAgent>();
        m_agent.speed=m_movSpeed;
        m_agent.SetDestination(m_player.m_transform.position);
    }
    void Update()
    {
        m_agent.SetDestination(m_player.m_transform.position);
    }
    public void OnDamage(int damage)
    {
        m_life -=damage;
        if (m_life <=0)
        {
            ParticleSystem.gameObject.GetComponent<ParticleSystem>().Play();
            Destroy(this.gameObject);
            m_player.KillEnemyChanged(1);
        }
    }
}
```

第 11 步：将 Player 脚本链接到空对象 Player 上。其中，Kill Text 是计分显示的文本框，Transform 是要控制移动的物体，As 是开枪音频文件，Fx 是开枪特效，如图 9.42 所示。

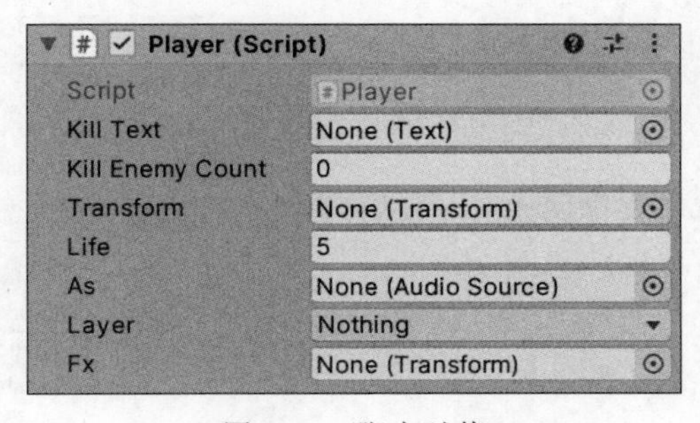

图 9.42　脚本赋值

第 12 步：进行地形烘焙。在 Hierarchy 视图选中 Terrain，里面包含所有的地形物体。选择菜单栏中的 Window→AI→Navigation 命令，打开 AI 导航窗口，如图 9.43 所示。

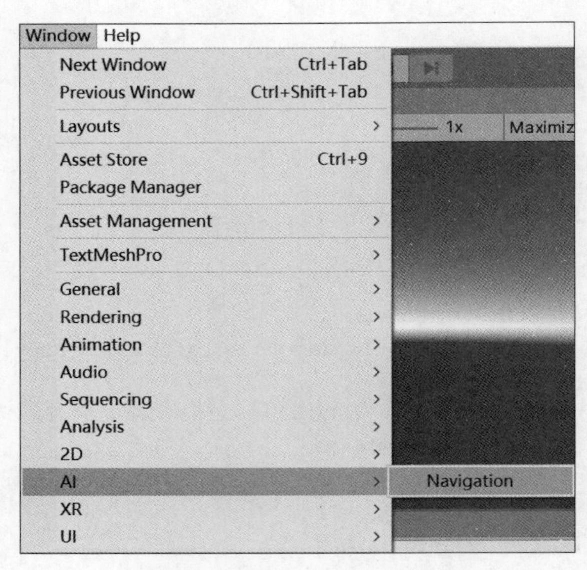

图 9.43 打开 Navigation 导航窗口

第 13 步：在 Navigation 导航窗口中选中 Bake 选项卡，单击 Bake 按钮进行场景烘焙，如图 9.44 所示。烘焙后，场景中可行走的道路就会变成蓝色。如果场景内的物体过于密集，可能会出现连到一起的现象，此时可以通过调整 Bake 选项卡的 Agent Radius 值来缩小导航物体的范围，留出道路供角色通过。

第 14 步：选中 Hierarchy 视图中的 Terrain 对象，在其 Inspector 视图中检查是否勾选了 Navigation Static 复选框，如图 9.45 所示。

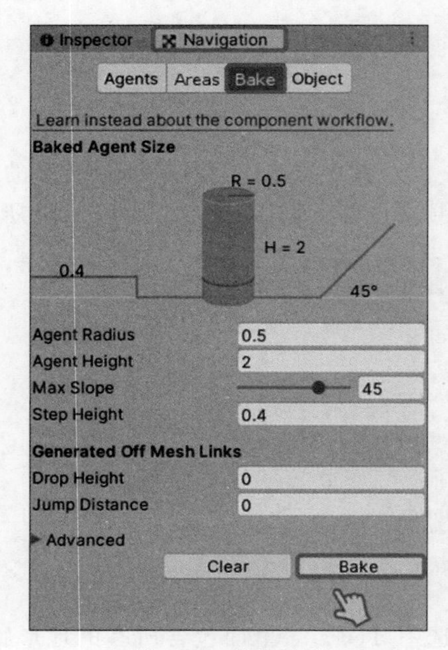

图 9.44 烘焙地形

图 9.45 勾选 Navigation Static 复选框

第 15 步：给 Enemy 游戏对象添加 Nav Mesh Agent 导航组件，用来实现自动寻路。选中 Enemy 游戏对象，在顶部菜单栏中选择 Component→Navigation→Nav Mesh Agent 命令，如图 9.46 所示。

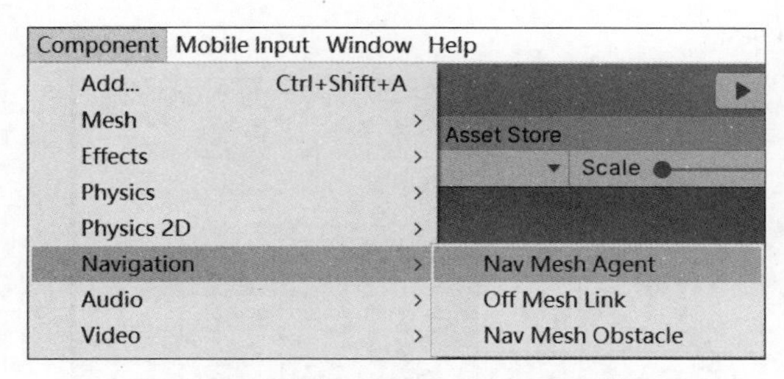

图 9.46　添加 Nav Mesh Agent 组件

第 16 步：给 Enemy 游戏对象挂载脚本。将之前创建好的 Enemy 脚本链接到 Enemy 游戏对象上，并将 Particle System 4 特效拖入进行赋值，如图 9.47 所示。

第 17 步：创建一个文本框，进行计分的显示。在 Hierarchy 视图中新建一个 Text 组件，命名为 killpoint，调整文字大小和颜色，将其调整到合适的位置，然后再创建一个 image 当作图标装饰，如图 9.48 所示。

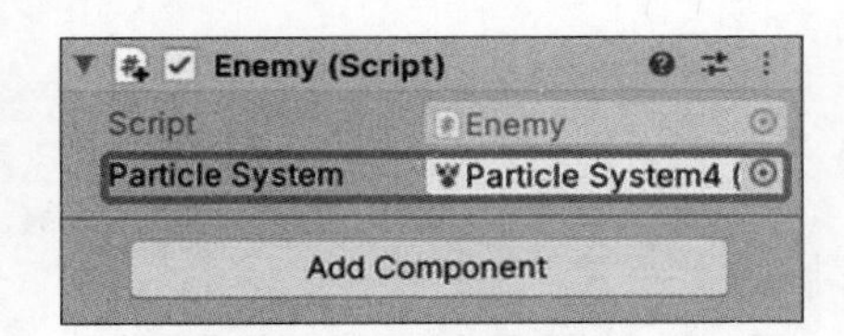

图 9.47　脚本连接

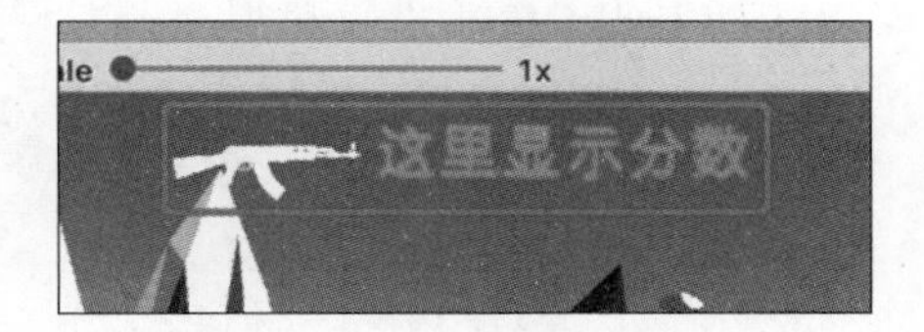

图 9.48　添加 Text 组件

第 18 步：将 weapon 绑到摄像机上。在 Project 视图的 Assets→Weapon→rawdata→weapon 文件夹中找到 weapon，如图 9.49 所示，将其拖入 Hierarchy 视图中，并放置于 MainCamera 下方，使其随着主角移动，并调整到合适的角度(如果发现 MainCamera 穿越 weapon 造成视觉体验感差，可在 Hierarchy 视图中选择 MainCamera，在其 Inspector 视图中减小 Clipping Planes 的参数 Near 值，来控制近裁剪平面距离，如图 9.50 所示)。

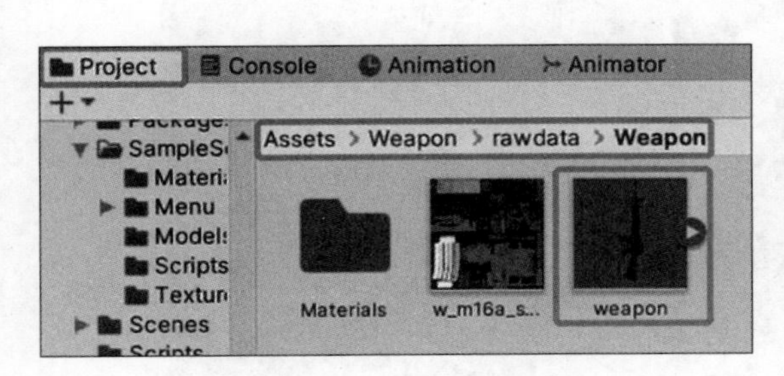

图 9.49　weapon 模型

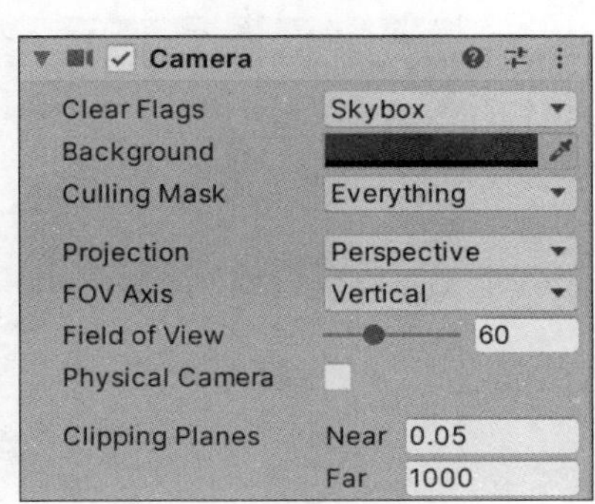

图 9.50　调整摄像机属性

第 19 步：对 Player 游戏对象进行脚本赋值。将计分的文本框拖入 Kill Text，将 Player 游戏对象本身拖入 Transform，将 Project 视图中 Assets→Weapon→Low PolyFPS→Prefabs→Example_Prefabs→Explosions 目录下的 Barrel 特效拖入，在 Layer 中选择 enemy，如图 9.51 所示。

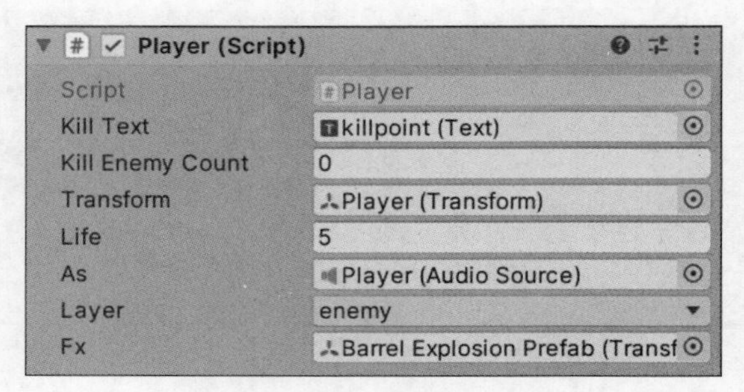

图 9.51 脚本赋值

第 20 步：为 Player 游戏对象添加音效组件 Audio Source。在 Audio Clip 中找到 shoot，添加枪声，这里需要取消勾选 Play On Awake，做到开枪时才播放，如图 9.52 所示。然后把 Audio Source 组件拖到 Player 脚本的 As 选项中，如图 9.51 所示。

第 21 步：把之前已经创建完成的 Timer Point 脚本链接到 Player 游戏对象上，并对 Time text 和 Point text 进行赋值，如图 9.53 所示。

图 9.52 添加音效

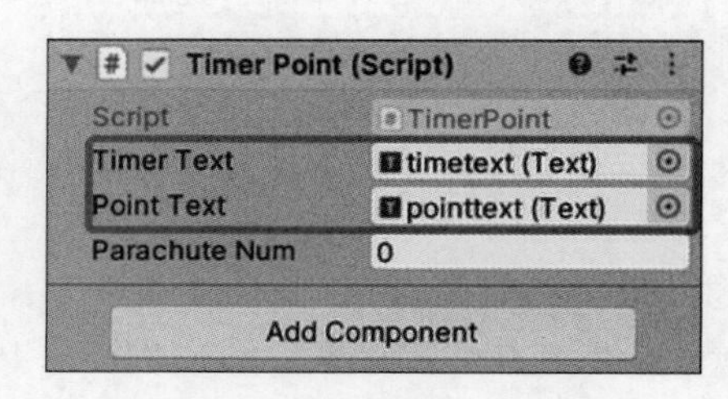

图 9.53 添加计时脚本并进行赋值

第 22 步：运行测试，发现可以开枪消灭怪兽，同时分数增加，如图 9.54 所示。

图 9.54 分数增加测试效果

第 23 步：添加背景音乐，在 MainCamera 中添加组件 Audio Source，选择合适的背景音乐添加，如图 9.55 所示。

第 24 步：此时已经完成了地形烘焙、敌人 AI、射线检测射击、加入计分和计时等主要功能。下面就是布置场景的敌人，首先创建一个空物体，命名为 Enemys，作为 AI 敌人的父物体。然后复制几个刚才调整好的怪兽，将其放到 Enemys 下面，方便管理，如图 9.56 所示。

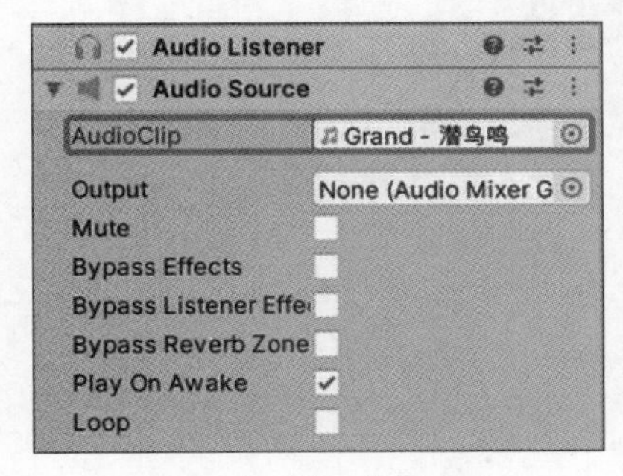

图 9.55 添加背景音乐

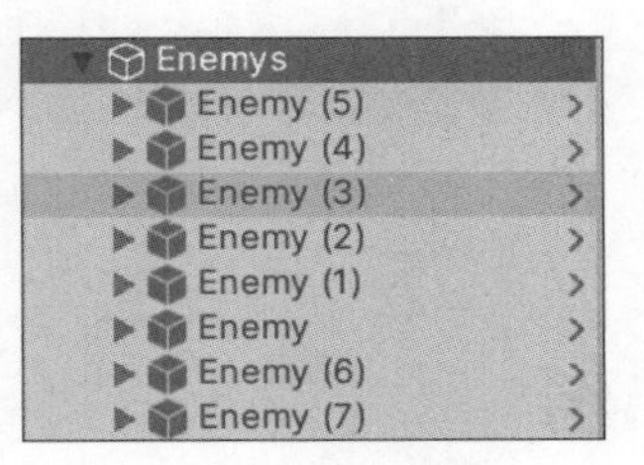

图 9.56 添加怪兽

4. 项目测试

单击 Player 按钮运行测试，此时场景中的敌人具备 AI 追击功能，朝向主角的方向走来。开枪射击敌人实现计分功能，并且敌人被射击后倒地，出现火焰粒子特效。测试效果如图 9.57～图 9.59 所示。

图 9.57 运行测试效果 1

图 9.58 运行测试效果 2

图 9.59　运行测试效果 3

9.5　小结

导航系统能够在游戏世界中让角色理解自身在游戏场景中的路径规划,应用非常广泛。本章主要介绍 Unity 引擎中导航系统使用的方法,包括设置导航对象、场景地形烘焙方法以及设置导航网格代理等内容。通过 AI 导航综合项目讲解 Unity 引擎的自动寻路组件,实现游戏场景中的 AI 效果。

9.6　习题

1. Unity 引擎的导航系统由哪几部分组成?
2. 简述 Unity 引擎地形烘焙方法。
3. 简述 Unity 引擎中的导航设置步骤。
4. 简述 Unity 引擎中 Nav Mesh Agent 组件的功能。
5. 搭建 3D 场景环境,实现 AI 路径规划功能。

第 2 篇　综合实践篇

Chapter 10

第10章

2D 扑克牌游戏

2D 游戏一直在游戏史上扮演着非常重要的角色。任天堂公司的《超级玛丽》、大宇公司的《仙剑奇侠传》都是经典的 2D 游戏。Unity 是一款功能强大的游戏引擎,早期的 Unity 以 3D 功能而闻名。近年来,随着 Unity 版本的不断更新,对 2D 游戏的开发也更加完善。本章主要介绍 Unity 引擎中 2D 游戏开发的相关知识,并以扑克牌游戏为例讲解 2D 游戏的开发方法。

10.1 游戏构思

游戏界面由 2 行 4 列,总共 8 张扑克牌组成,其中包括 4 种不同类型的扑克牌,每种类型的扑克牌有 2 张。扑克牌的背面面向玩家,玩家无法看到扑克牌的正面。每次初始化场景时,扑克牌将随机打乱。

每轮游戏开始,玩家先翻开一张扑克牌,确定了扑克牌的正面图案后,继续翻开其他扑克牌。若相同,扑克牌不再自动翻转;若不同,扑克牌会自动翻转。直到找到两张同样的扑克牌,得 1 分。

游戏胜利的条件是:当游戏完成 4 轮,所有相同的两张扑克牌都被找到,也就是分数记为 4 分后,游戏结束。

10.2 游戏设计

根据游戏构思,设计 4 张不同的扑克牌,分别是黑桃、红桃、方片和草花,如图 10.1 所示。将 8 张扑克牌排成 2 行×4 列,每次单击 1 张扑克牌,就会使其翻转,效果如图 10.2 所示。

图 10.1 扑克牌效果

图 10.2　扑克牌摆放效果

本项目创建 3 个脚本，分别命名为 MemoryCard、SceneController 和 UIButton，用于实现游戏扑克牌控制、游戏控制和游戏界面控制，脚本功能与函数之间的关系如图 10.3 所示。

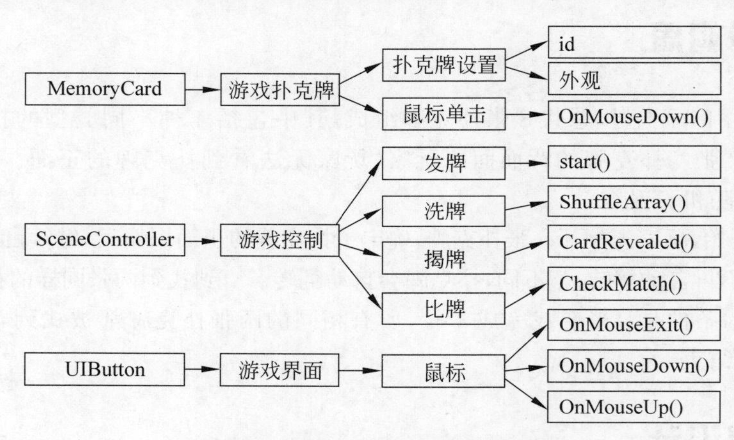

图 10.3　脚本功能与函数之间的关系

10.3　游戏实施

第 1 步：创建一个新项目，将场景命名为 Scene。选择菜单栏中的 File→Build Settings 命令，将 Scene 场景添加到发布场景中，如图 10.4 所示。

第 2 步：在 Project 视图中创建两个文件夹，将其命名为 Script、Textures，如图 10.5 所示。

第 3 步：将本游戏项目要用到的纹理导入 Project 视图的 Textures 文件下，如图 10.6 所示。

第 4 步：逐一选中每张贴图，在其 Inspector 视图中将 Texture Type 类型设定为 Sprite (2D and UI)，如图 10.7 所示，设置后的效果如图 10.8 所示。

第 5 步：设置摄像机模式为 Orthographic(正交模式)，将其背景设为纯色，参数如图 10.9 所示。

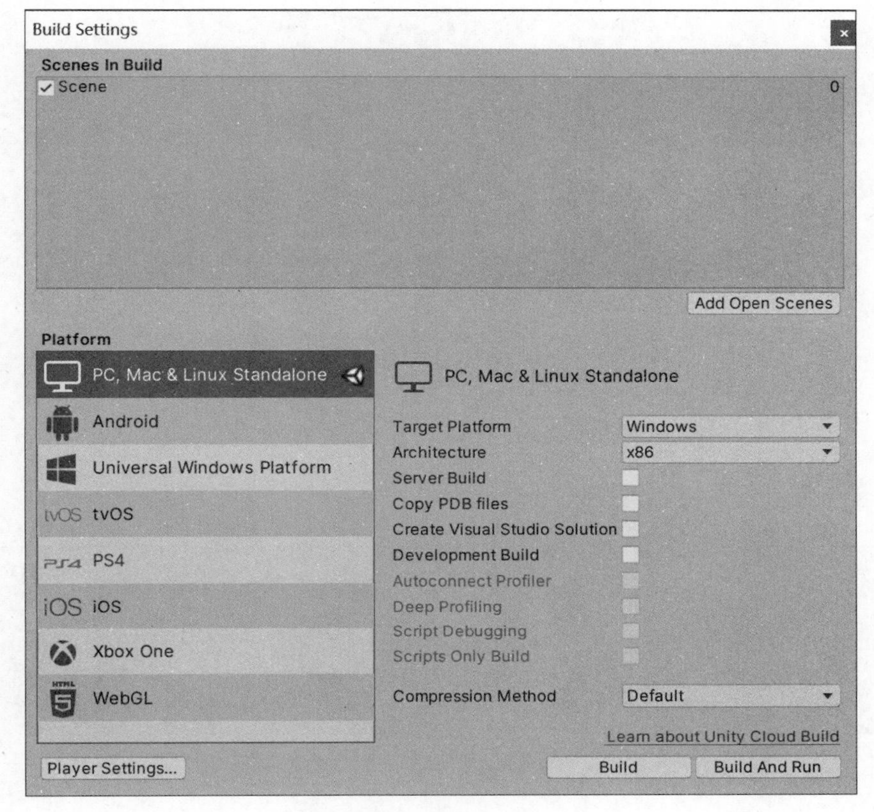

图 10.4　项目发布

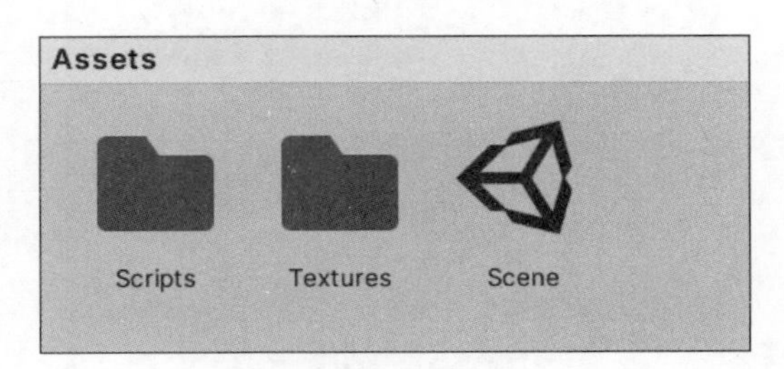

图 10.5　资源文件命名

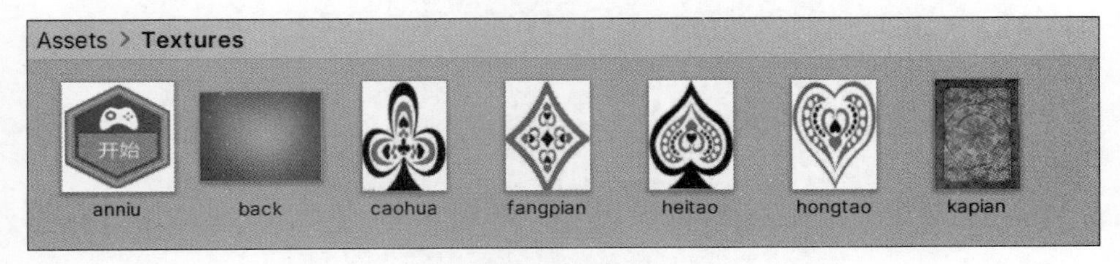

图 10.6　资源图片

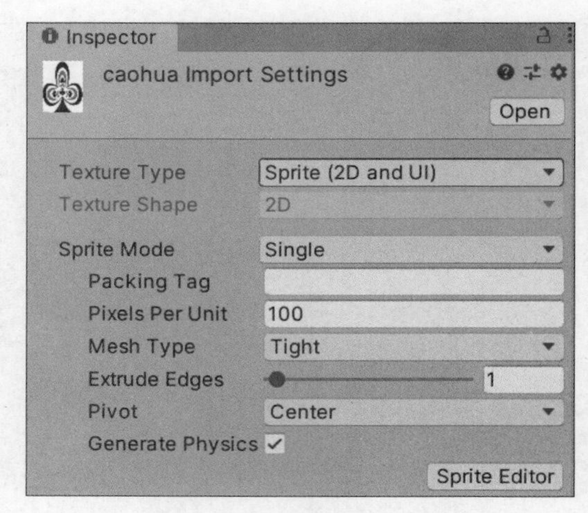

图 10.7 设置 Sprite 格式

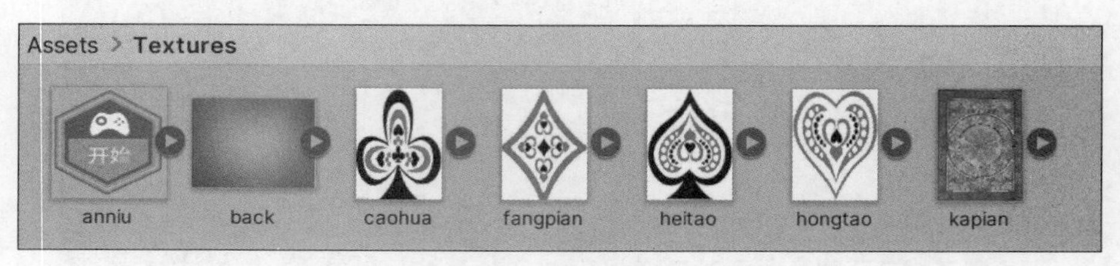

图 10.8 Sprite 格式设置后的效果

Camera
Clear Flags Skybox
Background
Culling Mask Everything
Projection Orthographic
Size 3
Clipping Planes Near 0.3
Far 1000
Viewport Rect
X 0 Y 0
W 1 H 1
Depth 0
Rendering Path Use Graphics Settings
Target Texture None (Render Texture)
Occlusion Culling
HDR Off
MSAA Use Graphics Settings
Allow Dynamic Reso
MSAA is requested by the camera but not enabled in quality settings. This camera will render without MSAA buffers. If you want MSAA enable it in the quality settings.
Target Display Display 1
Target Eye Both

图 10.9 摄像机参数

第 6 步：制作背景，将背景图片 back 拖入 Hierarchy 视图中，设定其位置为(0,0,0)，效果如图 10.10 所示。

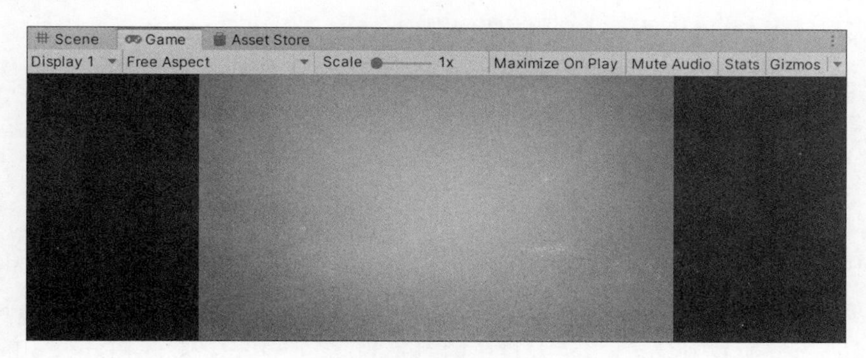

图 10.10 背景效果

第 7 步：将 kapian 拖入 Hierarchy 视图中，按 F2 键，将其重命名为 memorycard，位置设为(−3.2,0.7,−0.43)。将 kapian 拖入 memorycard 层级下，使其成为 memorycard 的子对象，位置设为(0,0,−0.1)，如图 10.11 所示。

memorycard
kapian

图 10.11 设置 memorycard 层级

第 8 步：单击 Project 视图下的 Create 按钮，创建 C# 脚本，并将其命名为 MemoryCard，输入以下代码。

```
using UnityEngine;
using System.Collections;
public class MemoryCard : MonoBehaviour {
[SerializeField] private GameObject cardBack;
[SerializeField] private SceneController controller;
private int _id;
public int id {
    get {return _id;}
}
    public void SetCard(int id, Sprite image) {
        _id=id;
        GetComponent<SpriteRenderer>().sprite=image;
}
public void OnMouseDown() {
    if(cardBack.activeSelf && controller.canReveal) {
        cardBack.SetActive(false);
        controller.CardRevealed(this);
    }
}
public void Unreveal() {
    cardBack.SetActive(true);}
}
```

核心代码的讲解如下。

(1) 显示不同的扑克牌图像时,Unity 引擎通过程序加载图像。更换 Sprite Renderer 中的图片,是采用 GetComponent<SpriteRenderer>().sprite=image;语句实现的。

(2) 实现匹配、得分和显示扑克牌的代码如下。

```
public void OnMouseDown() {
    if(cardBack.activeSelf && controller.canReveal) {
        cardBack.SetActive(false);
        controller.CardRevealed(this);}}
public void Unreveal()
{cardBack.SetActive(true);}
```

第 9 步:将 Memory Card 脚本链接到 memorycard 游戏对象上。在 Hierarchy 视图中选中 memorycard 游戏对象,选择菜单栏中的 Component→Physics2D→Box Collider 2D 命令,为其添加 Box Collider 2D 组件,memorycard 游戏对象的 Inspector 视图如图 10.12 所示。

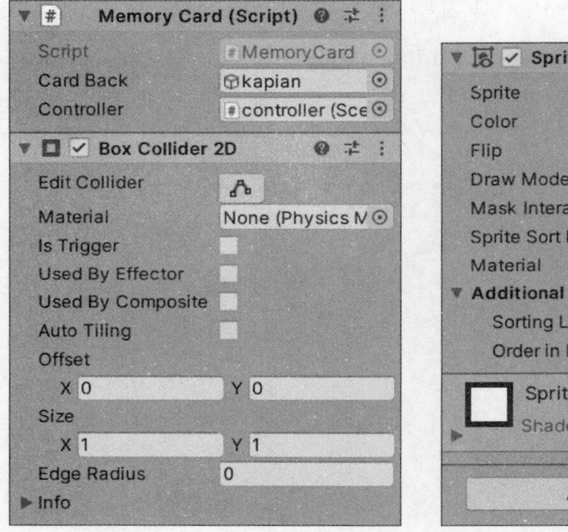

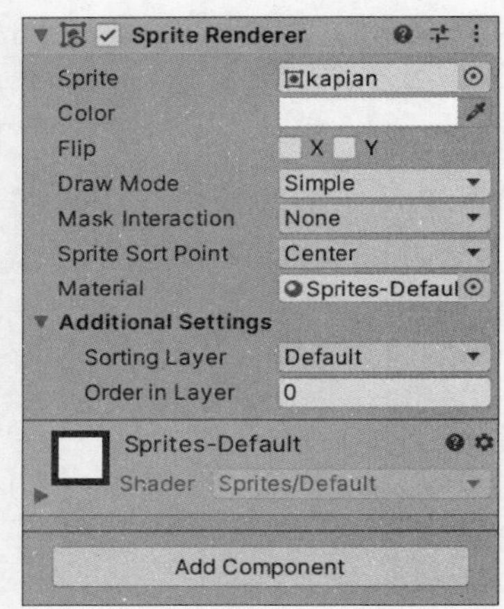

图 10.12 memorycard 属性

第 10 步:选择菜单栏中的 GameObject→Create Empty 命令,创建空物体,将其命名为 controller。

第 11 步:在 Project 视图中右击,在弹出的快捷菜单中选择 Create→C#,创建 C# 脚本,将其命名为 SceneController,输入以下代码。

```
using UnityEngine;
using System.Collections;
public class SceneController : MonoBehaviour {
    public const int gridRows=2;
    public const int gridCols=4;
    public const float offsetX=2f;
    public const float offsetY=2.5f;
    [SerializeField] private MemoryCard originalCard;
    [SerializeField] private Sprite[] images;
    [SerializeField] private TextMesh scoreLabel;
```

```
private MemoryCard _firstRevealed;
private MemoryCard _secondRevealed;
private int _score=0;
public bool canReveal {
    get {return _secondRevealed==null;}
}
//初始化函数
void Start() {
    Vector3 startPos=originalCard.transform.position;
    //创建洗牌清单
    int[] numbers={0, 0, 1, 1, 2, 2, 3, 3};
    numbers=ShuffleArray(numbers);
    //将卡片放到格子里
    for (int i=0; i<gridCols; i++) {
        for (int j=0; j<gridRows; j++) {
            MemoryCard card;
            //将原始卡片放在第一个网格空间
            if (i==0 && j==0) {
                card=originalCard;
            } else {
            card=Instantiate(originalCard) as MemoryCard;
            }
            //其余卡片依次放入其他网格空间
            int index=j * gridCols+i;
            int id=numbers[index];
            card.SetCard(id, images[id]);
            float posX=(offsetX * i)+startPos.x;
            float posY=-(offsetY * j)+startPos.y;
            card.transform.position=new Vector3(posX, posY, startPos.z);
        }
    }
}
//Knuth 洗牌算法
private int[] ShuffleArray(int[] numbers) {
    int[] newArray=numbers.Clone() as int[];
    for (int i=0; i<newArray.Length; i++) {
        int tmp=newArray[i];
        int r=Random.Range(i, newArray.Length);
        newArray[i]=newArray[r];
        newArray[r]=tmp;
    }
    return newArray;
}
public void CardRevealed(MemoryCard card) {
    if (_firstRevealed==null) {
```

```
            _firstRevealed=card;
        } else {
            _secondRevealed=card;
            StartCoroutine(CheckMatch());
        }
    }
    private IEnumerator CheckMatch() {
        //如果扑克牌匹配成功,则加1分
        if (_firstRevealed.id==_secondRevealed.id) {
            _score++;
            scoreLabel.text="Score: "+_score;
        }
        //否则,过0.5秒后将扑克牌翻过去
        else {
            yield return new WaitForSeconds(.5f);
            _firstRevealed.Unreveal();
            _secondRevealed.Unreveal();
        }
        _firstRevealed=null;
        _secondRevealed=null;
    }
    public void Restart() {
        Application.LoadLevel("Scene");
    }
}
```

核心代码的讲解如下。

(1) 通过 SceneController 来设置图像创建空对象的代码如下。

```
[SerializeField] private MemoryCard originalCard;
[SerializeField] private Sprite[] images;
Void start(){
    int id=Random.Range(0, images.Length);
    originalCard.SetCard(id, images[id]);
}
```

(2) 实例化一个网格的扑克牌,8次复制一个扑克牌,并定位到一个网格中。代码如下。

```
for (int i=0; i<gridCols; i++) {
for (int j=0; j<gridRows; j++) {
    MemoryCard card;
    if(i==0 && j==0)
    {card=originalCard;}
    else
{card=Instantiate(originalCard) as MemoryCard;}
```

(3) 打乱扑克牌,并且使每种扑克牌都有两张的代码如下。

```
int[] numbers={0, 0, 1, 1, 2, 2, 3, 3};
```

```
numbers=ShuffleArray(numbers);
```

(4) 实现匹配、得分和翻开一对扑克牌的代码如下。

```
private MemoryCard _firstRevealed;
private MemoryCard _secondRevealed;
public bool canReveal {
            get {return _secondRevealed==null;}
}
```

(5) 保存并比较翻开的扑克牌代码如下。

```
public void CardRevealed(MemoryCard card) {
    if(_firstRevealed==null) {
        _firstRevealed=card;
    } else {
        _secondRevealed=card;
        StartCoroutine(CheckMatch());
    }
}
```

第12步：将SceneController脚本代码链接到controller游戏对象上，并为其设置参数，如图10.13所示。

第13步：选择菜单栏中的GameObject→Create Empty命令，创建空物体，将其命名为UI，以实现计分功能。

第14步：在Hierarchy视图中选中UI游戏对象，在其Inspector视图中单击Add Component按钮添加Text Mesh组件，如图10.14所示。

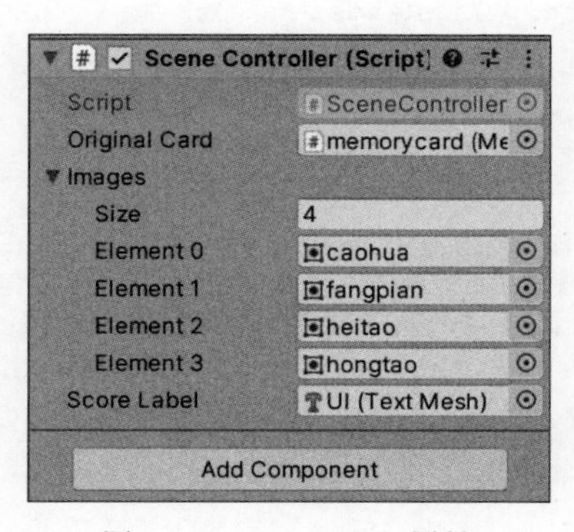

图10.13 controller属性

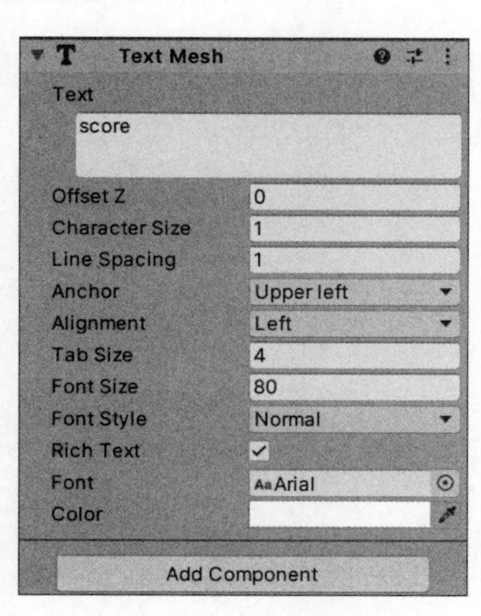

图10.14 UI属性

第15步：选中controller游戏对象，将UI赋予Score Label，如图10.15所示。

第16步：选中memorycard游戏对象，设置参数，如图10.16所示。

第17步：将anniu图片拖入Hierarchy视图中，选择菜单栏中的Component→Physics2D→Box Collider2D命令，为其添加Box Collider2D组件。

图 10.15 controller 游戏对象赋值

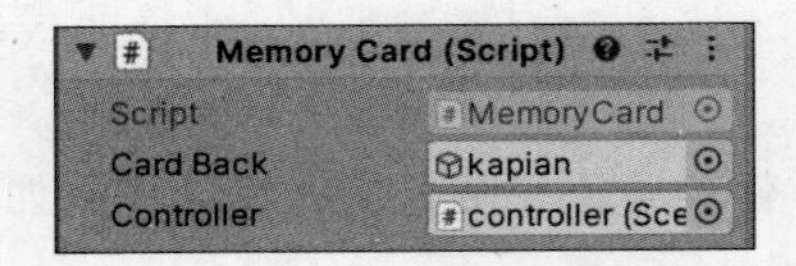

图 10.16 memorycard 游戏对象赋值

第 18 步：单击 Project 视图中的 Create 按钮，创建 C＃脚本，将其命名为 UIButton，输入以下代码。

```
using UnityEngine;
using System.Collections;
public class UIButton : MonoBehaviour {
    [SerializeField] private GameObject targetObject;
    [SerializeField] private string targetMessage;
    public Color highlightColor=Color.cyan;
    public void OnMouseEnter() {
        SpriteRenderer sprite=GetComponent<SpriteRenderer>();
        if (sprite !=null) {
            sprite.color=highlightColor;
        }
    }
    public void OnMouseExit() {
        SpriteRenderer sprite=GetComponent<SpriteRenderer>();
        if (sprite !=null) {
            sprite.color=Color.white;
        }
    }
    public void OnMouseDown() {
        transform.localScale=new Vector3(1.1f, 1.1f, 1.1f);
    }
    public void OnMouseUp() {
        transform.localScale=Vector3.one;
        if (targetObject !=null) {
            targetObject.SendMessage(targetMessage);
        }
    }
}
```

第 19 步：将脚本链接到 annjiu 游戏对象上，设置参数，如图 10.17 所示。

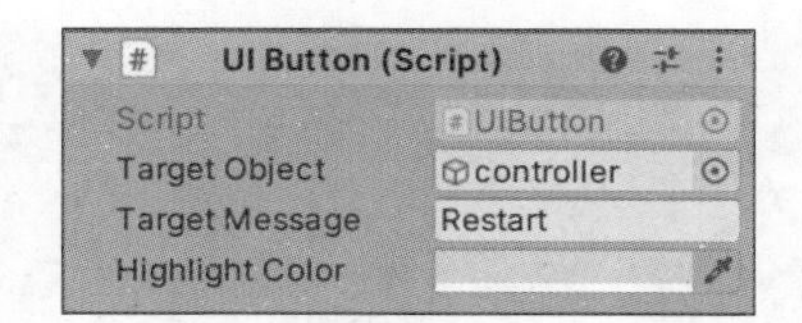

图 10.17 UI Button 属性赋值

10.4 游戏测试

单击 Play 按钮进行测试,效果如图 10.18～图 10.21 所示。

图 10.18 初始场景

图 10.19 扑克牌不正确

图 10.20 扑克牌正确得分

图 10.21　扑克牌完全正确

10.5　小结

2D 游戏在今天依旧是大众玩家的必备游戏之一。很多 2D 游戏不仅下载方便、内存小,还符合人们学习、工作和生活的要求,具有玩法简单、适合人群广、推广方式简单等便利条件,成为玩家新的追求。本章首先介绍了 2D 扑克牌的游戏构思,接着设计 2D 扑克牌游戏,讲解 2D 扑克牌类游戏开发的相关知识,为 2D 游戏的设计与开发奠定了基础。

10.6　习题

1. 简述市面上由 Unity 引擎开发的 2D 游戏。
2. 简述在 Unity 引擎中添加 Box Collider 2D 的方法。
3. 简述在 Unity 引擎中将一张图片格式设置为 Sprite 的方法。
4. 简述 2D 游戏和 3D 游戏相比较具有哪些优点。
5. 修改 2D 扑克牌开发游戏,将牌面改成 9 行 8 列,继续完善扑克牌类游戏,并加入计分、计数功能。

Chapter 11

第11章

3D 射击游戏

随着计算机技术的不断发展，3D 游戏已经在游戏市场占据了相当大的市场份额。经典的 3D 游戏有《魔兽世界》《指环王》《诛仙 2》《生化危机 6》《流星蝴蝶剑》等。3D 游戏有非常强的视觉冲击力，使玩家沉浸在 3D 世界的风景、气候、人设以及故事情节中。本章将开发一款 3D 射击游戏，包括资源包的导入及管理、物理系统的应用、粒子特效的添加以及角色动画控制等功能。

11.1 游戏构思

第一人称射击游戏深受广大玩家喜爱。本章设计开发第一人称 3D 射击游戏，综合运用前几章介绍的 Unity 引擎技术，同时介绍第一人称 3D 射击游戏中武器设定、开枪动画、射击功能以及游戏优化等内容。

11.2 游戏设计

这款游戏的玩法是：玩家通过 W、S、A、D 键进行移动，按 Shift 键进行奔跑，单击进行射击，当打掉训练场上所有的靶子时游戏结束，游戏效果如图 11.1 所示。

图 11.1　3D 射击游戏效果

11.3 游戏实施

11.3.1 项目准备

第 1 步：新建项目。打开 Unity 引擎，新建一个项目，命名为 FPS Study，然后单击“创建”按钮完成项目创建，如图 11.2 所示。

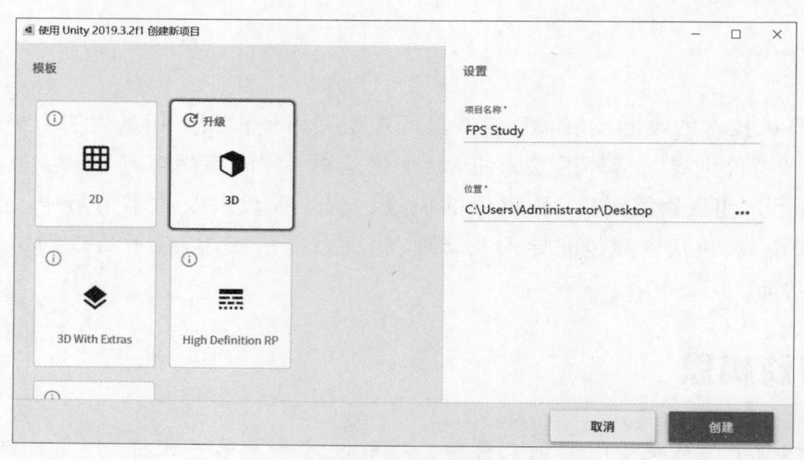

图 11.2 创建新项目

第 2 步：导入外部资源包。选择菜单栏中的 Assets→Import Package→Custom Package 命令，或直接将资源包拖到 Project 视图中。在弹出的 Import Unity Package 对话框中选择 FPS_Study.unitypackage 文件资源包，单击 Import 按钮即可完成资源的导入，如图 11.3 所示。导入成功后可以在 Unity 引擎的 Project 视图中查看资源，如图 11.4 所示。

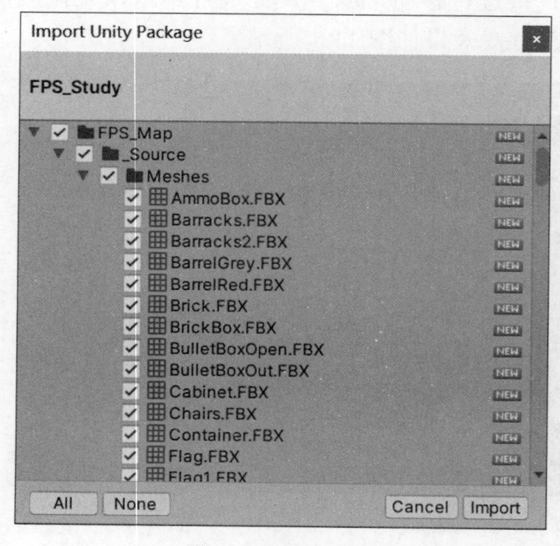

图 11.3 导入素材

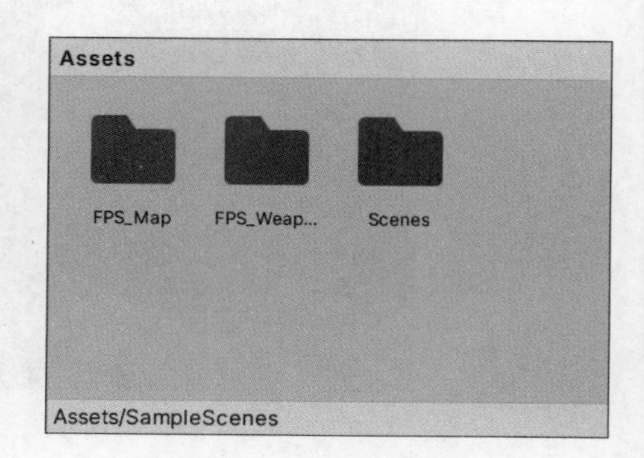

图 11.4 查看资源

第3步：导入系统资源包。Unity引擎内置了许多官方的资源包，方便开发者快速开发。直接将Unity资源商店下载的Character资源包拖到Project视图中，如图11.5所示。

图11.5　导入系统资源包

第4步：打开资源场景。在Project视图中选择FPS_Map→Scene文件夹，如图11.6所示。在Unity引擎中，通常把搭建好的游戏场景都放在Scene文件夹下，双击打开Map场景，效果如图11.7所示。

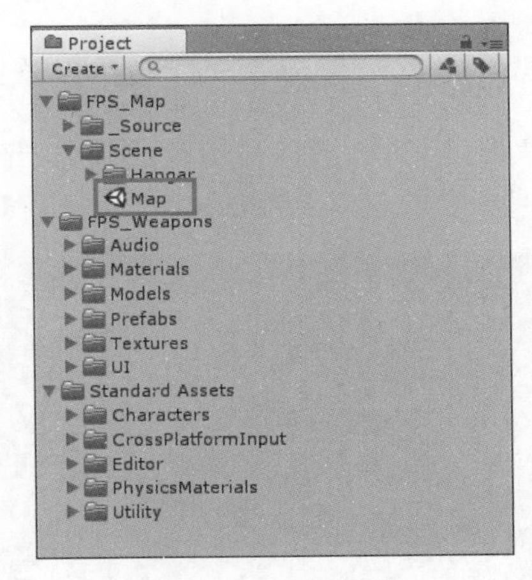

图11.6　选择场景

图11.7　Map场景效果

第5步：在Project视图中选择Standard Assets→Characters→FirstPersonCharacter文件夹，找到FPSController预制体，如图11.8所示。将FPSController预制体拖到Scene

场景中，并放在场景中合适的位置，如图 11.9 所示。

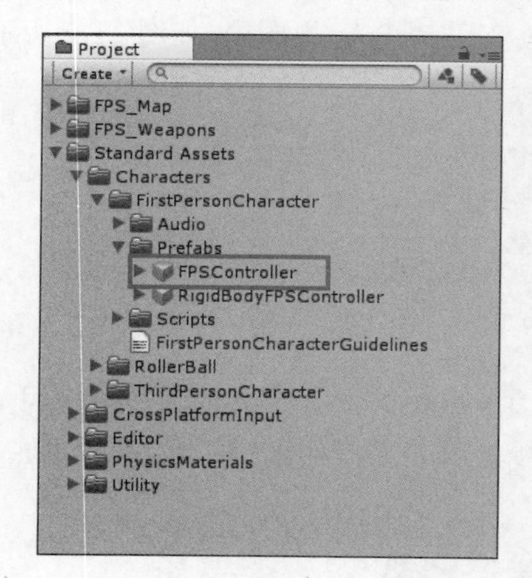

图 11.8　FPSController 资源

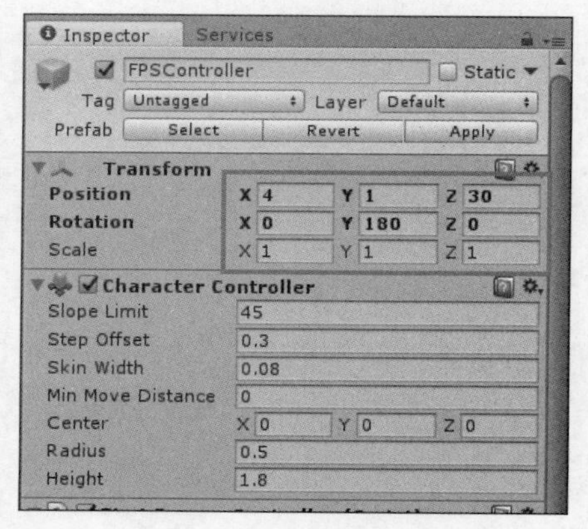

图 11.9　将 FPSController 摆放到合适的位置

第 6 步：运行测试。按快捷键 Ctrl＋S 保存场景，然后单击 Play 按钮进行测试，此时可以以第一人称视角在整个游戏场景中虚拟漫游，运行效果如图 11.10 所示。

图 11.10　场景漫游效果

11.3.2　武器设定

第 1 步：在 Project 视图中选择 FPS_Weapons→Prefabs 文件夹中的 m4a1_prefab 游戏对象，如图 11.11 所示。

第 2 步：在 Hierarchy 视图中将 m4a1_prefab 游戏对象直接拖到 FPSController→FirstPersonCharacter 下面，作为其子物体，并修改其位置，如图 11.12 所示。单击 Play 按钮播放，切换到 Scene 场景，就会发现枪会随着摄像机一起动，这是因为子物体会随着父物体一起运动。

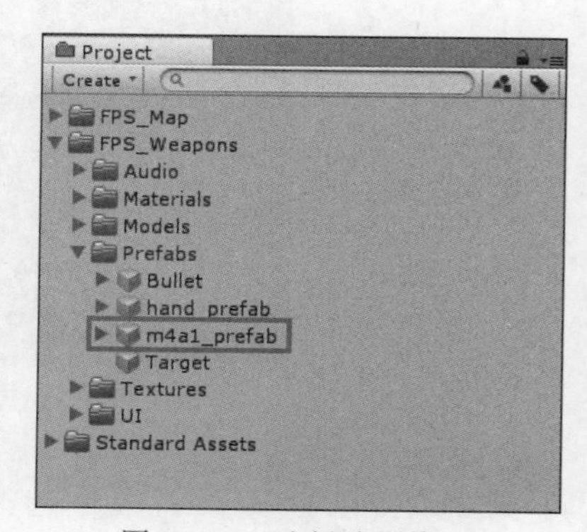

图 11.11　选择武器资源

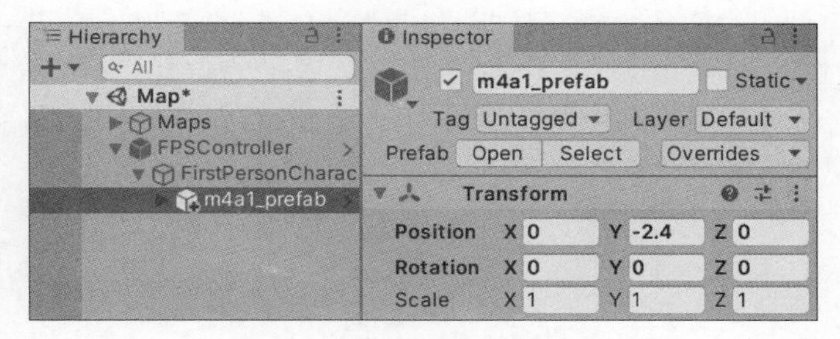

图 11.12　设置枪对象位置

第 3 步：为武器添加动画。在 Project 视图的空白处右击，在弹出的快捷菜单中选择 Create→Folder 命令，创建一个文件夹，将其命名为 Animation，用来存放武器的动画，如图 11.13 所示。然后在创建出来的 Animation 文件夹上右击，在弹出的快捷菜单中选择 Create→Animator Controller 命令，并将其命名为 gun，如图 11.14 所示。

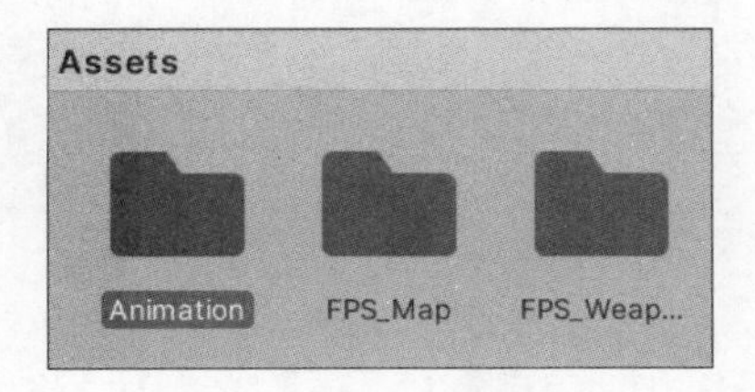

图 11.13　武器动画文件夹

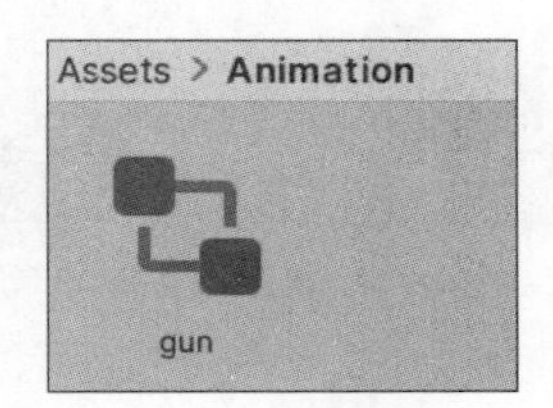

图 11.14　gun 动画

第 4 步：编辑 Animator 组件。双击 gun，打开 Animator Controller 编辑器，然后在 Project 视图中选择 FPS_Weapons→Models→m4a1 文件夹中的武器动画 idle，在 Inspector 视图中可以播放预览，如图 11.15 所示。将找到的 idle 动画拖到 Animator 编辑器中，会自动生成一个动画状态，如图 11.16 所示。在编辑器中，Entry、Any State、Exit 三个按钮分别表示默认动画状态、任意动画状态和退出动画状态。当首次拖入一个动画的时候，会默认地连接到 Entry 状态下，表示游戏运行时，默认播放的动画。

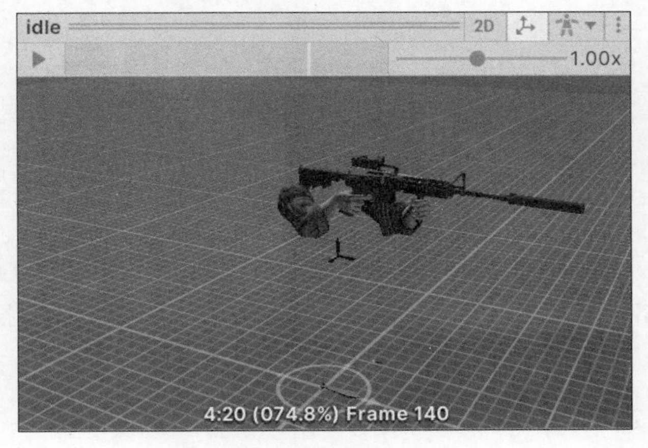

图 11.15　播放预览动画

第 5 步：调整动画为循环播放。双击 Animator 中的 idle 动画，在 Inspector 视图中勾选 Loop Time 复选框，然后单击 Apply 按钮即可，如图 11.17 所示。

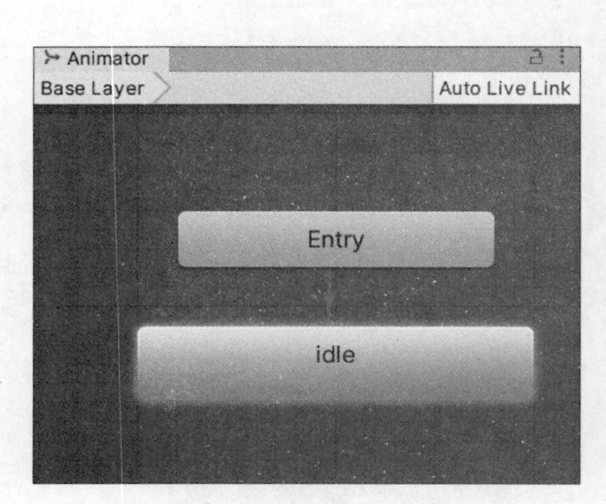

图 11.16　编辑 Animator 动画组件

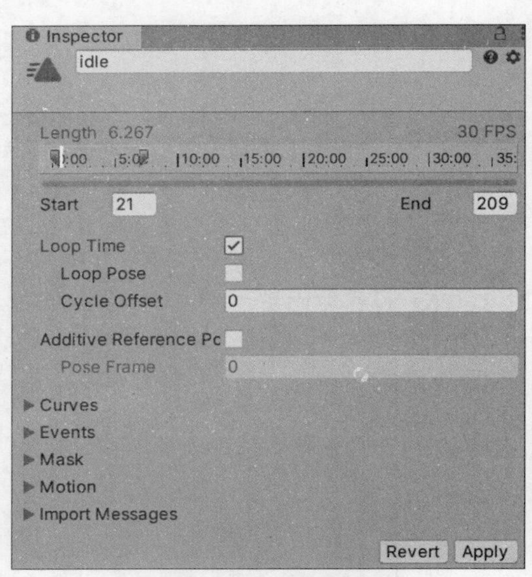

图 11.17　循环播放动画

第 6 步：播放武器动画。在 Hierarchy 视图中选中 m4a1_prefab 物体，将刚刚创建的 gun 动画控制器(Animation 文件夹下)拖到 Controller 中，如图 11.18 所示。

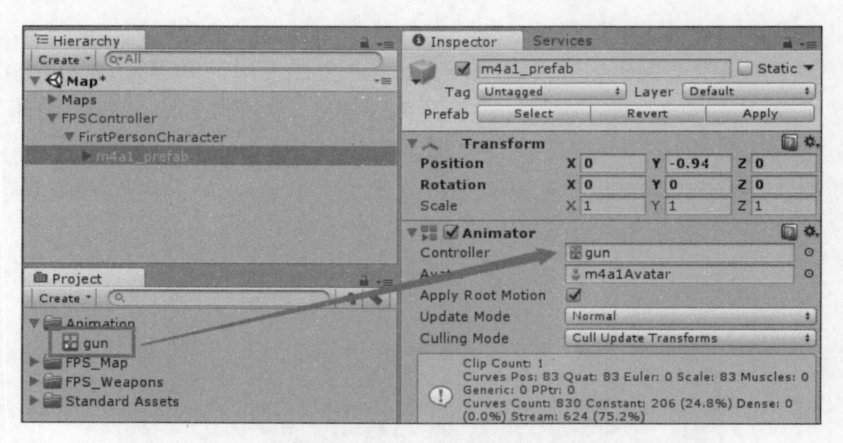

图 11.18　动画控制

第 7 步：运行测试。完成以上步骤后单击 Play 按钮播放，可以发现武器已经在播放 idle 动画了。如果武器的位置不合理，可以适当调整。武器的 idle 动画播放效果如图 11.19 所示。

11.3.3　子弹设定

第 1 步：在场景中添加子弹。在 Project 视图中找到子弹的模型并拖到场景中，如图 11.20 所示。在 Project 视图中的 FPS_Weapons→Prefabs 文件夹下找到 Bullet，如图 11.21

所示。将 Bullet 拖到 Scene 场景中，位置设定为(4,2,29)，如图 11.22 所示。

图 11.19 运行测试的效果

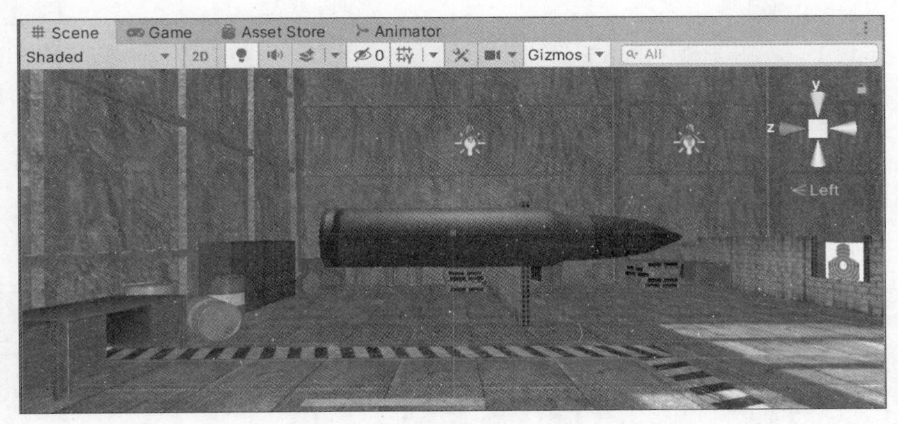

图 11.20 子弹摆放效果

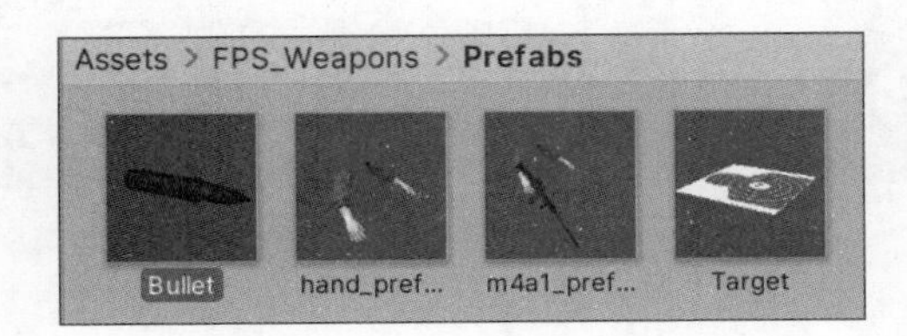

图 11.21 子弹资源信息

Transform

Position	X 4	Y 2	Z 29
Rotation	X 0	Y 180	Z 0
Scale	X 5	Y 5	Z 5

图 11.22 子弹位置信息

第 2 步：为子弹添加刚体。实际射出去的子弹有物理的下坠效果，可以通过为子弹添加刚体组件来实现。在 Inspector 视图中单击 Add Component 按钮，输入 Rigidbody，然后选择 Rigidbody 完成添加，如图 11.23 所示。

第 3 步：保存场景并运行。单击 Play 按钮运行测试，可以发现当游戏运行的时候，添加的子弹自动下落了，这说明子弹已经具备了物理效果，会受到重力及摩擦力的影响。

第 4 步：为子弹添加 Capsule Collider 组件。添加 Capsule Collider 组件的子弹不会穿

透模型,而是通过重力掉在地面上。在 Hierarchy 视图中选择子弹,在其 Inspector 视图中单击 Add Component 按钮,然后输入 collider,选择 Capsule Collider 完成添加,如图 11.24 所示。

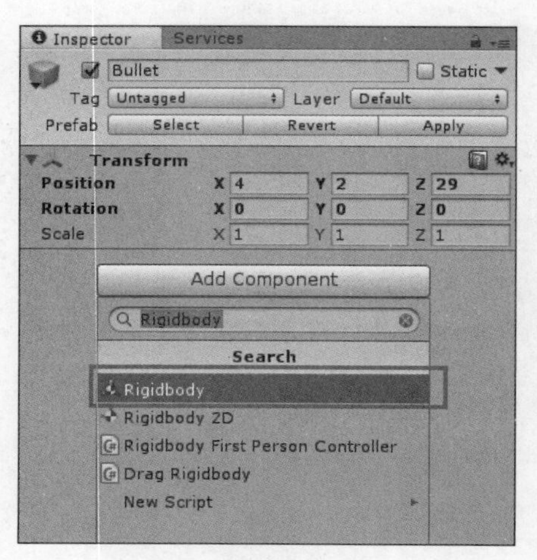

图 11.23 添加刚体组件

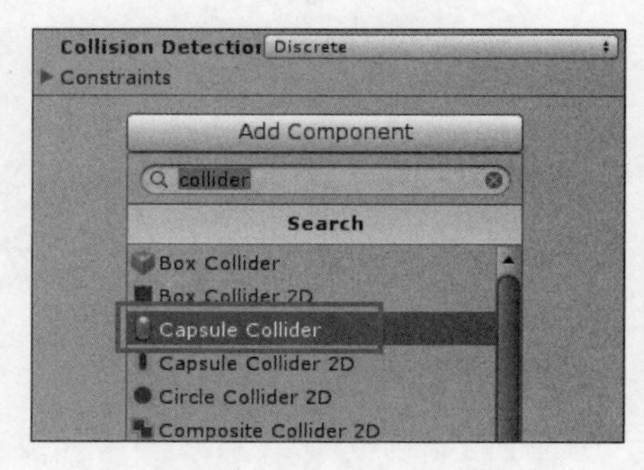

图 11.24 添加 Capsule Collider 组件

第 5 步:编辑碰撞器的大小,要让碰撞器的大小和子弹的模型大小一致才符合逻辑,如图 11.25 所示。在 Hierarchy 视图中选中子弹,然后在其 Inspector 视图中的 Capsule Collider 组件下单击 Edit Collider 按钮,并将 Direction 方向改为 Z-Axis,即可在 Scene 场景中编辑,具体参数如图 11.26 所示。

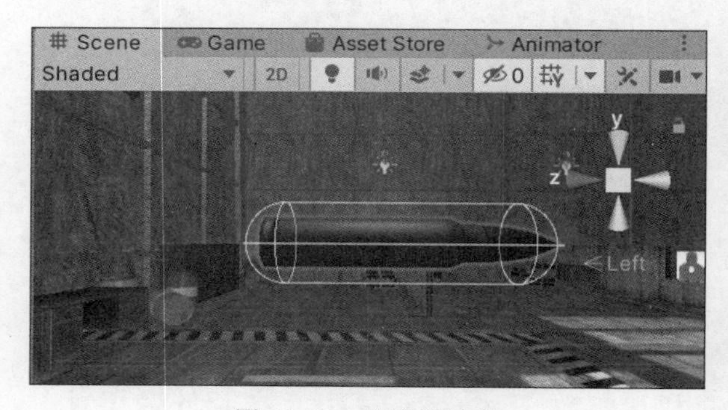

图 11.25 碰撞器效果

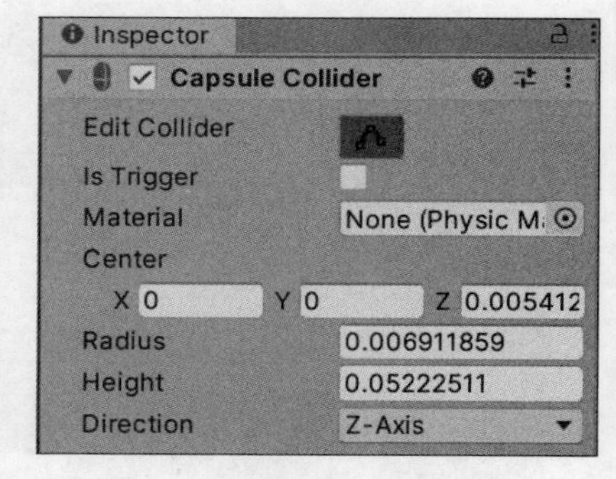

图 11.26 设置 Collider 参数

第 6 步:为子弹添加代码,控制速度。子弹已经拥有了重力和碰撞属性,接下来用 C# 脚本代码为子弹添加速度,具体步骤如下。

(1) 新建一个文件夹,并命名为 Scripts,用来存放 C# 脚本代码。

(2) 在新建的 Scripts 文件夹空白处右击,选择 Create→C# Script 命令,脚本命名为 bulletFly,完成创建。

(3) 双击打开 bulletFly 脚本,代码如下所示。完成脚本后按快捷键 Ctrl+S 保存脚本。

```
using System.Collections;
using System.Collections.Generic;
```

```
using UnityEngine;
public class bulletFly : MonoBehaviour {
    private Rigidbody myRigidbody;   //定义一个刚体组件,用来存放子弹的刚体
    public float speed=1500;         //定义一颗子弹的速度
    void Start () {
        myRigidbody=GetComponent<Rigidbody>();                    //获取子弹的刚体组件
        //通过刚体为子弹添加速度,方向是子弹的前进方向,大小是 speed
        myRigidbody.velocity=transform.forward * speed * Time.deltaTime;}
}
```

(4) 将刚体的 Collision Detection 属性改为 Continuous 类型,如图 11.27 所示。

(5) 保存并将 bulletFly 脚本拖到 Bullet 上,完成脚本链接。可以发现子弹向前飞行并且带有下坠的物理效果。

第 7 步:为子弹添加音效。

(1) 添加 Audio Source 组件。在 Hierarchy 视图中选中 Bullet,在其 Inspector 视图中的 Add Component 中输入 Audio Source,添加音效组件,如图 11.28 所示。

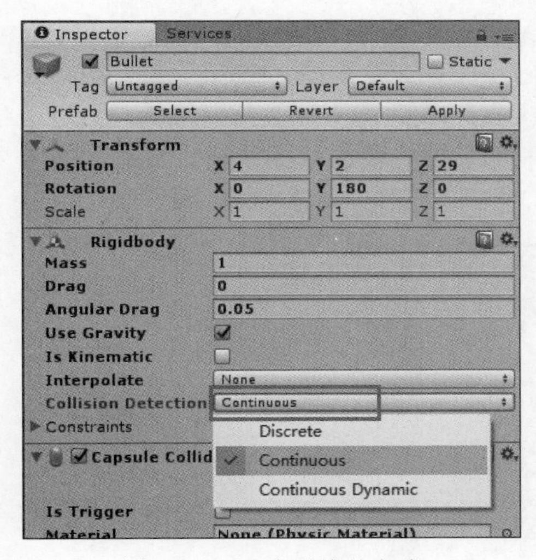

图 11.27 改变碰撞的方式

图 11.28 添加音效组件

(2) 在 Project 视图中的 Assets→FPS_Weapons→Audio 文件夹下找到声音文件“M4A1-1 消音”,将声音文件拖到 Audio Source 组件的 AudioClip 中即可,如图 11.29 所示。

(3) 将更改后的子弹保存成预制体,放到 Project 文件夹下,如图 11.30 所示,这样下次再用子弹的时候还可以应用这些属性。

第 8 步:添加武器准星。在 Hierarchy 视图空白处右击,在弹出的快捷菜单中选择 UI→Image 命令,创建 Image 控件,如图 11.31 所示。然后在 Project 文件夹中找到准星的 UI 图片,并将准星图片拖入 Image 组件的 Source Image 下,如图 11.32 所示。调整其大小到适合的尺寸,使其出现在屏幕中间,如图 11.33 所示。编辑 UGUI 时单击“2D”按钮,将编辑器转为 2D 编辑模式,以方便编辑。

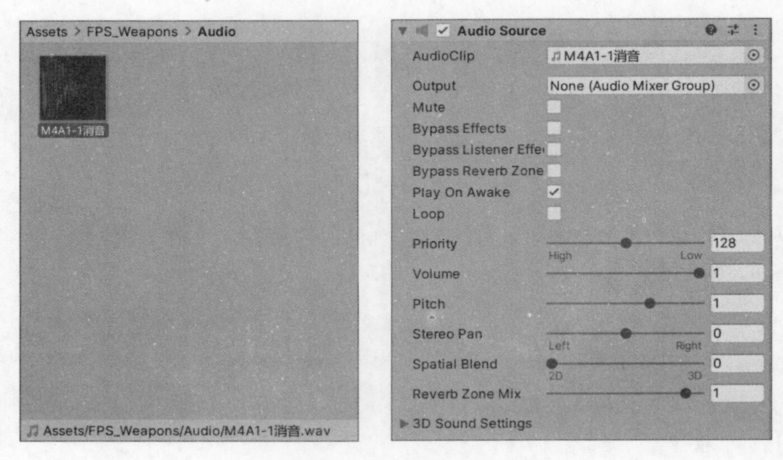

图 11.29　添加音乐

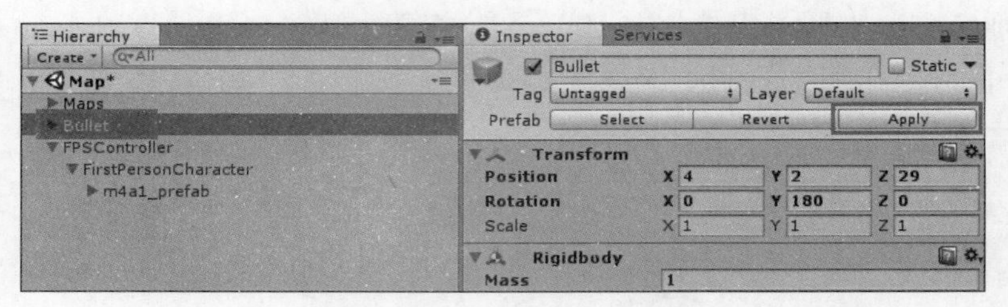

图 11.30　保存子弹属性

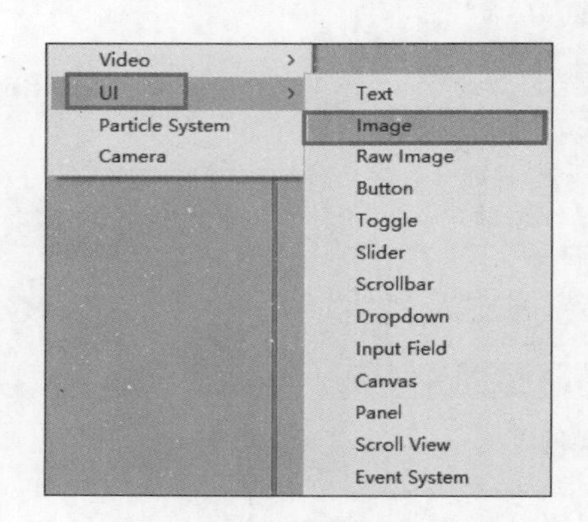

图 11.31　创建 UGUI 图片

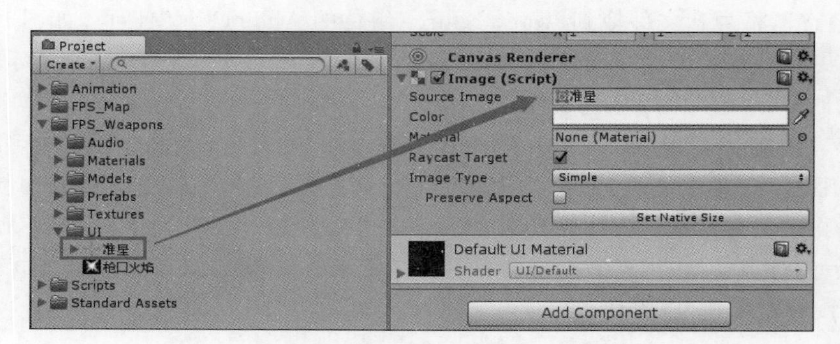

图 11.32　添加准星

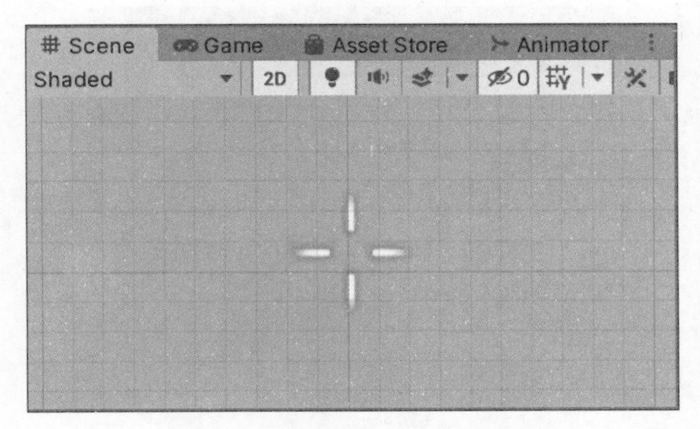

图 11.33 屏幕中准星的位置

第 9 步：子弹的实例化。首先，在武器的枪口位置创建一个空的游戏对象。其次，创建子弹实例化对象。再次，编写脚本实现子弹实例化到武器枪口的功能。最后，用创建好的子弹实例化对象对脚本赋值。具体步骤如下。

(1) 在 Bone_weapin_right 游戏对象下右击，在弹出的快捷菜单中选择 Create Empty 命令，创建一个空游戏对象，并命名为 firePosition，如图 11.34 所示。

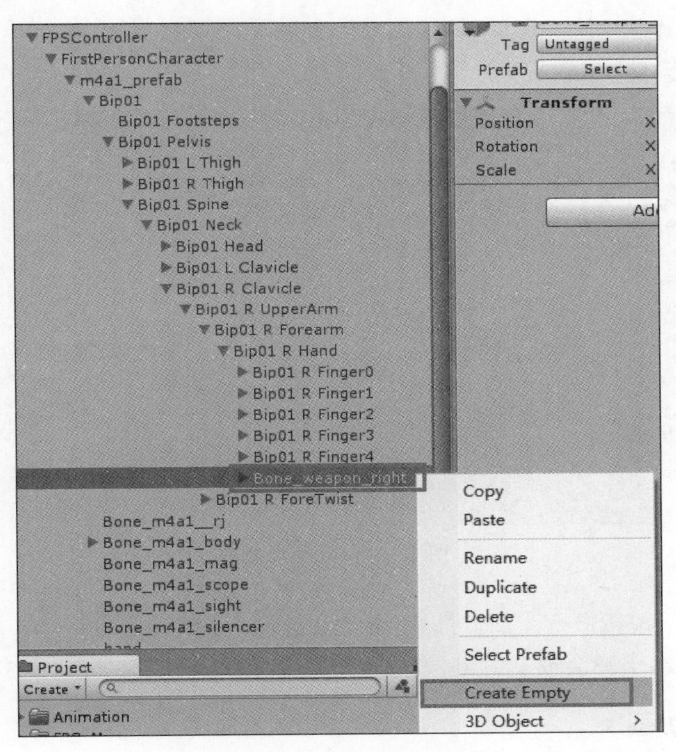

图 11.34 创建开火位置

(2) 修改 firePosition 的位置，如图 11.35 所示。这样每次按下鼠标左键，子弹就会被实例化到 firePosition 的位置。

(3) 实例化脚本。新建一个脚本，命名为 fire，双击打开脚本编辑器，输入如下代码。

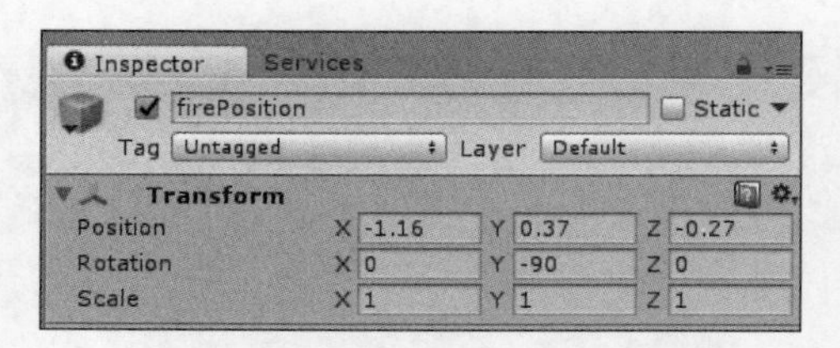

图 11.35　设置 firePosition 的位置

```
using System.Collections;
using System.Collections.Generic;
using UnityEngine;
public class fire : MonoBehaviour {
    public GameObject bullet;                              //声明一个物体,用来存放子弹
    void Update () {
        if (Input.GetKeyDown(KeyCode.Mouse0)) {          //判断: 如果按下左键
            //将子弹实例化到当前物体的位置,保持当前物体的方向
            Instantiate(bullet,transform.position,transform.rotation); }
    }
}
```

(4) 脚本编写完成后,按快捷键 Ctrl＋S 保存脚本。将刚编写好的 fire 脚本拖到 firePosition 上,然后将资源文件夹中的 Bullet 拖到 fire 脚本上,如图 11.36 所示。

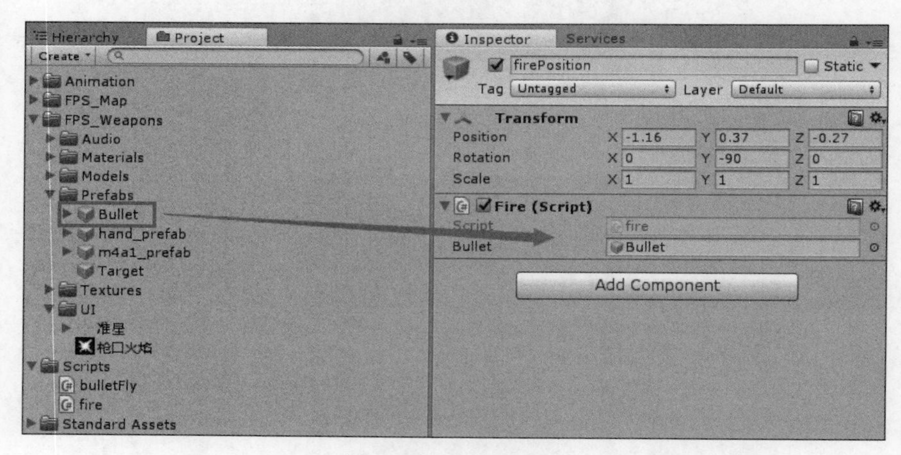

图 11.36　添加 Bullet

(5) 单击 Play 按钮进行测试,可以将资源文件夹下的 Bullet 放大 10 倍再测试,会发现当按下左键的时候,子弹会被发射出来,并伴随下坠效果及音效,如图 11.37 所示。

11.3.4　开枪动画

第 1 步：打开 Project 视图中 Animation 文件夹下的 gun 动画控制器,进入编辑模式,然后在 Project 视图中找到 FPS_Weapons→Models→m4a1 文件夹下的 shoot 动画,如图 11.38 所示。将 shoot 动画拖到 gun 动画控制器中,如图 11.39 所示。

第 2 步：在 idle 上右击,在弹出的快捷菜单中选择 Make Transition 命令,连接到 shoot

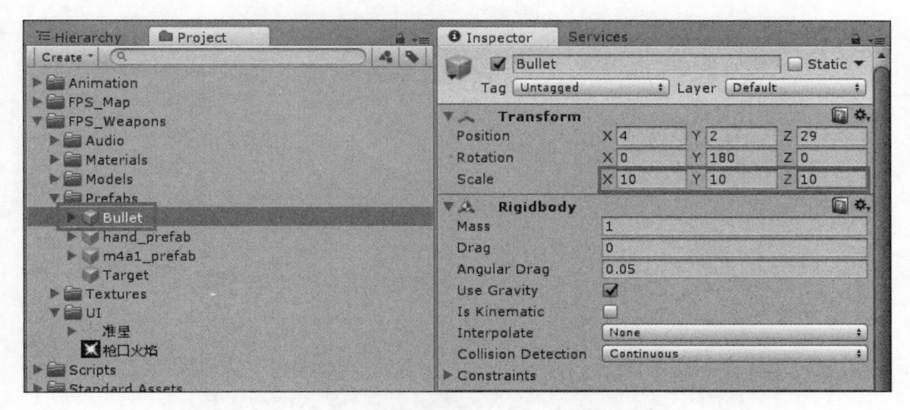

图 11.37　设置测试时放大子弹的效果

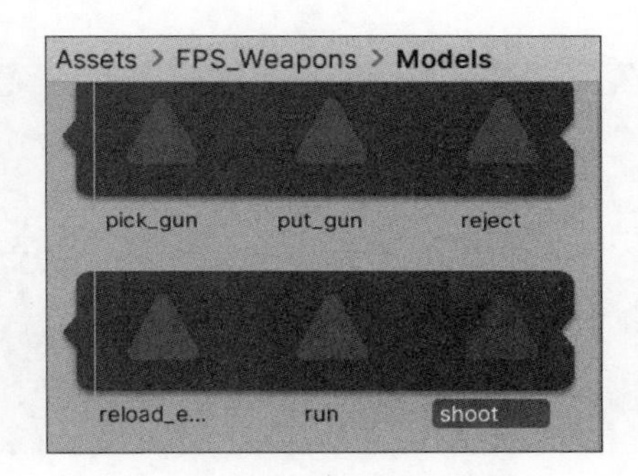

图 11.38　shoot 动画资源位置

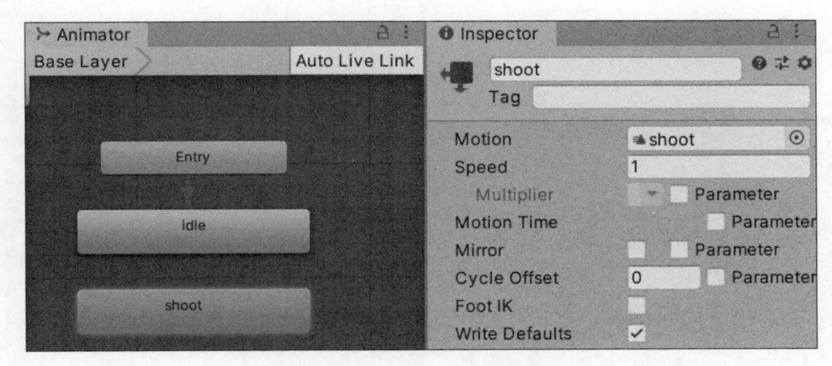

图 11.39　添加 shoot 动画

动画上，然后在 shoot 动画上右击，在弹出的快捷菜单中选择 Make Transition，再连接到 idle 动画，如图 11.40 所示。表示这两个动画可以相互切换，当按下鼠标左键时，就播放 shoot 射击动画。

第 3 步：添加播放动画的变量条件。在动画编辑器中选中 Parameters，单击＋号，在弹出的下拉菜单中选择 Bool，新建一个布尔类型变量，并命名为 shoot，如图 11.41 所示。

第 4 步：单击 idle 指向 shoot 的动画连线，在 Inspector 视图中取消勾选 Has Exit Time 复选框。单击下方的＋号，添加 shoot 变量，将其设为 true，如图 11.42 所示。同理，在 shoot

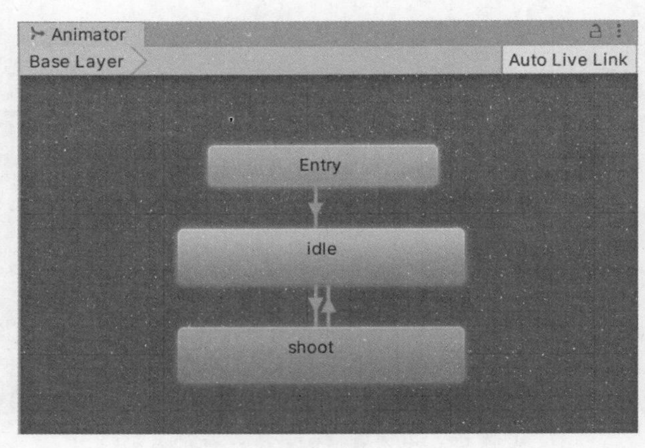

图 11.40 连接动画

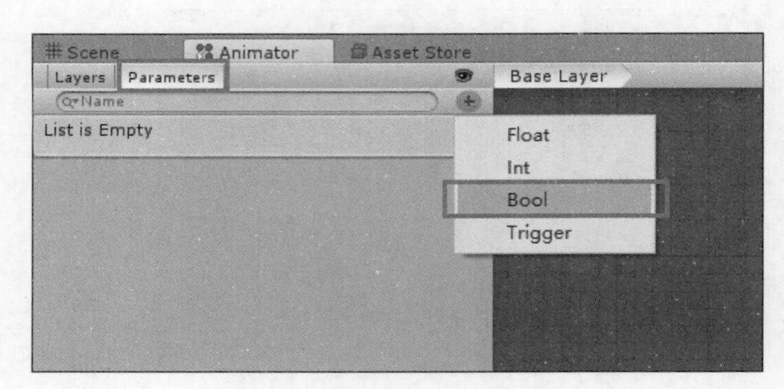

图 11.41 添加变量

指向 idle 的动画连线的 Inspector 视图中取消勾选 Has Exit Time，单击下方的＋号，添加 shoot 变量，将其设为 false。

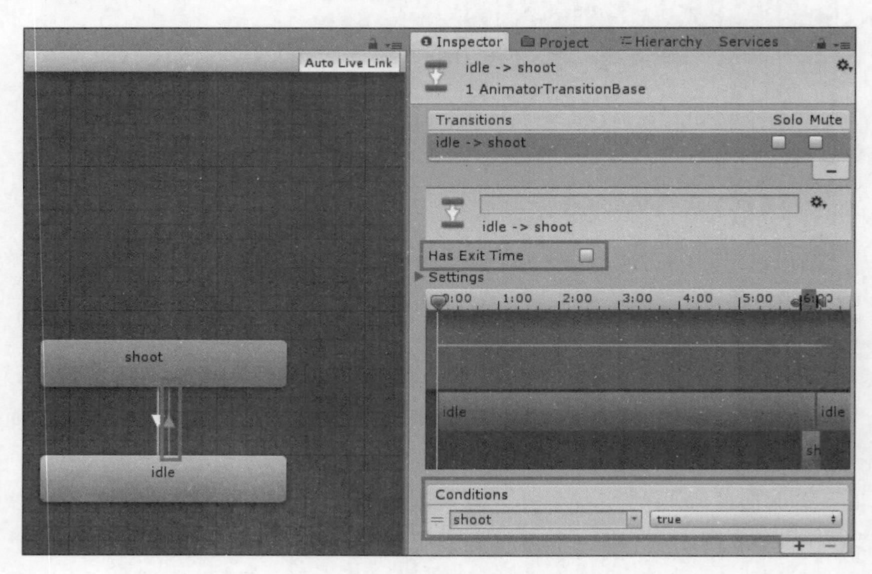

图 11.42 添加动画连线设置

第 5 步：在 Script 文件夹下新建一个 C# 脚本，命名为 playerAnimaion。然后将此脚本拖到 Hierarchy 视图中的 FPSController→FirstPersonCharacter→m4a1_prefab 游戏对象上，如图 11.43 所示。

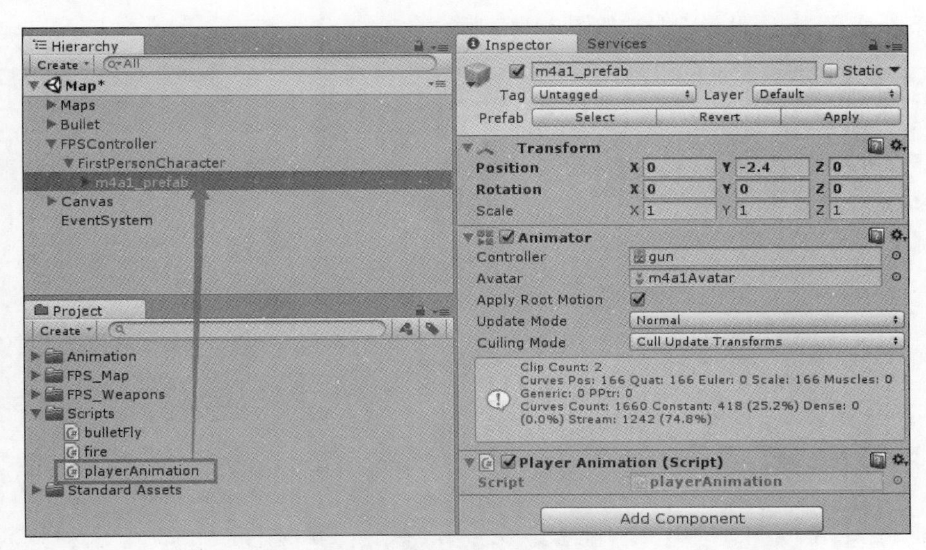

图 11.43　添加动画脚本

第 6 步：编辑 playerAnimation 脚本，代码如下所示。

```
using System.Collections;
using System.Collections.Generic;
using UnityEngine;
public class playerAnimation : MonoBehaviour {
    //定义一个动画控制器，用来存储主角的动画控制器
    private Animator playerAnimator;
    void Start () {
        //获取到主角的动画控制器，并赋值
        playerAnimator=GetComponent<Animator>();
    }
    void Update () {
        //如果按下左键，就将条件变量设为 true，此时播放 shoot 动画
        if (Input.GetKeyDown(KeyCode.Mouse0)) {
            playerAnimator.SetBool("shoot",true);
        }
        //如果左键弹起，就将条件变量设为 false，此时停止播放 shoot 动画
        if (Input.GetKeyUp(KeyCode.Mouse0))
        {
            playerAnimator.SetBool("shoot", false);
        }
    }
}
```

第 7 步：添加角色跑动动画。其原理同射击动画相似，将 run 动画拖入动画控制器中，将 idle 和 run 互相连接，并且取消勾选 Has Exit Time。然后添加两个变量，分别命名为 w 和 shift。将 idle→run 的条件变量 w 设为 true，shift 设为 true，如图 11.44 所示。将 run→idle 的条件变量 shift 设为 false，如图 11.45 所示。

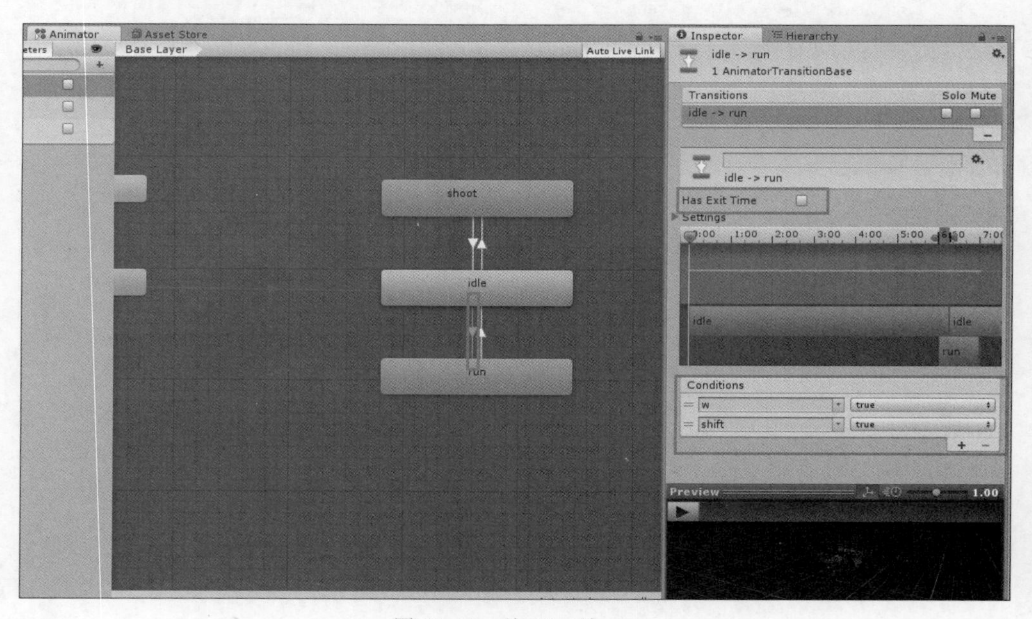

图 11.44　从 idle 到 run

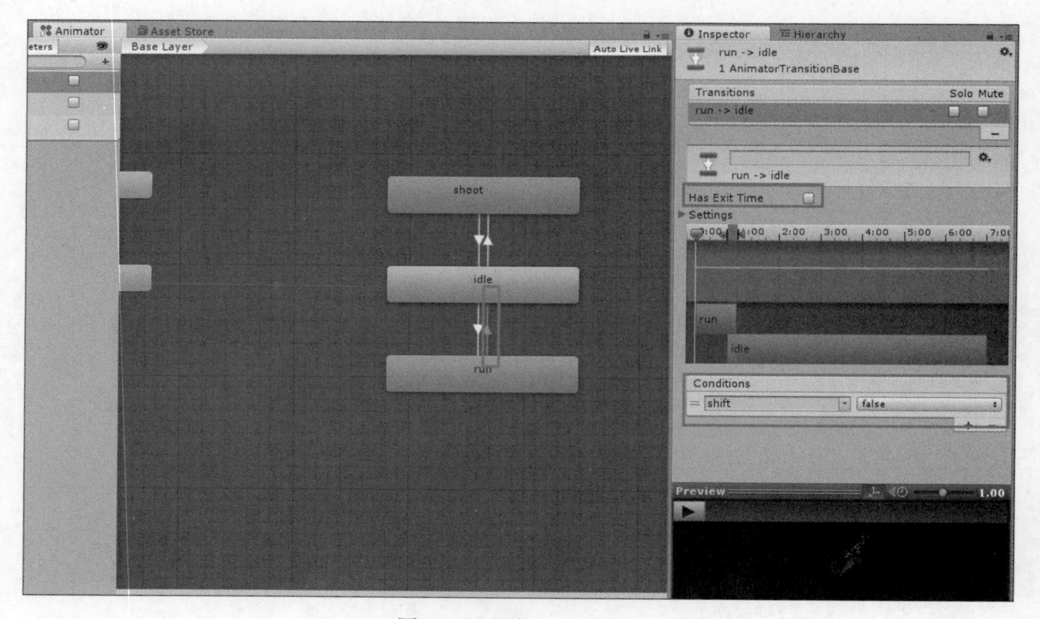

图 11.45　从 run 到 idle

第 8 步：在 playerAnimation 中添加 run 的控制代码，当同时按 Shift＋W 快捷键时播放 run 动画，抬起 Shift 键时停止播放 run 动画，至此角色的动画控制全部完成，代码如下所示。

```
using System.Collections;
using System.Collections.Generic;
using UnityEngine;
public class playerAnimation : MonoBehaviour {
    //定义一个动画控制器,用来存储主角的动画控制器
    private Animator playerAnimator;
    void Start () {
        //获取到主角的动画控制器,并赋值
        playerAnimator=GetComponent<Animator>();
    }
    void Update () {
        //如果按下左键,就将条件变量设为 true,此时播放 shoot 动画
        if (Input.GetKeyDown(KeyCode.Mouse0)) {
            playerAnimator.SetBool("shoot",true);
        }
        //如果左键弹起,就将条件变量设为 false,此时停止播放 shoot 动画
        if (Input.GetKeyUp(KeyCode.Mouse0))
        {
            playerAnimator.SetBool("shoot", false);
        }
        //如果按下 W 键,就将条件变量 w 设为 true
        if (Input.GetKeyDown(KeyCode.W))
        {
            playerAnimator.SetBool("w", true);
        }
        //如果按下 Shift 键,就将条件变量 shift 设为 true,当变量 w 和 shift 都为 true 时,
          才播放 run 动画
        if (Input.GetKeyDown(KeyCode.LeftShift))
        {
            playerAnimator.SetBool("shift", true);
        }
        //如果 Shift 键弹起,就将条件变量设为 false。无论 W 按键何时弹起,只要 Shift 键弹
          起,就停止播放 run 动画
        if (Input.GetKeyUp(KeyCode.LeftShift))
        {
            playerAnimator.SetBool("shift", false);
        }
    }
}
```

11.3.5 射击功能

第 1 步：添加靶子。在 Project 视图中找到 FPS_Weapons→Prefabs→Target 资源，将 Target 拖入 Scene 场景中，并摆放在适当的位置，作为射击目标，如图 11.46 所示。可以按

快捷键 Ctrl+D 多复制几个靶子，作为训练目标，如图 11.47 所示。

图 11.46　添加靶子

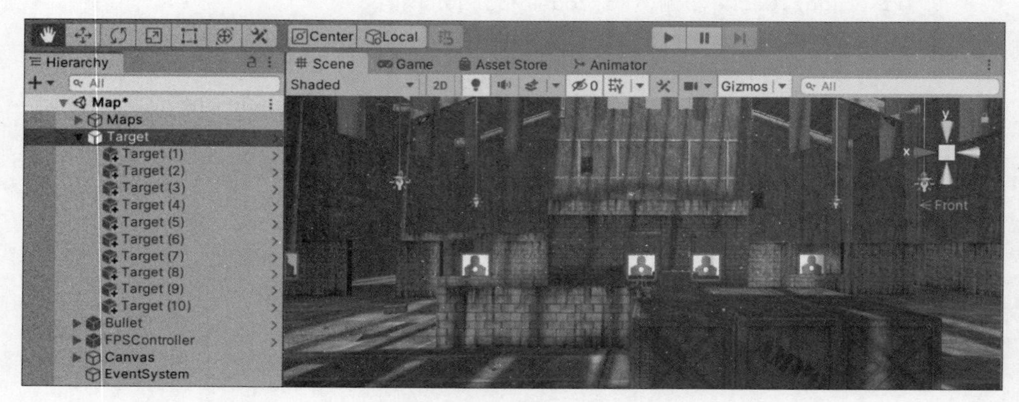

图 11.47　复制靶子

第 2 步：为靶子添加一个标签，标记为敌人。首先，单击 Inspector 视图上 Target 右边的 Tag→Add Tag 选项，如图 11.48 所示。然后，在弹出的对话框中单击+号，输入 target，单击 Save 按钮保存，如图 11.49 所示。最后返回单击 Tag 下拉按钮，选择 target 标签，如图 11.50 所示。

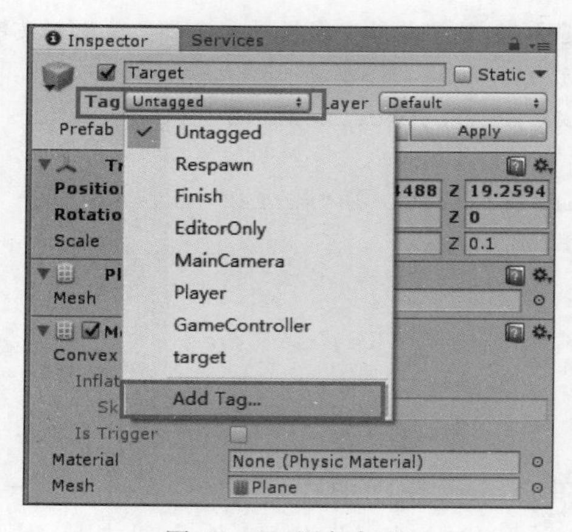

图 11.48　添加标签

图 11.49 保存标签

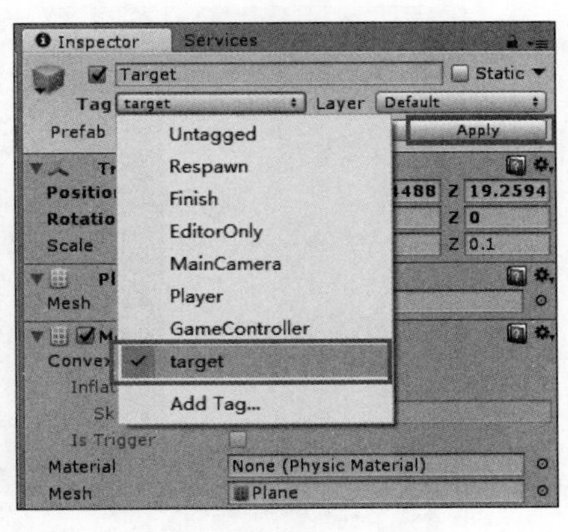

图 11.50 应用标签

第 3 步：为子弹添加碰撞检测。当子弹碰撞到靶子的时候，应该把靶子消灭掉。首先，在 Project 视图中找到挂在 Bullet 身上的脚本 bulletFly，双击打开脚本，添加碰撞检测，代码如下所示。

```
using System.Collections;
using System.Collections.Generic;
using UnityEngine;
public class bulletFly : MonoBehaviour {
    private Rigidbody myRigidbody;          //定义一个刚体组件,用来存放子弹的刚体
    public float speed=1500;                //定义一颗子弹的速度
    void Start () {
        myRigidbody=GetComponent<Rigidbody>();        //拿到子弹的刚体组件
        //通过刚体为子弹添加速度,方向是子弹的前进方向,大小是 speed
        myRigidbody.velocity=transform.forward * speed * Time.deltaTime;
    }
    //定义一个碰撞检测函数,将碰到的物体传给 collision 储存
    private void OnCollisionEnter(Collision collision)
    {
        //如果碰到的物体(即 collision)的标签=target,就销毁此物体
        if (collision.collider.tag=="target") {
            Destroy(collision.gameObject);}
    }
}
```

11.3.6 游戏优化

完成以上功能后，可以保存并运行游戏。发现 Player 的移动速度以及跳跃速度太快，并不符合游戏逻辑。因此需要更改其速度。

第 1 步：在 Hierarchy 视图中找到 FPSController 游戏对象，在其 Inspector 视图中将 First Person Controller 的 Walk Speed 值改为 4，Run Speed 值改为 6，Jump Speed 值改为 7，如图 11.51 所示。

第 2 步：子弹的大小及速度也并不符合游戏逻辑。在 Project 视图中找到 FPS_Weapons→Prefabs→Bullet，将其 Scale 的大小属性改为 5，并将 Speed 改为 5000，如图 11.52 所示。

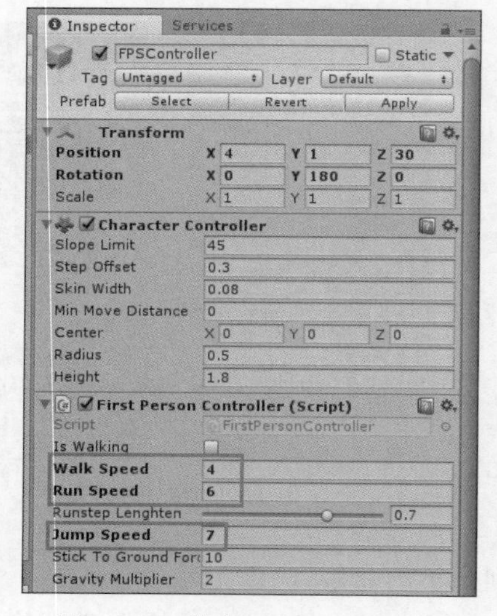

图 11.51　修改 Player 属性参数

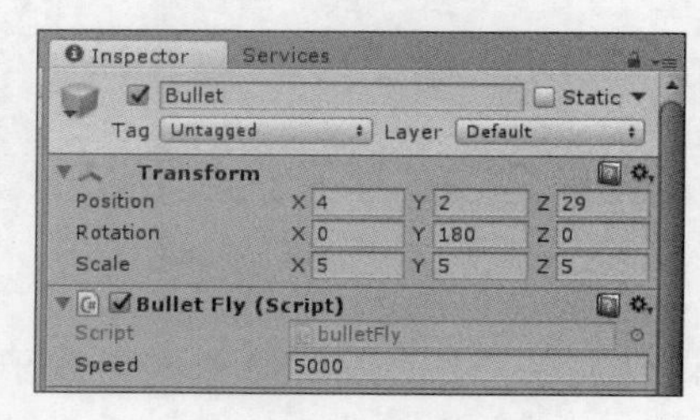

图 11.52　修改子弹属性参数

11.4　游戏测试

第 1 步：按 Ctrl+S 快捷键保存游戏，选择菜单栏中的 File→Buid Settings 命令，打开发布界面，然后将 Project 视图中 FPS_Map→Scene 文件夹下的 Map 场景拖入发布界面，单击下方的 Build 按钮，即可完成游戏的发布，如图 11.53 所示。

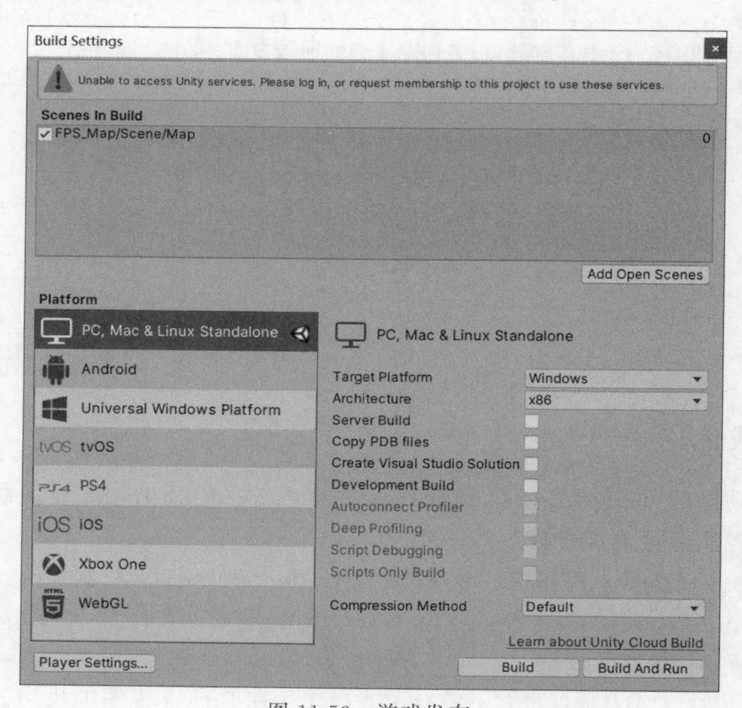

图 11.53　游戏发布

第 2 步：游戏发布出来后，即可运行.exe 文件测试游戏，游戏运行效果如图 11.54 和图 11.55 所示。

图 11.54 游戏运行效果 1

图 11.55 游戏运行效果 2

11.5 小结

本章完成了一个完整的第一人称 3D 射击游戏项目，介绍了控制人物角色的移动、游戏中的射击判定以及物理碰撞检测等功能，使读者对 Unity 引擎有了更深入的了解。

11.6 习题

1. 请在 3ds Max 软件中设计动画并导入 Unity 引擎中，利用动画状态机进行控制。

2. 编写 Character Controller 在虚拟场景中前进、后退、左右旋转的脚本代码。

3. 结合 Character Controller 移动控制代码设计制作一个简单小游戏。在场景中放置若干金币，当角色控制器靠近金币时，可以将其捡起，在规定的时间内捡起足够的金币算通关，并显示分数。

4. 修改本章中的游戏项目，实现场景中加入若干个怪物，玩家可以设计消灭怪物的功能。

5. 修改本章中的游戏项目，加入 AI 敌人，实现 AI 敌人会自动向玩家走来并攻击玩家的功能。

参考文献

[1] 张金钊. Unity 3D游戏开发与设计案例教程[M]. 北京：清华大学出版社，2015.

[2] 吴亚峰，于复兴，索依娜. Unity 3D游戏开发标准教程[M]. 北京：人民邮电出版社，2016.

[3] 李梁.Unity 3D手机游戏开发实战教程[M]. 北京：人民邮电出版社，2016.

[4] 何伟. Unity虚拟现实开发圣典[M]. 北京：中国铁道出版社，2016.

[5] 宣雨松. Unity 3D游戏开发[M]. 北京：人民邮电出版社，2018.

[6] 商宇浩，李一帆，张吉祥. Unity 5.x完全自学手册[M].北京：电子工业出版社，2016.

[7] Unity Technologies. Unity 5.x从入门到精通[M]. 北京：中国铁道出版社，2016.

[8] 金玺曾. Unity 3D/2D手机游戏开发[M]. 北京：清华大学出版社，2014.

[9] 程明智.Unity 5.x游戏开发技术与实例[M]. 北京：电子工业出版社，2016.

[10] 马遥，陈虹松，林凡超. Unity 3D完全自学教程[M]. 北京：电子工业出版社，2019.